儿童照片模板

CD 盘面设计

手提袋制作

油漆广告

梁祝小提琴封面设计

易拉罐包装

3ds max 书籍封面设计

饮料海报

风景画

西瓜饮料广告

月饼包装设计

中秋贺卡

新年贺卡

饮食宣传单

青河湾度假区标志

弘鑫尚城房地产标志

中秋插画

公益广告

音乐节海报

易拉罐包装平面图

张家界旅游宣传单

平职学院网页

Technical And Vocational Education

高职高专计算机系列

Photoshop 图像设计与制作实例教程

Photoshop Design and Production

杨立峰 樊继 ◎ 主编
任国玺 牛晓灵 ◎ 副主编

人民邮电出版社
北京

图书在版编目（CIP）数据

PhotoShop图像设计与制作实例教程 / 杨立峰，樊继主编. -- 北京 : 人民邮电出版社，2013.5(2021.6重印)
工业和信息化人才培养规划教材. 高职高专计算机系列
ISBN 978-7-115-31095-8

Ⅰ. ①P… Ⅱ. ①杨… ②樊… Ⅲ. ①图象处理软件一高等职业教育一教材 Ⅳ. ①TP391.41

中国版本图书馆CIP数据核字(2013)第053803号

内 容 提 要

本书全面介绍了 Photoshop CS4 的基本操作方法、图形图像处理技巧及软件在各个领域中的应用。

全书共 9 章，详细地介绍了图像处理基础与选区、绘图和修图工具、图层及图层样式、路径与文字、通道与蒙版、图像调整、滤镜等。在第 9 章中介绍了 Photoshop 在各个领域中的应用，包括标志设计、广告设计、贺卡设计、包装设计、海报设计、封面设计、照片模板设计和宣传单设计。通过实际应用案例，培养学生平面实际应用项目的设计能力。

本书可作为高职高专计算机多媒体技术及相关专业教材和各高职院校的公选课教材，也可以作为平面设计类培训班教材，并适合作为 Photoshop CS4 自学者的参考用书。

工业和信息化人才培养规划教材——高职高专计算机系列

Photoshop 图像设计与制作实例教程

◆ 主　　编　杨立峰　樊　继
副 主 编　任国玺　牛晓灵
责任编辑　桑　珊

◆ 人民邮电出版社出版发行　　北京市丰台区成寿寺路 11 号
邮编　100164　　电子邮件　315@ptpress.com.cn
网址　http://www.ptpress.com.cn
固安县铭成印刷有限公司印刷

◆ 开本：787×1092　1/16
印张：19.5　　2013 年 5 月第 1 版
字数：503 千字　　2021 年 6 月河北第 7 次印刷

ISBN 978-7-115-31095-8

定价：48.00 元

读者服务热线：(010)81055256　印装质量热线：(010)81055316
反盗版热线：(010)81055315
广告经营许可证：京东市监广登字20170147号

前言

Photoshop CS4 是 Adobe 公司推出的功能强大的图像处理软件，它在网页制作、平面设计、印刷、排版和图像编辑等领域都有着广泛的应用。“Photoshop 平面设计”也是高职数字媒体类专业的一门重要的专业课程。本书以训练学生的图形图像处理技能和用 Photoshop 进行平面设计创意为目标。

本书具有完善的知识结构体系，在 1～8 章中，按照“软件功能解析—实例练习—课外拓展”这一思路进行编排，通过软件功能解析，使学生快速熟悉软件功能和平面设计特色；通过实例练习，使学生深入学习软件功能和艺术设计思路；通过课外拓展，为学生进一步自我学习提供知识的延伸，拓展学生的实际应用能力。在第 9 章中，根据 Photoshop 各个应用领域，设计了 18 个综合应用实例，每一个应用实例包括案例效果分析、设计思路、相关知识和技能点、案例制作 4 个环节，方便教师组织实施项目导向、任务驱动的教学模式。通过对这些应用案例进行全面的分析和详细的讲解，使学生更加贴近实际工作，开阔学生的艺术创意思维，逐步提升学生实际应用设计能力。在内容编写方面，本书力求做到细致全面、重点突出。

配套光盘中包含了本书中所有的素材和效果文件。另外，为了方便教师教学，本书配备了课外拓展的操作步骤以及 PPT 课件，并针对全国高新技术“高级图像制作员” 考试给出了部分试题和源文件，供教师和学生检测学习效果。任课教师可登录人民邮电出版社教学服务与资源网（www.ptpedu.com.cn）免费下载。

本书的参考学时为 34～64 学时，建议采用理论实践一体化教学模式，各章节的参考学时见下面的学时分配表。

学时分配表

章　节	课程内容	学　时
第 1 章	Photoshop 基础操作	2～4
第 2 章	选区的创建与编辑	2～4
第 3 章	绘图与修图工具使用	4～6
第 4 章	图层及样式的应用	6～8
第 5 章	路径与文字	4～8
第 6 章	通道与蒙版	4～8
第 7 章	图像色彩与色调调整	4～8
第 8 章	滤镜	4～8
第 9 章	综合应用实例	4～10
课时总计		34～64

本书由杨立峰、樊继任主编，任国玺、牛晓灵任副主编，杨立峰编写了第 1 章、第 8 章，裴昊编写了第 2 章，门飞编写了第 3 章，牛晓灵编写了第 4 章、第 7 章，樊继编写了第 5 章、第 6 章，任国玺编写了第 9 章。

由于编者水平和经验有限，书中难免有欠妥和错误之处，敬请读者批评指正。

编者

2013 年 2 月

目 录

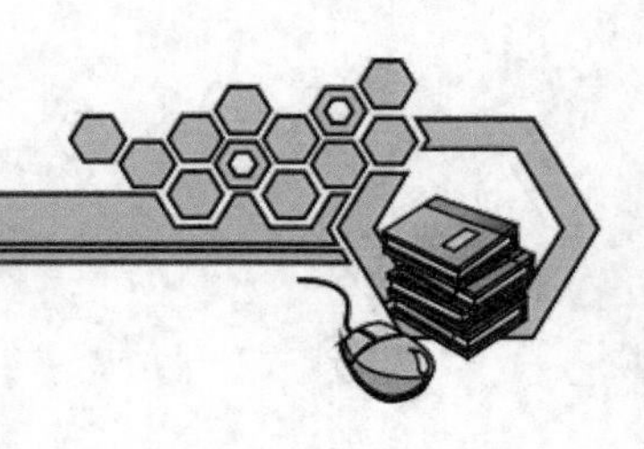

第1章 Photoshop 基础操作

本章主要介绍 Photoshop CS4 的工作环境、图像文件的基本操作和图像编辑中的一些基本工具的使用方法，使读者掌握屏幕的调整，图像的缩放、旋转和裁剪，以及画布的调整，图层的基本概念与操作、“图层”面板的基本功能及操作技能。

学习目标

- 了解菜单、工具箱和主要面板的功能。
- 掌握文件和图像的基本操作方法。
- 学会辅助工具的基本使用方法以及调整画布。
- 学会图层的基本操作。

Photoshop 软件是目前世界上使用最为广泛的图像处理软件，Photoshop 的功能强大，可以应用于平面设计、网页设计、影像合成等各个领域。Photoshop 的主要功能归纳为图形绘制、色彩编辑、图层合成、特效制作 4 个方面。

1.1 图像的基本概念

在计算机中，图像是以数字方式来记录、处理和保存的，故图像也可以说是数字化图像。

1.1.1 图像的种类

根据图像产生、记录、描述、处理方式的不同，图像文件可以分为两大类——位图图像和矢量图形。在绘图或图像处理过程中，这两种类型的图像可以被相互交叉运用，取长补短。

1. 位图图像

位图图像是由计算机输入设备捕捉的实际场景的画面，或以数字化形式存储的画面。位图图像也称像素图像，是由称作像素的单个点组成的。当放大位图时，可以看见构成图像的单个图片像素（一个个小方格）。扩大点阵图尺寸就是增大单个像素，会使线条和形状显得参差不齐。但是如果从稍远一点的位置去看，点阵图图像的颜色和形状又是连续的，这就是位图的特点。放大后图像就会出现失真现象，如图 1-1 和图 1-2 所示。

图 1-1

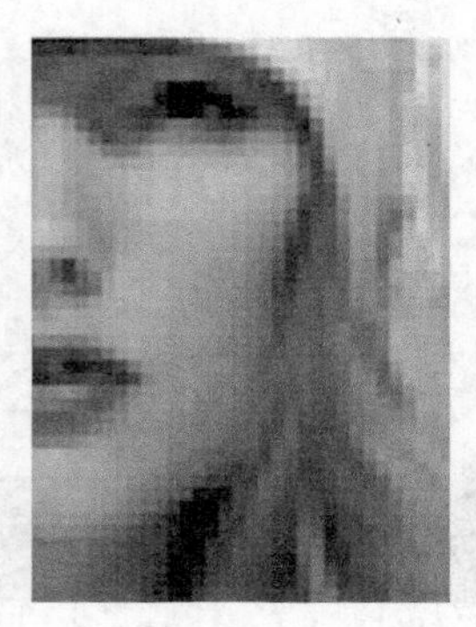

图 1-2

2. 矢量图形

矢量图形一般可用计算机软件绘制，是由点、线、面等元素组合而成的。矢量图形也称绘图图形，可由诸如 Illustrator、CorelDraw 等矢量图形软件生成，它是由一些用数学方式描述的曲线组成的，其基本组成单元是锚点和路径。

矢量图形同分辨率无关。这意味着矢量图可以被任意放大或缩小，而图形不会出现失真现象，如图 1-3 和图 1-4 所示。

图 1-3

图 1-4

1.1.2 像素和颜色深度

1. 像素

在位图图像中，像素是其基本的组成单位。一幅位图图像就是由许多像素以行和列的方式排列组成的，将图像放大到一定程度后，所看到的一个个小方块就是像素，如图 1-5 所示。

图 1-5

2. 颜色深度

颜色深度用来度量图像中有多少颜色信息可用于显示或打印，其单位是“位（bit）”，所以颜色深度有时也称位深度。

例如，位深度为 1 的像素（2^1）有两个可能的值：黑色和白色；而位深度为 8 的像素（2^8=256）有 256 个可能的值；位深度为 24 的像素（2^{24}≈1670 多万）有 1670 多万个可能的值。常用的位深度值范围为 1 位/像素到 64 位/像素。对图像的每个通道，Photoshop 支持最大为 16 位/像素。

通常情况下，RGB、灰度和 CMYK 图像的每个颜色通道位深度为 8 位，表示为 8 位/通道，称为 24 位深度 RGB（8 位×3 通道）、8 位深度灰度（8 位×1 通道），以及 32 位深度 CMYK（8 位×4 通道）。

1.1.3 图像大小与分辨率

1. 分辨率

分辨率是指在单位长度内含有点（dot）或像素（pixel）的多少。分辨率的单位是“点/英寸”或“像素/英寸”，即 dpi（dots per inch）或 ppi（pixels per inch），意思是每英寸所包含的点的数量或每英寸所包含的像素数量。

（1）图像分辨率。

是指图像在一个单位长度内所包含的像素个数，一般以每英寸含多少像素来计算（pixel/inch），缩写为 PPI（Pixel Per Inch）。假如用户图像的分辨率是 72ppi，也就是在 1 平方英寸的图像中有 5184 个像素（72×72）。分辨率越高，输出的结果越清晰，图 1-6 所示为低分辨率图像，图 1-7 所示为高分辨率图像。

（2）屏幕分辨率。

屏幕分辨率即显示器上每单位长度显示的像素或点的数目，通常以“点/英寸（dpi）”为度量单位。屏幕分辨率取决于显示器大小及其像素设置，如图 1-8 所示。

图 1-6

图 1-7

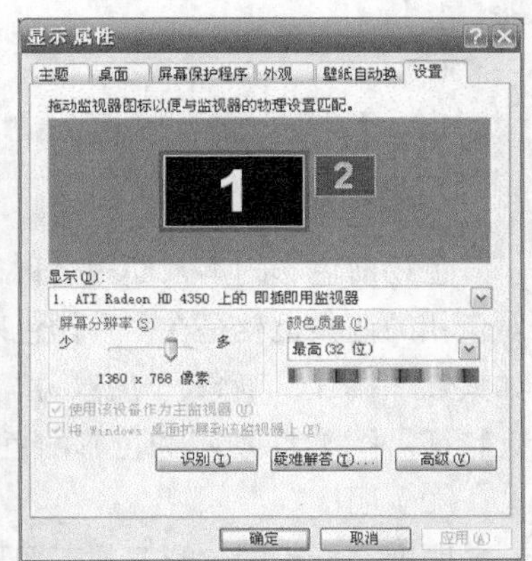

图 1-8

（3）输出分辨率。

输出分辨率是指输出设备在输出图像时每英寸所产生的油墨点数。输出分辨率以 dpi（dots per

inch，即每英寸所含的点）为单位，是针对输出设备而言的。为获得最佳效果，文件中设置的图像分辨率应与打印机分辨率成正比（但不相同）。大多数激光打印机的输出分辨率为 300dpi 到 600dpi。当图像分辨率为 72dpi 到 150dpi 时，其打印效果较好。高档照排机能够以 1200dpi 或者更高精度打印，此时将图像分辨率设为 150dpi 到 350dpi 之间，容易获得较好的输出效果。

2. 分辨率与图像大小的关系

分辨率的高低决定了图像容量的大小，分辨率越高，信息容量越大，文件越大。此外，图像的清晰度也与图像像素的总数有关，也可以通过下面的公式来了解：

图像尺寸＝像素数目/分辨率

如果像素固定，那么提高分辨率虽然可以使图像比较清晰，但尺寸却会变小；反之，降低分辨率图像会变大，但画质比较粗糙。

例如，一幅 A4 大小的 RGB 彩色图像，若分辨率为 300ppi，则文件的大小为 20MB 以上。若分辨率为 72ppi，则文件的大小为 2MB 左右，如图 1-9 和图 1-10 所示。

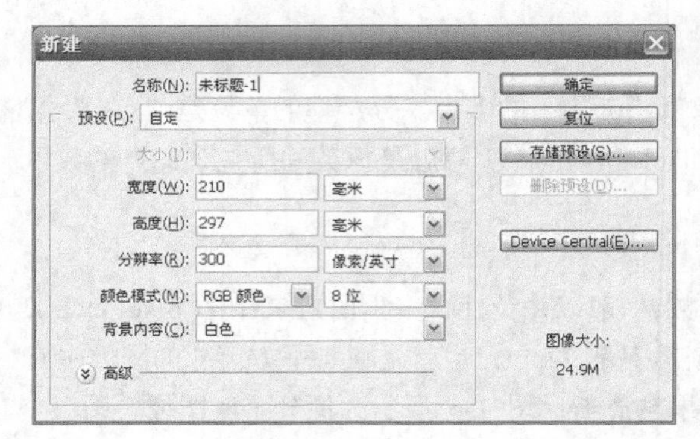

图 1-9

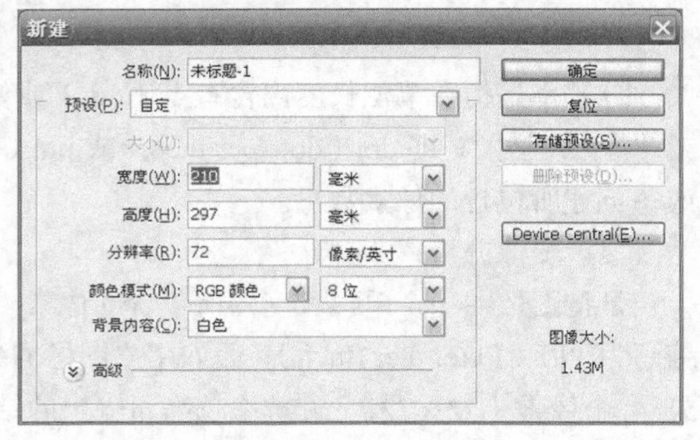

图 1-10

1.1.4 色彩基础和图像的颜色模式

色彩可用色相、明度、纯度来描述，这 3 个特性被称为色彩的三要素，也称色彩三属性。

1. 色彩基础

（1）色相。

色相即色彩的本来面貌名称，是指从物体反射，或通过物体传播的颜色。色相就是色彩颜色，对色相的调整也就是在多种颜色之间的变化。通常，色相是由颜色名称来标识的，如大红、橘红、草绿、湖蓝、群青等。色相是区别色彩的主要依据，是色彩的最大特征。图 1-11 所示为色彩的色相变化关系。

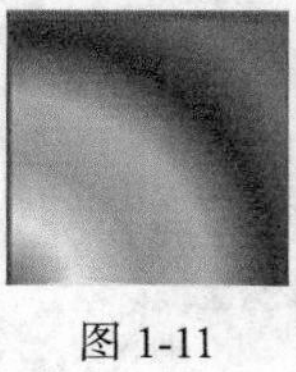

图 1-11

（2）明度。

明度是指不同色彩模式下图形原色的明暗差别程度，也被称为颜色的亮度，其范围为 0～255，包括 256 种色调。色彩的明度差别主要包括以下几个方面：一是指某一色相的深浅变化，二是指不同色相间存在着的明度差别。

例如，RGB 模式中，代表的就是红、绿、蓝三原色的明暗度，将红色加深就成了深红色。如一个黄色的梨子比一个深红的苹果要亮一些，所谓亮就是色彩对比的结果。图 1-12 所示为色彩的明度变化关系。

（3）饱和度。

纯度即各色彩中包含的单种标准色的成分多少，也被称为颜色的饱和度，用色相中灰色成分所占的比例来表示，0%为纯灰色，100%为完全饱和。

当一幅图像的饱和度降低为 0%时，图像就会变成灰色，也就是色彩的强度为 0。图 1-13 所示为一个红色的纯度变化关系。

图 1-12　　　　图 1-13

（4）对比度。

指不同颜色之间的差异。对比度越大，两种颜色之间的反差也就越大，反之则颜色相近。例如，如果提高一幅灰度图像的对比度，会使图像变得黑白鲜明，当对比度增加到极限时，则变成一幅黑白两色的图像；而降低对比度，图像中不同部分的颜色就趋于相同，当对比度减到极限时，会使整个图像都成为灰色。

两种颜色之间的差异越大，对比度就越大，如红对绿、黄对紫、蓝对橙是 3 组对比度较大的颜色。黑色和白色是对比度最大的颜色。冷色和暖色放在一起，对比度都比较大。

（5）色调。

色调是一幅画的总体色彩取向，是上升到一种艺术高度的色彩概括。

2. 颜色模式

Photoshop 中的色彩模式决定了用于显示和打印图像的颜色模型。色彩模式不同，色彩范围也就不同，色彩模式还影响图像的默认颜色通道的数量和图像文件的大小。

（1）RGB 模式。

光的显示模式，由红（Red）、绿（Green）、蓝（Blue）三色光来合成各种颜色。RGB 模式是加色混合，三原色光混合形成白光。在 8 位/通道的图像中，彩色图像中的每个 RGB（红色、绿色、蓝色）分量的强度值为 0（黑色）～255（白色），如图 1-14 和图 1-15 所示。

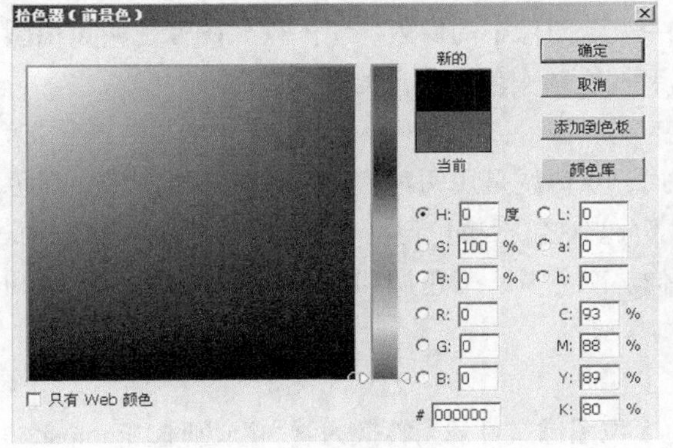

图 1-14

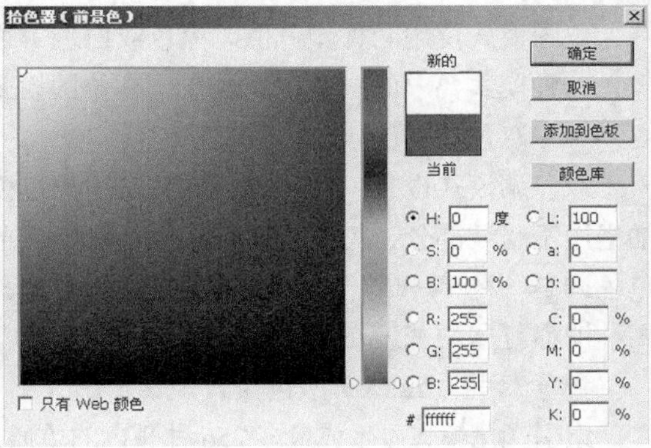

图 1-15

（2）CMYK 模式。

CMYK 模式也被称为减色模式。CMYK 的含义为：C（青色）、M（洋红）、Y（黄色）、K（黑色）。这 4 种颜色都以百分比的形式进行描述，每一种颜色百分比范围均为 0%～100%，百分比越高，颜色越深，如图 1-16 所示。

CMYK 模式是大多数打印机用作打印全色或者 4 色文档的一种方法，Photoshop 及其他应用程序将 4 色分解成模板，每种模板对应一种颜色。打印机然后按比率一层叠一层地打印全部色彩，最终得到想要的色彩。

在 CMYK 图像中，当 4 种分量的值均为 0%时，就会产生纯白色，如图 1-17 所示。

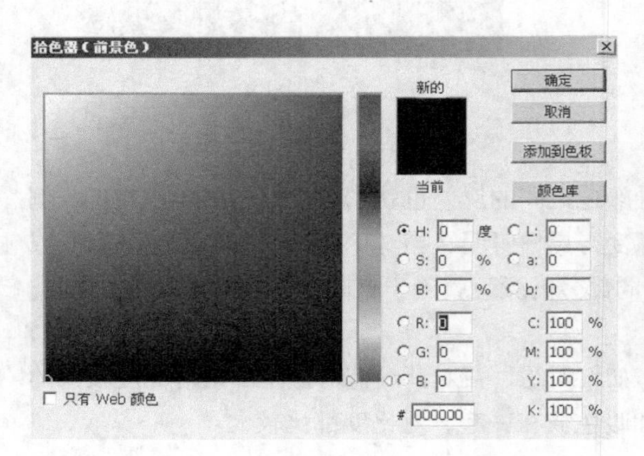

图 1-16

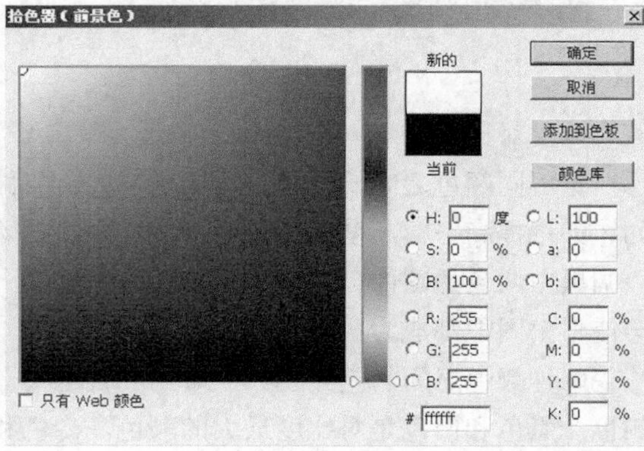

图 1-17

（3）Lab 模式。

Lab 模式是 Photoshop 在不同颜色模式之间转换时使用的内部颜色模式。L 代表光亮度分量，范围为 0～100；a 表示从绿到红的光谱变化，b 表示从蓝到黄的光谱变化，范围是+127 到−128。

（4）灰度（Grayscale）模式。

灰度模式可以表现丰富的色调，但只能在图像中使用不同的灰度级。在 8 位图像中，最多有 256 级灰度。灰度图像中的每个像素都有一个 0（黑色）～255（白色）之间的亮度值。在此模式中可以将彩色图像转换成高质量的黑白图像，也就舍弃了颜色，保留了亮度。

（5）位图（Bitmap）模式。

位图模式使用两种颜色值（黑色或白色）之一表示图像中的像素。位图模式图像也叫黑白图像，这种模式要求的磁盘空间最少，在位图模式下不能制作色彩丰富的图像。

（6）双色调（Duotone）模式。

双色调模式也是一种为打印而制定的颜色模式，双色调是用两种油墨打印的灰度图像：黑色油墨用于暗调部分，灰色油墨用于中间调和高光部分。它包括单色调、双色调、三色调和四色调。单色调是一种单一的、非黑色油墨打印的灰度图像。双色调、三色调和四色调是用两种、三种和四种油墨打印的灰度图像。

（7）索引（Index）颜色模式。

索引颜色模式可生成最多 256 种颜色的单通道 8 位图像文件。当转换为索引颜色时，Photoshop 将构建一个颜色查找表（CLUT），用以存放并索引图像中的颜色。颜色表以外的颜色程序会选取已有颜色中最相近的颜色，或使用已有颜色模拟该种颜色。索引颜色模式只使用 256 种颜色，因此会有图像失真的现象。

（8）多通道模式。

多通道模式在每个通道中包含 256 个灰阶，可以将由一个以上通道合成的任何图像转换为多通道图像，原来的通道转换为专色通道。

1.1.5　常用图像文件格式

文件格式即文件的存储形式，它决定了文件存储时所能保留的文件信息及文件特征，也直接影响文件的大小与使用范围。设定图像的格式，一般在完成图像的编辑和修改后进行，用户可以根据需要选择不同的存储格式。下面介绍几种常用的文件存储格式，如图 1-18 所示。

图 1-18

1. PSD 格式

PSD 格式是 Photoshop 自身的文件格式，能够支持 PS 的全部特征，包括通道、图层及路径等。由于 PSD 保存的信息比较多，因此文件会比较大，该模式是唯一支持全部色彩模式的图像格式。

2. JPG 格式

JPG 格式的图像通常可以用于图像预览，文件比较小，一般是用于储存在网页中的图像。但是图片的缩小是建立在损坏图片质量的基础上的，在压缩保存过程中会丢失一些数据，造成图片失真。

3. TIFF 格式

TIFF 格式是应用最广泛的图像文件格式之一，运用于各种平台上的大多数应用程序都支持该格式，便于在应用程序之间的计算机平台进行图像数据交换。

4. BMP 格式

BMP 格式是 Windows 标准的点阵式图像文件格式，一般用于制作桌面图像，图像质量优，但不支持多图层和通道。

5. GIF 格式

GIF 格式是以索引模式储存图片内容的格式，属于图片容量较小的动画文件。特点：支持背景透明，支持动画，一般用于网页。

6. EPS 格式

EPS 格式优势在于可以在排版软件中以低分辨率预览，而在打印时以高分辨率输出，并且支持 Photoshop 所有颜色模式，是点阵图、矢量图的通用格式。在储存时还可以将图像的白色像素设定为透明的效果，在位图模式下也可以支持透明。

1.2 Photoshop CS4 的窗口环境

Photoshop CS4 在保持原来风格的基础上还将工作界面和菜单做了更加合理和规范的改变与调整。Photoshop CS4 的工作环境有良好的兼容性和方便的自由度，可以支持 Macintosh（苹果机）或者 Windows PC 机的运行。打开一个图像后的 Photoshop CS4 的工作界面如图 1-19 所示。

图 1-19

1. 标题栏

标题栏中显示当前应用程序名称，当图像窗口最大化显示时，会显示图像文件名、颜色模式和显示比例的信息。

2. 菜单栏

Photoshop CS4 将所有的功能命令分类后，分别放在 11 个菜单中，菜单栏中提供了文件、编辑、图像、图层、选择、滤镜、分析、3D、视图、窗口、帮助菜单命令。

3. 工具箱

Photoshop CS4 工具箱中总计有 22 组工具，合计其他弹出式的工具，所有工具共计 70 多个，若需使用工具箱中的工具，用鼠标左键单击该工具图标即可，如图 1-20 所示。选择工具还可以通过快捷键执行。

图 1-20

4. 属性栏

属性栏又叫工具选项栏，当用户选中工具栏中的某项工具时，属性栏会改变成相应工具的属性设置选项，用户可在其中设定工具的各种属性，如图 1-21 所示。

图 1-21

5. 图像窗口

图像窗口是显示图像的区域，也是可以编辑或处理图像的区域。图像窗口上方是图像窗口的名称栏，在图像窗口中，可以对图像进行多种操作。

6. 状态栏

状态栏在窗口的最底部，用于显示图像处理的各种信息，由 3 部分组成，如图 1-22、图 1-23 和图 1-24 所示。

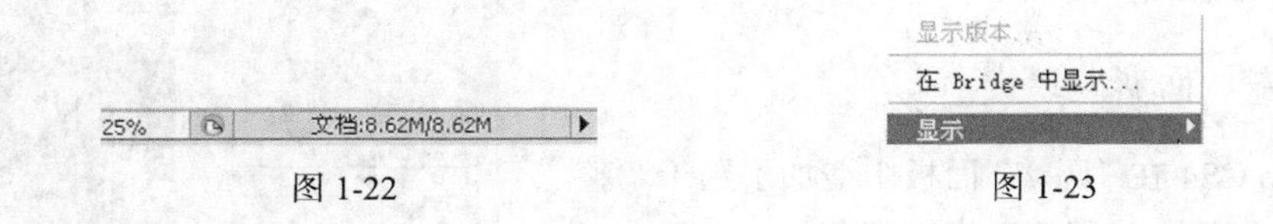

图 1-22　　图 1-23

7. 面板

面板又叫控制面板，利用不同的控制面板，可以进行图层调整、动画创建、通道创建、路径创建等操作，是 Photoshop 非常重要的组成部分，如图 1-25 所示。

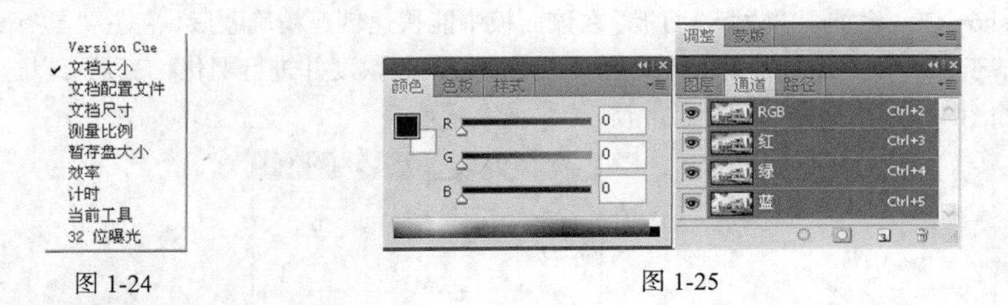

图 1-24　　图 1-25

1.3 Photoshop CS4 新增功能

在 Photoshop CS4 中，除了常用的基本功能外，增加了 3D 描绘、蒙版、调整等新的面板。在画布角度旋转、内容识别缩放、图层混合、对齐等方面也进行了改变。

1. 3D 功能

在 Photoshop CS4 中，支持多种 3D 格式，可以处理和合并现有的 3D 对象，编辑和创建 3D 纹理，以及组合 3D 与 2D 图像。除了不能编辑 3D 模型本身外，可以使用 3D 工具移动或缩放 3D 模型，以及更改光照或渲染模式。可以向图像添加多个 3D 图层，将 3D 图层与 2D 图层组合在一起以创建 3D 内容的背景，或将 3D 图层转换为 2D 图层或智能对象，如图 1-26 所示。

图 1-26

借助全新的光线描摹渲染引擎，现在可以直接在 3D 模型上绘图、用 2D 图像绕排 3D 形状、将渐变图转换为 3D 对象、为层和文本添加深度、实现打印质量的输出并导出为支持的常见 3D 格式，从而实现高品质的输出。

2. “调整”面板

Photoshop CS4 在“调整”面板中增加了用于调整颜色和色调的工具，使用该面板进行调整，会自动创建非破坏性调整图层，对图像颜色进行明暗、色彩饱和度和色相的处理，如图 1-27 所示。

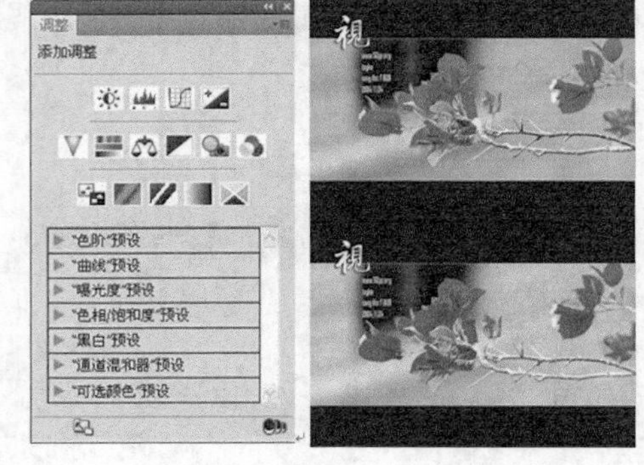

图 1-27

3. “蒙版”面板

Photoshop CS4 增加了“蒙版”面板，在该面板中能快速创建精确蒙版，它主要具有 3 个功能，一是创建基于像素和矢量的可编辑的蒙版，二是调整蒙版浓度并进行羽化，三是可以选择不连续的对象，如图 1-28、图 1-29 和图 1-30 所示。

图 1-28

图 1-29

4. 旋转视图工具

在 Photoshop CS4 中增加了“旋转视图工具”，使用“旋转视图工具”可以在不破坏图像的情况下旋转画布，它不会使图像变形，这样就能使用户在绘画或绘制图像时更加省事，如图 1-31 所示。

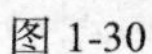

图 1-30

图 1-31

5. 智能化内容识别比例

通常使用自由变换功能变形图片时，图片中的所有元素都会随之缩放，出现变形和扭曲。Photoshop CS4 新增了“内容识别比例”命令，执行“编辑”>“内容识别比例”命令，它会智能地、按比例保留其中重要的区域，如图 1-32 所示。

图 1-32

1.4 Photoshop 基本操作

1.4.1 Photoshop CS4 的文件操作

1. 创建新图像文件

启动 Photoshop 后，需先建立好一个新图像，具体操作步骤：执行菜单“文件”>“新建”命令，或按快捷键“Ctrl+N”，弹出“新建”对话框，在对话框中进行各项设置，然后单击“确定”

按钮即可建立新文件，如图 1-33 所示。

2. 打开图像文件

执行菜单“文件”>“打开”命令，或按快捷键“Ctrl+O”，或者双击 Photoshop CS4 桌面，弹出“打开”对话框，在对话框中查找图像存放的位置，在“文件类型”下拉列表中选择要打开的图像文件格式，选中要打开的文件后双击，或单击“打开”按钮，即可打开文件。

3. 存储图像文件

当设计者修改和编辑完图像，应及时保存文件，如果不及时保存所编辑的图像文件，可能会丢失文件，这样就要重新修改和编辑图像文件了。

（1）“存储”命令

选择“文件”>“存储”命令，或按快捷键“Ctrl + S”即可保存文件。而此命令是把刚编辑过的图像以原路径、原文件名、原文件格式覆盖原始文件的保存方式进行保存，因此使用此命令时要注意原文件的存放问题。

（2）“存储为”命令。

第一次保存新建的图像文件则会弹出“存储为”对话框，也可以选择“文件”>“存储为”命令，或按快捷键“Shift + Ctrl + S”即可打开“存储为”对话框。这种保存方式则不针对原图像进行覆盖，而是另外指定存储的路径、文件名称和文件格式更换的保存方式，如图 1-34 所示。

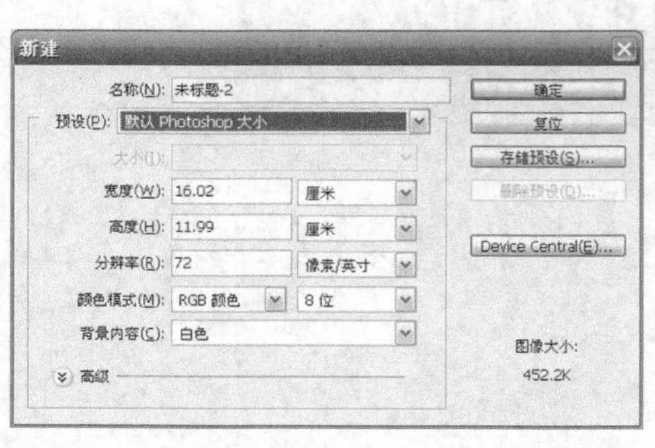

图 1-33

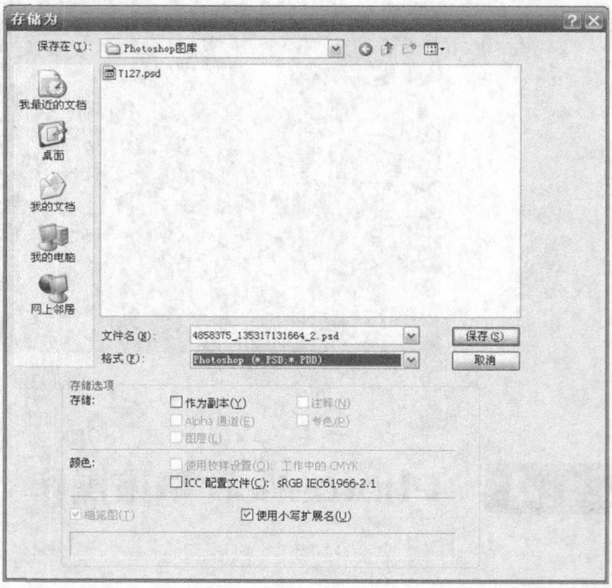

图 1-34

（3）“存储为 Web 所用格式”命令。

选择“文件”>“存储为 Web 所用格式”命令，或按快捷键“Alt+Shift + Ctrl + S”即可打开“存储为 Web 所用格式”对话框。可以通过各种设置，对图像进行优化，并保存为适合网络使用的 HTML 等格式，如图 1-35 所示。

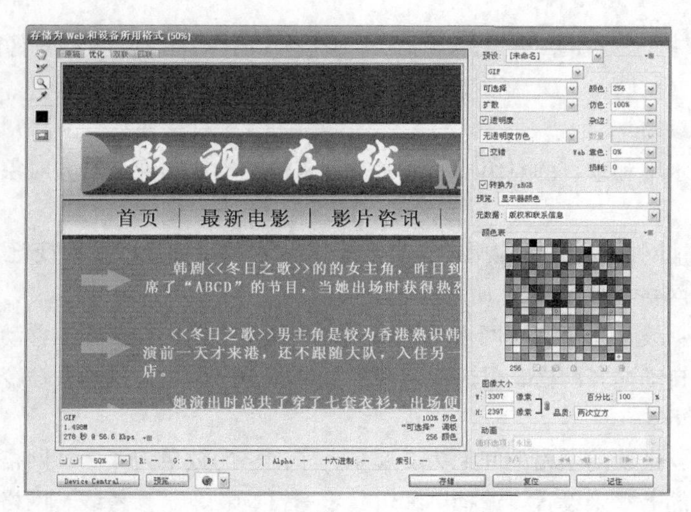

图 1-35

4.（置入）浏览图像文件

Photoshop 是主要处理位图文件的软件，但可以具备支持矢量图像的功能，用户可以将矢量软件制作的图像通过“置入”命令插入到 Photoshop 中使用。对于编辑完成的图像要进行存储，以便以后使用。

具体操作为，打开一张位图图像，然后选择“文件”>“置入”命令，在弹出的对话框中选择需要插入的文件，然后单击“置入”命令，将矢量文件插入进当前图像中，如图 1-36 和图 1-37 所示。

图 1-36

图 1-37

5. 关闭图像文件

在 Photoshop 中完成图像编辑和处理并进行保存后，可以将其关闭，关闭文件有下列方法：双击图像窗口标题栏右侧的“关闭”按钮，或是选择菜单栏的“文件”>“关闭”命令，快捷键为“Ctrl+W”，或是按“Ctrl+F4”快捷键进行关闭。

1.4.2　辅助工具

1. 标尺

标尺的应用：标尺可以显示当前鼠标指针所在位置的坐标值和图像尺寸，使用标尺可以更准确地对齐对象和选取范围。执行“视图”>“标尺”命令，或按“Ctrl+R”快捷键，在图像窗口中将显示标尺。

2. 网格

网格是由一组水平和垂直的点组成，经常被用来协助绘制图像和对齐对象，默认状态下网格是不可见的。

（1）建立与撤销网格：选择“视图”>“显示”>“网格”命令或按快捷键“Ctrl + '”，即可在图像上显示或隐藏网格，如图 1-38 所示。

（2）贴齐网格：设计者可利用网格功能来对齐或移动物体，如希望在移动物体时自动贴齐网格，或选取范围时自动贴齐网格，可选择“视图”>“对齐到”>“网格”命令，使“网格”命令前出现对勾标记即可。

（3）设置网格：默认的网格的间距为 2 厘米，子网格的数量为 4 个，网格的颜色为灰色，但设计者可根据自己的需求来设置。选择“编辑”>“首选项”>“参考线、网格与切片”命令可打开设置对话框，如图 1-39 所示。

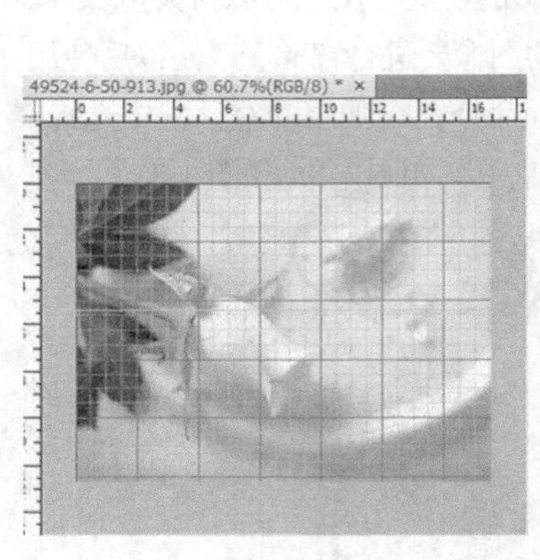

图 1-38

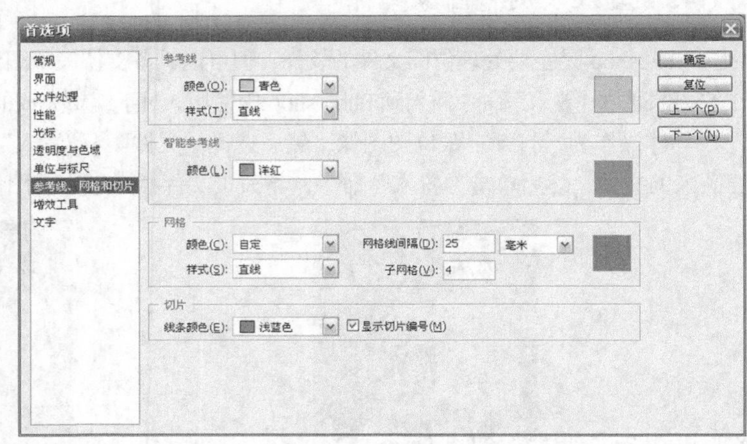

图 1-39

3. 使用参考线

参考线是浮在整个图像上不能被打印的直线，可以移动、删除或锁定参考线，它可以用于对象对齐和定位，可任意设置其位置。

（1）建立参考线：选择“视图”>“标尺”命令或按快捷键“Ctrl +R”来显示标尺，然后移动光标至标尺上方，按下鼠标拖曳至窗口，可建立一条参考线。水平标尺上获得的是水平参考线，垂直标尺上获得的是垂直参考线。在拖曳过程中按“Alt”键，可切换垂直和水平参考线。

还可以选择“视图”>“新参考线”命令打开“新参考线”对话框，来建立固定精确的参考线，如图 1-40 所示。

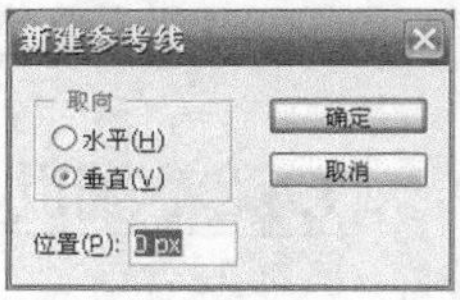

图 1-40

（2）移动参考线：当前选择的工具为“移动”工具时，移动光标至参考线上方，光标显示为双向箭头时，拖曳鼠标即可移动参考线；如果是其他工具，则按下“Ctrl”键再移动光标至参考线上进行拖曳，也可移动参考线。

（3）显示>隐藏参考线：选择“视图”>“显示”>“参考线”命令或按快捷键“Ctrl +;”来

显示或隐藏参考线。

（4）锁定参考线：选择“视图”>“锁定参考线”命令来锁定参考线，锁定后参考线不可以再被移动，能防止对参考线进行误操作。再次选择“视图”>“锁定参考线”命令，可取消锁定。

（5）清除参考线：选择“视图”>“清除参考线”命令可快速清除图像中所有的参考线。若删除具体某根参考线，只需要拖曳该参考线至图像窗外即可。

实例练习——标尺的使用

（1）执行“文件”>“打开”命令，打开光盘中的“Ch01>素材>游戏场景.psd”文件，如图 1-41 所示。

（2）执行“视图”>“标尺”命令或按“Ctrl+R”快捷键，打开标尺，根据画面的需要把标尺的单位修改为像素。用鼠标右键单击标尺栏，选择像素，如图 1-42 所示，为复制灯笼做好准备。要想关闭标尺，按“Ctrl+R”快捷键。

图 1-41

图 1-42

（3）将鼠标指针放在标尺位置，按住并向下移动鼠标，拉出参考线，在图中水平方向新建 12 条参考线，在垂直方向新建两条参考线，如图 1-43 所示。或者执行“视图” >“新建参考线”命令，打开“新建参考线”对话框，可以分别创建水平和垂直方向的参考线。

（4）执行“视图”>“显示”>“智能参考线”命令，打开智能参考线，这样复制的灯笼会沿着参考线自动对齐和居中。

（5）在“图层”面板上选中图层“灯笼”，执行“图层”>“复制图层”命令 5 次，然后拖移复制后的 5 个灯笼到相应的位置，如图 1-44 所示。

图 1-43

图 1-44

（6）制作完毕，执行“文件”>“保存”命令或按“Ctrl+S”快捷键，将其保存在指定的文件夹下，单击“保存”按钮即可完成保存工作。

1.4.3 标尺工具

“标尺工具”的应用：不仅可以用于测量图像中两点之间的距离，还可以用于测量两条线段之间的角度。

1. 测量距离

移动鼠标指针至测量线段的起始点或终点处，此时鼠标指针呈“标尺”形状，在需要测量的起始点单击鼠标左键并拖曳至另一测量点处，释放鼠标后，“信息”面板和工具属性栏中将会显示测量的长度，如图 1-45 所示。若要删除测量的线段，单击工具选项栏上的“清除”按钮或用鼠标将其拖出窗口即可。

2. 测量角度

测量角度时，先按鼠标拉出第一条测量线段，后按住“Alt”键并移动光标至线段的始点或终点的位置，光标会变为“角度”形状，按住鼠标并拖动拉出第二条线段，此时在工具选项栏和“信息”面板中显示的“ A：131.7° ”数值则是两条线段之间的夹角大小，如图 1-46 所示。

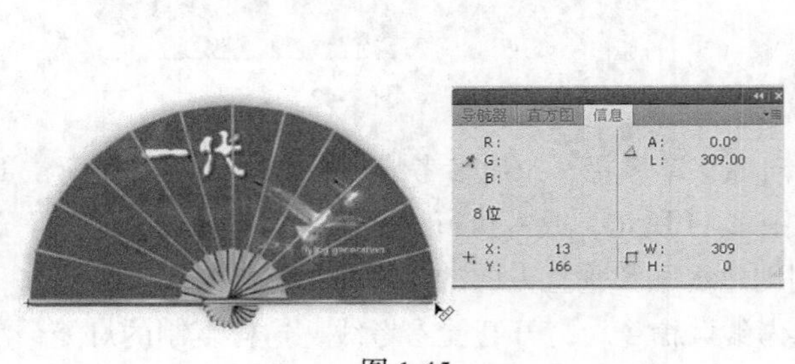

图 1-45

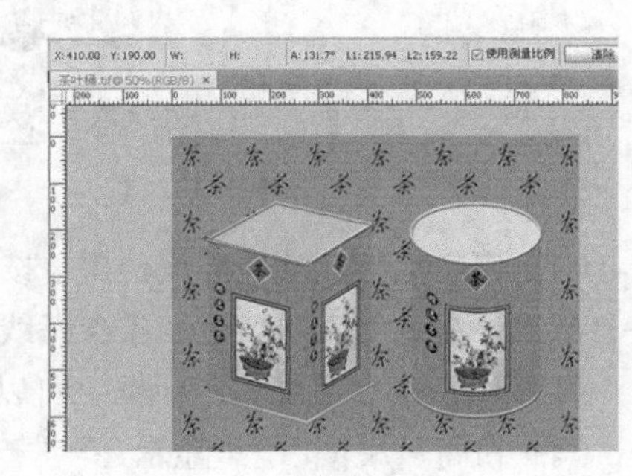

图 1-46

1.4.4 控制文档显示模式

1. 图像的 3 种屏幕显示模式（见图 1-47）

（1）标准屏幕模式：标准屏幕模式为系统默认的模式，如图 1-48 所示。在此模式下可以显示 Photoshop 中的所有组件，如菜单栏、工具栏、标题栏等。

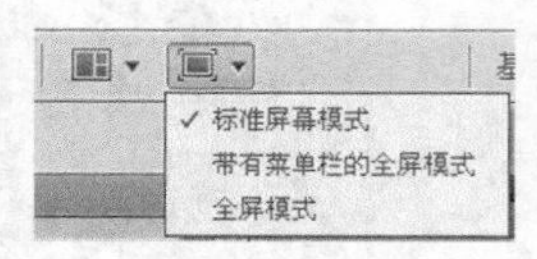

图 1-47

（2）带菜单的全屏幕模式：菜单的全屏幕模式如图 1-49 所示。这种模式不显示工作窗口名称，只显示带有菜单栏的全屏模式，为图像的编辑操作提供了较大的空间。

图 1-48

图 1-49

（3）全屏幕显示模式：全屏幕显示模式如图 1-50 所示。选用这种模式会切换为黑色屏幕模式，不显示菜单栏和工具栏，可以十分清晰地观看图像的效果。

图 1-50

2. 图像显示比例的调整

（1）“缩放工具”的使用。

在工具箱中选择“缩放工具”，又称“放大镜工具”。将光标移至工作窗口，单击图像可进行图像的缩放操作。同时也可以进行局部缩放，即用“缩放”工具移动光标到图像窗口。选择“缩放工具”后，在菜单的下方会出现图 1-51 所示的工具选项栏。

图 1-51

（2）图像导航器的使用。

“导航器”面板中红色的矩形框表示当前所显示的图像的窗口状态，可用鼠标在导航器中拖动，鼠标指针变为手形时可以随意移动红色的矩形框，显示各种不同的区域，如图 1-52 所示。

当图像被放大超出当前窗口时，将光标移至该面板的缩览图区域，光标呈手形标记图形时，按住鼠标左键并拖曳，可调整图像窗口中所显示的图像区域，如图 1-53 所示。

图 1-52

图 1-53

（3）抓手工具。

当图像显示的大小超过当前画布大小时，窗口就不能显示出所有的图像内容，需要查看全部内容，可以利用“抓手工具”移动来查看，也可以拖动窗口中的滚动条来查看。

1.4.5　图像与画布大小的设置

1.　图像大小的设置

如果打开的图像并不符合要求，可选择“图像” > “图像大小”命令或按快捷键“Alt + Ctrl + I”打开“图像大小”对话框，可以调整图像的像素大小、打印尺寸和分辨率，如图 1-54 所示。

编辑多个图像时，每个图像的大小都不一样，为了方便排版，需要统一尺寸。方法是执行“图像” > “图像大小”命令，打开“图像大小”对话框。通过该对话框，可以重新设置图像的大小，将图像的尺寸放大或是缩小，以及改变图像的分辨率。

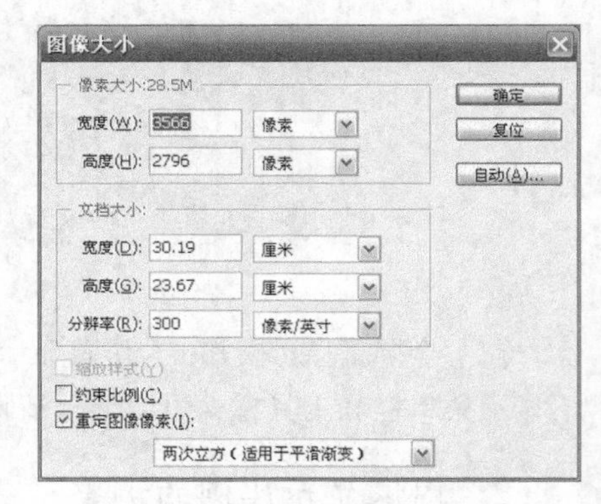

图 1-54

2.　画布大小的设置

画布大小的调整是指创作的工作区域的调整，图像创作的工作区域变大或者变小，图像本身的大小是不变的，不会影响图像本身的比例。但是改变画布的大小可能会改变图像在画布上的位置，这也是与调整图像大小的区别。可选择“图像” > “画布大小”命令或按快捷键“Alt + Ctrl + C”打开“画布大小”对话框，如图 1-55 所示。

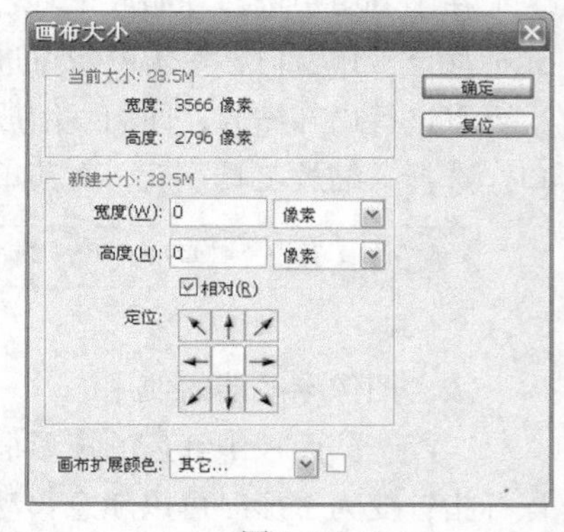

图 1-55

设置画布增大空间的颜色为黑色，确定画布大小更改后，原图像在新画布中的位置，

图 1-56 所示为原图像，图 1-57 所示为增大画布后的效果。

图 1-56

图 1-57

3. 画布的旋转

选择“图像”>“旋转画布”子菜单中的各项命令，可以将文档的画布旋转。图像发生颠倒或倾斜时，可以选择“图像”>“旋转画布”命令，对画布进行旋转。在旋转画布中执行“任意角度”命令，弹出图 1-58 所示的对话框，角度中可输入任意数值，并可选择顺时针或逆时针的旋转方向。输入 45 度的效果如图 1-59 所示。

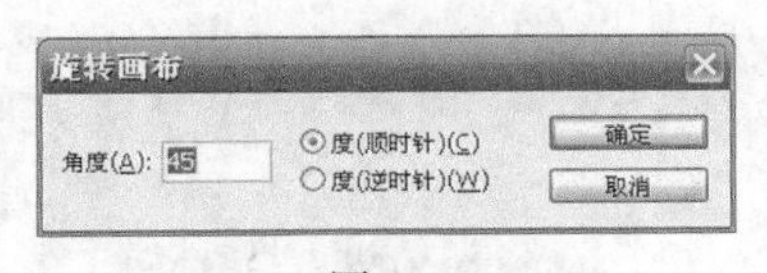

图 1-58

图 1-59

4. 图像的裁切

“裁剪工具”的主要作用是：裁掉图像中不需要的部分。Photoshop CS3 提供了对裁剪图像的更改、旋转等功能。“裁剪工具”选项栏如图 1-60 所示。

图 1-60

颜色：表示未被选中部分蒙住的颜色，可以调节为自己所需要的颜色。

不透明度：用来控制被蒙住的颜色的透明程度，右边的文本宽度中可以输入 0%～100%。百分比值越大透明度越低，反之透明度越高。

删除：如果在裁剪图像时，选择的是“删除”项，将裁剪区域外的图像裁掉，而保留裁剪区域内的图像。

隐藏：如果在裁剪图像时，选择的是“隐藏”项，将裁剪区域保留在图像文件中，用户可以通过“移动”工具移动图像来使隐藏区域可见。

如果想调整裁剪区域的大小，可以将鼠标指针移到所选区域边框的小矩形上，此时，鼠标指针变成了双箭头，按住鼠标左键不放并进行拖动，拖动到需要的位置松开鼠标即可改变选区大小。然后在图像上单击鼠标右键，弹出快捷菜单，在快捷菜单中有两个选项“裁剪”、“取消”，选择“裁剪”命令，结果所选框的部分图像被保留，而没有选框的部分图像被裁掉，图 1-61 所示为原图像，图 1-62 所示为裁剪后的图像。也可以直接按“Enter”键裁剪，按“Esc”键取消裁剪。

图 1-61

图 1-62

如果在裁剪的时候想要裁剪出一定的角度，可以利用鼠标旋转裁剪区域，如图 1-63 所示。按“Enter”键，即可得到旋转后的裁剪区域，如图 1-64 所示。

图 1-63

图 1-64

选择“图像”>“裁切”命令，“裁切”对话框及其效果如图 1-65 所示。

图 1-65

透明像素：表示删除图像透明像素，该选项只有图像中存在透明区域时才会被激活。

左上角像素颜色：删除图像中与左上角像素颜色相同的图像边缘区域。

右下角像素颜色：删除图像中与右下角像素颜色相同的图像边缘区域。

裁切掉：用来设置要裁切掉的像素位置。

实例练习——倾斜图像的校正方法

（1）执行菜单栏中的“文件”>“打开”命令，打开光盘中的“Ch01> 素材 >倾斜照片.jpg”文件，将图像打开。这是一幅风景照片，由于拍摄时的失误，照片出现了倾斜。

（2）单击工具箱中的“标尺工具”按钮，按住鼠标左键并沿着倾斜的水平面拉出一条线，如图 1-66 所示。

（3）执行菜单栏中的“图像”>“图像旋转”>“任意角度”命令，将打开“旋转画布”对话框，不进行任何数值的改变，直接单击“确定”按钮即可，如图 1-67 所示。

图 1-66

图 1-67

（4）确定旋转后，根据标尺的角度自动将照片旋转，倾斜的照片画面已经得到了很好的校正，如图 1-68 所示。

（5）由于照片的旋转，使照片画面出现了不必要的空白区域，可以使用“裁剪工具”对照片进行裁剪处理。单击工具箱中的“裁剪工具”，在画面中按住鼠标左键并拖出图中所示的裁剪框。在裁剪框内，完成裁剪操作，照片校正过来，如图 1-69 所示。

图 1-68

图 1-69

1.5　前景色与背景色的设置

在 Photoshop 中选取颜色，主要是通过工具箱中的“前景色”和“背景色”按钮来完成的。

前景色：用来显示和选取当前绘图工具所使用的颜色。使用“画笔工具”在画板中画出的颜色就是前景色。

背景色：显示和选取图像的底色。选取背景色后，并不会立即改变图像的背景色，只有在使用部分与背景色有关的工具时才会依照背景色的设定来执行命令。

在工具栏的下方，显示前景色和背景色的色块，默认状态下，前景色为黑色，位于上方，背景色为白色，位于下方，如图 1-70 所示。当用鼠标单击前景色或背景色图标时，就会弹出“拾色器（前景色）”或“拾色器（背景色）”对话框。

切换前景色与背景色：在图标上单击或按下“X”键。

默认前景色与背景色：单击图标或按下“D”键，将恢复前景色和背景色为初始的默认颜色，即 100%的黑色与 100%的白色。

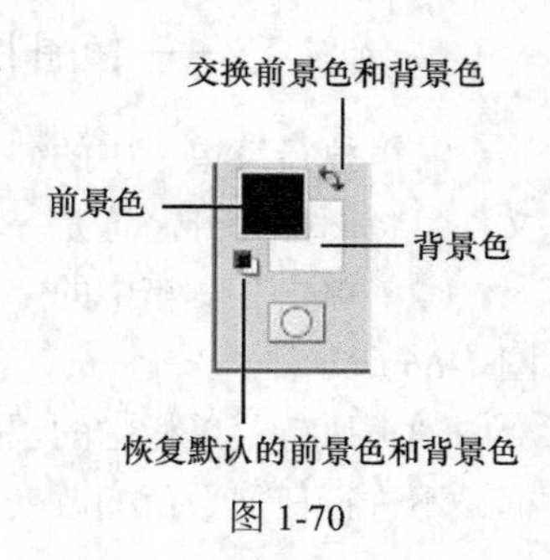

图 1-70

1.5.1 使用颜色“拾色器”对话框

在 Photoshop 中编辑图像时，任何时候单击“工具箱”中的图标或“颜色”面板中的图标，都会弹出“拾色器”对话框，它是 Photoshop 中选择颜色的标准环境，可以利用 HSB、RGB、Lab 和 CMYK 这 4 种常见的色彩模式来选择颜色。“拾色器”对话框包括以下选项，如图 1-71 所示。

单击“颜色库”按钮，切换到“颜色库”对话框进行颜色选取。“色库”下拉列表中共有 ANPA Color、DIC Color Guide 等 13 种颜色库。这些颜色库是全球范围内不同公司或组织制定的色样标准。选择了一种颜色库后，可以通过滑杆来选择该库中的某种颜色，这些颜色都带有自己的记号。如果已从颜色样本中查找到序号，可以直接通过键盘输入序号，便可立即选中该颜色，如图 1-72 所示。

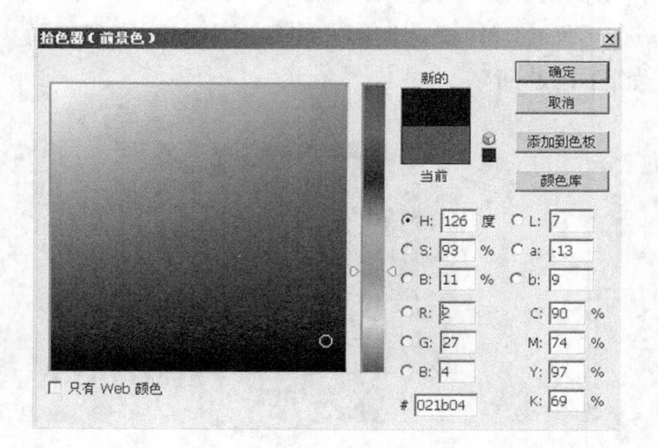

图 1-71

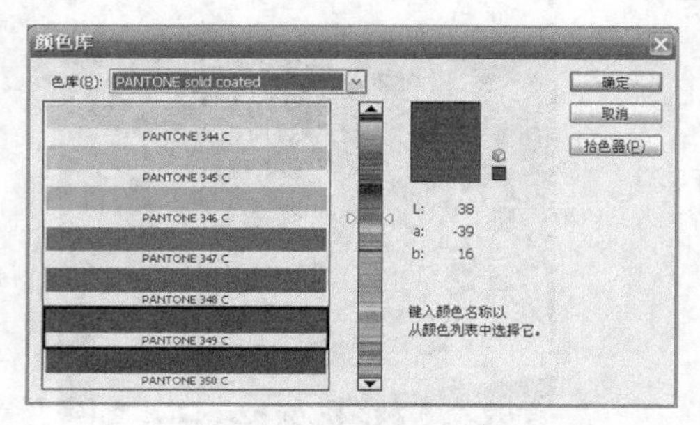

图 1-72

1.5.2 使用“颜色”面板

默认情况下，“颜色”面板所提供的是 HSB 颜色模式的滑杆。Photoshop“颜色”面板提供了 6 种不同的滑杆和 4 种不同的光谱，如图 1-73 所示。

“颜色”面板的主要作用，是通过调整 RGB 或 CMYK 的值来调整前景色和背景色。“颜色”面板如图 1-74 所示。

图 1-73

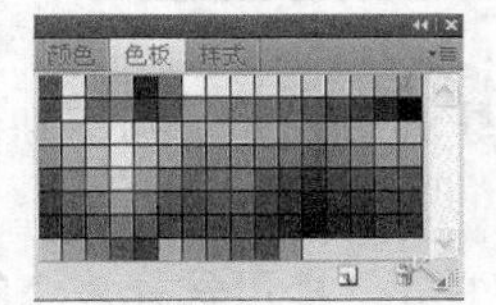

图 1-74

1.5.3　使用“色板”面板

“色板”面板用于快速选择前景色和背景色。该面板中的颜色都是预设好的，可以直接选取使用。“色板”面板如图 1-75 所示。

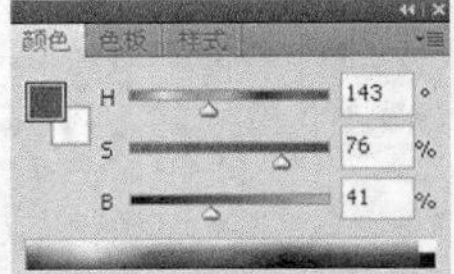

图 1-75

在“色板”中的操作：当鼠标变成吸管形状时，单击添加色板即可。添加的颜色为当前选取的前景色。按下“Alt”键同时在色板中单击要删除的色板方格，删除色板。按下“Ctrl 键”的同时单击色板方格，设置背景色颜色。

1.5.4　用“颜色取样器”设置

工具箱中有一个“颜色取样器”工具，通过该工具也可以设置前景色和背景色。“颜色取样器”工具用于在图像中同时对 4 个以内位置的颜色取样，以便在“信息”面板中获得颜色信息，如图 1-76 所示。

单击“颜色取样”工具，在屏幕的右上侧便弹出“颜色取样”选项面板。打开设置前景色和背景色窗口后，将鼠标指针移到图像中需取样的位置并单击左键，在“信息”面板上显示所取颜色的信息，如图 1-77 所示。

图 1-76

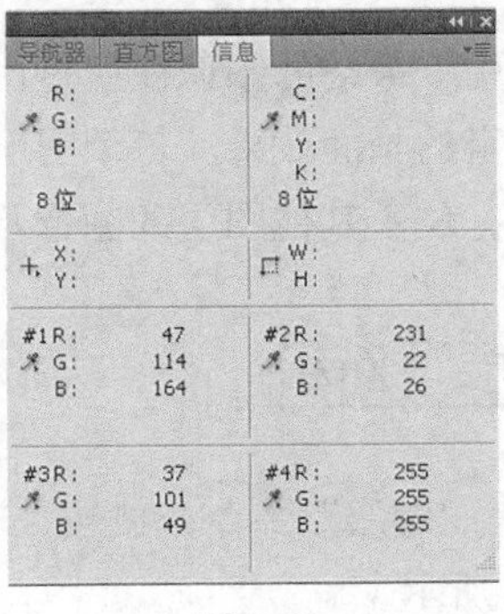

图 1-77

用“颜色取样器”定点取样时，取样点不得超过 4 个。“颜色取样器”工具只能用于获取颜色信息，而不能选取颜色。取样点可以保存在图像中，下次打开图像后可重复使用。

按快捷键“Ctrl+H”或执行“视图”>“显示额外内容”命令，可以隐藏取样点。按下“Alt”键单击取样点或将取样点拖出图像窗口，可以删除取样点。

1.5.5 使用“吸管工具”

“吸管工具”如图 1-78 所示，可以在图像区域中进行颜色采样，并用采样颜色重新定义前景色或背景色。

在图像上某一点单击，即可选择该点的颜色作为前景色，工具箱中的前景色将随之改变，“信息”面板中也将显示出该颜色的 CMYK 值和 RGB 值，如图 1-79 所示。

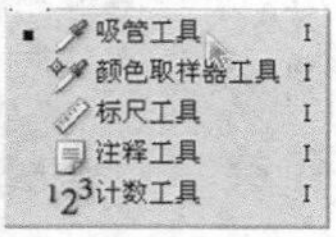

吸管工具 I
颜色取样器工具 I
标尺工具 I
注释工具 I
计数工具 I

图 1-78

图 1-79

按住“Alt”键的同时拾取颜色，可将其设定为背景色，工具箱中的背景色将随之改变，“信息”面板中也将显示出该颜色的 CMYK 值和 RGB 值。

在图像中拖动鼠标指针，将连续选择不同像素点的颜色，同时反映在前景框和“信息”面板中，用这种方法可以快速选择出合适的前景色。

按住“Alt”键的同时在图像中拖动鼠标指针，将连续选择不同像素点的颜色，同时反映在背景框和“信息”面板中，用这种方法可以快速选择出合适的背景色。

1.6 图层的概念

在 Photoshop 中，最终的图像往往是由很多图层合并而成，每个不同的图像存在于不同的图层中，最后形成丰富的画面效果。每个图层是相对独立的，也可单独移动，有上下层之分。在处理某一部分图像时，位于其他图层的图像不会受到影响。

1.6.1 “图层”面板

选择“窗口”>“图层”命令，或按“F7”功能键，即可打开“图层”面板。“图层”面板中部分选项如图 1-80 所示。

1. 眼睛图标

用来显示和隐藏图层。当图标显示为眼睛时，表示当前图层处于显示状态。当图标不显示为眼睛时，则表示当前图层处于隐藏状态，任何图像编辑对此层不产生影响。单击眼睛图标可以随时切换显示和隐藏状态。

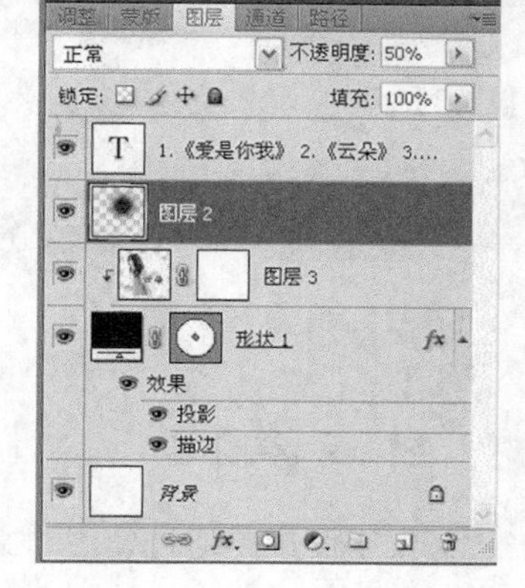

图 1-80

2. 图层名称

为了识别方便，每个图层都可以定义一个名称来区分。默认名称为“图层 1”、“图层 2”……双击图层名称可以更改图层的名称。

3. 当前图层

在“图层”面板中加色显示的图层就是当前图层。一幅图像只有一个当前图层，通常编辑也只对当前图层有效。在“图层”面板中单击任意一个图层，该图层就变为当前图层。

4. 链接图层

有链接图标的图层为链接图层，它们之间有互相链接的关系，当前图层移动、旋转或变换操作时，链接图层也随之变化。如单独操作独立图层就要先解除链接。

1.6.2　图层类型

1. 背景图层

背景图层是位于所有图层的最下方，是不透明的图层。背景图层不可以随意移动和改变图层叠加的次序，不能改变色彩模式和不透明度，如图 1-81 所示。

但背景图层和普通图层可以相互转换。双击背景图层，弹出“新建图层”对话框，单击“确定”按钮即可使背景图层转为普通图层，如图 1-82 所示。

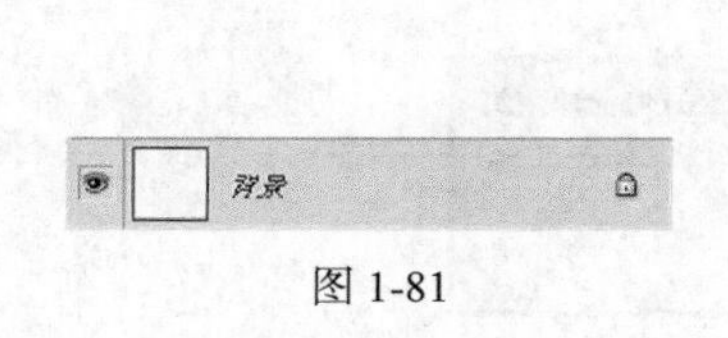

图 1-81

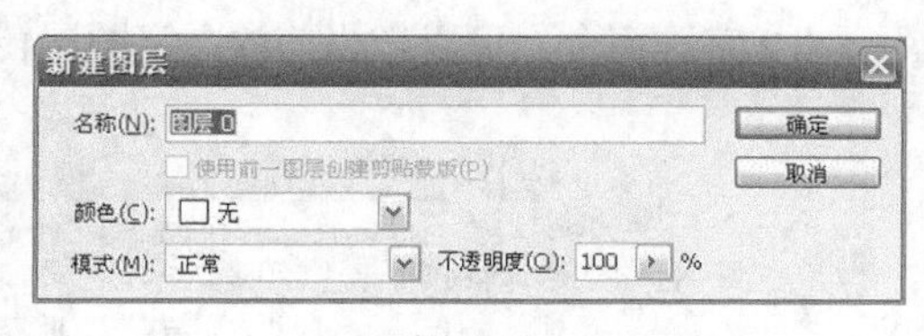

图 1-82

如果图像没有背景层，那也可以指定一个普通层为背景层。选择好要指定的普通层为当前图层，选择“图层”>“新建”>“背景图层”命令，即可使该当前的普通图层转为背景图层。

2. 普通图层

选择“图层”>“新建”命令，可以按“Ctrl + Shift + N”快捷键，或直接在“图层”面板下方单击“新建图层”按钮，即可创建普通图层。

新建的普通图层通常是透明的，在把背景层隐藏后看到图层显示为灰白色方格，表示为透明区域，如图 1-83 所示。可以通过工具和菜单中的各种图像编辑命令在普通图层上进行编辑和使用。

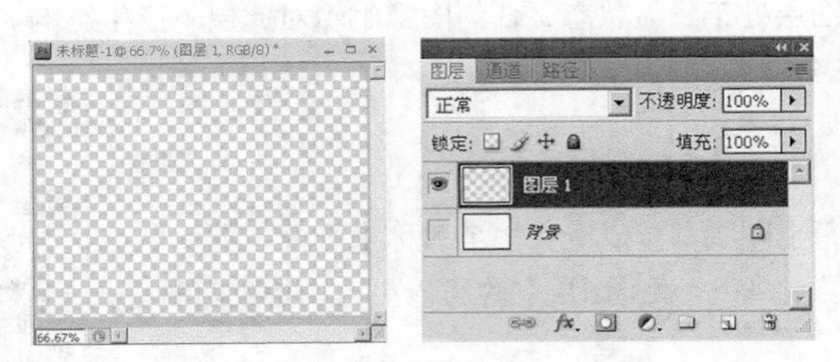

图 1-83

3. 文字图层

文字图层是通过使用“文字工具”而产生的一种特殊图层。在使用“文字工具”时，系统会自动创建该图层，文字的输入内容就是图层的名称，并且在文字图层前方的缩略图中有一个“T”文字工具的标记，而单击图像上的该文字或双击文字图层均可进入文字的编辑状态，如图 1-84 所示。

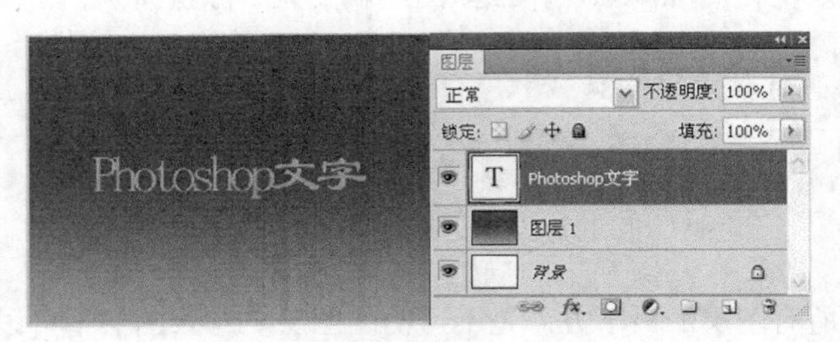

图 1-84

文字图层是含有该图层的文字内容和文字格式信息的图层，在编辑该图层的效果时，有时需要将文字图层转换为普通图层来编辑。系统会强制弹出信息框，如图 1-85 所示。也可选择“图层”>“栅格化”>“文字”命令，可以把当前的文字图层转换为普通图层。

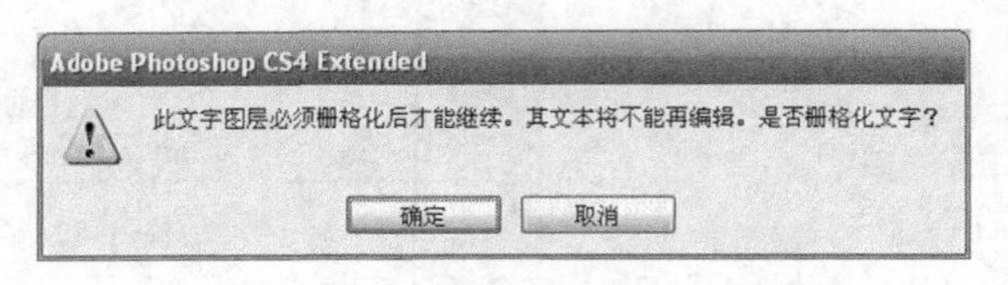

图 1-85

4. 形状图层

形状图层是使用工具箱中的“形状工具”在图像中创建各种图形后，“图层”面板中自动建立的图层，在图层缩略图的右侧是图层的矢量蒙版缩略图。形状图层可以进行反复修改和编辑，是矢量图层，如图 1-86 所示。

图 1-86

5. 样式图层

样式图层的特点是可以在图层中添加各种图层样式效果，此图层的特征为右侧显示“图层样式符号”。单击“图层”面板下方的按钮，或双击当前要创建的图层，即可创建样式图层，如图 1-87 所示。

6. 蒙版图层

蒙版图层是图像处理合成的一个重要方法，图层蒙版中颜色控制着图层中相应图像的透明方式，在蒙版图层缩略图右侧会显示一个黑白的蒙版图像，如图 1-88 所示。

图 1-87

图 1-88

7. 填充和调整图层

填充和调整图层中，填充图层填充的内容可以是纯色、渐变色或图案，并且可以自动添加图层蒙版来控制填充的可见和隐藏性，如图 1-89 所示。而调整图层可以改变其图层的色相、饱和度、对比度，并且可以随意对调整图层进行修改。单击“图层”面板下方的“创建新的填充或调整图层”按钮来添加填充图层，如图 1-90 所示。

图 1-89

图 1-90

8. 链接图层

链接图层是在图层间建立相互链接的关系，对其中一个图层进行移动、变换时，所共同链接的其他图层也会受其影响。在“图层”面板中按住“Ctrl”键单击鼠标，将希望链接的图层全部选中，然后单击“图层”面板下方的按钮来创建链接图层，如图 1-91 所示。

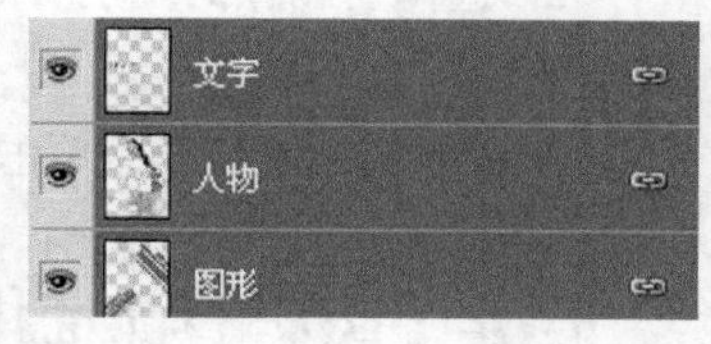

图 1-91

1.7 图层的基本操作

“图层”面板和“图层”菜单是完成图层操作的重要工具。对图层的复制、删除、锁定、链接等各种动作和操作，都要通过它们来实现。

1.7.1 图层的创建、复制和删除

1. 图层的创建

（1）选择“图层” > “新建” > “图层”命令，跳出“新建图层”对话框，如图 1-92 所示。

（2）单击“图层”面板下方的“新建图层”按钮，可在“图层”面板中直接加入一个新的图层。

（3）按住“Alt”键不放，单击“图层”面板下方的“新建图层”按钮，或按“Ctrl+Shift+N”快捷键，系统显示“新建图层”对话框，设置参数后，单击“确定”按钮即可得到新图层。

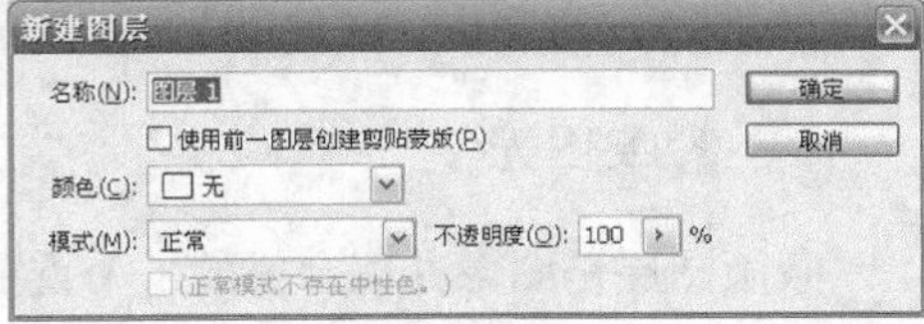

图 1-92

（4）在有选区的情况下，可选择“图层”>“新建”>“通过拷贝的图层”或“通过剪切的图层”命令把选区的图像复制或剪切到新的图层中。

2. 图层的复制

（1）选择“图层”>“复制图层”命令，会弹出“复制图层”对话框，如图 1-93 所示。

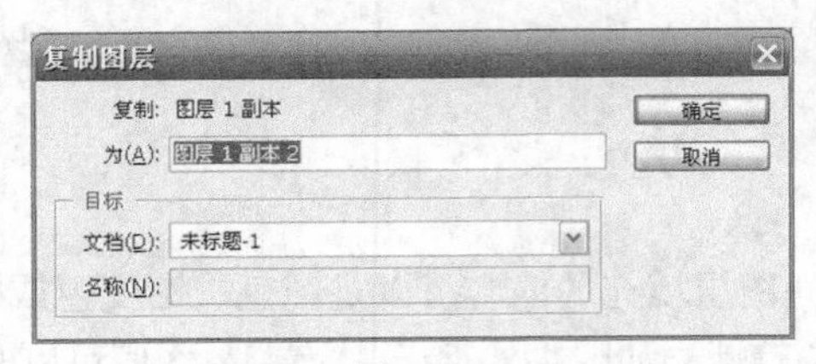

图 1-93

（2）在“图层”面板中拖动图层到“新建图层”按钮上，即可获得当前图层的复制图层。

（3）按下“Ctrl + J”快捷键来复制图层。

3. 图层的删除

（1）选择“图层”>“删除”>“图层”命令，会显示提示框，如图 1-94 所示。

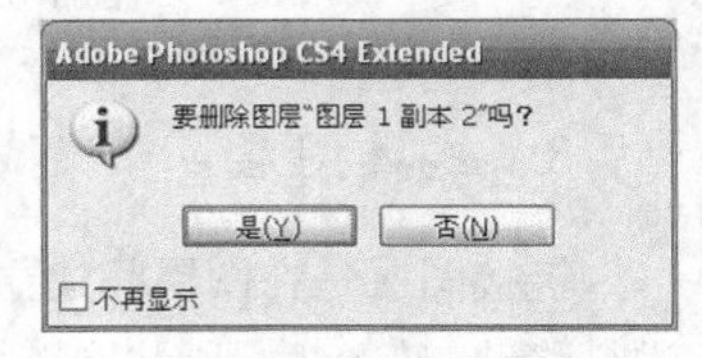

图 1-94

（2）选择要删除的图层，将其拖曳至“图层”面板下方的“删除”按钮上。

（3）按住“Alt”键，单击“删除”按钮来快速删除图层。

1.7.2 图层的锁定和顺序调整

1. 图层锁定

图层的锁定功能可以限制图层编辑的内容和范围，在图 1-95 所示的“图层”面板中，各锁定按钮的意义如下。

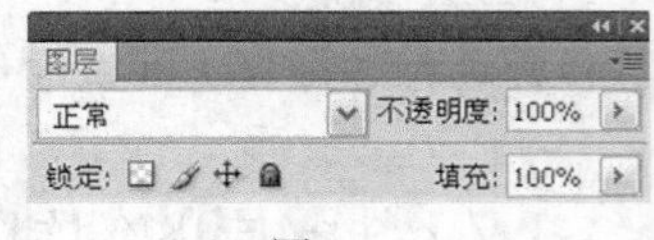

图 1-95

（1）锁定透明像素。

选择图层后，按下“锁定透明像素”按钮，则图像中透明部分被锁定，只能编辑和修改不透明区域的图像。

（2）锁定图像像素。

选择图层后，按下“锁定图像像素”按钮，则不论是透明区域和非透明区域都被锁定，无法进行编辑和修改，但对背景层无效。

（3）锁定位置。

选择图层后，按下“锁定位置”按钮，图像则不能执行移动、旋转和自由变形等操作，其他的绘图和编辑工具可以继续使用。

（4）锁定全部。

选择图层后，按下“锁定全部”按钮，则图层全部被锁定，也就是不可以执行任何图像编辑的操作。

2. 图层顺序调整

在图像中，图层的叠放顺序会直接影响到图像的效果。叠放在最上方的不透明图层总是将下方的图层遮掉。图层的叠放顺序的调整方法如下。

（1）选择“图层”>“排列”命令，从弹出菜单中选择需要调整的顺序位置。

（2）使用鼠标直接在“图层”面板中拖曳来改变图层的叠放顺序。

3. 图层的链接与合并

（1）图层的链接。

图层的链接可以帮助多个图层或图层组同时进行位置、大小等的调整，可以增加图像编辑的速度。

建立图层链接：在“图层”面板中，按住“Ctrl”键，单击要链接的图层，将要链接的所有图层或图层组全部选中，在“图层”面板下方单击“链接”按钮，则可以把所需的图层或图层组全部链接起来，如图 1-96 所示。

所有建立好的链接图层，在图层的旁边有一个链接图标，表示链接成功，在进行图层的移动、变形和创建各种效果和蒙版时，链接图层仍是链接状态。

取消图层链接：选择链接图层，单击链接图标。按住“Shift”键，在“图层”面板中单击图层链接图标，链接图标上会出现红色的×符号，如图 1-97 所示。

图 1-96

图 1-97

（2）图层的合并。

在 Photoshop CS4 中图层的编辑和操作虽然很方便，并且图层没有数量的限制，但一幅图像中图层数量越多，图像文件也就越大，同时计算机的运行速度也就越慢。

向下合并图层：在保证两个图层都为可见的状态下，当前图层与下一图层进行合并，不影响其他图层，可以用菜单命令，也可以按快捷键“Ctrl + E”完成合并。

合并可见图层：所有图像中可见的图层全部被合并，即所有显示眼睛图标的图层都被合并。可以用菜单命令也可以按快捷键“Shift + Ctrl + E”。

拼合图像：合并图像中所有的图层。如果有隐藏图层，系统会弹出提示框，单击“确定”按钮，隐藏图层将被删除，单击“取消”按钮则取消合并的操作。

4. 链接图层的对齐与分布

在编辑图像时，多个图层经常要进行对齐与排列的操作，要先将对齐和排列的图层全部链接起来，再进行对齐与分布。

（1）链接图层的对齐。

对齐链接的图层，要先确保有两个或两个以上的链接图层，然后通过“对齐”操作，可将链接图层向上、向下、居左或居右对齐。

选择“图层”>“对齐”命令，子菜单下面的各种相应的对齐操作如图 1-98 所示。在图 1-99 所示的原图像中有 3 个已建立链接的图层，选择“对齐”子菜单中的“顶边”或“左边”命令后，对齐效果如图 1-100 和图 1-101 所示。

图 1-98　图 1-99　图 1-100　图 1-101

（2）链接图层的分布。

要分布链接的图层，要先确保有 3 个或 3 个以上的链接图层，然后通过“分布”操作，可将链接图层均匀、间隔地重新分布。选择“图层”>“分布”命令，子菜单下面各种相应的分布操作如图 1-102 所示。选择“分布”子菜单中的各种分布命令，可以完成各种图层的分布，图 1-103 所示为分布中的水平居中效果。

图 1-102　图 1-103

1.7.3　图层的编组与取消编组

可以将多个图层组成一组，对该组对应的图层可以进行整体操作，如移动、缩放等，也可以进行单独操作，这在图层多的情况下是非常有必要的，并且编组图层可以展开或收缩显示。

（1）选择“图层”>“图层编组”命令，或按快捷键“Ctrl + G”。

（2）按下“Alt”键单击“图层”面板底部的“编组”按钮，如图 1-104 所示。

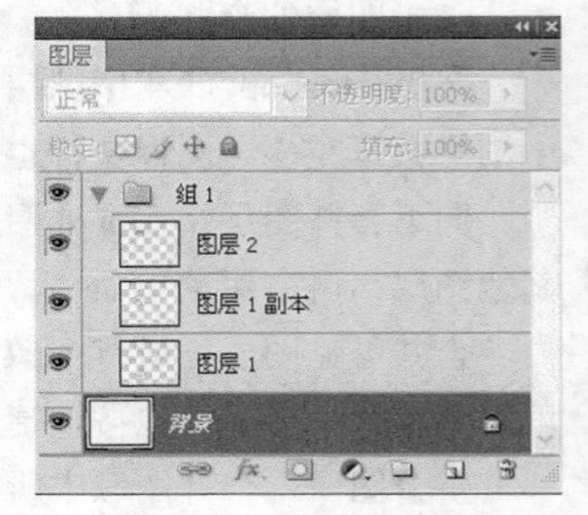

图 1-104

实例练习——胶片效果

（1）新建一个名为“胶片效果”的空白 RGB 图像文件，图像大小为 209mm × 145mm。

（2）选择“编辑” > “填充”命令，在打开的“填充”对话框中的“使用”下拉列表中选择“前景色”，单击“确定”按钮，将前景色设置为黑色，如图 1-105 所示。

（3）打开“图层”面板，单击“图层”面板底部的“创建新图层”按钮，新建“图层 1”，如图 1-106 所示。

图 1-105

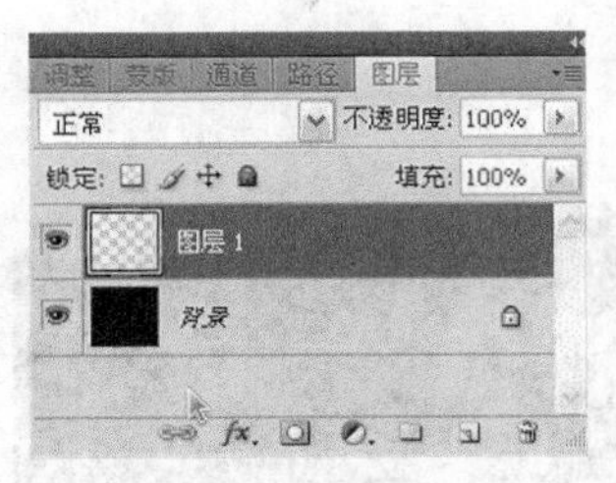

图 1-106

（4）选择工具箱中的“矩形选框工具”，在图像窗口中按住鼠标左键并拖动，创建一个矩形选区，并将选区填充为白色，然后取消选区，如图 1-107 所示。

（5）在“图层”面板中，将“图层 1”拖到面板下部的“创建新图层”按钮上，复制“图层 1”，得到“图层 1 副本”。

（6）然后到“图层 1 副本”重复此操作，如此重复操作 7 次，此时“图层”面板如图 1-108 所示。

图 1-107

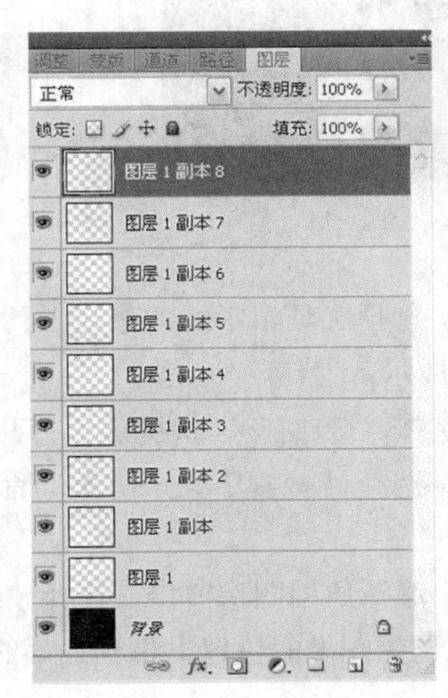

图 1-108

（7）选择工具箱中的“移动工具”，在图像窗口中调整“图层 1 副本 8”中的白色矩形的位置，如图 1-109 所示。

（8）选中除“背景”图层外的所有图层，然后单击“图层”面板底部左边的“链接图层”图标，将图层进行链接，如图 1-110 所示。

（9）执行“图层” > “分布” > “水平居中”命令，图像效果如图 1-111 所示。

（10）执行“图层” > “合并图层”命令，此时的“图层”面板如图 1-112 所示。

图 1-109

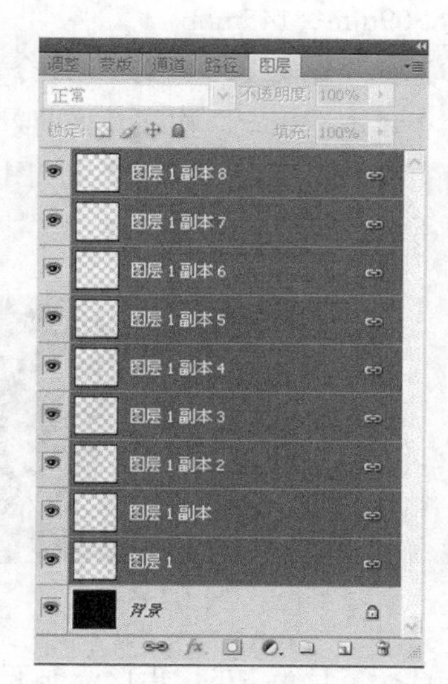

图 1-110

（11）在“图层”面板中复制“图层 1 副本 8”，得到“图层 1 副本 9”，如图 1-113 所示。

图 1-111

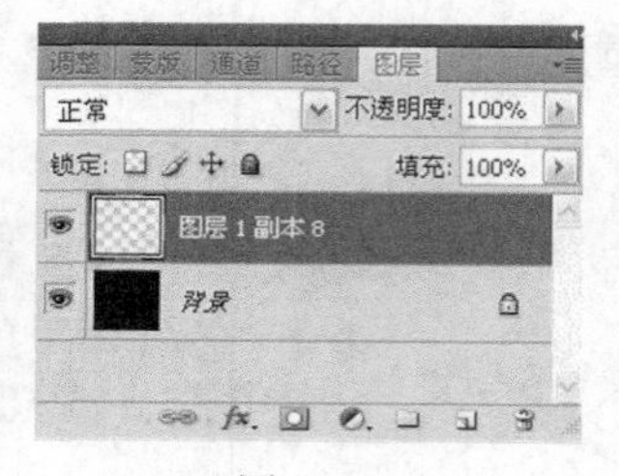

图 1-112

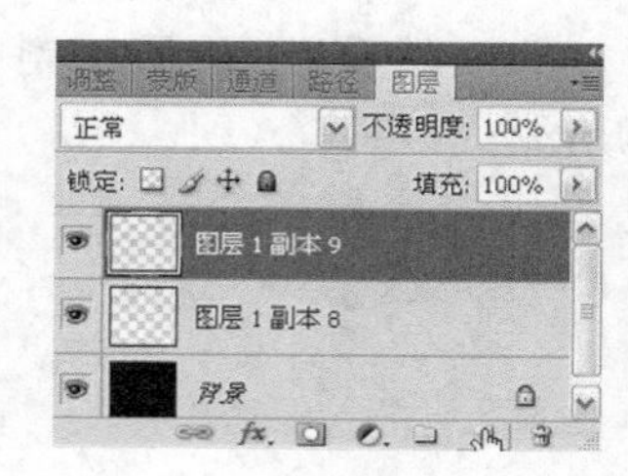

图 1-113

（12）选择工具箱中的“移动工具”，在图像窗口中调整“图层 1 副本 9”中图像的位置，如图 1-114 所示。

（13）按“Ctrl+O”快捷键，打开光盘中的“Ch01> 素材 >儿童照片 .jpg”文件。

（14）选择“选择”>“全部”命令全选图像，然后选择“编辑”>“拷贝”命令来复制图像。

（15）激活原始图像窗口，选择“编辑”>“粘贴”命令粘贴图像，然后利用工具箱中的“移动工具”调整图像的位置，得到的最终效果如图 1-115 所示。

图 1-114

图 1-115

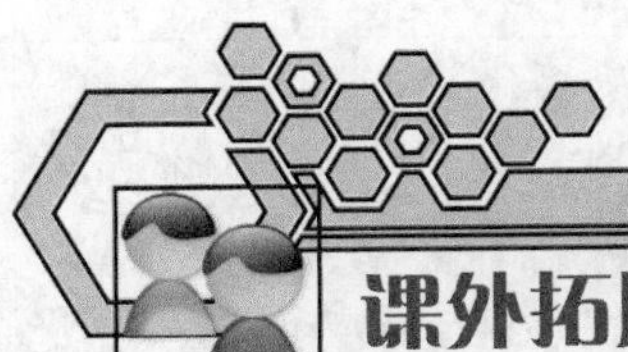

课外拓展　制作中秋插画

【习题知识要点】

使用“椭圆工具”绘制月亮，使用“椭圆工具”和“选择>修改>收缩”命令绘制海浪，使用“钢笔工具”绘制云彩。效果如图 1-116 所示。

图 1-116

【效果所在位置】

光盘“ch01/效果/中秋贺卡.psd”。

第2章 选区的创建与编辑

本章主要介绍创建规则与不规则选区的方法，以及各种选区的调整、修改与变换的方法，使读者正确使用选择区域工具，掌握选区图像内容的编辑方法和操作技能。

学习目标

- 掌握创建规则选区和不规则选区的方法。
- 掌握选区的相加、相减的操作。
- 掌握特殊的选区修改操作。

Photoshop CS4 提供的选择区域工具用来选取图像中需要进行处理的区域，这些区域称之为选区，所以选择工具也称为选区工具或者选框工具。选择工具分为 3 类：规则选区工具、不规则选区工具以及特殊选区工具。

2.1 选区工具

Photoshop CS4 中用来创建规则选区的工具被集中在选框工具组中，其中包括图 2-1 所示的内容。

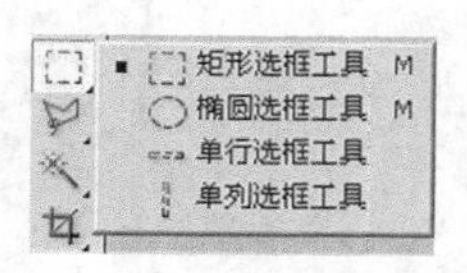

图 2-1

2.1.1 创建规则选区

选框工具是最基本的选取工具，利用选框工具选取的都是规则形状，分别为“矩形选框工具”、“椭圆选框工具”、“单行选框工具”、“单列选框工具”。“选框工具”的工具选项栏如图 2-2 所示。

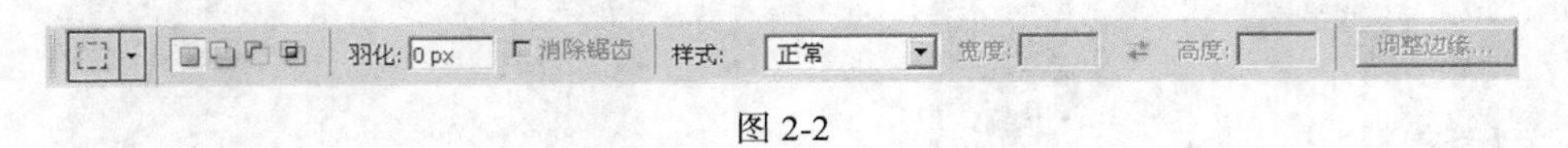

图 2-2

1. 矩形选框工具

选中“矩形选框工具”，鼠标指针变为十字形状，按住鼠标拖曳，可建立一个矩形选区，如图 2-3 所示。“矩形选框工具”的选项栏属性如下。

图 2-3

（1）新建选区。

“矩形选框工具”的默认模式，可以用鼠标选取新的选区范围。

（2）添加到选区。

在原有的选取范围的基础上增加新的选区，所得到的是两个选区的并集。可按住“Shift”键进行选取，也可以进行选区的添加。

绘制好一个选区后，如果想继续增加选区，可以按住“Shift”键，当鼠标指针的右下方出现了一个“+”号时，再绘制其他需要增加的选区；也可以单击工具选项栏上的“添加到选区”按钮，再绘制需要增加的选区，这样就可以将多次绘制的选区合为一体。图 2-4 所示为在绘制了一个矩形选区后又添加一个圆形选区，最终所得到的选区如图 2-5 所示。

图 2-4

图 2-5

（3）从选区减去。

在原有的选取范围的基础上再减去新选区，其结果是两个选区的差集。按住“Alt”键进行选取也可以进行选区的减去。

如果想修剪某选区，可以按住“Alt”键，当鼠标指针的右下方出现了一个“−”号时，再绘制用来修剪的选区；也可以单击工具选项栏上的按钮，再绘制用来修剪的选区，这样就可以用后来绘制的选区去修剪前面绘制的选区，即从前面的选区中去除与后面的选区重叠的部分。图 2-6 所示为在绘制了一个矩形选区后用一个圆形选区来修剪，最终所得到的选区如图 2-7 所示。

（4）与选区交叉。

选取原有的选取范围与新增加的选取范围重叠的部分，按住“Shift+Alt”快捷键也可以进行选区的交叉选取。

图 2-6

图 2-7

如果要选择两个选区相交的那部分选区，可以按住“Shift+Alt”快捷键，当鼠标指针的右下方出现了一个“×”号时，再绘制另一个选区；也可以单击工具选项栏上的按钮，再绘制另一个选区，这样就将两个选区的重叠部分作为新的选区。图 2-8 所示为选择两个选区相交，得到的最终选区如图 2-9 所示。

图 2-8

图 2-9

（5）羽化设置。

“羽化”是使选取对象的边缘模糊。默认情况下为 0，如果要产生边缘模糊的效果，则可设置适当的数值。

（6）消除锯齿设置。

若使用“新选区”选项，“羽化”设置为 0，选中“消除锯齿”复选框，则可使选取的对象边缘光滑无锯齿。

（7）样式设置。

单击“样式”下拉菜单按钮，打开菜单，有“正常”、“固定长宽比”和“固定大小”3 个菜单项供选择。

2. 椭圆选框工具

选中“椭圆选框工具”，拖曳鼠标，可以建立椭圆形选区，如图 2-10 所示。“椭圆选框工具”与“矩形选框工具”的使用和设置方法基本相同。

3. 单行选框工具

选中“单行选框工具”，在要选择的区域单击，会出现一行只有一个像素宽度的选区，在使用

Photoshop 画平行线或表格的时候，可以使用这个工具进行选取并填色。

4. 单列选框工具

选中“单列选框工具”，在要选择的区域单击，会出现一列只有一个像素宽度的选区，使用方法与“单行选框工具”相同。图 2-11 所示为添加单行选区和单列选区得到的最终选区。

图 2-10

图 2-11

实例练习——制作立体球

（1）新建一个 400×400 像素的画布，使用“渐变工具”将其填充为一个从灰色（C：0，M：0，Y：0，K：70）到灰色（C：0，M：0，Y：0，K：10）的线性渐变，效果如图 2-12 所示。

（2）在“图层”面板创建一个新图层“图层 1”，然后选择“椭圆选框工具”，按住“Shift”键的同时，在合适的位置拖动鼠标，绘制一个正圆选区，如图 2-13 所示。

图 2-12

图 2-13

（3）选择工具箱中的“渐变工具”，然后在工具选项栏中单击“点按可编辑渐变”区域，打开“渐变编辑器”对话框，添加色标设置颜色为白色、灰色（C：0，M：0，Y：0，K：20）、灰色（C：0，M：0，Y：0，K：40）、灰色（C：0，M：0，Y：0，K：70）到灰色（C：0，M：0，Y：0，K：40）的渐变，如图 2-14 所示。

（4）从选区的左上侧按住鼠标向右下侧拖动，为选区填充径向渐变，释放鼠标后，按“Ctrl+D”快捷键取消选择区域，填充后的球体效果如图 2-15 所示。

（5）将“图层 1”复制一份，然后按住“Shift”键的同时将正圆向下移动一段距离，并在“图层”画板中，修改该正圆所在图层的“不透明度”为 20%，效果如图 2-16 所示。

（6）在“图层”画板中创建一个新图层“图层 2”，选择工具箱中的“椭圆选框工具”，绘制一个椭圆形选区，如图 2-17 所示。按“Shift+F6”快捷键，为选区设置一个 3 像素的羽化效果。

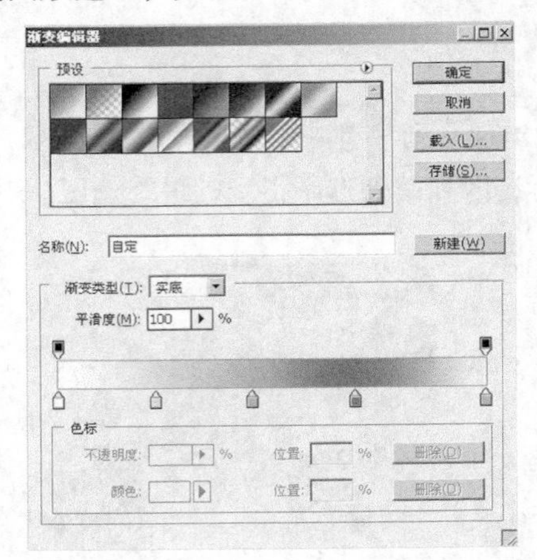

图 2-14

图 2-15

（7）编辑一个灰色（C：0，M：0，Y：0，K：70）到透明的渐变。使用“渐变工具”，从椭圆选区的左侧向右侧拖动，为其填充一个线性渐变，并将该图形进行适当的旋转，然后将该层拖动到“图层 1”的下方，完成立体球形的绘制，效果如图 2-18 所示。

图 2-16

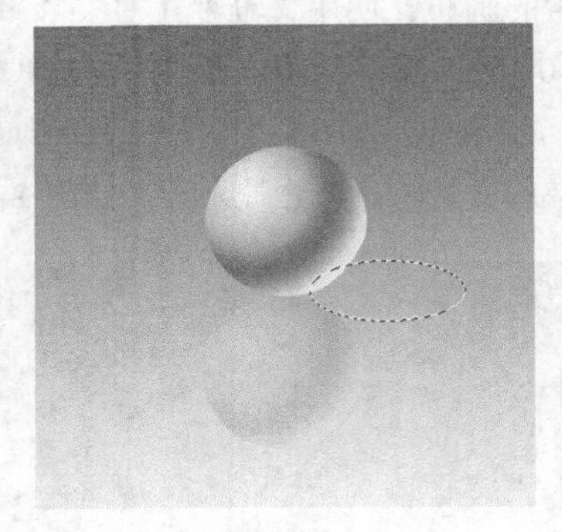

图 2-17

图 2-18

实例练习——制作电视墙

（1）选择“文件” > “打开”命令，打开附书光盘中的“Ch02 > 素材 > 风景 .jpg”文件，如图 2-19 所示。

（2）选择工具箱中的“单行选框工具”，在图像高度的 1/3 处单击，创建一个单行选区，如图 2-20 所示。

图 2-19

图 2-20

（3）按住“Shift”键，在图像高度的 2/3 处单击鼠标，创建另一横行的选区，如图 2-21 所示。

（4）选择工具箱中的“单列选框工具”，按下“Shift”键，在图像宽度的 1/3 处及 2/3 处单击鼠标左键，创建两个竖行选区。选择“选择”>“修改”>“扩展”命令，在打开的“扩展选区”对话框中设置“扩展量”为 4 像素。单击“确定”按钮，得到的效果如图 2-22 所示。

图 2-21

图 2-22

（5）将前景色设置为黑色，选择“编辑”>“填充”命令，在打开的“填充”对话框中的“使用”下拉列表中选择“前景色”，如图 2-23 所示。单击“确定”按钮，对各横行、竖行填充前景色，选择“选择”>“取消选择”命令取消选区，效果如图 2-24 所示。

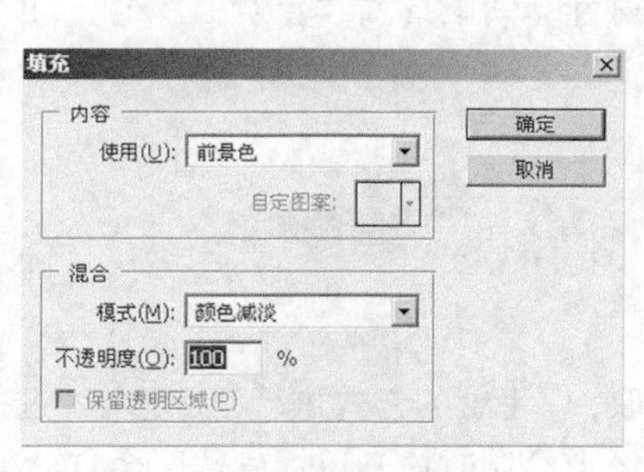

图 2-23

图 2-24

（6）选择“图像”>“画布大小”命令，在打开的“画布大小”对话框中将图像的宽和高分别扩大 20 个像素，单击“确定”按钮，效果如图 2-25 所示。

（7）选择工具箱中的“魔棒工具”，在图像边缘的白色部分单击，选择该部分，如图 2-26 所示。

图 2-25

图 2-26

（8）选择“编辑”>“填充”命令，在打开的“填充”对话框中单击“确定”按钮，用前景色（黑色）填充选区，然后取消选区，得出的最终效果如图 2-27 所示。

图 2-27

2.1.2　创建不规则选区

1. 套索工具

使用“套索工具”可以直接拖曳鼠标选择所需的区域，用于不规则形状的选取，有 3 种选项用于选择，分别为“套索工具”、“多边形套索工具”、“磁性套索工具”。“套索工具组”与“套索工具”的工具选项栏如图 2-28 所示。

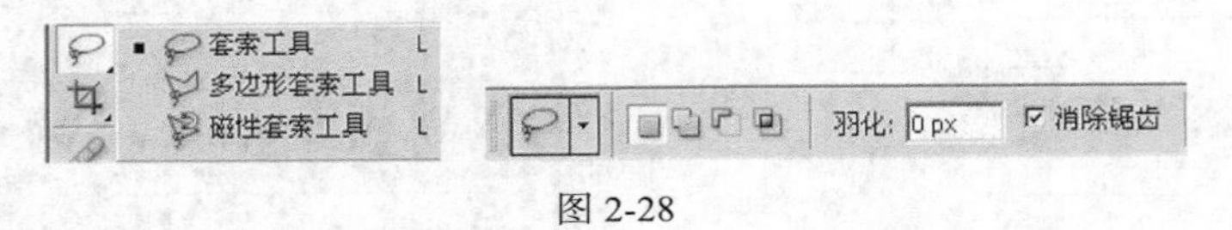

图 2-28

选择“套索工具”，可以进行不规则的曲线形状的选取，以手绘的方式进行范围选取。选中“套索工具”，拖曳鼠标选取所需的范围，如图 2-29 所示。结束绘制时松开鼠标，选区会自动封闭，形成确定的选区，如图 2-30 所示。

图 2-29

图 2-30

2. 多边形套索工具

“多边形套索工具”可以绘制由直线连接形成的不规则的多边形选区。此工具和“套索工具”的不同是，可以通过确定连续的点来确定选区。具体操作方法是单击工具箱中“多边形套索工具”按钮，在图像中多次单击鼠标左键选取所需的范围如图 2-31 所示，结束绘制时双击鼠标左键，选区会自动封闭，图 2-32 所示为使用“多边形套索工具”绘制的选区。

图 2-31

图 2-32

3. 磁性套索工具

用“磁性套索工具”可以自动选择颜色相近的区域。使用“磁性套索工具”绘制的选区并不是完全按照鼠标所点到的位置形成的，而是在一定的范围之内寻找一个色阶最大的边界，然后像磁铁一样吸附到图像上去。

“磁性套索工具”适合于在图像中选取出不规则的且边缘与背景颜色反差较大的像素区域。具体操作方法是在工具箱中单击“磁性套索工具”按钮，在起点处单击鼠标左键，并沿着待选图像区域边缘拖动，回到起点附近，当鼠标指针下方出现一个小圆圈时，单击鼠标左键或者按回车键即可形成封闭区域。图 2-33 所示为使用“磁性套索工具”绘制的选区。

图 2-33

实例练习——绘制大树

（1）新建一个文档，增加“图层 1”。单击“套索工具”，选项设置为“添加到选区”（选区相加），分多次绘制树干，需要修改的部位可以设置“添加到选区”或“从选区减去”进行修改，再用深棕色填充树干。不太自然的部位可以用橡皮擦略加修改，如图 2-34 所示。

（2）用“套索工具”绘制树叶效果，用“不透明度”为 70%左右的绿色填充，移至适当位置。如此画出 3 部分，颜色略加改变，将它们都移到适当位置，如图 2-35 所示。

（3）用“套索工具”画出树叶的亮部，设置前景色为淡绿色，用“油漆桶工具”填充，使其有层次感。设置前景色为红色，用“画笔工具”及红色点出几个小果，如图 2-36 所示。

图 2-34

图 2-35

图 2-36

2.1.3 智能化的选取工具

1. 快速选择工具

图 2-37

利用“快速选择工具”可以选取图像中颜色相似的区域。在 Photoshop CS4 中使用“快速选择工具”可以快速在图像中对需要选取的部分建立选区。使用方法很简单，只要选中该工具后，用鼠标指针在图像中拖动，就可将鼠标经过的地方创建为选区，如图 2-37 所示。

选择“快速选择工具”后，工具选项栏中会显示该工具的一些选项设置，如图 2-38 所示，各选项的意义如下。

图 2-38

（1）选区模式：用来对选区方式进行设置，包括“新选区”、“添加到选区”、“从选区中减去”。

（2）画笔：用来设置创建选区的笔触、直径、硬度和间距等参数。

（3）自动增强：勾选该复选框可以增强选区的边缘。

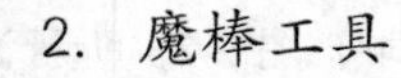

2. 魔棒工具

“魔棒工具”用于选择颜色相同或相近的区域，进行选取时，所有在允许值范围内的像素都会被选中。

选择工具箱中“魔棒工具”，然后在图像中需要选择的颜色上单击鼠标左键，Photoshop CS4 会自动选取与该色彩类似的颜色区域，此时图像中所有包含该颜色的区域将同时被选中，如图 2-39 所示。

图 2-39

2.1.4 使用“色彩范围”创建选区

利用“色彩范围”命令创建选区，用此方法选取不但可以一边预览一边调整，还可以随心所欲地完善选区的范围。使用时选择“选择”>“色彩范围”命令打开“色彩范围”对话框，如图 2-40 所示，设置“颜色容差”为 40 时创建的选区，如图 2-41 所示。

利用“色彩范围”命令创建选区有如下选项。

（1）选择：在下拉列表框中选取需要选择的颜色；或者选择“取样颜色”，使用“吸管工具”选取颜色。

（2）颜色容差：在文本框中输入数值，或拖动“颜色容差”滑杆上的滑块来设置选取颜色的范围。“颜色容差”值越大，选取范围越广。

（3）选择范围：单击 “选择范围”按钮时，只预览要创建的区域，选中“图像”单选按钮时，可以预览整个图像。

图 2-40

图 2-41

（4）选区预览：在下拉列表中选择预览方式，默认值为“无”，还包括“灰度”、“黑色杂边”、“白色杂边”和“快速蒙版”选项。

（5）存储：单击此按钮可以载入选区。

（6）反相：该复选框可以反选。

实例练习——制作枯木逢春效果

（1）选择“文件” > “打开”菜单命令，打开附书光盘中的“Ch02 > 素材 > “沙漠.jpg”文件，如图 2-42 所示。

（2）选择“选择” > “全部”菜单命令，选中所有图像。

（3）选择“编辑” > “拷贝”菜单命令，将沙漠图像拷贝到剪贴板中。

（4）选择“文件” > “打开”菜单命令，打开附书光盘中的“Ch02 > 素材 > 实例练习 > 树根 .jpg”文件，如图 2-43 所示。

图 2-42

图 2-43

（5）选择“魔棒工具”，设置容差值为 32，选中绿色地面。

（6）选择“选择” > “选取相似”菜单命令，选中所有的绿色地面。

（7）选择“魔棒工具”，按住“Shift”键单击地面，将还未选取的地面选取。按住“Alt”键单击树干，将树干上的选择区域取消，如图 2-44 所示。

（8）选择“编辑” > “贴入”菜单命令，将沙漠图像粘贴到选区中，如图 2-45 所示。

图 2-44

图 2-45

（9）选择“编辑” > “自由变换”菜单命令，将沙漠图像放大并调整其位置，如图 2-46 所示。

（10）选择“文件” > “打开”菜单命令，打开附书光盘中的“Ch02 > 素材 > C22.jpg”文件，如图 2-47 所示。

（11）选择“选择” > “色彩范围”菜单命令。设置参数：选择为取样颜色，颜色容差为 150。选中“选择范围”单选按钮，单击“吸管工具”按钮，在图像中单击绿芽，这样就选中了绿芽图像。

（12）选择“编辑” > “拷贝”菜单命令，将绿芽拷贝到剪贴板中。

（13）选中枯木文件，选择“编辑” > “粘贴”菜单命令，将绿芽粘贴到当前文件中。

（14）选择“编辑” > “自由变换”菜单命令，将绿芽缩小并移到树根的顶端，形成枯木逢春的效果，如图 2-48 所示。

图 2-46

图 2-47

图 2-48

2.2 编辑与调整选区

在 Photoshop CS4 中，选区的操作和选区内容的操作是两个不同的概念。对创建的选区可以进行移动、变换、反转、填充、描边、修改和羽化等操作，对选区的内容也可以进行复制、移动、剪切和粘贴等操作。本节将对选区的这些相关操作进行详细的解释。

2.2.1　复制、剪切、移动和变换选区的内容

1．移动和取消选区

在图像中创建选区后，将光标放在选区中，光标变为“移动选区”形状时，按下鼠标左键拖曳可移动选区。另外，按键盘上的方向键，可以将选区移动 1 个像素。按 Shift+方向键，可以将选区移动 10 个像素。

当使用“矩形选框工具”或“椭圆选框工具”绘制选区时，在绘制过程中，按住键盘上的空格键并拖曳鼠标，可移动选区。

选择菜单栏中的“选择”>“取消选择”命令，即可取消选区，或直接按“Ctrl+D”快捷键也可以取消选区。

2．反转选区

反转选择方法很简单，先选择某一区域，再选择“选择”>“反选”命令，此时可以得到反转后的选择区域，即图像中刚才被选中区域以外的部分现在被选中。图 2-49 所示为在图像中使用“魔棒工具”单击背景，则蓝色背景被选中，再选择“选择”>“反选”命令，则得到图 2-50 所示的选择区域。

图 2-49

图 2-50

3．复制、剪切与粘贴选区的内容

选择“编辑”>“复制”命令，将选区内的图像复制保留到剪贴板中，再选择“编辑”>“粘贴”命令，粘贴选区内的图像到目标位置，此时被操作的选区会自动取消，并生成新的图层，如图 2-51 所示。

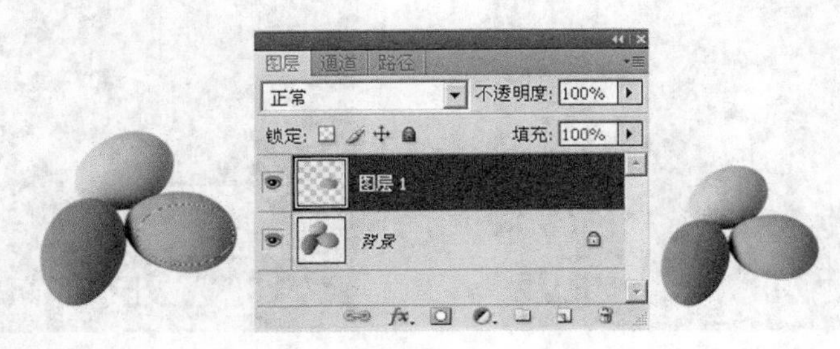

图 2-51

选择“编辑”>“剪切”命令，剪切后的区域将会不存在，选区内的图像被保留到剪贴板中，被剪切的区域将会使用背景色填充，再选择“编辑”>“粘贴”命令，粘贴选区内的图像到目标位置，并生成新的图层，如图 2-52 所示。

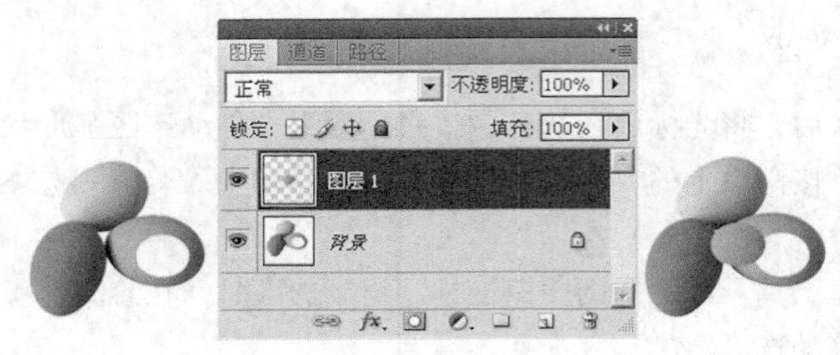

图 2-52

4. 复制并移动选区的内容

用“矩形选框工具”在图像上创建矩形选区，当鼠标移动到选区内时，按住“Ctrl+Alt”快捷键，此时鼠标指针将变化为两个重叠的小箭头，如图 2-53 所示。按住鼠标左键移动选区，则可以将选区内的像素复制后再移动，此时在“图层”面板中不会产生新的图层，操作结果如图 2-54 所示。

图 2-53

图 2-54

5. 剪切并移动选区的内容

用“矩形选框工具”在图像上创建矩形选区，当鼠标移动到选区内时，按住“Ctrl”键，此时鼠标指针右下方显示一个小剪刀图标，如图 2-55 所示。按住鼠标左键移动选区，则可以将选区内的像素剪切后再移动，此时在“图层”面板中不会产生新的图层，操作结果如图 2-56 所示。

图 2-55

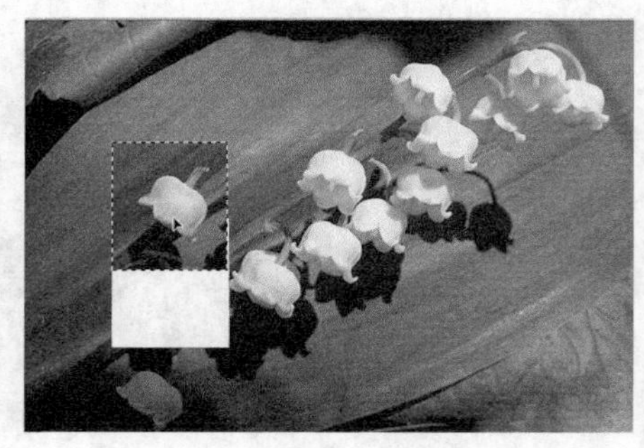

图 2-56

6. 变换选区内容

变换选区内容是指改变创建的选区内图像形状的操作。在图像上创建选区，如图 2-57 所示。选择“编辑”>“变换”>“变形”命令，然后在工具选项栏中选择具体的变形样式，完成选区内容的变换。图 2-58 所示为“拱形”变换，图 2-59 所示为“鱼眼”变换。

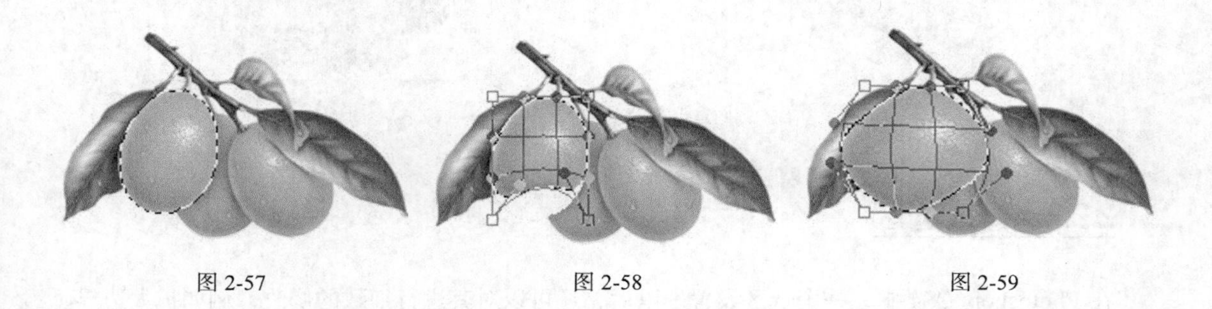

图 2-57　　图 2-58　　图 2-59

7. 根据内容识别比例变换选区内容

根据内容识别比例变换选区内容的操作是指可以在选区内建立保护区，在改变选区整体比例时，保护区内的像素比例保持不变，保护区外的区域像素按比例变换。可以先对图像中某些不变的区域建立保护，然后建立选区，在改变选区比例时，选择“编辑”>“内容识别比例”命令，使得保护区内的图像比例不变，其他区域的图像根据选区比例改变而改变。

实例练习——识别比例变换

（1）选择“文件”>“打开”菜单命令，打开附书光盘中的“Ch02 > 素材 > “樱桃.jpg”文件，用“快速选择工具”选择上方的樱桃，如图 2-60 所示。

（2）选择“选择”>“存储选区”命令，建立名为“樱桃”的保护区，如图 2-61 所示。

图 2-60

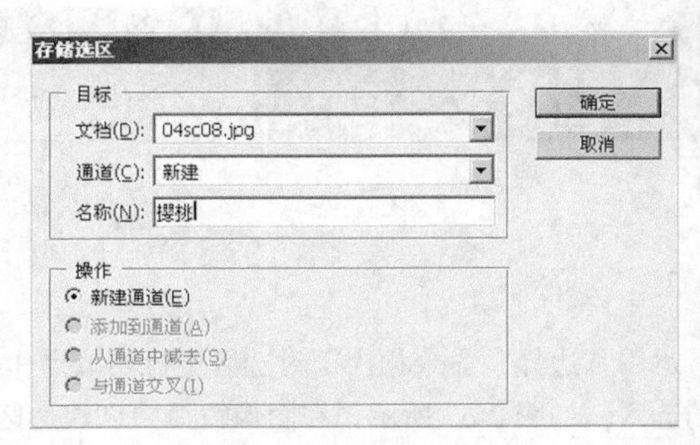

图 6-61

（3）对整个图像创建矩形选区，如图 2-62 所示。在图像中创建选区后，选择“编辑”>“内容识别比例”命令，在工具选项栏上“保护”下拉列表中选择“樱桃”选项，使用鼠标拖动矩形选区的控制点将图像变窄，此时处于保护区中的樱桃比例始终不变，如图 2-63 所示。

图 2-62

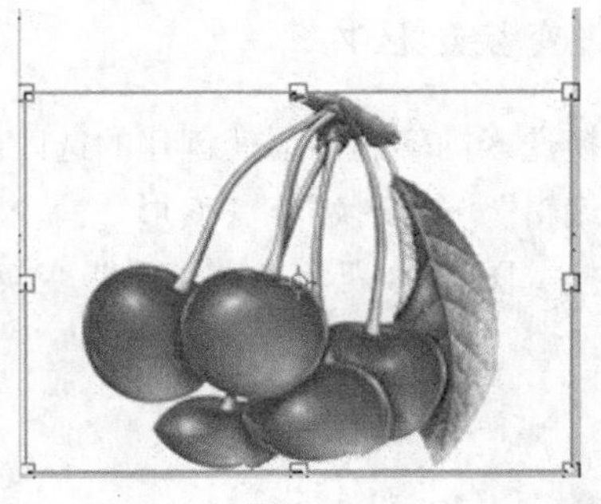

图 2-63

2.2.2 修改选区

在 Photoshop CS4 中，一个选区设置好以后，还可以对其进行细致的修改，例如扩大边界、平滑、扩展、收缩选区等。

1. 扩展

运用“扩展”命令，可以将当前选区均匀向外扩展 1～100 个像素。如图 2-64 所示，在图像窗口中创建选区后，执行“选择”>“修改”>“扩展”命令，弹出“扩展选区”对话框，如图 2-65 所示。在“扩展量”选项右侧的文本框中输入数值，单击“确定”按钮，即可按设置的参数对选区进行扩展，如图 2-66 所示。

图 2-64

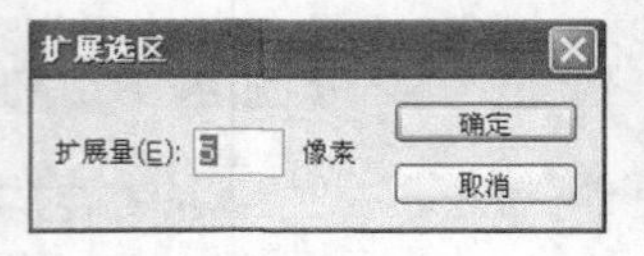

图 2-65

图 2-66

2. 边界

运用“边界”命令相当于对选区进行相减操作，扩展后的选区减去收缩后的选区，便得到环状的选区。如图 2-67 所示，在图像窗口中创建选区后，执行“选择”>“修改”>“边界”命令，弹出“边界选区”对话框，如图 2-68 所示。在“宽度”选项右侧的文本框中输入边界的数值，单击“确定”按钮，即可按设置的参数对选区进行相减，如图 2-69 所示。

3. 收缩

“收缩”命令与“扩展”命令的功能相反，运用该命令，可以按设置的像素值向内均匀地对选区进行收缩。如图 2-70 所示，在图像中创建选区后，执行“选择”>“修改”>“收缩”命令，弹出“收缩选区”对话框，如图 2-71 所示，在“收缩量”选项右侧的文本框中设置收缩量，单击“确定”按钮，即可按设置的参数对选区进行收缩，如图 2-72 所示。

图 2-67　图 2-68　图 2-69

图 2-70　图 2-71　图 2-72

4. 平滑

在使用“魔棒工具”和“磁性套索工具”创建选区时，所得到的选区往往呈现很明显的锯齿状，运用“平滑”命令，可使选区边缘变得更平滑一些。如图 2-73 所示，在图像中创建选区后，执行“选择”>“修改”>“平滑”命令，弹出“平滑选区”对话框，如图 2-74 所示，在“取样半径”选项右侧的文本框中输入数值，单击“确定”按钮，即可按设置的像素对选区进行平滑，如图 2-75 所示。

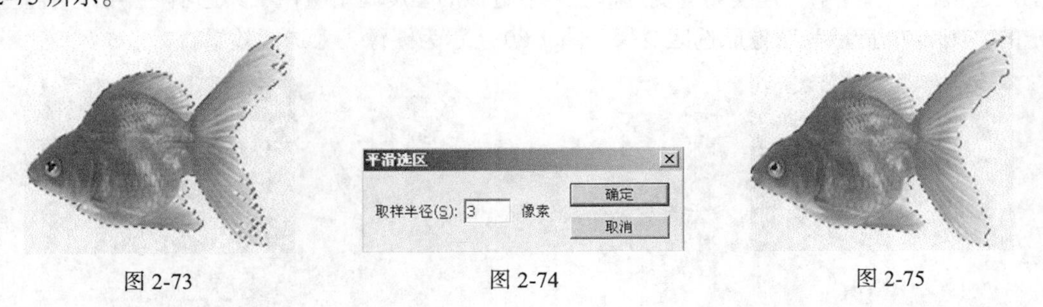

图 2-73　图 2-74　图 2-75

5. 羽化选区

对选区进行羽化处理，可以柔化选区边缘，产生渐变过渡的效果，另外，在选取工具的工具选项栏中，在“羽化”属性中设置羽化值也可以羽化选区。在图像上建立选区，选择“选择”>“修改”>“羽化”命令，在“羽化选区”对话框中设置羽化的像素值，就可以对选区边缘进行羽化效果的处理。

实例练习——羽化照片

（1）选择“文件”>“打开”菜单命令，打开附书光盘中的“Ch02 > 素材 > “雪人.jpg”文件。用“椭圆工具”为雪人创建一个圆形选区，如图 2-76 所示。选择“编辑”>“拷贝”命令。

（2）选择菜单“选择”>“修改”>“羽化”命令，如图 2-77 所示，单击“确定”按钮确认。

（3）选择“文件”>“打开”命令，打开“雪景”图像。

（4）选择“编辑”>“粘贴”命令，将选区中的内容粘贴到雪景中，如图 2-78 所示，从中可以看出复制过来的图像与背景的边缘界限不是很清楚，有柔化过的效果。

图 2-76

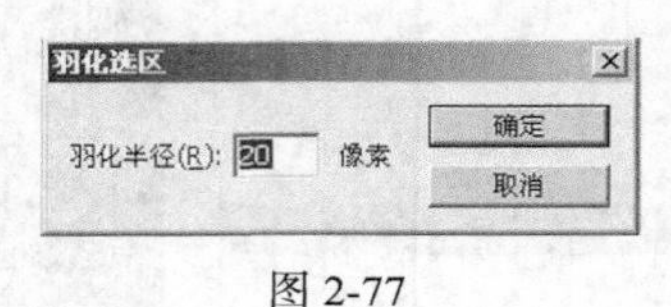

图 2-77

图 2-78

2.2.3 扩大选取与选择相似、变化选区

1. 扩大选取

如果初步绘制的选区太小，没有全部覆盖需要选取的区域，可以利用“扩大选取”和“选取相似”命令来扩大选取范围。执行“选择”>“扩大选取”命令，可以将图像窗口中原有的选取范围扩大，该命令是将图像中与原选区颜色接近，并且相连的区域扩大为新的选区，类似于在魔棒工具选项栏中选择了“连续的”复选框。颜色近似的程度是由魔棒工具选项栏中的“容差值”决定的，图 2-79 所示为图像原选区效果，图 2-80 所示为图像扩大选区效果。

图 2-79

图 2-80

2．选择相似

执行“选择”>“选取相似”命令，也可以将图像窗口中原有的选取范围扩大，与“扩大选取”命令不同的是，该命令是将图像中所有与原选区颜色接近的区域扩大为新的选区。类似于在魔棒工具选项栏中取消了选择“连续的”复选框。颜色近似的程度是由魔棒工具选项栏中的“容差值”决定的，如图 2-81 所示。

3．变换选区

可对创建的选区进行缩放、旋转、扭曲、翻转等变换操作。在图像窗口中创建选区后，若需要对其进行变换操作，执行“选择”>“变换选区”命令，此时选区四周将出现一个自由变形调整框，该调整框带有 8 个控制节点和一个旋转中心点，拖动调整框中相应的节点，可以自由变换和旋转选区，以生成图像编辑需要的精确选区，如图 2-82 所示。

图 2-81

图 2-82

选择“变换选区”命令后，在图像上右击鼠标，弹出图 2-83 所示的菜单，在其中选择需要的变形命令，可得到图 2-84 所示的缩放选区效果。

图 2-83

图 2-84

2.2.4　存储和载入选区

1．存储选区

当创建好选区后，选择“选择”>“存储选区”命令，在弹出的图 2-85 所示的“存储选区”对话框中，为选区设置通道名称，单击“确定”按钮确认。

图 2-85

2. 载入选区

对创建的选区进行存储后，在需要时就可将其重新载入。执行以上操作，均可弹出“载入选区”对话框，如图 2-86 所示。在“载入选区”对话框中选中需要载入的选区，单击“确定”按钮，载入存储的选区。

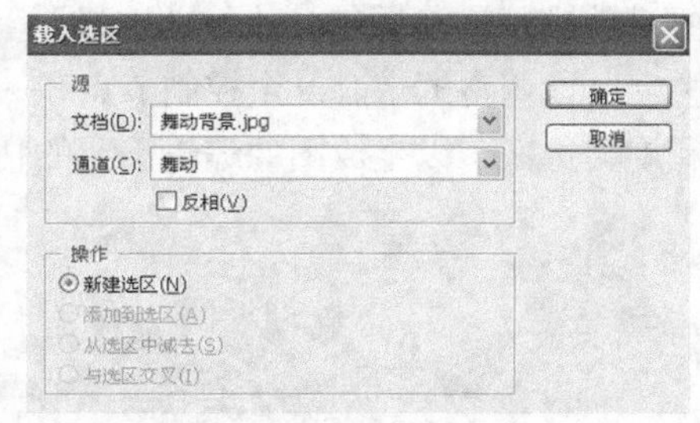

图 2-86

在“通道”面板中，按住“Ctrl”键的同时，单击面板中存储的 Alpha 通道，即可载入选区。

实例练习——存储选区

（1）执行“文件”>“打开”命令，打开附书光盘中的“Ch02 > 素材 > 舞动.jpg”文件。

（2）选取工具箱中的“魔棒工具”，在工具选项栏中设置“容差”值为 32 像素。

（3）移动光标至图像窗口，在窗口中人物的身体处单击鼠标左键，创建一个图 2-87 所示的选区。

（4）执行“选择”>“存储选区”命令，弹出“存储选区”对话框，在对话框中设置相应的选项，单击“确定”按钮，即可完成选区的存储操作。

（5）在“通道”面板中，单击刚才新建的 Alpha 通道，如图 2-88 所示，即可在图像窗口中看到存储的选区，如图 2-89 所示。

图 2-87

图 2-88

图 2-89

2.3 填充和描边选区

1. 填充选区

填充命令类似于工具箱上的“油漆桶工具”，可以在指定区域内填入指定的颜色，但该命令除了填充颜色之外，还可以填充图案和快照内容。对选区进行填充时，首先执行“编辑”>“填充”命令，或按“Shift+F5”快捷键，弹出“填充”对话框，如图 2-90 所示。

如果选区内有透明区域，可以启用“保留透明区域”复选框，这样在对图层进行填充时，可以保留透明的部分不填入颜色，该复选框只对具有透明区域图层内的选区进行填充时有效。图 2-91 和图 2-92 所示为填充不同内容后的效果。

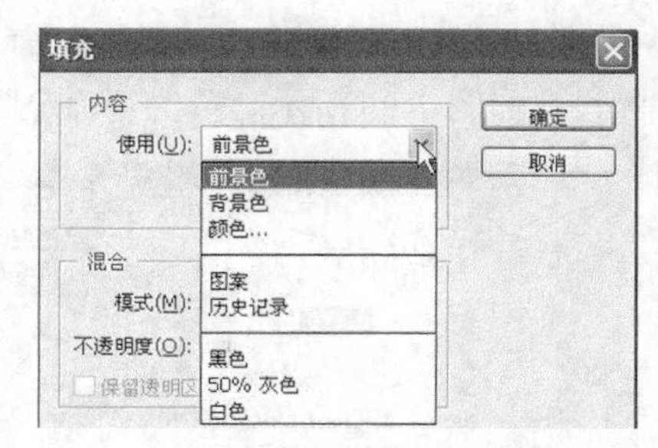

图 2-90

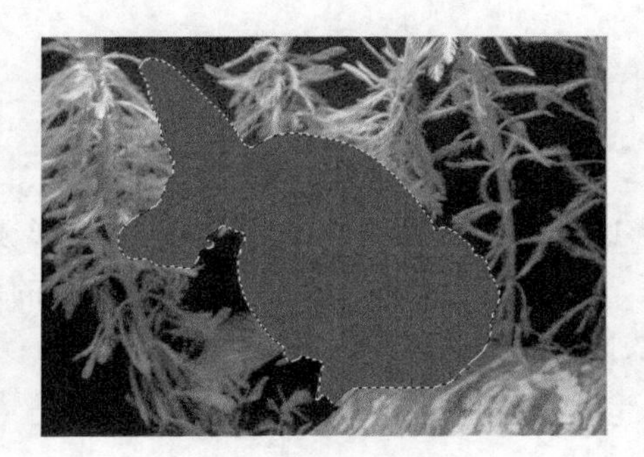

图 2-91

图 2-92

2. 描边选区

在设定好的选区上，可以使用选定的颜色对选区的边缘进行描边。描边的方法是首先在图像上设置一个选区，如图 2-93 所示，然后选择“编辑”>“描边”命令，打开图 2-94 所示的“描边”对话框，设置描边的属性参数。设置好参数后，单击“确定”按钮，就可完成图 2-95 所示的选区描边效果。

图 2-93

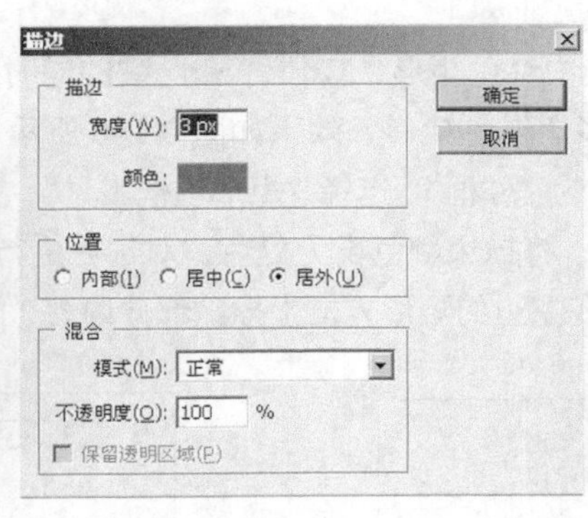

图 2-94

图 2-95

实例练习——制作信封

（1）新建一个文件，“宽度”为 22.58 厘米、“高度”为 16.93 厘米、“分辨率”为 72 像素/英寸、颜色模式为 RGB、背景内容为白色。

（2）新建图层，并将其命名为“外框”。选择“矩形选框工具”，在图像窗口绘制一个矩形选区。

（3）选择“编辑”>“描边”命令，弹出“描边”对话框，将描边颜色设为黑色，其他选项的设置如图 2-96 所示。单击“确定”按钮，按“Ctrl+D”快捷键取消选区，效果如图 2-97 所示。

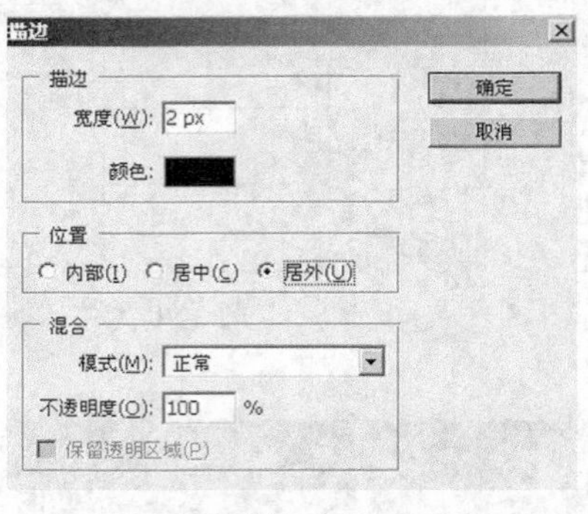

图 2-96

图 2-97

（4）新建图层并将其命名为“方框”。选择“矩形选框工具”，在图像窗口绘制一个矩形选区。选择“编辑”>“描边”命令，弹出“描边”对话框，将描边颜色设为深红色，其他选项的设置如图 2-98 所示。单击“确定”按钮，按“Ctrl+D”快捷键取消选区，效果如图 2-99 所示。

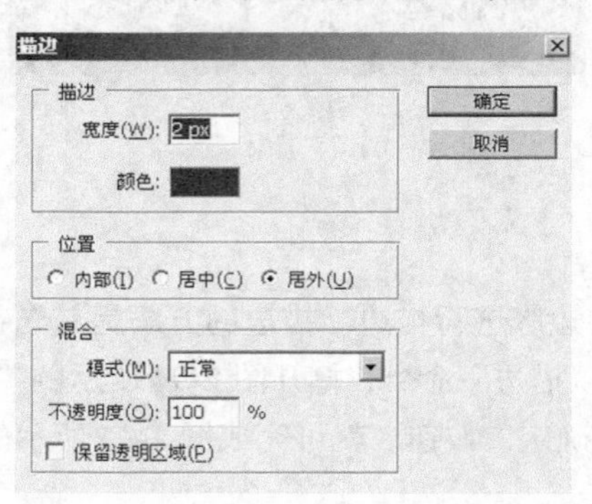

图 2-98

图 2-99

（5）使用“移动工具”选中红色矩形，按住“Alt”键的同时，拖曳红色矩形到适当的位置进行复制。用相同的方法复制多个红色矩形，效果如图 2-100 所示。

（6）新建图层并将其命名为“外框”。选择“矩形选框工具”，在图像窗口中绘制两个矩形选区。选择“编辑”>“描边”命令，将描边颜色设为黑色，对选区进行描边。按“Ctrl+D”快捷键取消选区，选择“橡皮擦工具”，在左边的矩形方框上擦除部分内容，形成虚线效果，如图 2-101 所示。

图 2-100

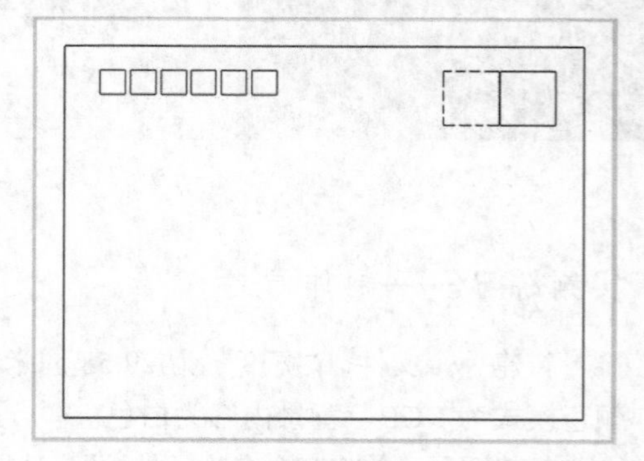

图 2-101

（7）新建图层并将其命名为“外框”。选择“矩形选框工具”，在图像窗口绘制一个矩形选区。选择“编辑”>“填充”命令，将选区填充为深红色，按“Ctrl+D”快捷键取消选区，效果如图 2-102 所示。

（8）打开光盘中的“Ch02”>素材>“标志”文件，拖曳标志到图像窗口的下方，生成新的图层，并将其命名为“标志”。在“图层”控制面板中，将“标志”图层拖曳到下方的“新建图层”按钮上复制图层，效果如图 2-103 所示。

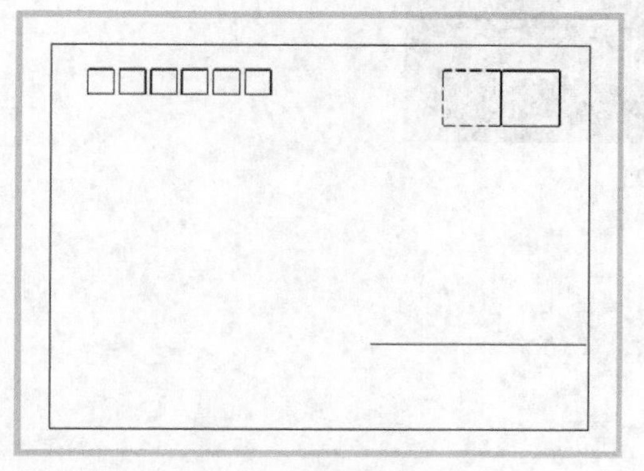

图 2-102

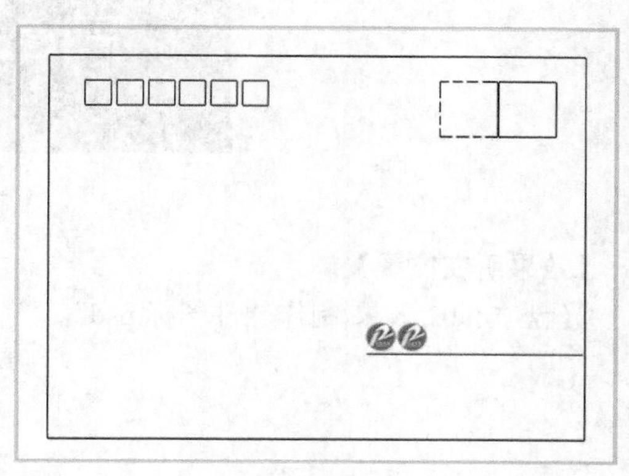

图 2-103

（9）选择“横排文字工具”，在工具选项栏中选择合适的字体并设置字号，输入需要的黑色文字。选取文字，按 Alt+向右方向键或 Alt+向下方向键，调整文字适当的间距和行距，效果如图 2-104 所示，在“图层”控制面板中生成新的文字图层。

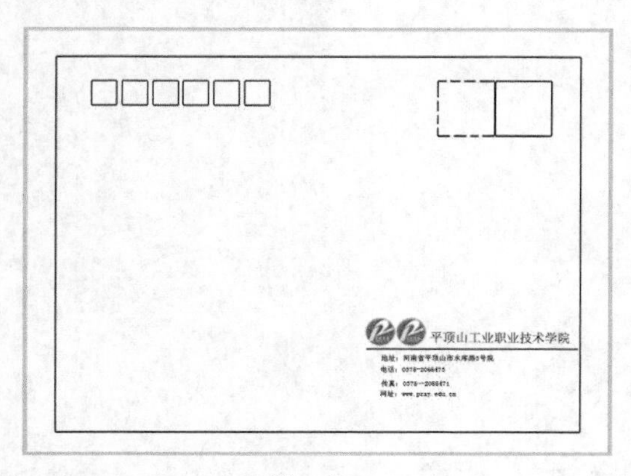

图 2-104

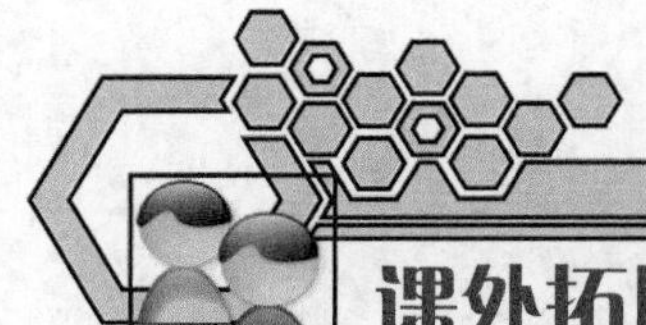

课外拓展　制作 Flash 软件图标

【习题知识要点】

使用“与选区交叉”功能制作高光选区，使用白色到透明的渐变制作高光效果，使用“图层样式”投影和“描边”制作文字效果。效果如图 2-105 所示。

图 2-105

【效果所在位置】

光盘“ch02/效果/制作软件图标.psd”。

第3章 绘图与修图工具使用

本章主要介绍绘图工具的应用，包括“画笔工具”、“铅笔工具”、“渐变工具”、“油漆桶工具”、“擦除工具”、“历史记录画笔工具”和“历史记录艺术画笔工具”、“图案图章工具”、“仿制图章工具”、“色调工具组”的使用方法，使读者掌握绘图工具的相关知识和操作技能。

学习目标

- 学会“画笔工具”和“铅笔工具”的使用。
- 掌握“渐变工具”和“油漆桶工具”的使用方法。
- 会使用“历史记录画笔”和“历史记录艺术画笔”。
- 掌握“仿制图章工具”和“图案图章工具”的使用方法。
- 掌握“图像修饰工具”和“色调工具组”的使用。

Photoshop CS4 提供了强大的绘图工具，包括“画笔工具”、“铅笔工具”、“擦除工具”、“渐变工具”、“油漆桶工具”和“修复工具”等。这些绘图工具作为 Photoshop CS4 编辑操作时比较常用的工具，存放于工具箱的下拉列表框中。

3.1 绘图工具

Photoshop CS4 中的绘图指的是通过相应的工具在文件中重新创建的图像，绘图工具主要集中在“画笔工具组”中。“画笔工具组”中包括“画笔工具”、“铅笔工具”和“颜色替换工具”，如图 3-1 所示。

图 3-1

3.1.1 “画笔工具”和“铅笔工具”

1. 画笔工具

“画笔工具”可以使用前景色进行图形绘制或对黑白图像进行上色。单击起始点后按住“Shift”键，单击两个点、三个点等就可以画直线。

在工具箱中选择“画笔工具”，“画笔工具”选项栏如图 3-2 所示。其中各选项的意义如下。

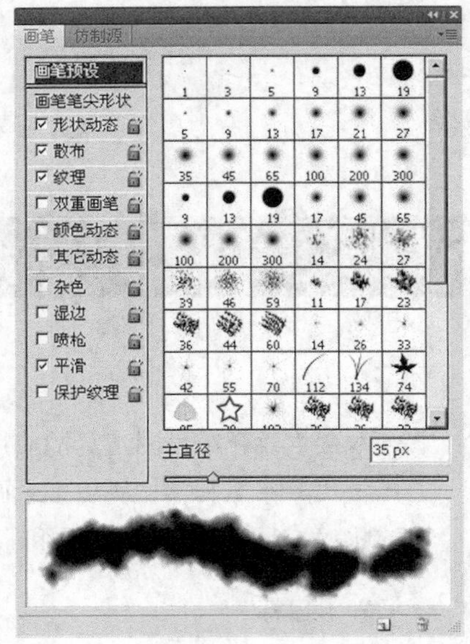

图 3-2

画笔：在“画笔工具”选项栏中单击“画笔”右边的小三角形按钮，可在弹出的列表中选择合适的画笔直径、硬度、笔尖的样式。

模式：设置画笔笔触与背景融合的方式。

不透明度：决定笔触不透明度的深浅，不透明度的值越小，笔触就越透明，也就越能够透出背景图像。

流量：设置笔触的压力程度，数值越小，笔触越淡。

喷枪：单击“喷枪”按钮后，“画笔工具”在绘制图案时将具有喷枪功能。

“画笔”面板：该按钮位于“画笔工具”选项栏最右边，单击该按钮，系统会打开图 3-2 右下角所示的“画笔”面板，可以从中对选取预设的画笔进行更精确的设置。

实例练习——制作蓝天白云壁纸

（1）按“Ctrl＋N”键，新建一个文件：“宽度”为 400 像素、“高度”为 400 像素、“分辨率”为 72 像素/英寸、颜色模式为 RGB、背景内容为白色，单击“确定”按钮。

（2）设置前景色“#81C1E9”、背景色“#2785DA”。选择“渐变工具”，设置渐变色为前景色到背景色渐变。在工具选项栏中设置渐变类型为“线性渐变”，在图像窗口中由下至上拖曳，效果如图 3-3 所示。

（3）按“F5”键打开“画笔”面板，设置画笔笔尖形状：笔尖类型为柔角 100、直径为 100px、间距为 25，如图 3-4 所示。

（4）切换到“形状动态”面板设置参数：“大小抖动”为 100%、“最小直径”为 20%、“角度抖动”为 20%，如图 3-5 所示。

（5）切换到“散布”面板设置参数：“两轴”为 120%、“数量”为 5、“数量抖动”为 100%，如图 3-6 所示。

（6）切换到“纹理”面板设置参数：“图样”为“云彩（128×128 灰度）”、“缩放”为 100%、“模式”为“颜色加深”、“深度”为 100%，如图 3-7 所示。

（7）新建“图层 1”，将前景色设置为白色，用画笔在图像窗口中单击，效果如图 3-8 所示。

图 3-3

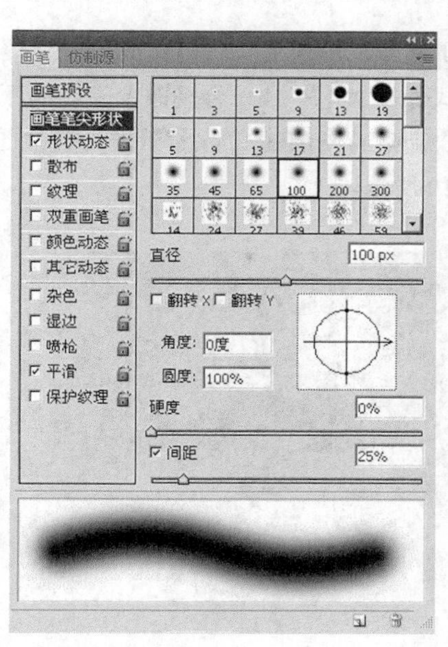

图 3-4

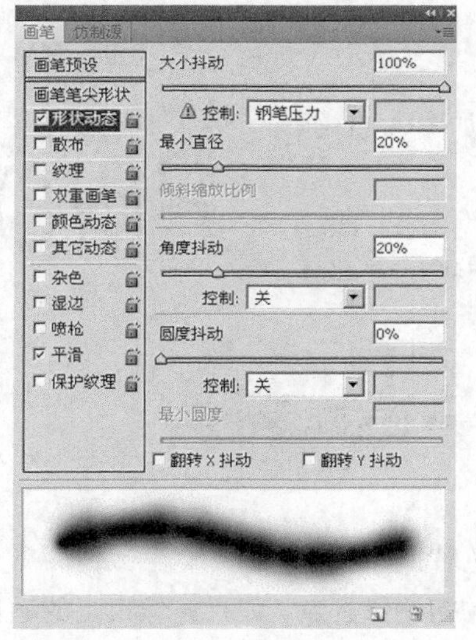

图 3-5

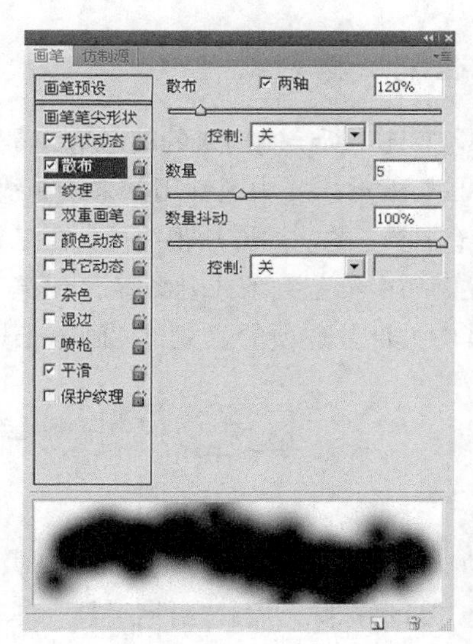

图 3-6

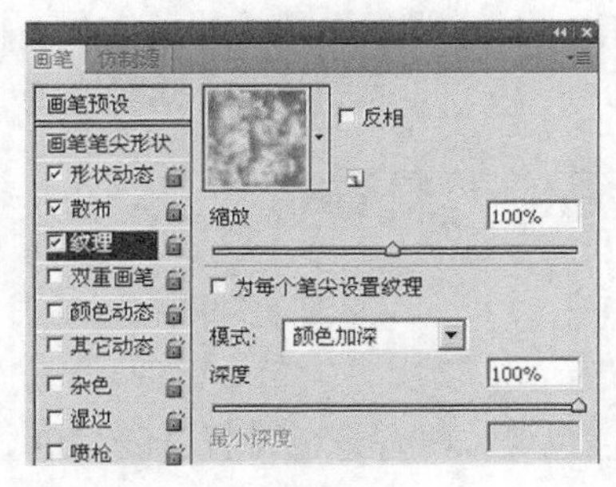

图 3-7

图 3-8

（8）新建“图层 2”，选择“渐变工具”，用灰白渐变填充图像。笔刷的直径与纹理中云彩的缩放样式保持大小一致，合理改变笔刷的颜色，你可以制作出阴云密布的景象，如图 3-9 所示。

（9）新建“图层 3”，除背景层外其他图层隐藏。利用路径描边，你可以创建出这样的图像，如图 3-10 所示。

图 3-9

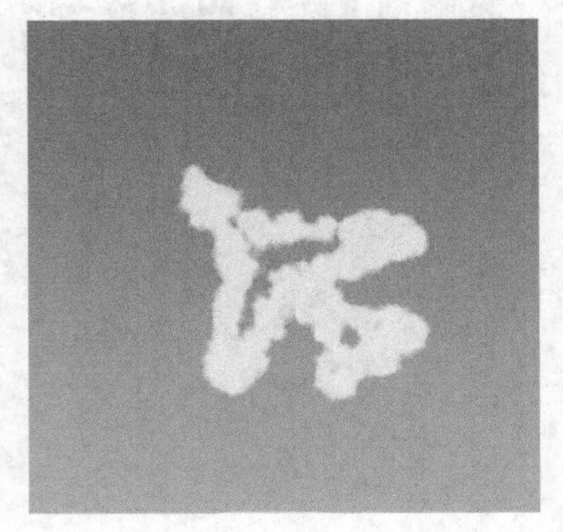

图 3-10

2. 铅笔工具

“铅笔工具”所绘制出来的笔触边缘是有棱角的，如图 3-11 所示，在 Photoshop CS4 中通常用其来绘制线条。

图 3-11

“铅笔工具”的使用方法很简单，在工具箱中单击“铅笔工具”，即可以在画布中绘制线条或者图案。“铅笔工具”的选项栏如图 3-12 所示，其中大部分选项的意义与“画笔工具”相同。

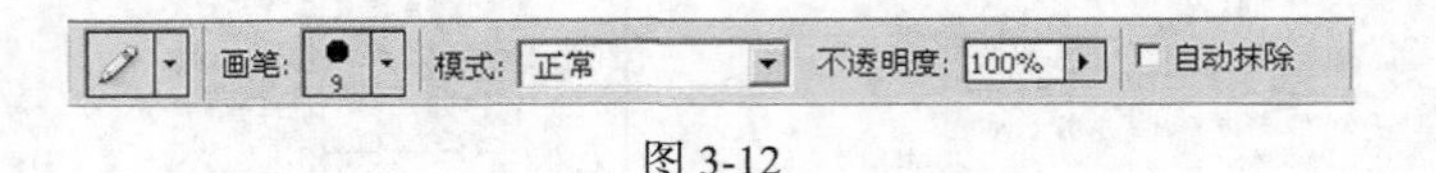

图 3-12

自动抹除：在前景色区域进行涂抹时，会用背景色替换前景色。

勾选“自动抹除”后，“铅笔工具”自动判断绘画的初始像素点。如果该像素点的颜色为前景色，则铅笔以背景色进行绘制；如果该像素点的颜色为背景色，则铅笔以前景色进行绘制。

实例练习——老虎的尾巴

（1）设置前景色为黑色，单击工具菜单中的“铅笔工具”，设置画笔大小为 45，如图 3-13 所示。

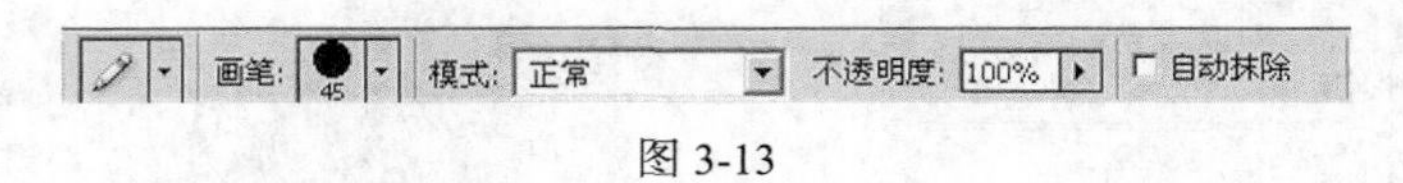

图 3-13

（2）在图像窗口中绘制一条铅笔线条，如图 3-14 所示。

（3）按住“Ctrl”键，在“色板”面板中单击浅黄色色块，将背景色设置为浅黄色。

（4）在工具选项栏中勾选“自动抹除”复选框，如图 3-15 所示。在图像窗口中单击，绘制一个铅笔点，并使每个后面的点压住前一个点的 50%以上的区域，这样就画出了一串黑黄相叠的点，连起来就形成了一个老虎尾巴的形状，如图 3-16 所示。

图 3-14　　图 3-15　　图 3-16

3. 颜色替换工具

使用“颜色替换工具”可以使用选取的前景色改变目标颜色，从而快速地完成整幅图像或者图像上的某个选区中的色相、颜色、饱和度和明度的改变。选择“颜色替换工具”后的选项栏如图 3-17 所示。

图 3-17

连续取样：相当于用前景色直接涂抹对象。

一次取样：仅对第一次单击时的取样色彩进行替换。

背景取样：将背景色作为取样色进行颜色替换。

实例练习——为花朵换颜色

（1）打开光盘中的“Ch03> 素材>游戏场景.psd”文件，如图 3-18 所示。

图 3-18

（2）在工具箱中将前景色设置为#ce008c，然后选取“颜色替换工具”。

（3）在图 3-19 所示的“颜色替换工具”选项栏上，设置画笔直径为 23px、“模式”为“颜色”、“限制”为“取样连续”、“容差”为 30%。

（4）设置好后，用鼠标在花朵上拖曳，颜色替换后的效果如图 3-20 所示。

图 3-19

图 3-20

3.1.2 “渐变工具”和“油漆桶工具”

填充工具被集中在“渐变工具”组中，有“渐变工具”和“油漆桶工具”两种工具，使用该工具组中的工具，可以在当前的图像或选区中填充渐变色、前景色和图案，如图 3-21 所示。

1. 渐变工具

用“渐变工具”可以在图像中或选区内填充一个逐渐过渡的颜色，可以是一种颜色过渡到另一种颜色，也可以是多个颜色之间的相互过渡。渐变颜色千变万化，大致可以分成线性渐变、径向渐变、角度渐变、对称渐变和菱形渐变这 5 类。

选择工具箱中的“渐变工具”，“渐变工具”的选项栏如图 3-22 所示，其中主要选项的意义如下。

图 3-21　　图 3-22

（1）点按可编辑渐变按钮用于设置填充渐变时的不同渐变类型，单击“渐变类型”颜色条就会打开“渐变编辑器”对话框，如图 3-23 所示。利用“渐变编辑器”可以创建新的渐变颜色，“渐变编辑器”中各项选项的意义如下。

预设：显示当前渐变类型组，可以直接选择要用的渐变类型。

名称：显示当前渐变类型的名称，可以自行定义渐变名称。

“渐变类型”下拉列表：在“渐变类型”下拉列表中包括“实底”和“杂色”选项。选择“实底”选项时，参数设置如图 3-24（a）所示。选择“杂色”选项时，参数设置如图 3-24（b）所示。可以根据不同需要选择不同选项。

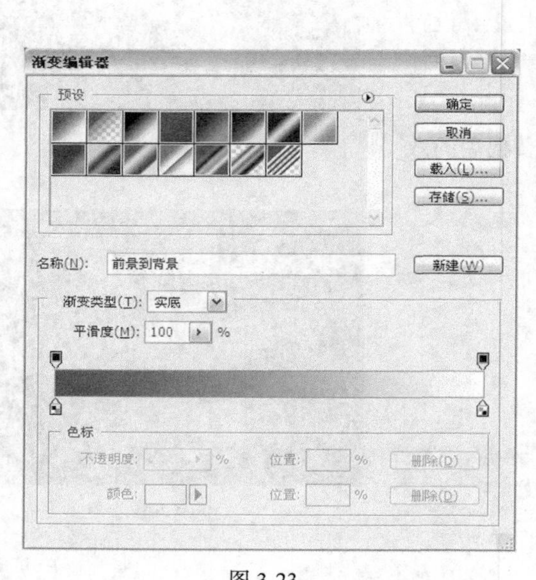

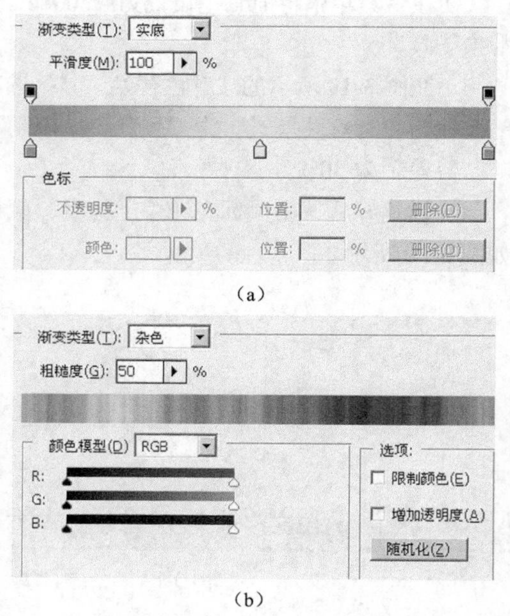

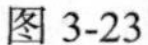

图 3-23　　图 3-24

（2）渐变样式：用于设置渐变颜色的形式。单击工具选项栏上的“渐变样式”按钮，从左至右依次是“线性渐变”、“径向渐变”、“角度渐变”、“对称渐变”和“菱形渐变”，填充效果如

图 3-25 所示。

图 3-25

（3）模式：用来设置填充渐变色和图像之间的混合模式。

（4）不透明度：用来设置填充渐变颜色的透明度，数值越小，填充的渐变色越透明。

（5）反向：如果选择了此复选框，则反转渐变色的先后顺序。

（6）仿色：如果选择了此复选框，可以使渐变颜色之间的过渡更加柔和。

（7）透明区域：如果选择了此复选框，则渐变色中的透明设置以透明蒙版形式显示。

2. 油漆桶工具

使用“油漆桶工具”可以在当前图层或者指定的选区中使用前景色或者图案来填充。单击“油漆桶工具”，其工具选项栏如图 3-26 所示，所对应的选项意义如下。

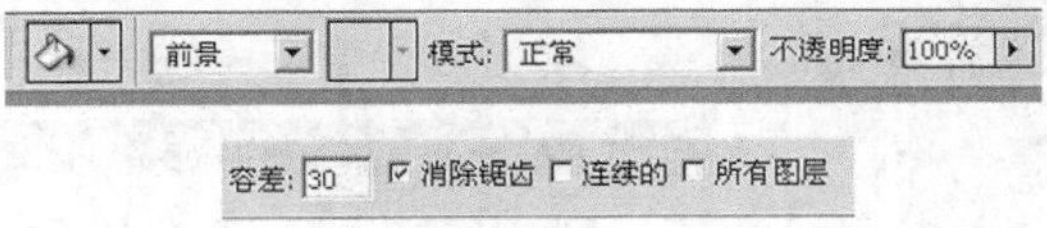

前景　模式：正常　不透明度：100%

容差：30　☑消除锯齿　☐连续的　☐所有图层

图 3-26

填充：用于设置图层、选区的填充类型，包括“前景”色和“图案”两种选项。图 3-27 所示的图片，选择“前景”选项后，填充的颜色与工具箱中的前景色一致，效果如图 3-28 所示。选择“图案”选项后，可以用预设的图案填充，效果如图 3-29 所示。

图 3-27　　图 3-28　　图 3-29

模式：该下拉列表中的选项为填充颜色的各种模式。

容差：用于填充时设置填充色的范围，取值范围为 0～255。在文本框中输入的数值越小，颜色范围就越接近；输入的数值越大，选取的颜色范围越广。图 3-30 所示为容差值为 10 的填充效果，图 3-31 所示为容差值为 30 的填充效果。

连续的：用于设置填充时的连贯性。

所有图层：勾选该复选框，可以将多图层的图像看作单层图像一样填充，不受图层限制。

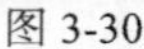

图 3-30

图 3-31

3.1.3 “历史记录画笔”和“历史记录艺术画笔”

“历史记录画笔工具组”中包括“历史记录画笔工具”和“历史记录艺术画笔工具”，如图 3-32 所示。它们与“历史记录”面板相结合可以恢复图像之前的任意操作。

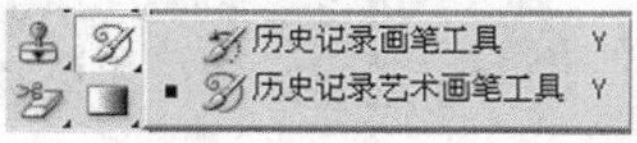

历史记录画笔工具 Y
历史记录艺术画笔工具 Y

图 3-32

历史记录是电脑对处理图像时操作状态的记录，记录步骤的多少是可以设定的。选择“编辑”>“首选项”>“性能”命令，打开“首选项”对话框，如图 3-33 所示。在“历史记录状态”设置框中输入需要的步骤数，数值越大，占用的内存就越多，默认设置为 20。

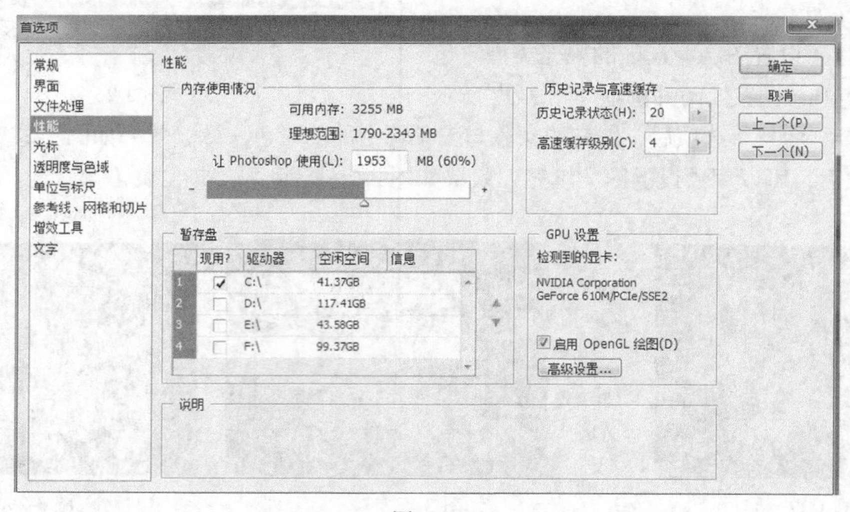

图 3-33

1. 历史记录画笔工具

“历史记录画笔工具”常用于恢复图像的操作步骤，单击工具箱中“历史记录画笔工具”，该工具选项栏如图 3-34 所示。

图 3-34

在使用“历史记录画笔工具”时必须结合“历史记录”面板对图像进行处理。选择“窗口” > “历史记录”命令，打开图 3-35 所示的“历史记录”面板。

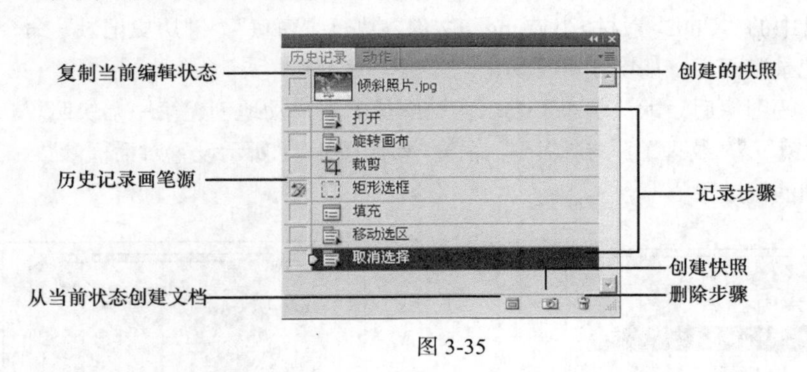

图 3-35

2. 历史记录艺术画笔工具

使用“历史记录艺术画笔工具”结合“历史记录”面板可以将图像恢复至以前操作的任意步骤。“历史记录艺术画笔工具”常用在制作艺术效果图像上，该工具使用方法与“历史记录画笔工具”相同。单击具箱中“历史记录艺术画笔工具”后，该工具的选项栏如图 3-36 所示。

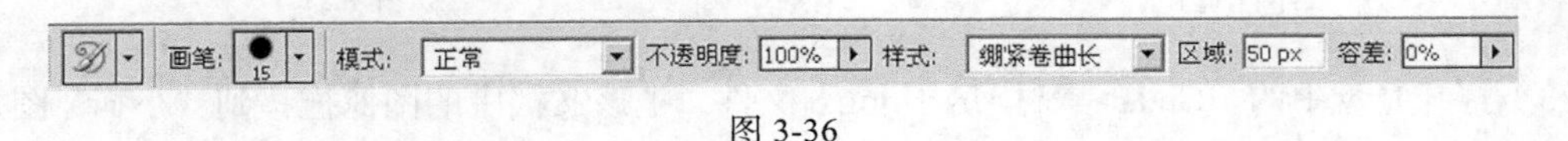

图 3-36

实例练习——使用“历史记录画笔”制作花边

（1）打开附书光盘素材“图案.jpg”文件，如图 3-37 所示。

（2）选择“渐变工具”，单击工具选项栏中的“编辑渐变”按钮，弹出“渐变编辑器”对话框。将渐变色设为紫、绿、橙渐变，如图 3-38 所示，单击“确定”按钮。

（3）在工具选项栏中选择“径向渐变”按钮，在图像窗口中由内向外拖曳渐变，效果如图 3-39 所示。

图 3-37

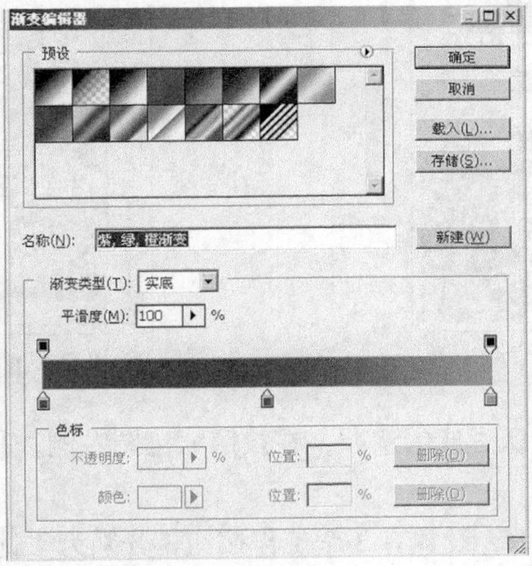

图 3-38

图 3-39

实例练习——观察历史记录

（1）打开光盘中的“Ch03>素材>小猫.jpg”文件，执行“窗口”>“历史记录”命令，可以隐藏或打开“历史记录”面板，如图 3-40 所示。

提示：打开一幅图像后，默认状态下会以当前图像状态自动地创建第一幅快照。

（2）执行“滤镜”>“纹理”>“拼缀图”命令，参照图 3-41 所示设置对话框参数，为“背景”图层中的图像添加滤镜效果。

图 3-40

图 3-41

（3）打开光盘中的“Ch02>素材>房子.jpg”文件，把该文档中的图像拖移到“小猫”图片中。然后按“Ctrl+A”快捷键全选图像，执行“底对齐”和“水平居中对齐”命令，调整图像位置，如图 3-42 所示。

（4）取消选区，观察“历史记录”面板，所有操作步骤都被保存下来，如图 3-43 所示，这些操作步骤就是历史记录状态。在历史记录状态左侧，有一个历史记录状态滑块，表示当前历史记录状态为选择状态。

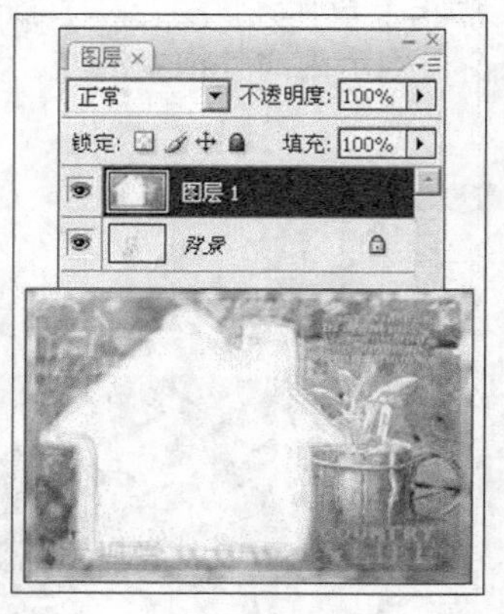

图 3-42

图 3-43

（5）位于面板最上方的是默认生成的快照，在快照缩览图左侧，是设置历史记录画笔的源，如图 3-44 所示。

（6）在“历史记录”面板底部，设置有 3 个工作按钮，分别为“删除当前状态”按钮、“创建新快照”按钮和“从当前状态创建新文档”按钮，如图 3-45 所示。

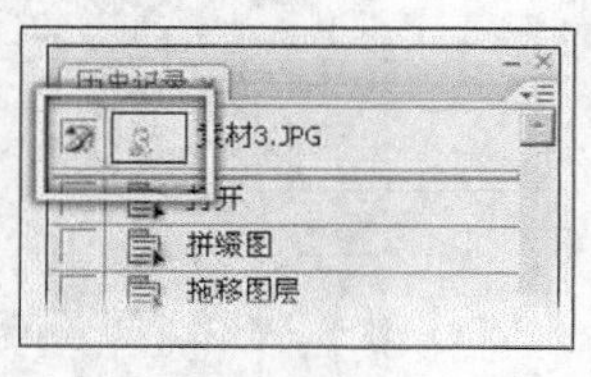

图 3-44

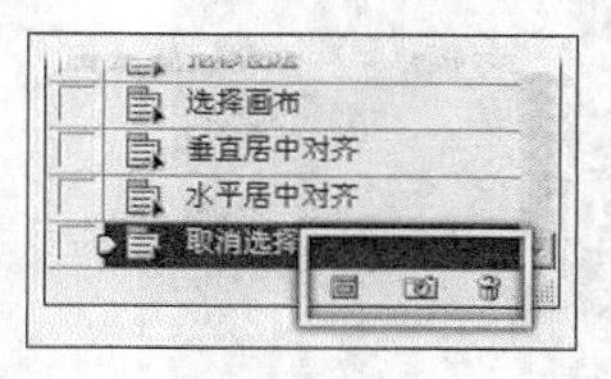

图 3-45

3.1.4 “仿制图章工具”和“图案图章工具”

图章工具组中包括“仿制图章工具”和“图案图章工具”，如图 3-46 所示。“仿制图章工具”可以从图像中取样，而“图案图章工具”则可以在一个区域中填充指定的图案。

图 3-46

1. 仿制图章工具

“仿制图章工具”可复制整个图像或图像的一部分，包括源指针和目标指针两部分。源指针初始指向要复制的部分，目标指针则可以将复制的部分在图像中的另外一个地方绘制出来。在绘制的过程中两种指针保持着一定的联动关系，该工具仅仅是克隆源区域中的像素。单击工具箱中的“仿制图章工具”，此时该工具选项栏如图 3-47 所示。

图 3-47

其中“对齐”：勾选该选项可以多次复制图像，所复制出来的图像仍是选定点内的图像。若未选中该复选框，则复制出的图像将不再是同一幅图像，而是多幅以基准点为模板的相同图像。

在 Photoshop CS4 中，可以利用“仿制源”面板对复制的图像进行缩放、旋转、位移等设置，还可以设置多个取样点。选择“窗口”>“仿制源”命令，打开图 3-48 所示的“仿制源”面板。

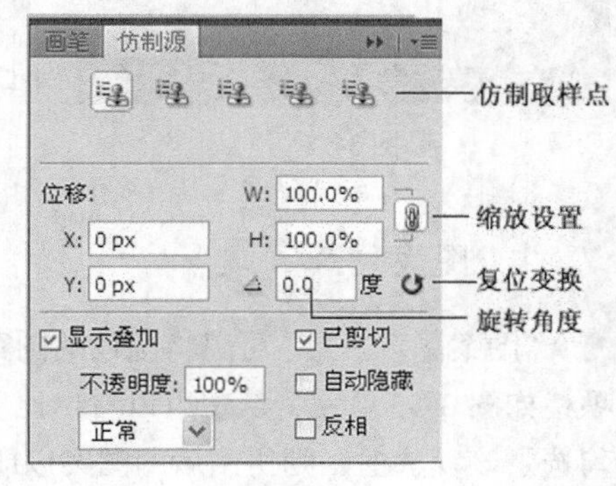

图 3-48

实例练习——利用“仿制源”旋转复制

（1）打开光盘中的“Ch03> 素材 >新芽.jpg”文件，如图 3-49 所示。

（2）选择“窗口”>“仿制源”命令，打开“仿制源”面板。按住“Alt”键，在图像中合适的位置单击鼠标左键设置源区域。

（3）将图像上的花草设置旋转 15° 度复制在图像的左边，“仿制源”面板参数设置如图 3-50 所示。将圆形鼠标指针移动到图像中要复制的位置处，单击并拖动鼠标在图像上涂抹，效果如图 3-51 所示。

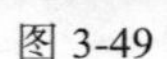

图 3-49

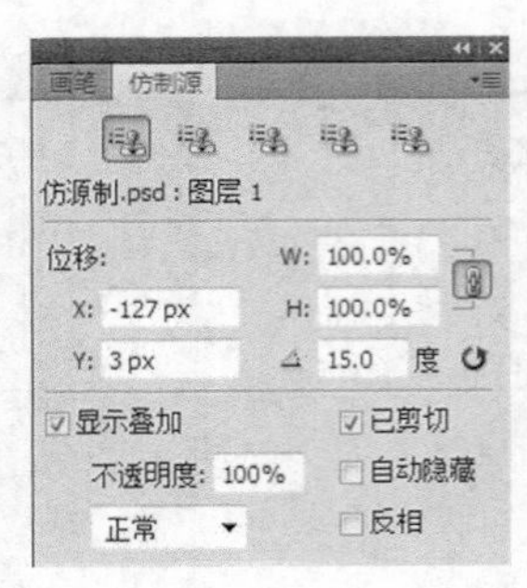

图 3-50

图 3-51

实例练习—使用“仿制图章工具”复制花朵

（1）打开光盘中的“Ch03> 素材 >花.jpg”文件，如图 3-52 所示。

（2）选择“仿制图章工具”，在工具选项栏中设置画笔直径为 129 像素、硬度为 60%，并勾选“对齐”复选项，其他参数保持默认设置，如图 3-53 所示。

（3）在图像中需要复制的地方，按住“Alt”键不放，单击鼠标，设置取样点。在需要被复制的图像区域拖动鼠标进行涂抹绘制，被涂抹的图像区域将绘制出相同的图像，如图 3-54 所示。

图 3-52

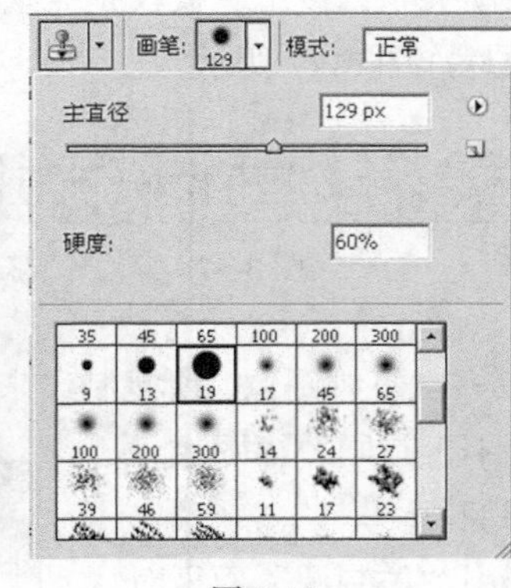

图 3-53

图 3-54

2. 图案图章工具

“图案图章工具”可以将预设的图案或自定义的图案复制到图像或者指定的区域中。其工具选项栏如图 3-55 所示，从中可以看出比“仿制图章工具”多了一个“印象派效果”的复选框，如果勾选了该复选框，则仿制后的图案以印象派绘画的效果显示。

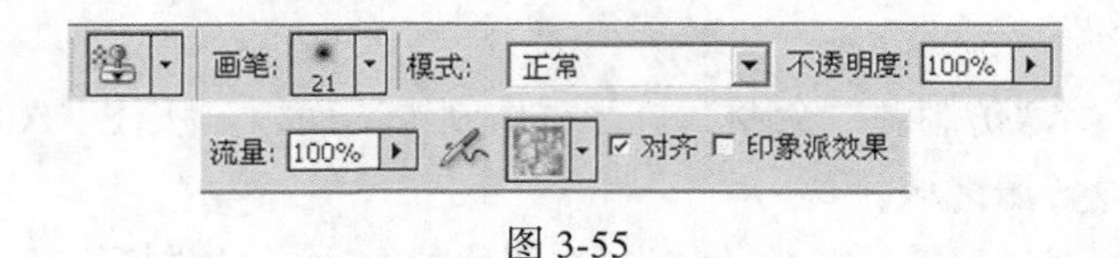

图 3-55

在图像上绘制一个指定的区域，如图 3-56 所示。单击“图案图章工具”，并设置工具选项栏，然后用鼠标在选区中拖曳复制填充图案，如图 3-57 所示。

图 3-56

图 3-57

实例练习——“图案图章工具”的使用

（1）打开光盘中的“Ch03> 素材 >蝶.jpg”文件，图 3-58 所示。

（2）选择“矩形选框工具”在蝴蝶中画出选区，如图 3-59 所示。

图 3-58

图 3-59

（3）选择“编辑”>“定义图案”命令，在打开的“图像名称”对话框中设置名称为“图案 1”，单击“确定”按钮，图案将自动生成到图案列表中，如图 3-60 所示。

（4）按“Ctrl+D”快捷键取消选区，选择“图案图章工具”，在工具选项栏“图案”下拉列表中找到自定义的图案。在图像中合适的位置按下鼠标左键拖动，复制出图案，效果如图 3-61 所示。

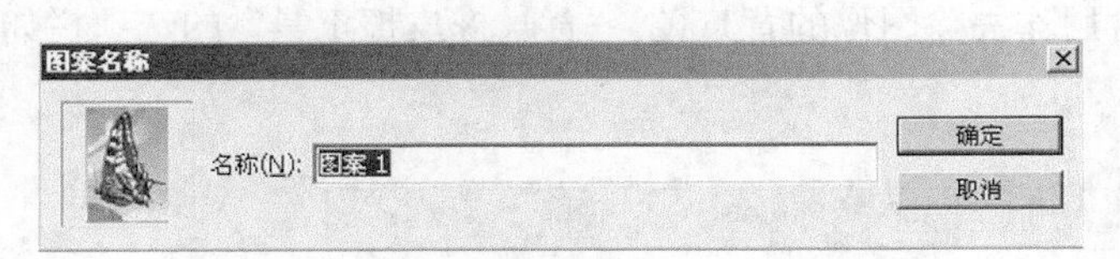

图 3-60

图 3-61

3.2 图像修饰工具

在 Photoshop CS4 中修饰图像的工具和方法多种多样，用来修饰图像的工具组包括“修复工具组”、“模糊工具组”等，这些工具组都是对图像的某个部分进行修饰的。应用这些工具时，都是使用“画笔工具”进行修饰图像的，所以“画笔工具”的属性设置会影响到修饰的质量。

3.2.1 擦除工具

“橡皮擦工具组”中包括 3 种工具，分别是“橡皮擦工具”、“背景橡皮擦工具”和“魔术橡皮擦工具”，如图 3-62 所示。它们都可以擦除图像的整体或局部，也可以对图像的某个区域进行擦除。

1. 橡皮擦工具

使用“橡皮擦工具”擦除像素后，将会自动使用背景来填充，其工具选项栏如图 3-63 所示，其各选项意义如下。

图 3-62　　图 3-63

画笔：用来设置橡皮擦的主直径、硬度和画笔样式。

模式：用来设置橡皮擦的擦除方式，下拉列表中有“画笔”、“铅笔”和“块”3 个选项。选择“画笔”选项时橡皮的边缘柔和带有羽化效果，选择“铅笔”选项时则没有这种效果，选择“块”选项时橡皮以一个固定的方块形状来擦除图像。

不透明度：可以用于设置橡皮擦的透明程度。

流量：控制橡皮擦在擦除时的流动频率，数值越大，则频率越高。不透明度、流量以及喷枪方式都会影响擦除的力度，较小力度（不透明度与流量较低）的擦除会留下半透明的像素。

抹到历史记录：勾选“抹到历史记录”复选框后，用橡皮擦除图像的步骤能保存到“历史记录”面板中。要是擦除操作有错误，可以从“历史记录”面板中恢复原来的状态。

2. 背景橡皮擦工具

与“橡皮擦工具”不同的是，使用“背景橡皮擦工具”擦除像素后不会使用背景来填充，而是将擦除像素的部分变成透明，同时也自动将背景层变为透明层。“背景橡皮擦工具”一般用在擦除指定图像中的颜色区域，也可以常常用作去除图像的背景色。“背景橡皮擦工具”的选项栏如图 3-64 所示，各选项的意义如下。

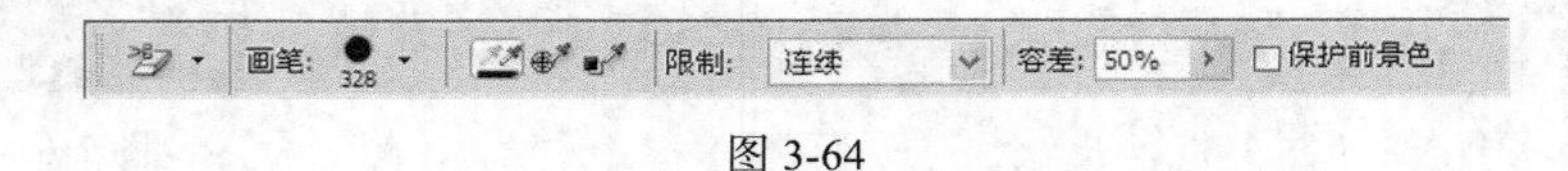

图 3-64

取样：用来设置擦除图像颜色的方式，包括“连续”、“一次”和“背景色板”。“连续”可以将鼠标经过的所有颜色作为选择色并对其进行擦除。“一次”选项，在图像上需要擦除的颜色上按下鼠标，此时选取的颜色将自动作为背景色，只要不松手，即可一直在图像上擦除该颜色区域。“背景色板”选项，选择此项后，只能擦除与背景色一样的颜色区域。

限制：用来设置擦除时的限制条件。在限制下拉列表中包括“不连续”、“连续”和“查找边缘”选项。“不连续”选项，可以在选定的色彩范围内多次重复擦除。“连续”选项，在选定的色彩范围内只可以进行一次擦除，也就是说必须在选定颜色后连续擦除。“查找边缘”选项，擦除图像时可以更好地保留图像边缘的锐化程度。

容差：用来设置擦除图像中颜色的准确度，数值越大，擦除的颜色范围就越广，可输入的数值范围是 0%～100%。

保护前景色：勾选该复选框后，图像中与前景色一致的颜色将不会被擦除掉，在图像前景色与背景色存在的差异较大时使用。

“背景橡皮擦工具”可以很好地擦除背景色。图 3-65 所示的是原始图像，在工具箱中单击“背景橡皮擦工具”，在工具选项栏中设置“画笔的直径”为 126px、“取样”为“一次”、“限制”为“查找边缘”、“容差”为 25%，则擦除后的效果如图 3-66 所示。

图 3-65

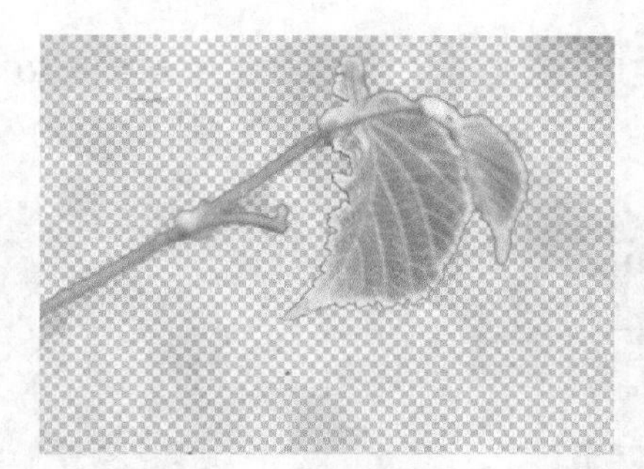

图 3-66

3. 魔术橡皮擦工具

“魔术橡皮擦工具”的功能相比其他两个擦除工具来说就显得更加智能化，一般用来快速去除图像的背景。用法相当简单，只要选择清除颜色的范围，单击鼠标就可将其清除。其功能相当于是“魔棒选择工具”与“背景橡皮擦工具”的合并。

使用“魔术橡皮擦工具”可以轻松地擦除与取样颜色相近的所有颜色，根据在其工具选项栏上设置的“容差”值的大小来决定擦除颜色的范围，擦除后的区域将变为透明。

“魔术橡皮擦工具”的选项栏如图 3-67 所示。

图 3-67

图 3-68 所示为原图，当选择“容差”值为 50%时，单击图像的背景，处理后的图像如图 3-69 所示。选择“容差”值为 90%时，单击图像的背景，处理后的图像如图 3-70 所示。

图 3-68

图 3-69

图 3-70

3.2.2 色调工具组

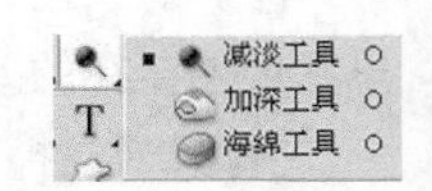

图 3-71

“色调工具组”中包括“减淡工具”、“加深工具”以及“海绵工具”这 3 种工具，如图 3-71 所示。这 3 种工具都可以通过按住鼠标在图像上拖动来改变图像的色调，下面分别介绍这几种工具的用法。

1. 减淡工具

使用“减淡工具”可以使图像或者图像中某区域内的像素变亮，但是色彩饱和度降低，图 3-72 和图 3-73 所示为使用“减淡工具”前后的效果对比。

图 3-72

图 3-73

单击工具箱中“减淡工具”，工具选项栏如图 3-74 所示，其中的各选项意义如下。

画笔: 65 范围: 中间调 曝光度: 50% 保护色调

图 3-74

范围：“减淡工具”选择亮度的色调范围。

曝光度：“减淡工具”描边时的曝光度。

实例练习——“减淡工具”的使用

“减淡工具”常通过提高图像的亮度来校正曝光度。

（1）打开光盘中的“Ch03>素材>瓜果.jpg”文档，选择“减淡工具”，其工具选项栏如

图 3-75 所示。

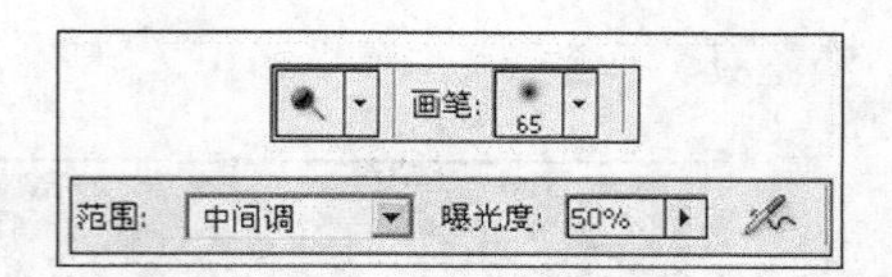

图 3-75

（2）“范围”下拉式列表中包括了 3 个选项，分别为“阴影”、“中间调”和“高光”，如图 3-76 所示。选择“中间调”后，在图像上单击并拖动鼠标，可以减淡图像的中间调区域，如图 3-77 所示。

图 3-76

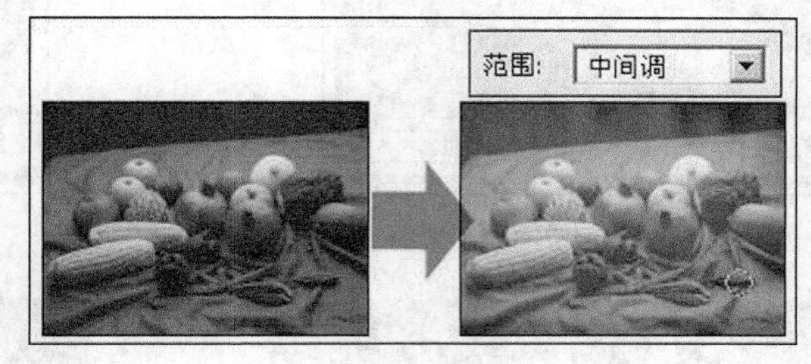

图 3-77

（3）如果使用“减淡工具”在图像上多次单击并拖曳鼠标，减淡效果将累加作用于图像，如图 3-78 所示。

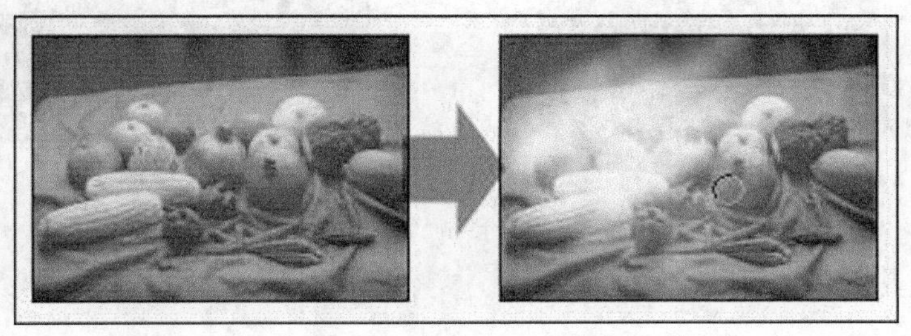
图 3-78

（4）若选择“阴影”选项，将只作用于图像的暗调区域，如图 3-79 所示。选择“高光”选项，则只作用于图像的高光区域，如图 3-80 所示。

图 3-79

图 3-80

（5）不同的“曝光度”将产生不同的图像效果，值越大，效果越强烈，图 3-81 和图 3-82 所示为指定不同曝光度的效果。

2. 加深工具

使用“加深工具”正好与“减淡工具”相反，可以使图像或者图像中某区域内的像素变暗，但是色彩饱和度提高，图 3-83 和图 3-84 所示为使用“减淡工具”前后的效果。工具选项栏与“减淡工具”一致。

图 3-81

图 3-82

图 3-83

图 3-84

3. 海绵工具

使用“海绵工具”可以精确地提高或者降低图像中某个区域的色彩饱和度，其工具选项栏如图 3-85 所示。工具选项栏中各选项的意义如下。

图 3-85

模式：用于对图像进行加色或去色的设置，下拉列表中的选项为“降低饱和度”和“饱和”两种。

自然饱和度：选择该复选框时，可以对饱和度不够的图像进行处理，可以调整出非常优雅的灰色调。

图 3-86 是图像的原图，图 3-87 是选择“饱和”选项后的效果图，图 3-88 是选择“降低饱和度”选项后的效果图。

图 3-86

图 3-87

图 3-88

实例练习——给图片上色

（1）打开光盘中的“Ch03> 素材 >百合花.jpg”文件，如图 3-89 所示。

（2）在工具箱中点选“海绵工具”，在工具选项栏中设定“模式”为“饱和”，其他为默认值，如图 3-90 所示。

（3）使用“涂抹工具”在百合花上来回涂抹几次，颜色加深效果如图 3-91 所示。

图 3-89

图 3-90

图 3-91

3.2.3　模糊工具组

“模糊工具组”下包括“模糊工具”、“锐化工具”以及“涂抹工具”这 3 种工具，如图 3-92 所示。这几种工具主要用于对图像局部细节进行修饰，它们的操作方法都是按住鼠标左键在图像上拖动以产生效果，下面分别介绍这几种工具的用法。

模糊工具
锐化工具
涂抹工具

图 3-92

1. 模糊工具

使用“模糊工具”在图像中拖动鼠标，在鼠标经过的区域中就会产生模糊效果，如果在其工具选项栏上设置“画笔”的值较大，则模糊的范围就较广。

单击“模糊工具”，其工具选项栏如图 3-93 所示。其中“强度”选项用于设置“模糊工具”对图像的模糊程度，取值范围为 1%~100%，取值越大，模糊效果越明显。

图 3-93

用“模糊工具”对图 3-94 所示的图像做模糊处理，处理后的效果如图 3-95 所示。

图 3-94

图 3-95

2. 锐化工具

使用“锐化工具”在图像中拖动鼠标左键，在鼠标经过的区域中就会产生清晰的图像效果。如果在其工具选项栏上设置“画笔”的值较大，则清晰的范围就较广。如果“强度”的值较大，则清晰的效果就较明显。其工具选项栏与“模糊工具”基本相似。用“锐化工具”对图 3-96 所示的图像做清晰处理，处理后的效果如图 3-97 所示。

图 3-96

图 3-97

3. 涂抹工具

使用“涂抹工具”可以模拟出在画纸上用手指涂抹未干的油彩后的效果，会将画面上的色彩融合在一起，产生和谐的效果。

如果在其工具选项栏上设置“画笔”的值较大，则涂抹的范围就较广。如果设置“强度”的值较大，则涂抹的效果就较明显。与之前两个工具不同的是，在“涂抹工具”的选项栏上多了一个“手指绘画”的复选框。如果勾选了此项，则当用鼠标涂抹时是用前景色与图像中的颜色相融可以产生涂抹后的笔触；如果不勾选此项，则涂抹过程中使用的颜色来自每次单击的开始之处。图 3-98 和图 3-99 所示的是图像涂抹前后的对比效果。

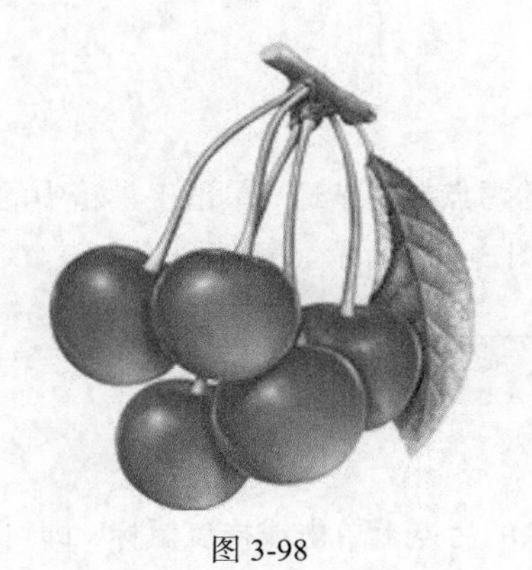

图 3-98

图 3-99

实例练习——牙膏字

（1）按“Ctrl＋N”快捷键，新建一个文件：宽度为 400 像素、高度为 400 像素、分辨率为 72 像素/英寸、颜色模式为 RGB、背景内容为白色，单击“确定”按钮。

（2）设置前景色为 CMYK 值为（0,0,0,10），按“ATL+Delete”快捷键填充前景色。

（3）选择“椭圆选框工具”，按住“Shift”键的同时绘制一个正圆选区，然后将其填充为角度渐变，渐变的颜色为色谱渐变，效果如图 3-100 所示。

（4）按住“Ctrl+D”快捷键取消选区，选择“涂抹工具”，在属性栏中设置其“模式”为正常、“强度”为“100”。选择“画笔工具”，在属性栏中设置硬度为 100%的圆形画笔形式，画笔直径略小于当前的正圆，效果如图 3-101 所示。

（5）将光标移动到渐变填充的正圆上，并让笔触的中心与正圆的中心对齐，这样周围才不会出现笔触的超出部分，然后按住鼠标拖动，效果如图 3-102 所示。

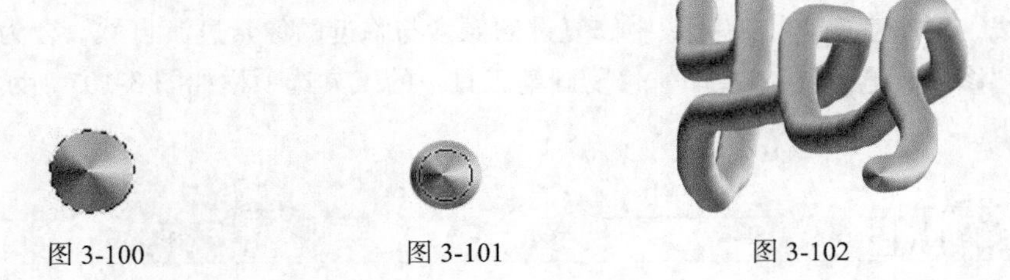

图 3-100　　图 3-101　　图 3-102

3.2.4 “修图工具”的使用

图 3-103

“修复工具组”中包含“污点修复画笔工具”、“修复画笔工具”、“修补工具”以及“红眼工具”，如图 3-103 所示。这几种工具的用法类似，都是用来修复图像上的瑕疵、褶皱或者破损部位等，不同的是前 3 种修补工具主要是针对区域像素而言的，而“红眼工具”则主要针对照片中常见的红眼而设。

1. 污点修复画笔工具

“污点修复画笔工具”比较适合用来修复图片中小的污点或者杂斑，单击工具箱中的“污点修复画笔工具”，此时“污点修复画笔工具”的选项栏如图 3-104 所示。

图 3-104

选择“污点修复画笔工具”，然后在图像中想要去除的污点上单击或拖曳鼠标，即可将图像中的污点消除，而且被修改的区域可以无缝混合到周围图像环境中，图 3-105 和图 3-106 所示为修改前后的效果对比。

图 3-105

图 3-106

2. 修复画笔工具

“修复画笔工具”可以复制指定的图像区域中的肌理、光线等，并将它与目标区域像素的纹理、光线、明暗度融合，使图像中修复过的像素与临近的像素过渡自然，合为一体。单击工具箱中的“修复画笔工具”，此时“修复画笔工具”的工具选项栏如图 3-107 所示，其中各选项的意义如下。

图 3-107

模式：用来设置修复时的混合模式。如果选用“正常”选项，则使用样本像素进行绘画的同时可把样本像素的纹理、光照、透明度和阴影与像素相融合；如果选用“替换”选项，则只用样本像素替换目标像素，在目标位置上没有任何融合。也可在修复前建立一个选区，则选区限定了要修复的范围在选区内。

源：选择修复方式，有“取样”和“图案”两个方式。勾选“取样”单选项后，按住“Alt”键不放，并单击鼠标左键获取修复目标的取样点。勾选“图案”单选项后，可以在“图案”列表中选择一种图案来修复目标。

对齐：勾选“对齐”复选项后，只能用一个固定位置的同一图像来修复。

样本：选取图像的源目标点，包括以下 3 种选择。“当前图层”是当前处于工作状态的图层。“当前图层和下面图层”是当前处于工作状态的图层和其下面的图层。“所有图层”即可以将全部图层看成单图层。

忽略调整图层：单击该按钮，在修复时可以忽略图层。

单击“修复画笔工具”，按照图 3-107 所示的工具选项栏设置选项。修复前有污点的图像如图 3-108 所示，按住“Alt”键并在污点附近单击鼠标取样，然后在污点处拖曳鼠标，就可擦除污点，修复后的图像如图 3-109 所示。

图 3-108

图 3-109

3. 修补工具

“修补工具”与“修复画笔工具”的功能差不多，不同的是“修补工具”可以精确地针对一个区域进行修复。该工具比“修复画笔工具”的使用更为快捷方便，所以通常使用此工具来对照片、图像等进行精确处理。

单击工具箱中的“修补工具”，此时文档窗口上方显示该工具选项栏，如图 3-110 所示，其各选项的作用如下。

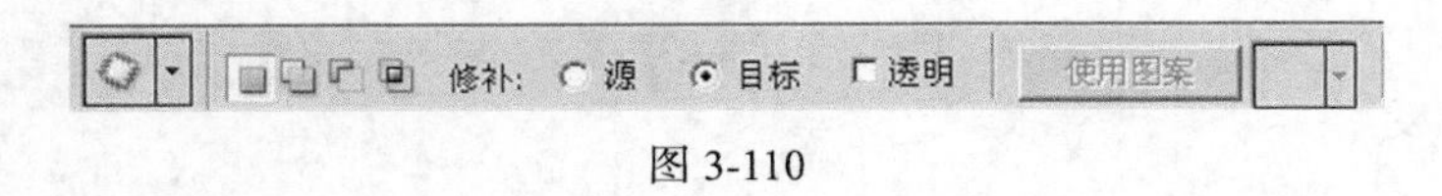

图 3-110

新选区：去除旧选区，绘制新选区。

增加选区：在原有选区的上面再增加新的选区。

减去选区：在原有选区上减去新选区的部分。

重叠选区：选择新旧选区重叠的部分。

实例练习——利用“修补工具”复制小鸟

（1）打开附书光盘素材“小鸟.jpg”文件，如图 3-111 所示。

（2）将鼠标指针移动到图像窗口，此时鼠标指针变形为一个带有小勾的补丁形状，使用其绘制一个区域将小鸟包围。

（3）将鼠标移动到刚才所绘制的区域中，按住鼠标左键拖动树干的另一处，复制效果如图 3-112 所示。

图 3-111

图 3-112

4. 红眼工具

“红眼工具”可以将数码相机照相时产生的红眼睛效果轻松去除，在保留原有的明暗关系和质感的同时，使图像中人或者动物的红眼变成正常颜色。此工具也可以改变图像中任意位置的红色像素，使其变为黑色调。

“红眼工具”的属性面板如图 3-113 所示，其中两个选项作用如下。

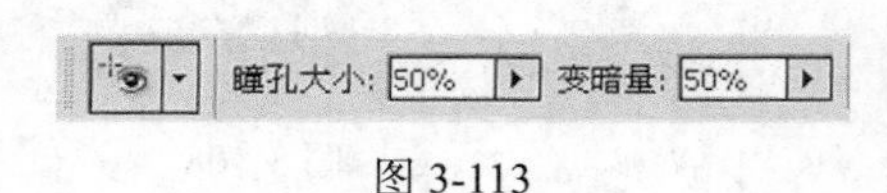

图 3-113

瞳孔大小：用于设置瞳孔的大小。

变暗量：用于设置瞳孔的暗度。

“红眼工具”的操作是在工具箱中单击“红眼工具”，设置好属性以后，直接在图像中红眼部分单击鼠标左键即可。

3.3 图层的变换操作

选择图像中要进行变形操作的图层作为要编辑的当前图层，然后就可以进行下面的各种变形操作。

1. 图层的变换

（1）缩放。

选择“编辑”>“变换”>“缩放”命令，当前图层的图像周围出现 8 个控制点的变形方框。鼠标靠近控制点时，鼠标改变形状后，拖曳控制点可以放大或缩小当前图层。将鼠标移入变形框中，鼠标指针改变形状后，可以移动当前图层，如图 3-114 所示。

图 3-114

（2）旋转。

选择“编辑”>“变换”>“旋转”命令，当前图层的图像周围出现 8 个控制点的变形方框。鼠标靠近控制点时会改变形状，拖曳鼠标，图像会按旋转中心进行旋转。如果要改变旋转中心的位置，移动鼠标到旋转中心，当鼠标指针改变形状时，拖动旋转中心到所需的位置即可，如图 3-115 所示。

图 3-115

同时还可以执行快速旋转图层的命令来实现“顺时针旋转 180 度”、“顺时针旋转 90 度”、“逆时针旋转 90 度”的旋转效果。

（3）斜切。

选择“编辑”>“变换”>“斜切”命令，当前图层的图像周围出现 8 个控制点的变形方框。鼠标靠近四角的控制点时，鼠标改变形状后，可以单方向斜切图层。若将鼠标靠近中间的控制点上，当鼠标改变形状时，拖曳控制点，可按变形框方向斜切图层，如图 3-116 所示。

图 3-116

（4）扭曲。

选择“编辑”>“变换”>“扭曲”命令，当前图层的图像周围出现 8 个控制点的变形方框。鼠标靠近四角的控制点时，鼠标指针改变形状，拖动鼠标可以随意扭曲图层，如图 3-117 所示。

（5）透视。

选择“编辑”>“变换”>“透视”命令，当前图层的图像周围出现 8 个控制点的变形方框。鼠标靠近变形框的控制点时，拖动鼠标可将图层进行透视变形，如图 3-118 所示。

（6）变形。

当选择“编辑”>“变换”>“变形”命令后，会出现由横竖线组成的 9 个方格的网格，除了四角的节点，还有外边交叉地方具有圆形的控制点。对形状进行变形可以靠拖动控制点或网格线段来进行，如图 3-119 所示。

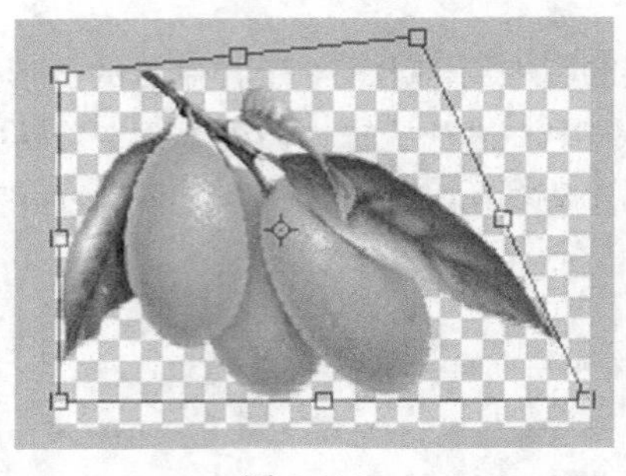
图 3-117

图 3-118

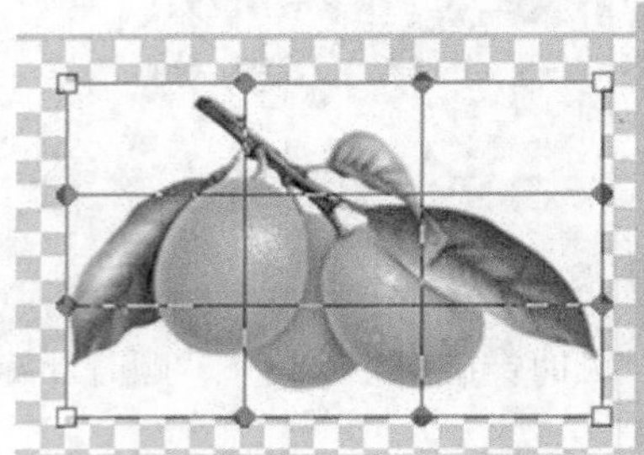
图 3-119

2. 图层的自由变换

选择“编辑”>“自由变换”命令，当前图层的图像周围出现 8 个控制点的变形方框，就可以随意缩放和旋转变形了，或按快捷键“Ctrl + T”，也可以随意调节变形。

图层自由变换时，按住“Ctrl”键的同时拖动控制点，可扭曲图层；按住“Ctrl + Shift”快捷键的同时拖动控制点，可斜切图层。当拖动控制点进行调节和变形时，会出现工具选项栏，可以通过输入数字精确地控制图层的变形。

实例练习——制作投影

（1）执行菜单栏中的“文件”>“打开”命令，将弹出“打开”对话框，选择附书光盘素材“背影人物.jpg”文件，将图像打开。

（2）使用“魔棒工具”，并在工具选项栏中设置“容错”值为 50，按住“Shift 键”并在图像中多次单击鼠标，选取人物以外的背景；然后按“Shift+Ctrl+I”快捷键，将选区反选，人物选取效果如图 3-120 所示。

（3）执行菜单栏中的“图层”>“新建”>“通过拷贝的图层”命令，将选取的人物拷贝出一个图层。

（4）按住“Ctrl”键并单击新拷贝出的“图层 1”缩览图，将其载入选区，然后按“Shift+F6”快捷键，为其设置一个 5 像素的羽化。

（5）单击“图层”面板底部的“创建新图层”按钮，创建一个新的“图层 2”。然后将前景色设置为黑色，按“Alt+Delete”快捷键将选区填充为黑色，并将其拖到“图层 1”的下方，如图 3-121 所示。

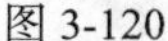
图 3-120

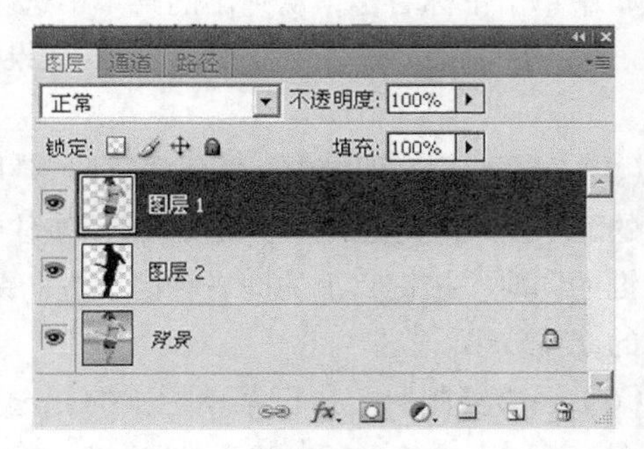

图 3-121

（6）取消选区，确认当前选择“图层 2”。执行菜单栏中的“编辑”>“变换”>“扭曲”命令，为“图层 2”添加一个扭曲变换框。然后将光标移动到顶部中心变换点的位置，按住鼠标将其向右下侧拖动，如图 3-122 所示。

（7）拖动到合适的位置后，释放鼠标，并按“Enter”键取消变换框。在“图层”面板中修改“图层 2”的“不透明度”为 40%，效果如图 3-123 所示，这样就完成了人物投影的制作。

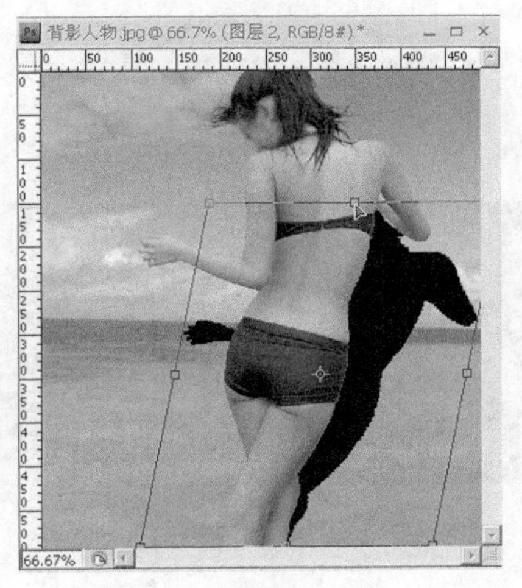

图 3-122

图 3-123

实例练习——立体效果

（1）执行菜单栏中的“文件”>“新建”命令，打开“新建”对话框。设置“宽度”为 600 像素、“高度”为 300 像素、“分辨率”为 150 像素/英寸、“颜色模式”为 RGB 颜色、“背景内容”为透明，设置完成后，单击“确定”按钮，创建一个新文档。

（2）选择工具箱中的“横排文字工具”，在画布中单击并随意输入一些 0 和 1 的组合文字，并在“字符”面板中设置文字的字体为 Impact、字号为 72 点、字符间距为 100、颜色为黑色，其余设置保持默认。

（3）在“图层”面板中，右键单击文字图层，在弹出的快捷菜单中选择“栅格化文字”命令，将文字层进行栅格化处理，以便进行自由变换。

（4）执行菜单栏中的“编辑”>“自由变换”命令，或按“Ctrl+T”快捷键，产生自由变换框。在画布中单击鼠标右键，从弹出的菜单中选择“透视”命令，对文字进行透视处理，制作出透视效果。最后按“Enter”键提交变换，完成的效果如图 3-124 所示。

图 3-124

（5）在“图层”面板中，按住“Ctrl”键并单击文字图层的缩览图，将文字的选区载入，然后按住“Ctrl+Alt”快捷键的同时，按键盘上的向右和向下方向键，制作出文字的立体效果。

（6）轻移复制后，执行菜单栏中的“选择”>“反向”命令，或按“Ctrl+Shift+I”快捷键，将选区反选。然后执行菜单栏中的“图像”>“调整”>“曲线”命令，打开“曲线”对话框。拖动左侧的曲线控制点，如图 3-125 所示，以加亮选区中的图像，这样就可以看到立体的文字效果了。为了使文字显示更加美观，可以选择附书光盘素材中“背景.jpg”，将文字拖入背景中，如图 3-126 所示。

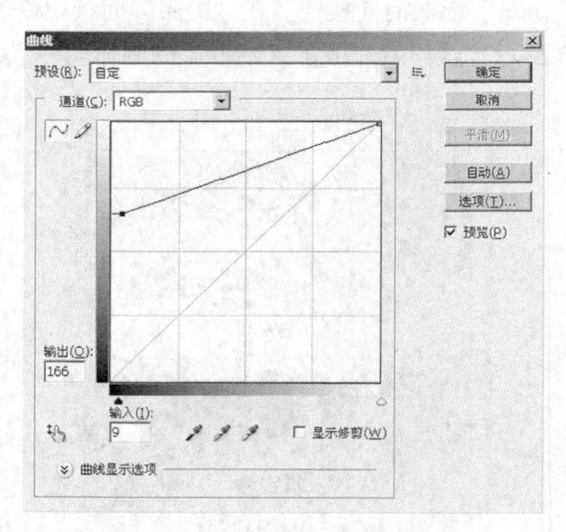

图 3-125

图 3-126

课外拓展　新年贺卡

【习题知识要点】

使用“自定形状工具”制作背景图案，使用“羽化”制作背景发光效果，使用“自由变化”工具翻转“福”字。最终效果如图 3-127 所示。

图 3-127

【效果所在位置】

光盘“ch03/效果/新年贺卡.psd”。

第4章 图层及样式的应用

本章主要介绍图层的混合模式和图层样式，以及图层的管理和智能对象等，使读者掌握图层的相关知识和操作技能。

学习目标

- 了解图层的混合模式。
- 掌握图层样式的使用方法。
- 掌握图层的各种操作方法。

将图像中的各个要素分别绘制在不同的透明胶片上，通过透明胶片的透明特性，可以从上层看到下层胶片，通过图层的顺序叠加来看到整个图像的结构和效果。

4.1 图层的混合模式和不透明度

4.1.1 图层的混合模式

图层的混合模式是运用当前选定的图层与其下面的图层进行像素的混合计算，因为有各种不同的混合模式，产生的图层合成效果也就各不相同。在“图层”面板中单击“图层的混合模式”右边的下拉按钮，显示的下拉菜单如图 4-1 所示。

1. “正常” 模式

“正常”模式为默认模式，而这种模式上、下图层保持互不发生作用的关系，上面的图层覆盖下面的图层，当不透明度变为 100%以下时，才会根据数值来慢慢显示下面的图层内容。樱桃不透明度为 50%和橙子不透明度为 70%时的效果如图 4-2 所示。

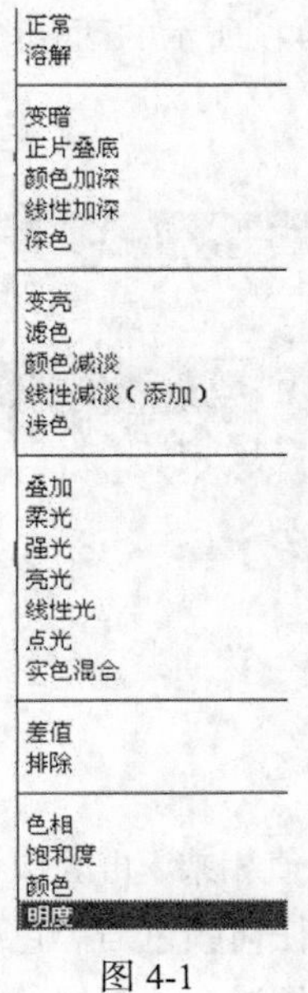

图 4-1

图 4-2

2.“溶解”模式

“溶解”模式是在上方图层为半透明状态时，结果图像中的像素由上层图像中的像素和下一图层图像中的像素随机替换为溶解颗粒的效果。不透明度越低产生的效果就越明显，不透明度为 50%和 21%时的溶解模式分别如图 4-3 和图 4-4 所示。

图 4-3

图 4-4

3.“变暗”模式

“变暗”模式是将上下两个图层中较暗的像素代替较亮的像素，在混合后图像只保留两个图层中颜色较暗的部分，因此最终叠加的效果使整个图像呈暗色调。例如图 4-5 所示的两个图像混合，正常看不见剑，变暗以后的效果如图 4-6 所示。

图 4-5

图 4-6

4. “正片叠底”模式

“正片叠底”模式可以查看每个通道的颜色信息，将两个图层的颜色值相乘，再除以 255 得到结果。使用此模式的效果比原图像的颜色深，在“正片叠底”模式下，任何颜色与黑色融合仍然是黑色，与白色融合则保持原来的效果不变。例如图 4-7 所示的两个图像混合。图层的模式为正片叠底，如图 4-8 所示，正片叠底模式的效果如图 4-9 所示。

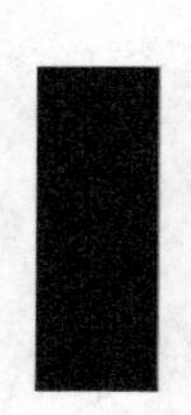

图 4-7

图 4-8

图 4-9

5. “颜色加深”模式

此模式将对图层每个通道的信息进行计算，下层图像依据上层图像的灰度程度变暗，再与上层图层融合，通过增加对比度加深图像的颜色，例如图 4-10 所示的两个图像，混合后的效果如图 4-11 所示。

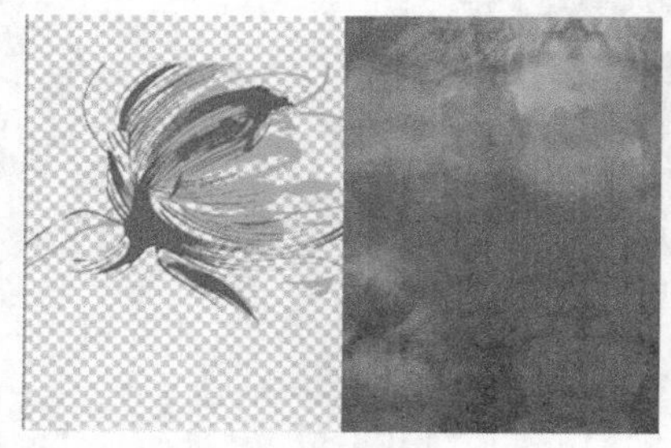

图 4-10

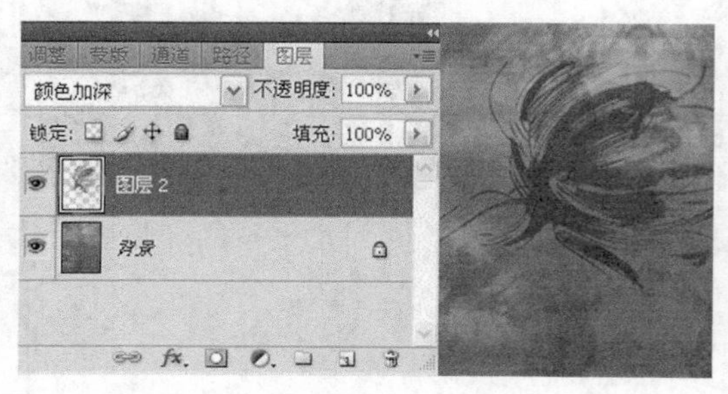

图 4-11

6. “线性加深”模式

此模式与“颜色加深”模式很相似，将对图层每个通道的信息进行计算，加暗下层图像的像素，提高上层图像的颜色亮度来衬托混合颜色。例如图 4-12 所示的两个图像，混合后的效果如图 4-13 所示。混合色为黑色的区域显示在结果色中，而白色的区域消失。

图 4-12

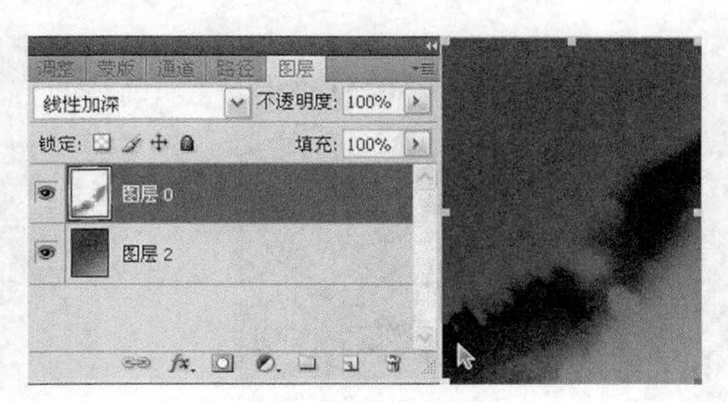

图 4-13

7. “深色”模式

两个图层混合后，通过上层图像中较亮的区域被下层图像替换来显示结果，例如图 4-14 所示的两个图像，混合后的效果如图 4-15 所示。上层白色的区域被下层的蝴蝶替换。

图 4-14

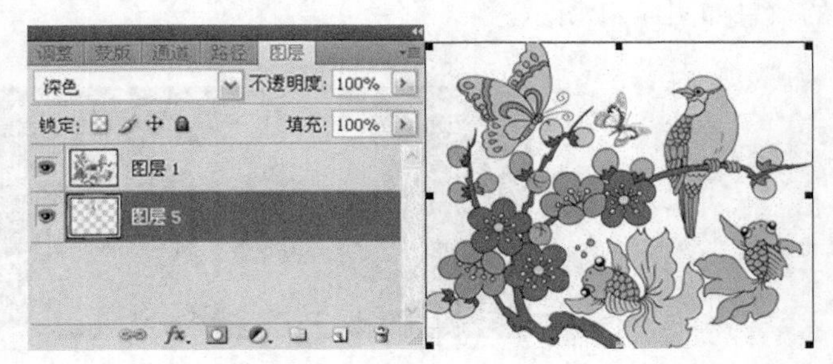

图 4-15

8. “变亮”模式

此模式是选择上、下两个图层较亮的颜色作为结果图像的颜色，比上层图像中暗的像素被替换，比上层图像中亮的像素保持不变，例如图 4-16 所示的两个图像，混合后的效果如图 4-17 所示。下层图像白色的背景保持不变。

图 4-16

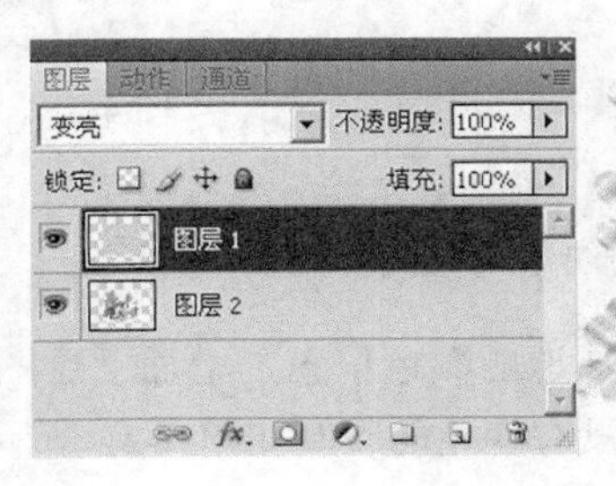

图 4-17

9. “滤色”模式

“滤色”模式又叫屏幕模式，与“正片叠底”相反。将上、下两个图层的颜色结合起来，然后产生比两种颜色都浅的结果。使用此模式的效果比原图像的颜色更浅，具有漂白的效果，例如图 4-18 所示的两个图层混合，混合后的效果如图 4-19 所示。

图 4-18

图 4-19

10. “颜色减淡”模式

此模式通过计算每个颜色通道的颜色信息，调整对比度而使下层像素颜色变亮来反映上层像素颜色。如果上层是黑色，那么混合时是没有变化的，例如图 4-20 所示的两个图层混合，混合后的效果如图 4-21 所示。

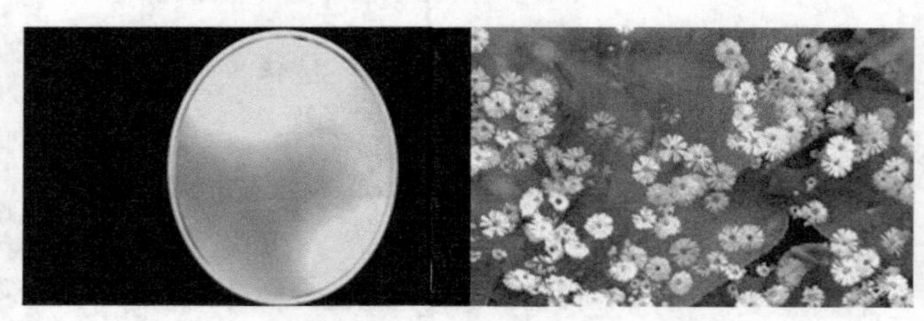

图 4-20

图 4-21

11. “线性减淡”模式

通过计算每个颜色通道的颜色信息，增加下层图像亮度来反映上层图像的颜色。如果上层是黑色，那么混合时是没有变化的，例如图 4-22 所示的两个图层混合，混合后的效果如图 4-23 所示。

图 4-22

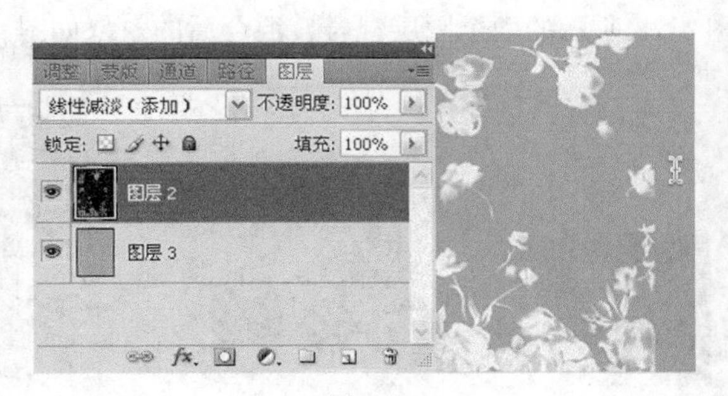

图 4-23

12. 浅色

上、下两个图层混合后，上层图像中较暗的区域被下层图像中的高光色调所取代从而得到结果色，效果与变亮模式相似，例如图 4-24 所示的两个图层混合，混合后的效果如图 4-25 所示。

图 4-24

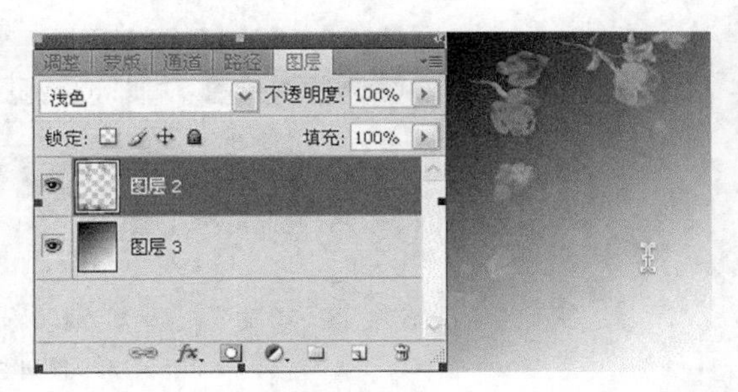

图 4-25

13. “叠加”模式

将上一层图像颜色与下一层图像颜色进行叠加，保留高光和阴影部分。下一层图像比上层图像暗的颜色会加深，比上层图像亮的颜色将会被遮盖，例如图 4-26 所示的两个图层混合，混合后的效果如图 4-27 所示。

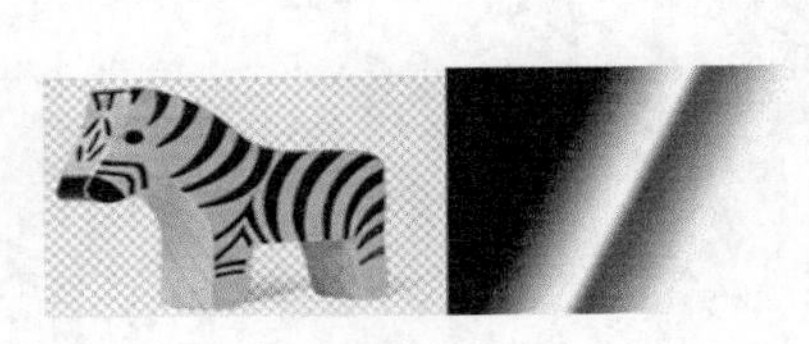

图 4-26

图 4-27

14. “柔光”模式

可以产生柔光效果，可根据上层颜色的明暗程度来决定颜色变亮还是变暗。当上层图像颜色比下层图像颜色亮，结果图像变亮；当上层图像颜色比下层图像颜色暗，结果图像则变暗，例如

图 4-28 所示的两个图层混合，混合后的效果如图 4-29 所示。

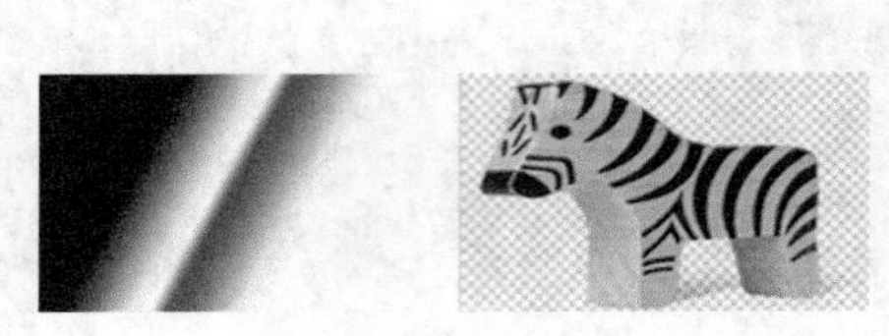

图 4-28

图 4-29

15. “强光”模式

此模式与柔光类似，但效果比“柔光”更加强烈，有点类似于聚光灯投射在物体上的效果，如图 4-30 所示。

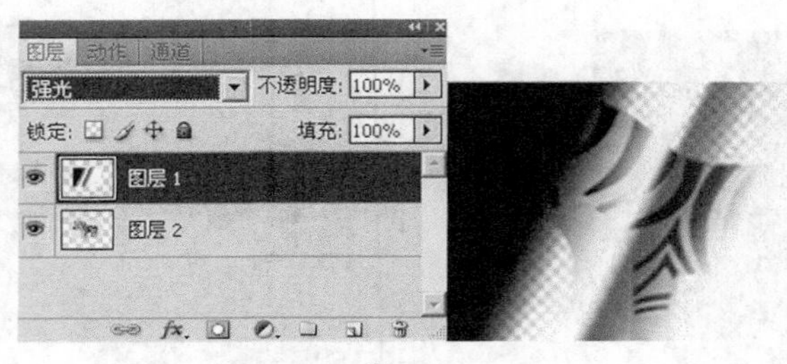

图 4-30

16. “亮光”模式

此模式是通过增加或减少对比度来加深或减淡颜色。如果上层图像颜色比 50%灰度亮，则通过降低对比度来加亮图像。反之，则加深图像，效果如图 4-31 所示。

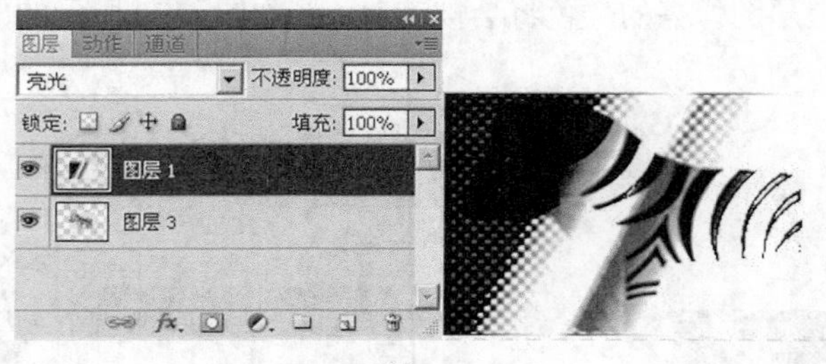

图 4-31

17. “线性光”模式

此模式根据上层图像颜色增加或减少亮度来加深或减淡颜色。如果上层图像颜色比 50%的灰度亮，则结果图像将增加亮度。反之，图像将变暗，效果如图 4-32 所示。

18. “点光”模式

此模式根据上层图像颜色来替换颜色。如果上层图像颜色比 50%的灰色亮，就会替换比上层图像暗的像素，而不改变比上一层颜色亮的像素。反之，如果上层图像颜色比 50%的灰色暗，则替换比上层图像亮的像素，而不改变上层图像暗的像素，图 4-33 所示的两个图层混合，混合后的效果如图 4-34 所示。

图 4-32

图 4-33

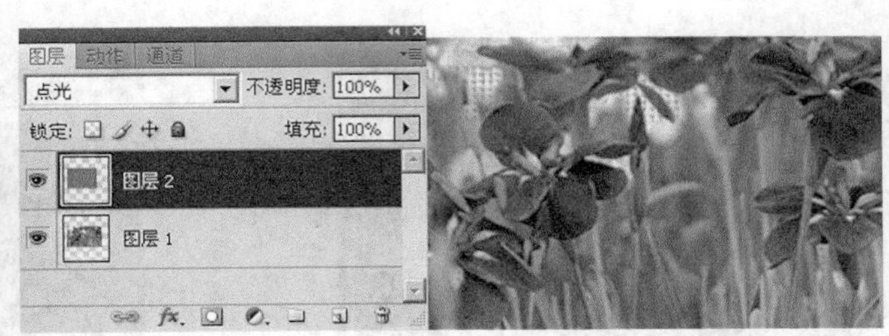

图 4-34

19. “实色”混合模式

选用“实色”混合模式，上层图像会和下一层图像中的颜色进行颜色混合，取消了中间色的效果，图 4-35 所示的两个图层混合，混合后的效果如图 4-36 所示。

图 4-35

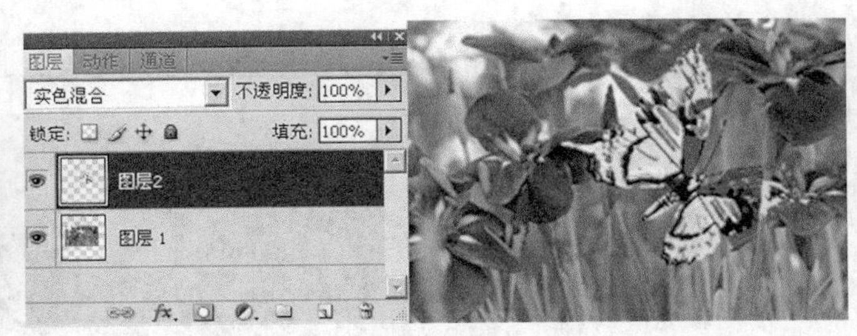

图 4-36

20. “差值”模式

此模式是一种比较的混合模式，上层图层颜色与下层图层颜色的亮度值互减，取值时以亮度较高的颜色减去亮度较低的颜色，较暗的像素被较亮的像素取代，而较亮的像素不变，图 4-37 所示的两个图层混合，混合后的效果如图 4-38 所示。

21. “排除”模式

与“差值”模式很相似，但是具有高对比度和低饱和度，效果比较柔和，如图 4-39 所示。

图 4-37

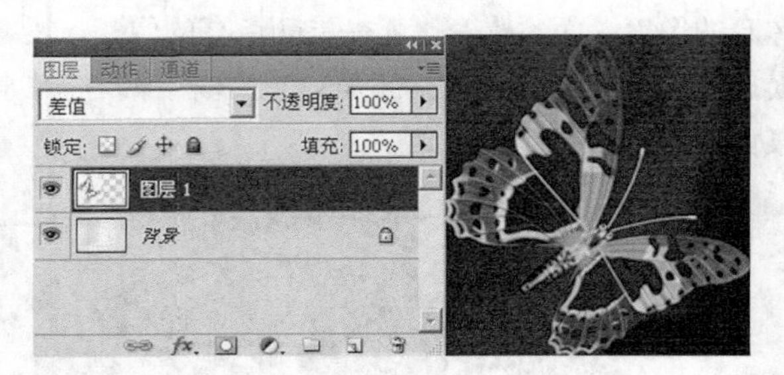

图 4-38

22. “饱和度”模式

使用下层图像的亮度、色相和上层图像的饱和度来做混合，若上方图层图像的饱和度为零，则图像没有变化，图 4-40 所示为斑马图层和花丛图层的混合。

图 4-39

图 4-40

23. “色相”模式

用上层图像的色相值和下层图像的亮度、饱和度来创建结果图像的颜色，图 4-41 所示为斑马图层和花丛图层的混合。

图 4-41

24. “颜色”模式

使用上层图像的饱和度和色相进行着色，下层图像的亮度保持不变，颜色模式可以看成“饱和度”模式和“色相”模式的综合效果，图 4-42 所示为斑马图层和花丛图层的混合。

25. “明度”模式

使用上层图像的明度来着色，下层图像的饱和度和色相保持不变，用下层图像的饱和度和色相与上层图像的明度创建新图像，图 4-43 所示为斑马图层和花丛图层的混合。

图 4-42

图 4-43

4.1.2　图层的不透明度

在 Photoshop 中，原本上方图层完全覆盖下方图层，在调整透明度后，当色彩变为半透明时会露出底部的颜色，不同程度的不透明度可以产生不同的效果，图 4-44 和图 4-45 所示为玫瑰花图层的不同透明度效果。

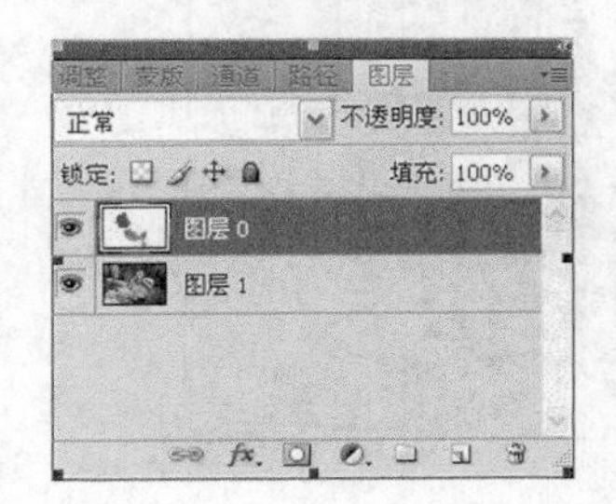

图 4-44

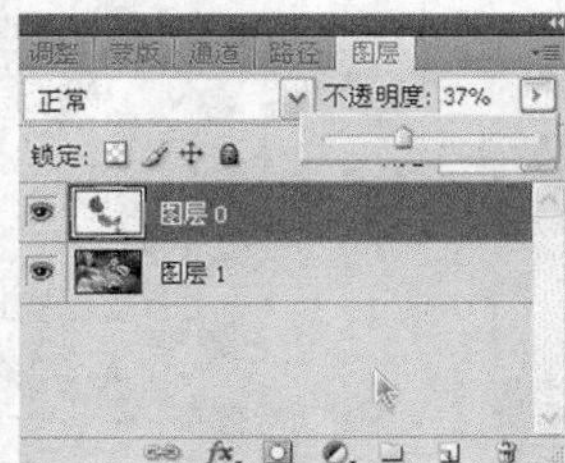

图 4-45

实例练习——制作窗中小狗

（1）按“Ctrl+O”快捷键，打开光盘中的“Ch04 > 素材 > 实例练习>小狗.tif”文件，效果如图 4-46 所示。

（2）选择“选择” > “全选”菜单命令，将小狗图像全部选中。选择“编辑” > “拷贝”菜单命令，将人物图像拷贝到剪贴板中。

（3）按“Ctrl+O”快捷键，打开光盘中的“Ch04 > 素材 >实例练习> 玻璃窗.jpg”文件，效果如图 4-47 所示。

（4）单击“魔棒工具”按钮，将蓝色玻璃全部选中。

（5）将背景色设置为黑色，选择“图层” > “新建” > “通过剪切的图层”菜单命令，将蓝色的玻璃剪切并复制到一个新的“图层 1”中。

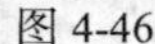

图 4-46

图 4-47

（6）在“图层”面板中单击“图层 1”的“指示图层可见性”按钮，隐藏蓝色玻璃图层，效果如图 4-48 所示。

（7）选中背景图层，单击“魔棒工具”按钮，将窗户中的黑色部分全部选中，选择“编辑”>“贴入”菜单命令，将“小狗”图像粘贴到选中的区域中。

（8）单击“移动工具”按钮，调整“人物”的位置，如图 4-49 所示。

（9）在“图层”面板中显示并选中蓝色玻璃图层，并将其透明度设置为 62%。完成后的效果如图 4-50 所示。

图 4-48

图 4-49

图 4-50

4.2 图层效果与样式

图层样式是由很多图层的效果组成的，可以实现很多特殊的效果。图层样式种类很多，有投影、外投影、外发光、内发光、斜面和浮雕、光泽、颜色叠加、图案叠加、渐变叠加、描边等图层效果。

4.2.1 常用的图层样式

图层样式的设置要通过“图层样式”面板来实现，有以下两种方法可以打开“图层样式”面板。

（1）单击“图层”面板下方的“添加图层样式”按钮，选择混合选项或任意图层效果，可以打开“图层样式”面板。

（2）双击需要设置效果的图层位置，即可打开“图层样式”对话框，如图 4-51 所示。

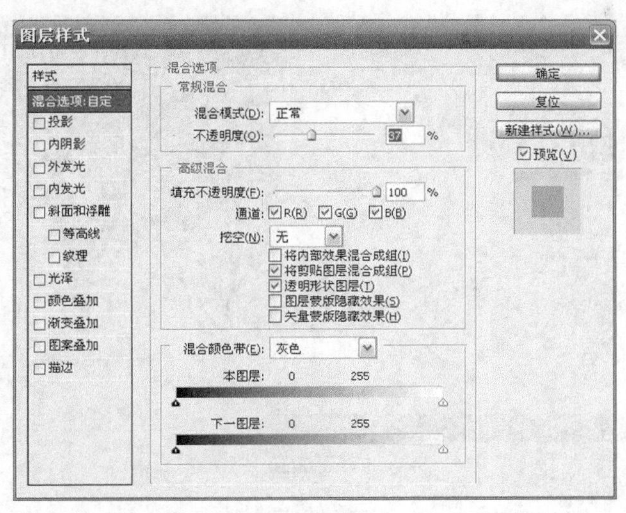

图 4-51

实例练习——抠取树枝图像

（1）按“Ctrl＋O”快捷键，打开光盘中的“Ch04>素材>实例练习>树叶.jpg”文件，如图 4-52 所示。

图 4-52

（2）执行“图层”>“新建”>“通过拷贝的图层”命令，得到 “图层 1”。

（3）在“图层”面板中，选择“背景”图层为当前工作图层，单击面板底部的“创建新图层”按钮，新建“图层 2”。

（4）按“D”键，将前景色和背景色设置为默认的颜色，然后按“Ctrl+Delete”快捷键，填充背景色。

（5）选择“图层 1”为当前工作图层，执行“图层”>“图层样式”>“混合选项”命令，弹出“图层样式”对话框。

（6）在“图层样式”对话框的“混合颜色带”选区中，向左拖动“本图层”颜色条下方白色的滑块至“121”处，如图 4-53 所示，然后单击“确定”按钮，抠取的图像如图 4-54 所示。

1. 投影

投影效果是图层样式中使用比较频繁的一种，可以使平面图形产生立体感。在“图层样式”对话框的左侧勾选“投影”复选项，其右侧会变为相应的投影选项，如图 4-55 所示。“投影”样式作用在文字图层后的效果如图 4-56 所示。“投影”样式中各项参数意义如下。

（1）混合模式：设置阴影与下方图层的色彩混合模式，右侧的菜单可以设置不同的混合模式。单击旁边的颜色可以重新定义阴影的颜色。

（2）不透明度：用来设置阴影的不透明度，值越大，阴影颜色越深。

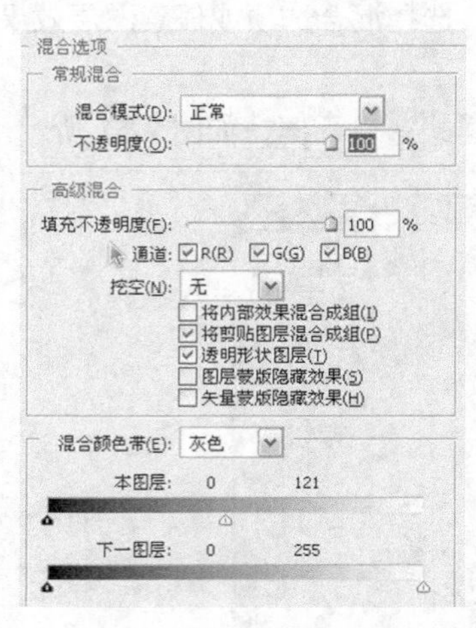

图 4-53

图 4-54

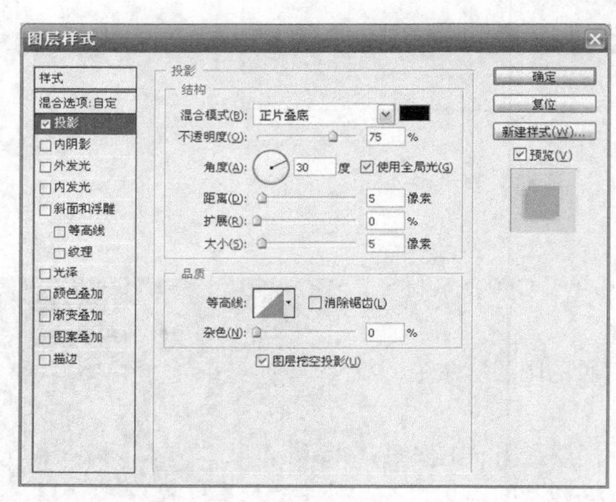

图 4-55

Photo Photo

图 4-56

（3）角度：用来设置光源的照射角度，用鼠标拖动圈内的指针或输入数值。选择“使用全局光”选项，可使所有的图层效果保持相同的光线照射角度。

（4）距离：设置图层与投影之间的距离。

（5）扩展：设置光线的强度，值越大效果越强烈。

（6）大小：设置阴影边缘的柔化程度。

（7）等高线：产生不同的不透明度变化和不同的光环形状。

（8）杂色：在阴影的暗调中增加杂点，产生特殊的效果。

（9）图层挖空投影：在填充为透明时，使阴影变暗。

实例练习——制作洞眼字

（1）选择“文件”>“新建”菜单命令，新建一个名为“洞眼效果”的 RGB 图像文件，图像大小为 16 厘米 × 12 厘米，分辨率为 72 像素，背景内容为白色。

（2）在“通道”面板中单击“创建新通道”按钮，创建一个 Alpha1 通道。

（3）单击“横排文字蒙版”工具按钮，输入文字“洞眼”，设置参数字体为大黑体。

（4）将前景色设置为中灰色，其中 RGB 值为（128,128,128）。按“Alt+Delete”快捷键，将文字填充为灰色，如图 4-57 所示。

（5）选择“滤镜”>“像素化”>“彩色半调”菜单命令，设置最大半径为 8，产生了网状圆点，如图 4-58 所示。

图 4-57

图 4-58

（6）按“Ctrl+D”快捷键，取消选择。在“通道”面板中选中“RGB”混合通道。

（7）将前景色设置为红色，单击“油漆桶工具”按钮，将图像填充为红色。

（8）在“通道”面板中将 Alpha1 通道移到“将通道作为选区载入”按钮中，调出圆点字选区。

（9）选择“图层”>“新建”>“通过拷贝的图层”菜单命令，产生红色洞眼字图层。

（10）在“图层”面板中选中背景图层，并将其填充为白色，如图 4-59 所示。

（11）在“图层”面板中选中“洞眼字”图层，选择“图层”>“图层样式”>“投影”菜单命令，产生阴影效果。设置参数混合模式为“正片叠底”，“不透明度”为 75%，“角度”为 120 度，“距离”为 5，“扩展”为 0，“大小”为 5。洞眼字完成后的效果如图 4-60 所示。

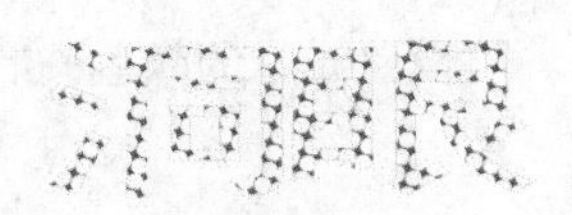

图 4-59

图 4-60

2. 内阴影

“内阴影”是在图层的内部边缘产生柔化的阴影效果，可以制作各种立体图形或字体，参数设置如图 4-61 所示。文字设置“内阴影”后的效果如图 4-62 所示。“内阴影”的设置与“投影”十分相似，有以下一点不同之处是“阻塞”可以设定阴影与图像之间内缩的大小。

3. 外发光

“外发光”效果是在图像的边缘产生光晕效果，而使图像更加醒目，参数设置如图 4-63 所示。文字设置“外发光”后的效果如图 4-64 所示。“外发光”样式中各项参数意义如下。

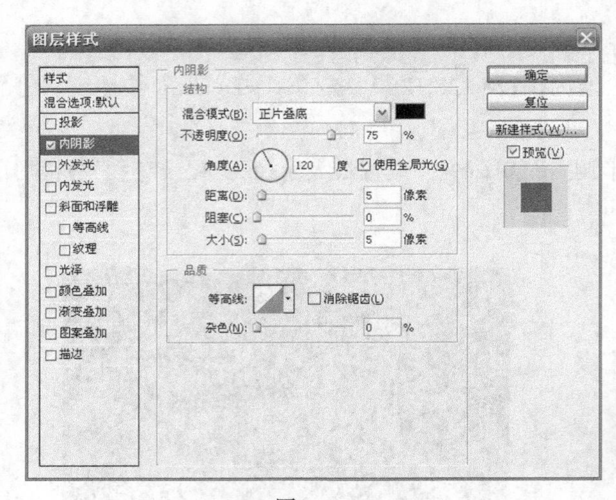

图 4-61

图 4-62

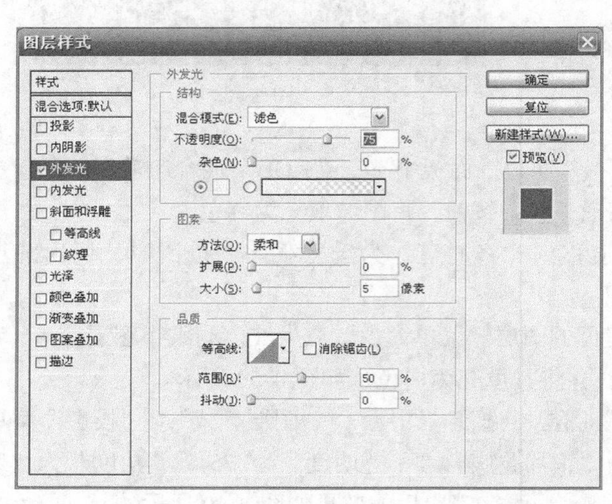

图 4-63

图 4-64

（1）结构：混合模式、不透明度和杂色都与投影相似。可设置光晕的颜色，右边的渐变光晕条可以弹出渐变编辑器来设置颜色。

（2）图素。

- 方法：用来设置软化蒙版的方法，分为“柔和”和“精确”两种。
- 扩展：用来设置模糊之前的柔化程度。
- 大小：通过调节控制光晕大小。

（3）品质。

- 等高线：与上相似。
- 范围：等高线运用的范围。
- 抖动：用来随机发光中的渐变。

4. 内发光

“内发光”效果是在图像的内部产生光晕效果，其设置与“外发光”相似，其参数设置如

图 4-65 所示。实现的效果如图 4-66 所示。“内发光”样式中各项参数意义如下。

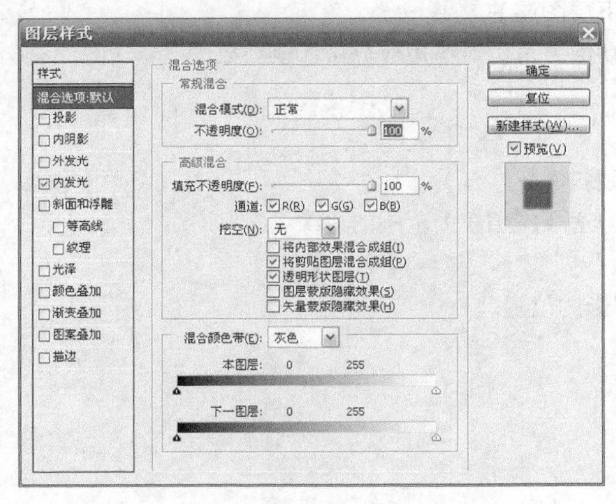

图 4-65

图 4-66

（1）阻塞：设置模糊前减少图层蒙版。

（2）源：设置图层对象发光的来源，有“居中”和“边缘”两种图层对象的发光形式。

5. 斜面和浮雕

“斜面和浮雕”效果可以在图层上产生各种各样的凹陷或凸出的立体浮雕效果，可以用来制作各种特殊的字体和效果。其参数设置如图 4-67 所示，实现的效果如图 4-68 所示。“斜面和浮雕”样式中各项参数意义如下。

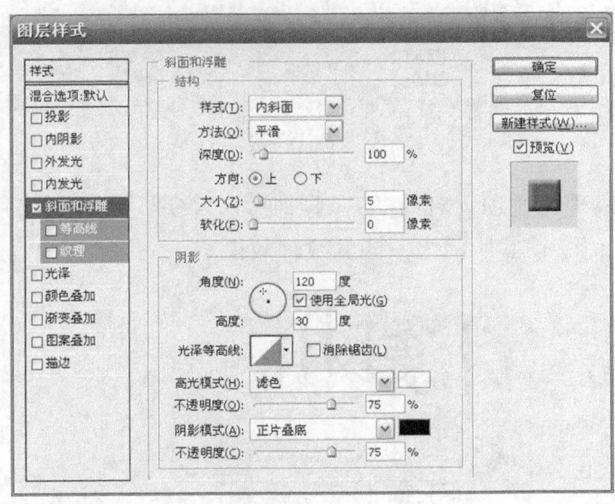

图 4-67

Photo

图 4-68

（1）“结构”设置。

- 样式：用来设置斜面和浮雕的样式，“样式”分为 5 种类型。
- 外斜面：制作图层图像外边缘的导角。
- 内斜面：制作图层图像内容边缘的内导角。

- 浮雕效果：制作图层的浮雕效果。
- 枕状浮雕：制作图层的边缘压入下层图层的效果。
- 描边浮雕：制作图层应用了描边功能，可以对描边部分做浮雕效果。

方法：用来表现浮雕面的方法，分为以下 3 种。

- 平滑：使用于边缘过渡较为柔和。
- 雕刻清晰：制作清晰、精确的生硬斜面。
- 雕刻柔和：不如雕刻清晰精确，但适合应用较大范围的边缘。

深度：用来设置图层阴影的强度。

方向：通过上下方向来改变高光和阴影的位置。

大小：用来控制阴影面积的大小。

软化：用来调节阴影的柔和程度。

（2）“阴影”设置。

角度：设定立体光源的角度。

高度：决定立体光源的高度。

光泽等高线：给阴影设置曲线，使选择的轮廓图明暗对比分布明确。

高光模式：设定立体化后高亮的模式，右边的颜色块可以设定亮部的颜色，下面用来设定亮部的不透明度。

阴影模式：设定立体化后暗调的模式，右边的颜色块可以设定暗部的颜色，下面用来设定暗部的不透明度。

（3）“等高线”设置。

在“图层样式”对话框左侧，选中“等高线”选项，对话框右侧则变为“等高线”的设置。等高线则对底纹有所变化。范围可以通过数值进行调节，图 4-69 所示为不同等高线效果。

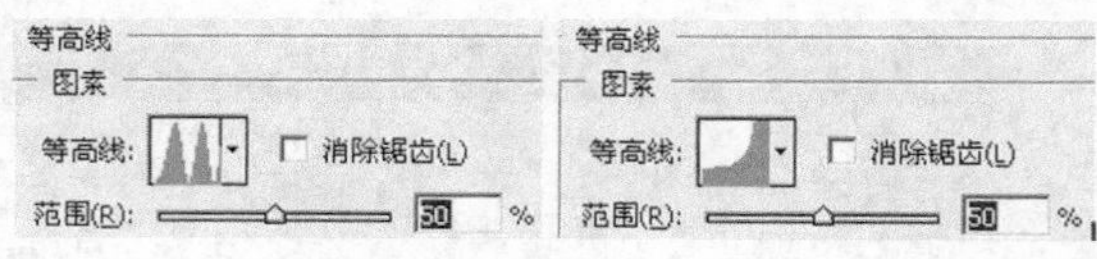

图 4-69

（4）“纹理”设置。

在“图层样式”对话框左侧，选中“纹理”选项，对话框右侧则变为“纹理”的设置。用来在立体的效果上添加各种凹凸的材质效果，图 4-70 所示为不同的纹理效果。

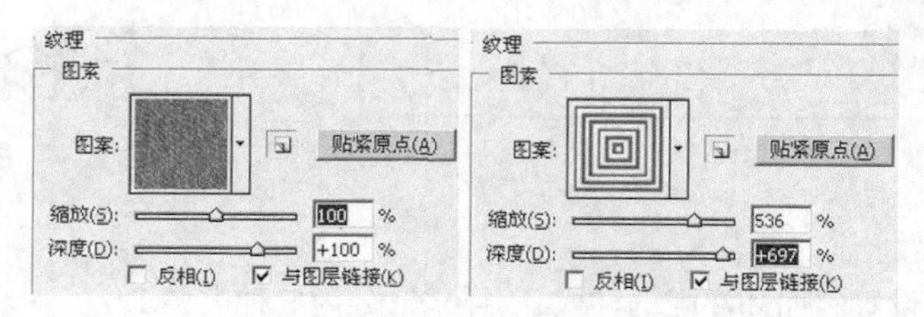

图 4-70

图案：用于设定纹理的图案。

贴紧原点：用于将纹理对齐图层或文档的左上角。

缩放：定义图案的缩放比例。

深度：设定纹理的强弱程度。

反相：勾选该复选项可以对原来的浮雕效果进行反转。

与图层链接：勾选该复选项可以使图案纹理与被作用的图层链接。

实例练习——树叶水滴效果

（1）按“Ctrl＋O”快捷键，打开光盘中的“Ch04＞ 素材 ＞实例练习＞ 树叶.jpg”文件。

（2）单击“图层”面板中的“创建新图层”按钮，创建一个新图层名为“水滴”。

（3）选择工具箱中的“画笔工具”，设置画笔的直径为 15 像素，不透明度、硬度使用默认值。按“D”键将前景色设置为“黑色”。使用“画笔工具”在图层上画出一些小圆点，如图 4-71 所示。

（4）双击“水滴”图层，打开“图层样式”对话框，在对话框中将“混合选项”栏中的“不透明度”设置为 100%，如图 4-72 所示。

图 4-71

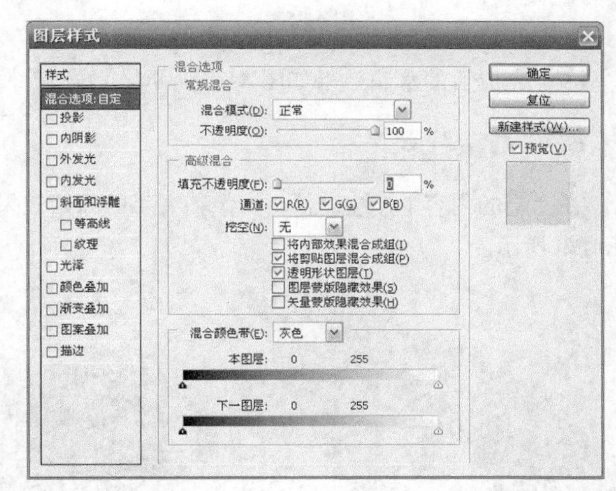

图 4-72

（5）选中“投影”复选框，切换到“投影”参数面板，设置投影参数，如图 4-73 所示。

（6）选中“内阴影”复选框，设置“内阴影”参数，如图 4-74 所示。

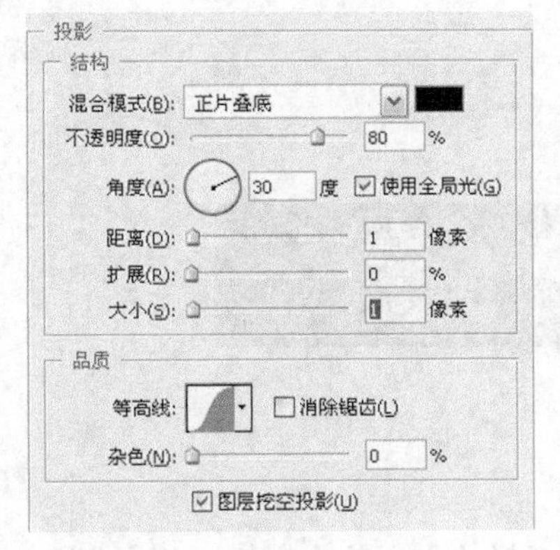

图 4-73

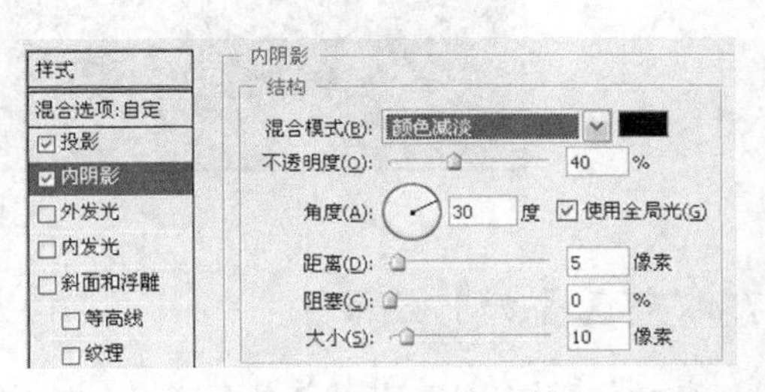

图 4-74

（7）选中“内发光”复选框，设置“内发光”参数，如图 4-75 所示。

（8）选中“斜面和浮雕”复选框，设置“斜面和浮雕”参数，如图 4-76 所示。

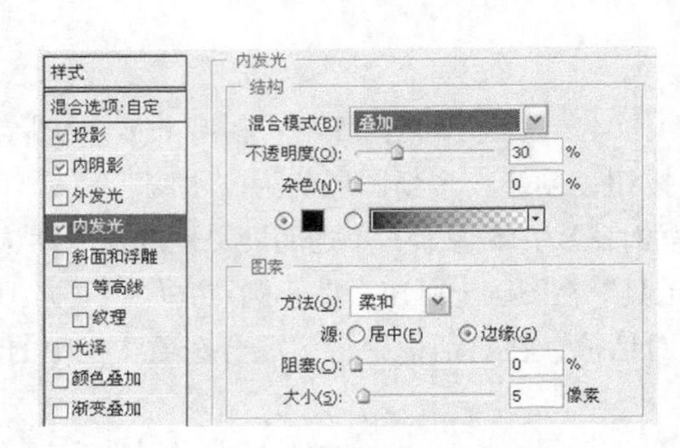

图 4-75

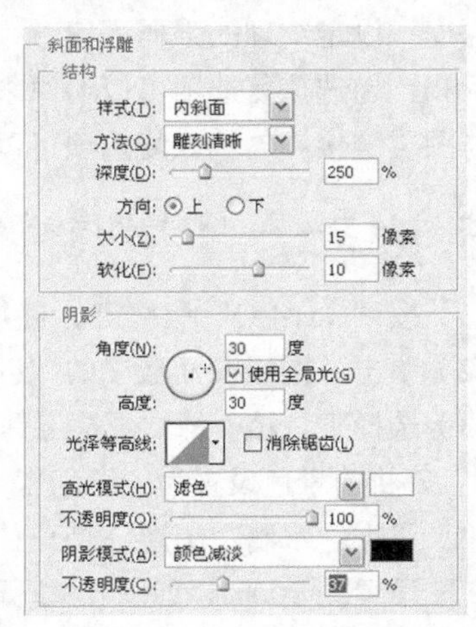

图 4-76

（9）完成后的水滴效果如图 4-77 所示。

6. “光泽”效果

在图层的内容上产生光泽。图像和文字的原始效果如图 4-78 所示。图像和文字实现的效果如图 4-79 所示。

图 4-77

图 4-78

图 4-79

7. “颜色叠加”效果

“颜色叠加”作用实际相当于为层着色，也可以认为这个样式在层的上方加了一个“混合模式”

为“正常”、“不透明度”为100%的虚拟层。图像和文字实现的效果如图4-80所示。

图4-80

8. “渐变叠加”效果

“渐变叠加”和“颜色叠加”的原理是完全一样的，只不过虚拟层的颜色是渐变的。“渐变叠加”的选项中，“混合模式”以及“不透明度”和“颜色叠加”的设置方法完全一样。图像和文字实现的效果如图4-81所示。

Photo

图4-81

9. “图案叠加”效果

“图案叠加”样式的设置方法与前面在“斜面和浮雕”中的纹理完全一样。图像和文字实现的效果如图4-82所示。

图4-82

10. “描边”效果

“描边”样式很直观简单，就是沿着层中非透明部分的边缘描边。图像和文字实现的效果如图 4-83 所示。

图 4-83

实例练习——“光泽”和“颜色叠加”样式

（1）按“Ctrl+O”快捷键，打开光盘中的“Ch04 > 素材 > 实例练习>花瓶.jpg”文件，效果如图 4-84 所示。

（2）在“图层”控制面板中，拖动“背景”图层拖至面板下方的“新建图层”按钮上复制两个图层，如图 4-85 所示。

图 4-84

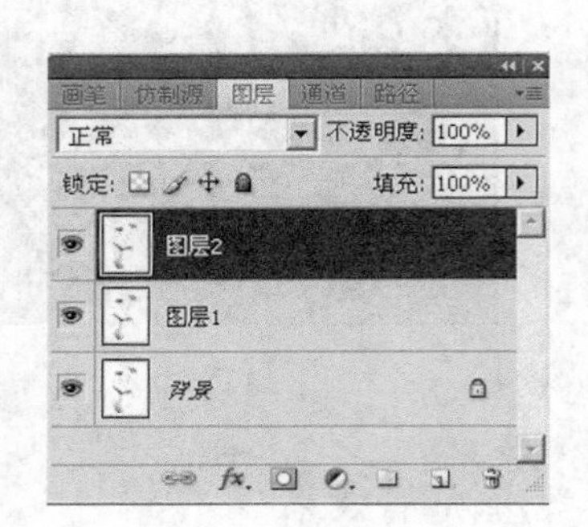

图 4-85

（3）为“图层 1”添加“光泽”图层样式，如图 4-86 所示，并编辑等高线设置，如图 4-87 所示。

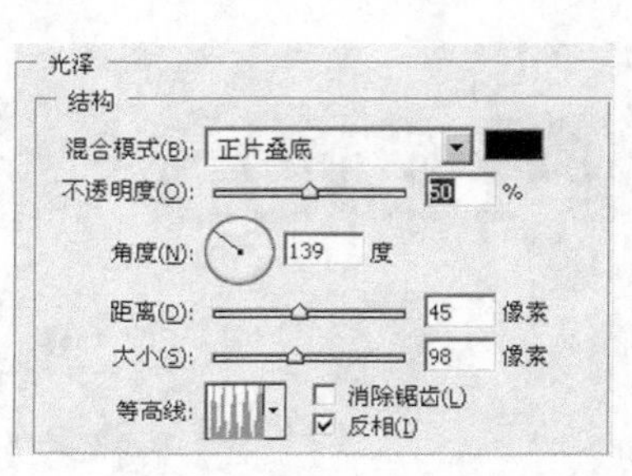

图 4-86

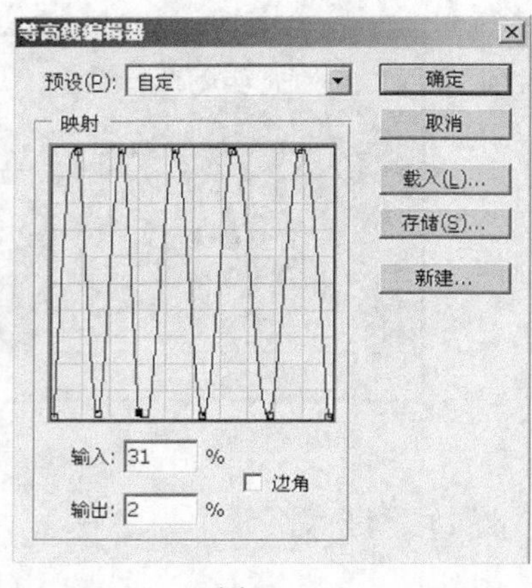

图 4-87

（4）为“图层 1”添加“颜色叠加”图层样式，设置如图 4-88 所示。

（5）为“图层 2”添加图层蒙版，并做渐变填充，效果如图 4-89 所示，“图层”面板如图 4-90 所示。

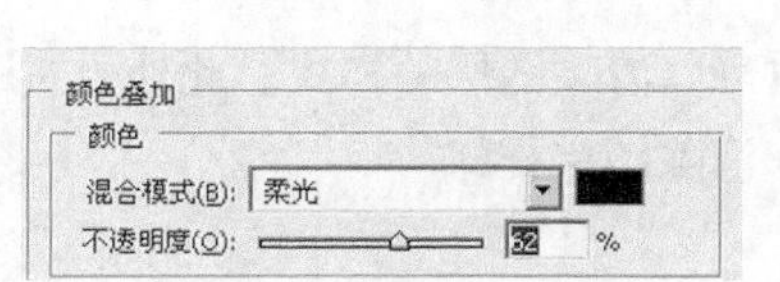

图 4-88

图 4-89

图 4-90

4.2.2　图层样式的编辑

从“图层”面板中可以轻松地对图层样式进行编辑。单击图层右侧的小三角可以展开图层样式，将其全部显示出来，然后完成相应的图层编辑。

1. 隐藏与显示图层样式

要隐藏相应的图层样式效果，可单击图层样式效果前的眼睛图标，需要显示时，再单击眼睛图标，即可显示图层效果。也可以选择“图层” > “图层样式” > “隐藏所有效果”命令，隐藏所有图层的效果。

2. 缩放与清除图层样式

缩放图层效果可以同时缩放图层样式中的各种效果，而不会缩放应用了图层样式的对象。当对一个图层应用了多种图层样式时，“缩放效果”可以对这些图层样式同时起缩放样式的作用，能够省去单独调整每一种图层样式的麻烦。

例如在图 4-91 左边所示的小狗图层上，添加图 4-91 右边所示的样式。然后，选择“图层” > “图层样式” > “缩放效果”命令，可以打开“缩放图层效果”对话框，如图 4-92 左边所示。设置缩放比例确认后的效果如图 4-92 右边所示。

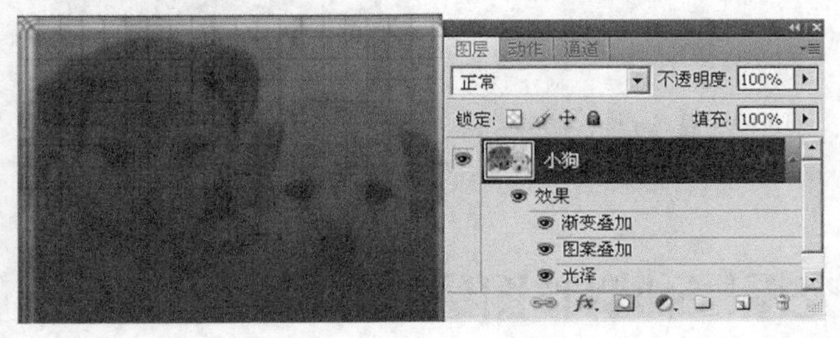

图 4-91

清除图层样式可以采用单击图层右侧的小三角来展开图层样式，将其全部显示出来，然后拖曳需要清除的图层样式至面板底部的“删除”按钮上，即可删除图层样式。

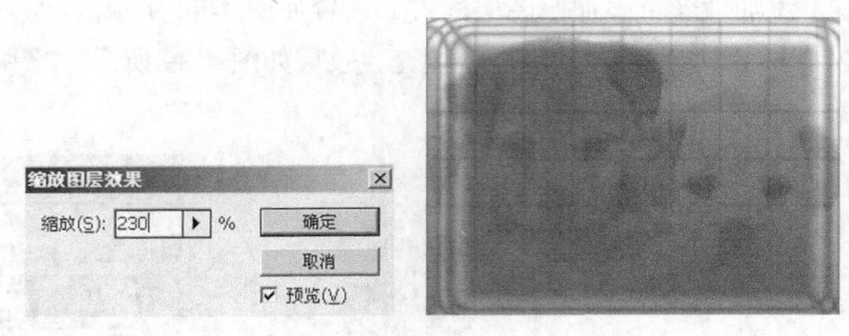

图 4-92

选择“图层”>“图层样式”>“清除图层样式”命令，也可以清除图层的样式。此外，右键单击该图层，可以从快捷菜单中选择“清除图层样式”命令来清除图层样式。

3. 复制与粘贴图层样式

复制和粘贴图层样式是指复制当前工作图层中的样式效果，然后将其粘贴至其他图层中。

（1）在“图层”面板中，右击需要拷贝图层样式的图层，从快捷菜单中选择“拷贝图层样式”命令，然后再右击相应要粘贴图层样式的图层，从快捷菜单中选择“粘贴图层样式”命令来完成复制和粘贴的过程。

（2）选择“图层”>“图层样式”>“拷贝图层样式”和“粘贴图层样式”命令，拷贝和粘贴图层的样式。

4. 图层样式转换为图层

图层可以运用多种图层样式来进行编辑和修改。将图层样式转换为普通图层，选择“图层”>“图层样式”>“创建图层”命令，可以把图层的各种样式转换为普通的图层，所应用的各种效果都分离开来形成独立的图层，如图 4-93 所示。

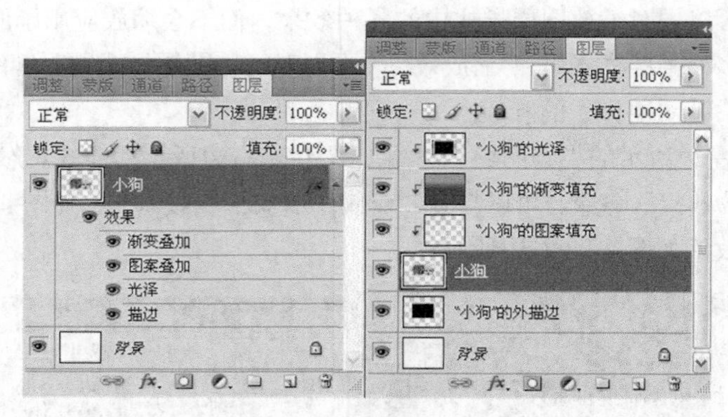

图 4-93

4.3 填充图层和调整图层

应用“新建填充图层”和“新建调整图层”命令，可以在不改变图像本身像素的情况下对图像整体进行效果处理。

4.3.1　创建填充图层

填充图层与普通图层具有相同的颜色混合模式和不透明度，也可以进行图层的顺序调整、删除、复制、隐藏等常规操作，是一种比较特殊的类似带有矢量蒙版效果的图层。创建新填充图层有“纯色”、“渐变”和“图案”3 种类型。

选择“图层”>“新建填充图层”>“渐变”命令后的“图层”面板如图 4-94 所示，效果如图 4-95 所示。或者选择“纯色”与“图案”命令，可以获得其他效果。

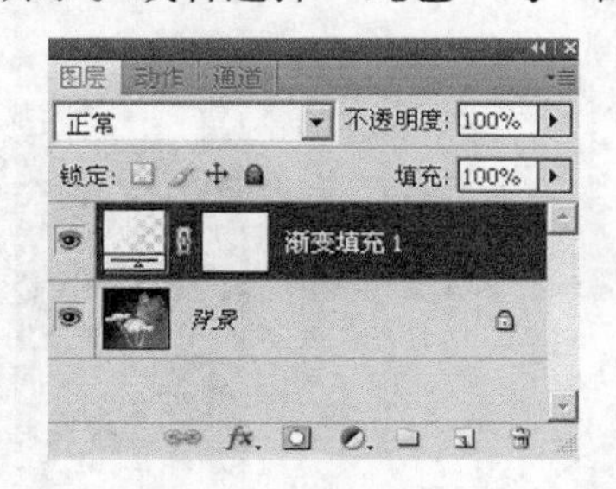

图 4-94

图 4-95

实例练习——图像着色

（1）按“Ctrl+O”快捷键，打开光盘中的“Ch04 > 素材 > 实例练习>填充图层背景.jpg”文件，效果如图 4-96 所示。

（2）单击“图层”控制面板下方的“创建新的填充或调整图层”按钮，从弹出的菜单中选择“渐变”命令，打开“渐变填充”对话框，设置渐变为“色谱”渐变，“样式”为“线性”，“角度”为 90，其他使用默认设置，如图 4-97 所示。

图 4-96

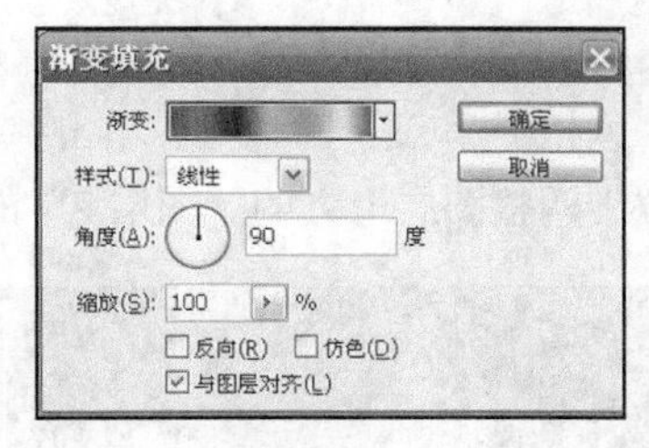

图 4-97

（3）在“图层”面板中，设置填充层的“混合模式”为“柔光”，“不透明度”为 60%，如图 4-98 所示。

（4）完成后图像的效果如图 4-99 所示。

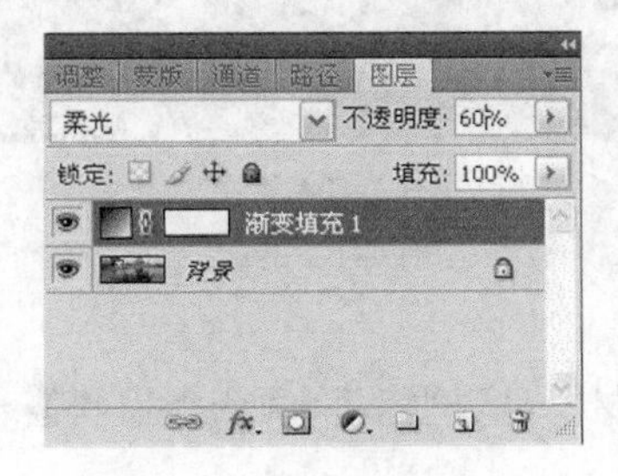

图 4-98

图 4-99

4.3.2 创建调整图层

调整图层也是一种比较特殊的图层。可以用来调整图层的色彩和色调，但不改变本身图像的颜色和色调，这样色彩和色调设置可以灵活地进行反复修改。

（1）选择“图层”>“新建调整图层”命令后，系统会弹出“色阶”、“色彩平衡”、“色相/饱和度”等命令。所有的设置都在“调整”面板中设置，“调整”面板如图 4-100 所示。创建调整图层后的“图层”面板如图 4-101 所示。

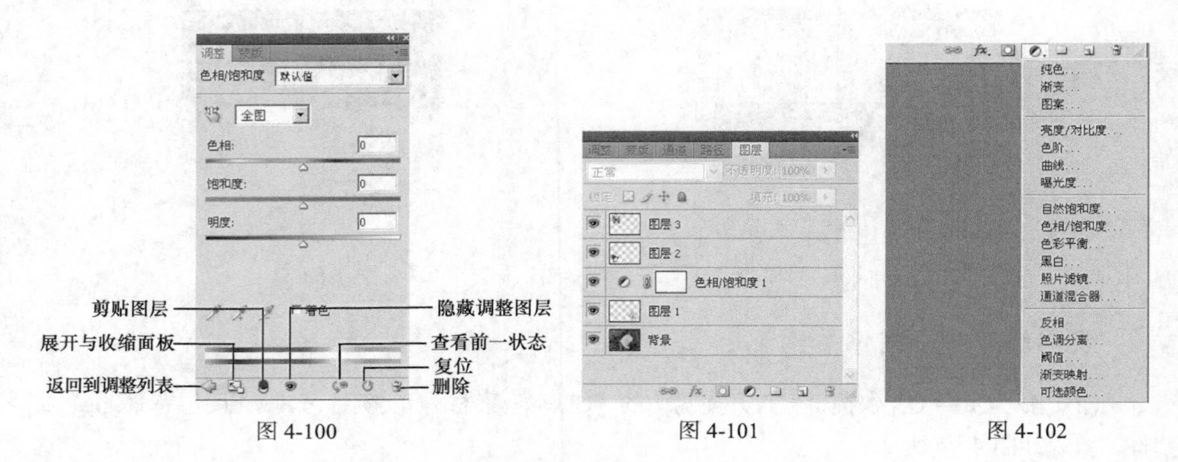

图 4-100　　图 4-101　　图 4-102

（2）单击“图层”面板底部的“新建调整图层”按钮，将打开图 4-102 所示的菜单，该菜单包含了“调整”菜单中最常用的命令，选择合适的调整命令，即可新建一个位于作用图层上方的调整图层。

例如在图 4-103 中，在“图层 1 黄蝴蝶”上方创建了调整图层，执行“色相/饱和度”命令，打开“色相/饱和度”对话框。单击“确定”按钮后，可以发现，“背景”、“图层 1”的颜色均被调整，而位于调整图层上方的“图层 2”的黑蝴蝶和“图层 3”的蓝蝴蝶未被修改，如图 4-104 所示。

图 4-103

图 4-104

实例练习——两个小猫

（1）按“Ctrl+O”快捷键，打开光盘中的“Ch04 > 素材 > 实例练习>两个小猫调整.psd”文件，效果如图 4-105 所示。

（2）选择“图层 2”，单击“图层”控制面板下方的“创建新的填充或调整图层”按钮，从弹出的菜单中选择“色相/饱和度”命令，打开“调整>色相/饱和度”对话框，设置“色相”为 46，“饱和度”为 10，其他使用默认设置，如图 4-106 所示。

图 4-105

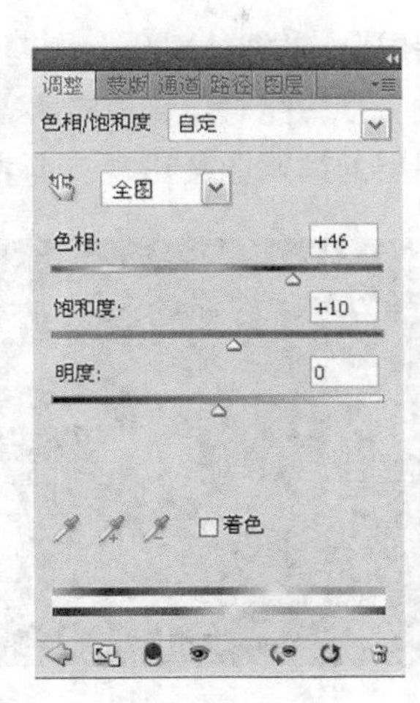

图 4-106

（3）可以看到，调整层的下方所有的图层都应用了“色相/饱和度”命令，如图 4-107 所示。单击选择“色相/饱和度”调整层，执行菜单栏中的“图层”>“创建剪贴蒙版”命令，即可将效果应用在该层的下一层上，“图层”面板如图 4-108 所示，调整效果如图 4-109 所示。

图 4-107

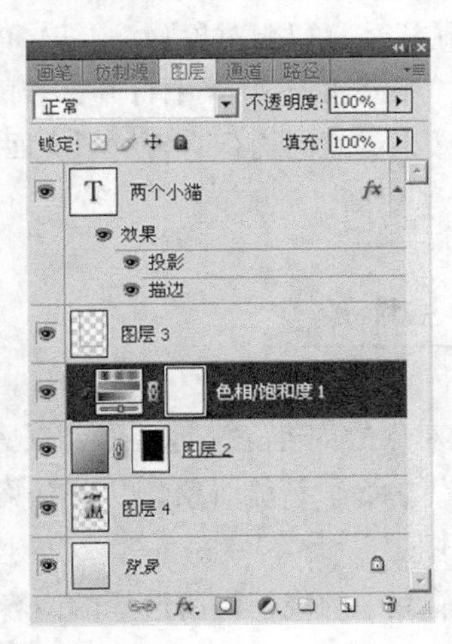

图 4-108

图 4-109

4.4 智能对象

在编辑一个多图层、效果较为复杂的图像时，可以将其中某个要编辑的图层创建为智能对象。编辑智能对象的内容时会打开一个与智能对象关联的编辑窗口，此编辑窗口保持与创建智能对象的图层的所有特性，而且是完全可以再编辑的，这个编辑窗口中的内容就是智能对象的源文件。

对智能对象的源文件可以比较灵活地进行缩放、旋转和扭曲等各种编辑，而不会对智能对象所在的图像形成破坏。当编辑完成保存源文件后，智能对象也会得到相应的修改。

4.4.1 创建智能对象

选择“图层”>“智能对象”>“转换为智能对象”命令，该命令能将图层中的单个图层、多个图层转换成一个智能对象，或者将普通图层与智能对象的图层转换成一个智能对象。转换成智能对象后，图层的缩略图会出现一个表示智能对象的图标，如图 4-110 和图 4-111 所示。

图 4-110

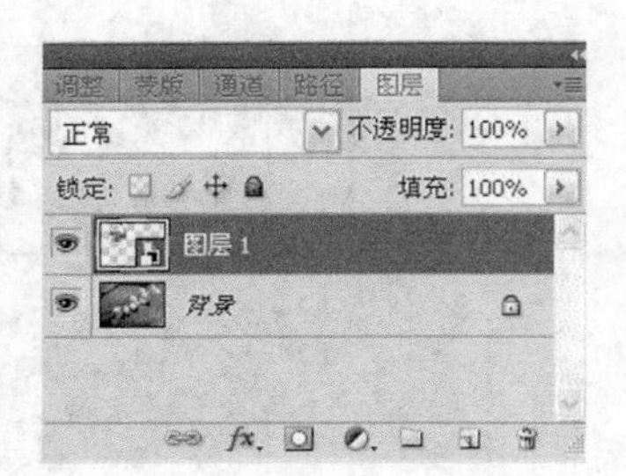

图 4-111

4.4.2 编辑智能对象

智能对象的编辑可以选择“图层”>“智能对象”>“编辑内容”命令。智能对象允许对源内容进行编辑。编辑时，源图像将在 Photoshop CS4 中打开，智能对象与其相连的所有图层都将打开，然后就可以进行各种编辑。当效果满意时再保存源文件，回到含有智能对象的主图像文件中，可以看到编辑改变后的图像都进行了更新。

4.4.3 智能对象的导出与栅格化

智能对象的导出，可以将智能对象的内容完整地传送到任意的驱动器中，以方便使用。选择“图层”>“智能对象”>“导出内容”命令。智能对象会以 PSB 格式或 PDF 格式进行保存。

智能对象的栅格化可以选择“图层”>“智能对象”>“转换到图层”命令。可以将智能对象的图层转换为普通图层，并且以当前大小的规格将所选择的内容栅格化。如果想再创建智能对象，就要对所选的图层进行重新设置和操作。

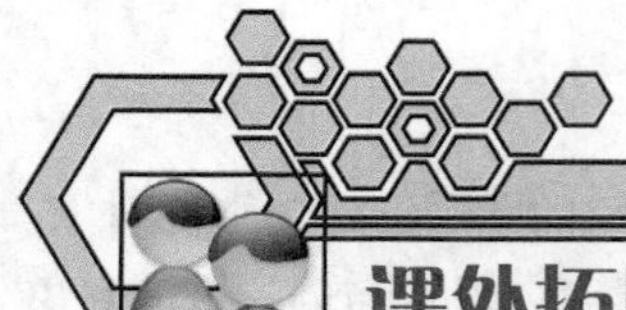

课外拓展 学校教育网站首页

【习题知识要点】

运用标尺和参考线布局服饰网站初始界面，运用图层蒙版制作网页背景效果，运用“矩形选框工具”、“描边”命令等制作图形文字效果。使用“自定义形状工具”制作小信封图标等。效果如图 4-112 所示。

图 4-112

【效果所在位置】

光盘“ch04/效果/制作软件图标.psd”。

第5章 路径与文字

本章主要介绍路径的创建、编辑，形状的创建、编辑，文字创建与变形的方法，使读者掌握路经、形状与文字相关知识和操作技能。

学习目标

- 了解路径的创建、编辑。
- 掌握路径应用的工具与命令。
- 了解形状的创建、编辑与“路径”面板的使用方法。
- 掌握文字创建与变形的方法。

路径是由多个节点组成的矢量线条，使绘制的图形以轮廓线显示。放大或缩小图形对其没有影响，可以将一些不够精确的选择区域转换为路径后再进行编辑和微调，然后转换为选择区域进行处理。

路径包括两个部分，一个是节点，是路径段间的连接点，另一部分是节点间的路径段，可以是直线或曲线。路径就是由许多节点和路径段连接组合成的，如图 5-1 所示。每个节点两侧都会有方向线，通过拖动方向线顶端的方向点可以改变其长短和方向，从而改变路径段的方向和弧度，如图 5-2 所示。

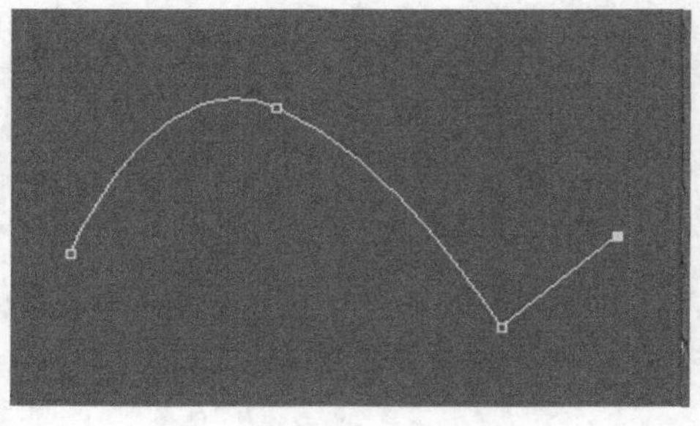

图 5-1

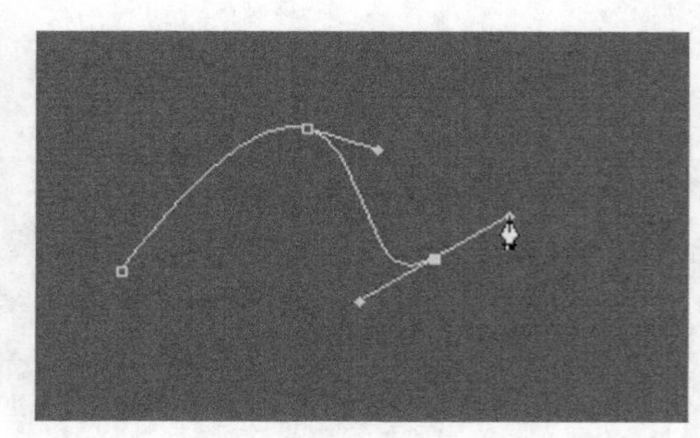

图 5-2

5.1 创建路径

创建路径需要通过“钢笔工具”实现，“钢笔工具”是所有路径工具中最精确的工具，可以用于绘制直的或弯曲的路径。

5.1.1 钢笔工具

1．路径的绘图方式

选择“钢笔工具”或“形状工具”时，在 Photoshop 的属性栏位置会出现路径属性栏，你要做的首先是选择正确的绘图方式。绘图方式共有 3 种，如图 5-3 所示。

（1）形状图层绘图方式：绘制出来的图形自动放在新图层上，并有填充色，还可继续修改它的形状。

（2）路径绘图方式：绘制出来的图形不出现在图层上，只在“路径”面板上，无填充色，只有路径线条。

（3）填充像素绘制方式：绘制出来的图形出现在当前图层上，直接生成普通的位图图形，很难改变其形状。

2．路径绘制

“钢笔工具”绘制出来的可以是直线、曲线、封闭的或不封闭的路径线。还可以利用快捷键的配合如“Alt”、“Ctrl”键把“钢笔工具”切换到“转换点工具”、“选择工具”，及自动添加或删除工具。这样可以在绘制路径的同时编辑和修改路径。“钢笔工具组”如图 5-4 所示。

图 5-3　　　　图 5-4

直线路径只需要选择“钢笔工具”，通过连续单击就可以绘制出来。如果要绘制直线或 45°斜线，按住“Shift”键的同时单击鼠标左键即可。

曲线路径的绘制就是在起点按下鼠标之后不要松手，向上或向下拖动出一条方向线后放手，然后在第二个锚点拖动出一条向下或向上的方向线。

当想绘制封闭曲线时，把“钢笔工具”移动到起始点，当看见“钢笔工具”旁边出现一个小圆圈时单击，路径就封闭了。

选中“钢笔工具”选项栏中的“自动添加/删除”复选框，可直接使用“钢笔工具”在路径上单击，自动添加或删除锚点。这个选项默认是勾选上的。

要改变路径的形状时，按住“Alt”键的同时把“钢笔工具”放置在锚点上，“钢笔工具”变成转换点工具，可以改变锚点类型。

在“钢笔工具”的状态下，按住“Ctrl”键“钢笔工具”会变成“直接选择工具”，这时可选择某一锚点或线段。按住“Ctrl+Alt”快捷键，“钢笔工具”变成“路径选择工具”，可选择整个子路径。

实例练习——绘制茶壶图形

（1）建立一个新文档，添加“图层 1”。用“钢笔工具”在选项栏上单击“椭圆工具”，在“图层 1”上拉出一个椭圆作为壶身，再拉一个小椭圆作为壶底，如图 5-5 所示。

（2）单击“钢笔工具”，用它画出壶嘴，并细心调节使其自然流畅，如图 5-6 所示。用同样的方法绘制壶把，并加以调整，如图 5-7 所示。

（3）用“椭圆工具”绘制两个小椭圆，用“路径选择工具”将它移到壶的顶部作为壶盖，如图 5-8 所示。

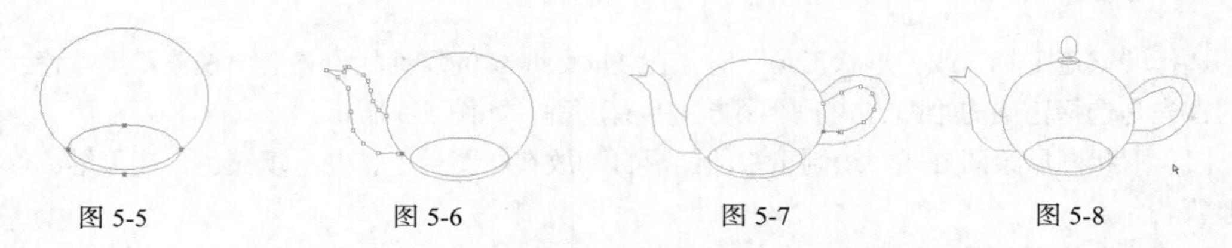

图 5-5　　图 5-6　　图 5-7　　图 5-8

（4）按“Shift”键，用“路径选择工具”将所有路径选中，用蓝色前景色填充，如图 5-9 所示。

（5）按“Ctrl”键消除选区，用“魔棒工具”选择茶壶内白色区域，用蓝色前景色填充，如图 5-10 所示。

（6）在“路径”面板菜单中选择“删除路径”选项，最后得到茶壶图形，效果如图 5-11 所示。

图 5-9　　图 5-10　　图 5-11

5.1.2 自由钢笔工具

“自由钢笔工具”的使用方法为，在工作窗口按住鼠标左键，并拖动鼠标就可得到曲线路径，松开鼠标则停止路径绘制。“自由钢笔选项”如图 5-12 所示，对话框中各选项的意义如下。

（1）曲线拟合：用来控制光标产生路径的灵敏度，输入的数值越大，自动生成的锚点越少，路径越简单。输入的数值范围为 0.5～10px。

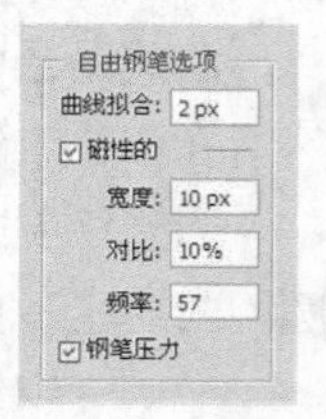

图 5-12

（2）磁性的：勾选此“磁性的”复选框后，“自由钢笔工具”会变成“磁性钢笔工具”，“磁性钢笔工具”类似“磁性套索工具”，它们都能自动寻找对象的边缘。

（3）宽度：用来设置磁性钢笔与边之间的距离，输入的数值范围为 1～256。

（4）对比：用来设置磁性钢笔的灵敏度。数值越大，要求的边缘与周围的反差越大。输入的数值范为 1%～100%。

（5）频率：用来设置在创建路径时产生锚点的多少。数值越大，锚点越多。输入的数值范围为 0～100。

（6）钢笔压力：增加钢笔压力，会使钢笔在绘制路径时变细。

5.2 路径的编辑

5.2.1 路径选择工具组

“路径选择工具组”有两个工具。它们的区别是使用“路径选择工具”可以选择整个路径，且会以实心的形式显示所有锚点，而使用“直接选择工具”时，选中的锚点实心显示，没有选中的锚点则空心显示，如想选取全部锚点，应按住“Shift”键后逐个选取。

1. 路径选择工具

使用“路径选择工具”可以快速选择一个或几个路径，并对其进行移动、组合、排列、分布和变换等操作（按住“Shift”键可以同时选中几个路径），其工具选项栏如图 5-13 所示，各选项的意义如下。

图 5-13

（1）显示定界框：如果勾选该复选框，将会在该路径外围显示变形控制框，可以用来对路径进行变形处理。另外，路径的变形也可以通过选择“编辑”>“自由变换路径”命令和按快捷键“Ctrl+T”来实现。此时的“变换路径”工具选项栏如图 5-14 所示。

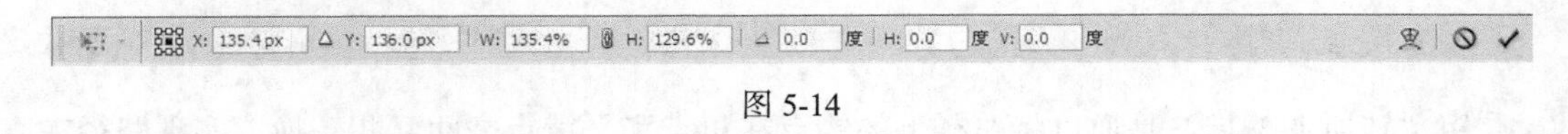

图 5-14

（2）组合：在此选择一种路径的运算方式，然后单击“组合”按钮，系统将按照各路径之间的运算关系对路径进行合并运算，并且合并为一个路径对象。

（3）对齐：选择两个或两个以上的工作路径后，可以对它们进行排列对齐。包括顶部对齐、垂直中心对齐、底部对齐、左对齐、水平中心对齐、右对齐 6 种方式。

（4）分布：选择了 3 个或 3 个以上工作路径后，可以对它们进行均匀分布。包括按顶分布、垂直居中分布、按底分布、按左分布、水平居中分布、按右分布 6 种方式。

2. 直接选择工具

使用“直接选择工具”可以选择并移动路径中的某个锚点，通过对锚点的操作从而改变路径形态。使用方法是在工具箱中单击“直接选择工具”按钮，然后在路径上单击需要修改的某个锚点，通过鼠标的拖动就可以改变锚点的位置或者形态。

5.2.2 编辑锚点工具

常说的“编辑锚点工具”主要是指在“钢笔工具组”下的添加、删除和转换锚点工具，如图 5-15 所示。

1. 添加锚点工具

通过在路径上添加锚点，可以精确控制和编辑路径的形态。在工具箱中单击“添加锚点工具”按钮，将光标移到要添加锚点的路径上，在光标变成形状时，单击鼠标左键，就可以在单击处添加一个锚点。添加锚点前、后的路径如图 5-16 所示。

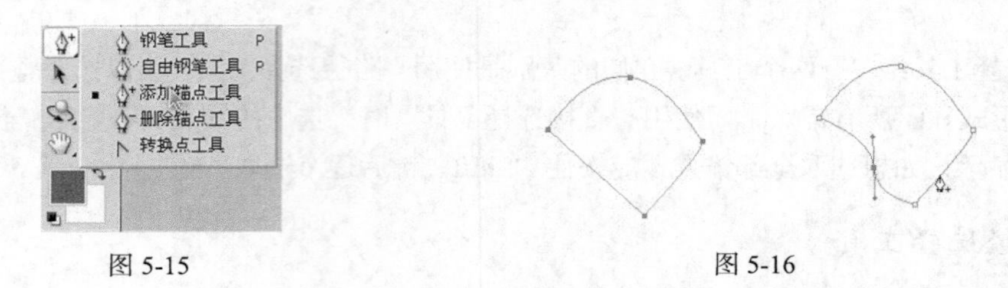

图 5-15　　　　图 5-16

在路径上添加锚点不会改变工作路径的形态，但是可以通过拖动锚点或者调控其调节柄改变路径。

2. 删除锚点工具

“删除锚点工具”的功能与“添加锚点工具”相反，用于删除路径上不需要的锚点，其使用方法与添加锚点工具类似。在工具中选中“删除锚点工具”按钮，把光标移动到想要删除的锚点上，当光标变成形状时，单击鼠标左键，即可将该锚点删除。

删除锚点后，剩下的锚点会组成新的路径，即工作路径的形态会发生相应的改变，如图 5-17 所示。

3. 转换点工具

使用“转换点工具”是通过将路径上的锚点在角点和平滑点之间互相转换，实现路径在直线和平滑曲线间的转换。在工具箱中选中“转换点工具”按钮，在路径的平滑点上单击可将平滑点转换为角点。拖曳路径上的角点可将角点转换为平滑点，并可以通过调节手柄来控制曲率。如图 5-18 所示，左图是原始路径，中间图形是角点转换为平滑点，右图是将平滑点转换为角点。

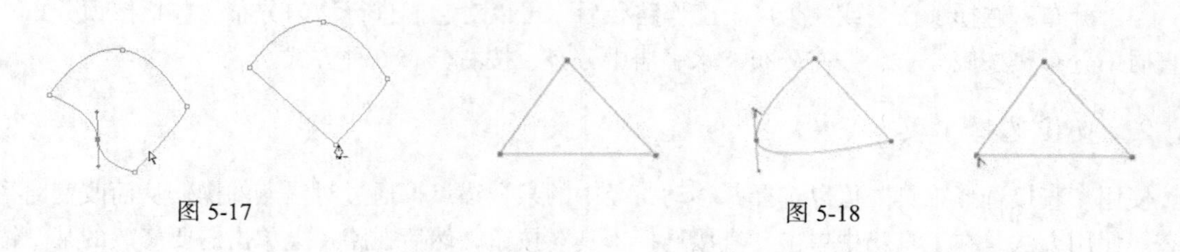

图 5-17　　　　图 5-18

5.2.3 “路径”面板

“路径”面板各选项如图 5-19 所示。

- 路径：用于存放当前文件中创建的路径，在存储文件时，路径会被储存到该文件中。

- 工作路径：一种用来定义轮廓的临时路径，不可以进行复制。
- 形状矢量蒙版：显示当前文件中创建的矢量蒙版路径。
- 以前景色填充路径：单击该按钮，可以对当前创建的路径区域以前景色填充。
- 用画笔描边路径：单击该按钮，可以对当前创建的路径描边。
- 将路径作为选区载入：单击该按钮，可以将当前路径转换为选区。
- 从选区生成路径：单击该按钮，可以将选区转换为路径（图像中有选区时此按钮才可用）。
- 创建新路径：单击该按钮，可以在图像中新建路径。
- 删除路径：选定要删除的路径，单击该按钮，可以删除当前选择的路径。
- 菜单按钮：单击该按钮，可以打开“路径”面板的下拉菜单，如图 5-20 所示。

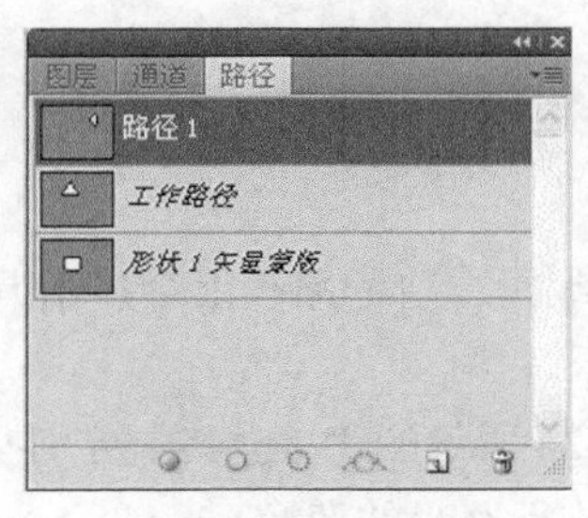

图 5-19

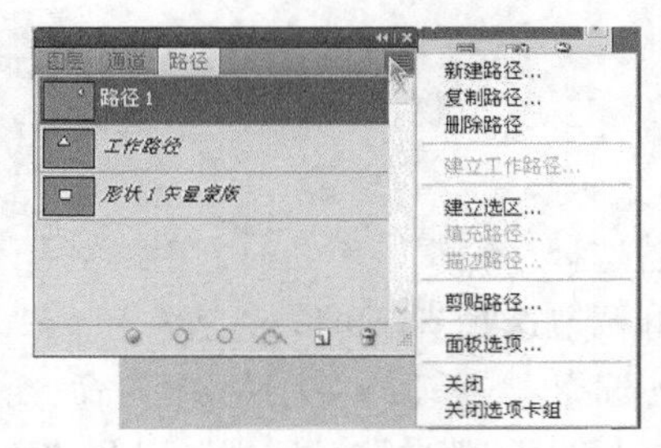

图 5-20

1. 新建路径

在“路径”面板的底部单击“创建新路径”按钮，可以创建一个空白的路径，此时在绘制的路径就会保留在此路径层中。

使用“钢笔工具”或“形状工具”在图像上绘制路径后，此时在“路径”面板中会自动创建一个“工作路径”。“工作路径”是一种临时路径，在绘制其他新路径时，该“工作路径”会消失，它不可以进行复制。

在创建形状图层后，会在“路径”面板中出现一个矢量蒙版。

2. 存储路径

在创建工作路径后，如果不及时保存，在绘制其他新路径时会将第一个路径删除，所以有用的工作路径应该及时保存。在面板中双击“工作路径”层，或在面板的下拉菜单中选择“存储路径”命令，系统显示“存储路径”对话框，输入名称后确定，就可以将工作路径保存成为永久路径。

拖动“工作路径”到“创建新路径”按钮上，也可以存储工作路径。

3. 移动、删除与隐藏路径

使用“路径选择工具”选择路径后，可将其拖动更改位置，就可移动路径，且可以得到该路径的一个副本。选中路径后右击鼠标，选择快捷菜单中的“删除路径”命令，就可以将该路径删除。单击“路径”面板上的灰色区域可以隐藏路径。

5.3 "路径工具"的应用

5.3.1 路径的变形

路径变形的方法：现有路径如图 5-21 所示，在工具箱中单击"路径选择工具"，用鼠标单击选中路径，如图 5-22 所示。

图 5-21　　图 5-22

（1）若选择"编辑">"自由变换路径"命令，此时在编辑窗口的路径上会显示调节框，通过拖曳鼠标调节这些节点可以改变路径形态，如图 5-23 所示。

（2）若选择"编辑">"变换路径"命令，则会弹出图 5-24 所示的菜单，其中分别有"缩放"、"旋转"、"斜切"、"扭曲"、"透视"以及"变形"等命令，进行路径的变换。

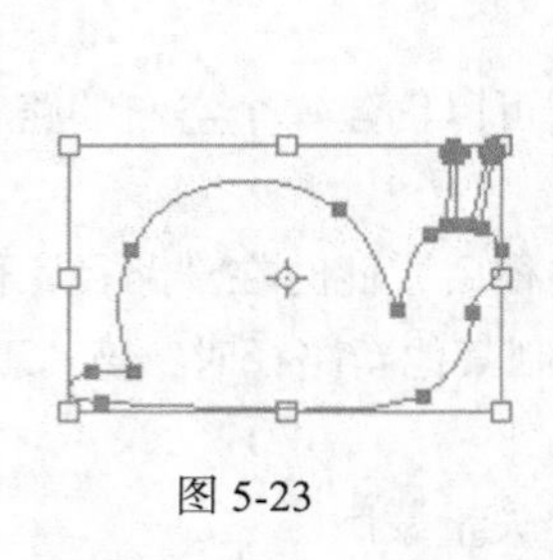

图 5-23

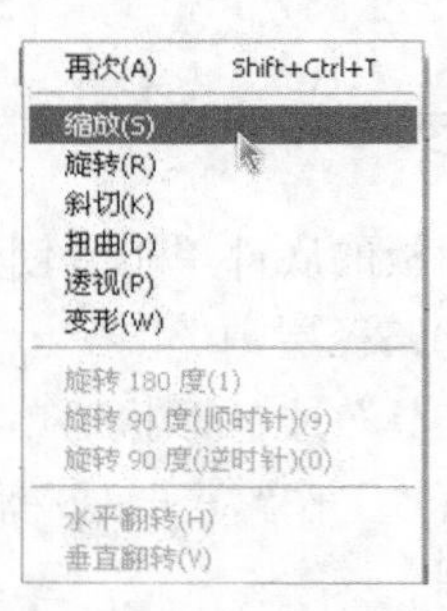

图 5-24

（3）按"Enter"键完成变形操作，按"Esc"键取消变形操作。

5.3.2 路径的填充

在"路径"面板中选中"路径"层或者"工作路径"层时，填充的路径是所有路径的组合部分，也可以单独选择"路径"层中一个子路径填充，如图 5-25 所示。

单击"路径"面板右上角的菜单按钮，选择"填充路径"命令，打开"填充路径"对话框，如图 5-26 所示。可以直接选择填充的"内容"，"内容"可以是前景色、背景色、自选颜色和图案等，单击"确定"按钮给路径填充。也可以单击"路径"面板底部"以前景色填充路径"按钮，为路径填充前景色。

"填充路径"对话框中各选项意义如下。

- 内容：在此下拉列表中可以选择填充内容，包括前景色、背景色、自定义颜色、图案等。

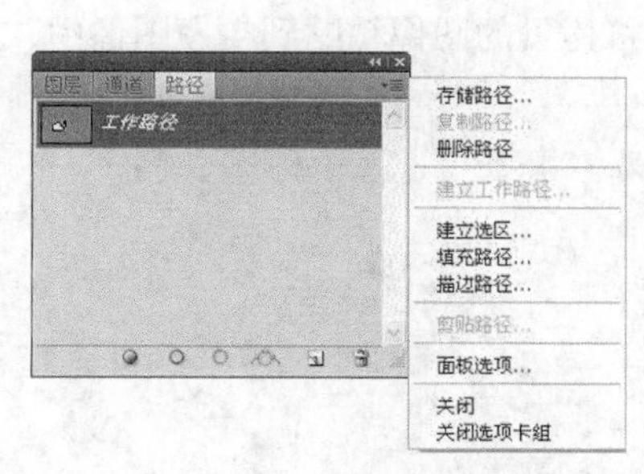

图 5-25

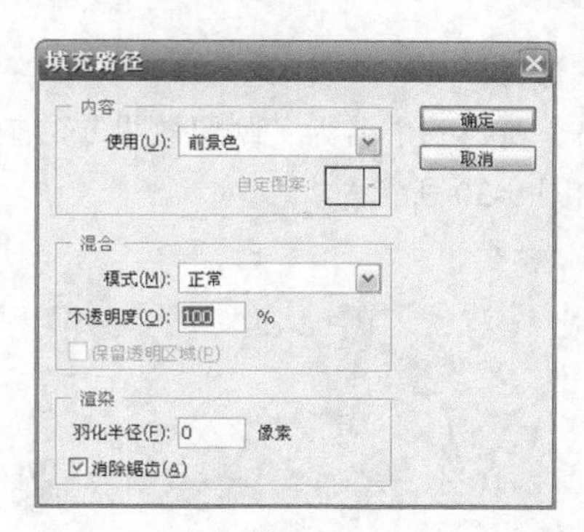

图 5-26

- 模式：在此下拉列表中可以选择填充内容的混合模式。
- 羽化半径：设置填充后的羽化效果，该数值越大，羽化效果越明显。

5.3.3　路径的描边

描边路径和描边选区的操作相近，但描边路径的效果更丰富。可以使用“路径”面板中的“用画笔描边路径”按钮 对路径描边。可以使用大部分的绘画工具作为描边路径的笔触，制作出各式各样的路径描边效果。

5.3.4　路径和选区的互换

图像的选区和路径是可以实现互换的。有些比较复杂的路径可以先制作选区，再由选区转换成路径。比如在当前工作窗口可以轻松地利用“魔棒工具”制作选区，如图 5-27 所示。然后只需在“路径”面板中单击下方的“从选区生成工作路径”按钮，即可生成与该选区形状一样的工作路径，如图 5-28 所示，在“路径”面板中可以看出路径的信息。

图 5-27

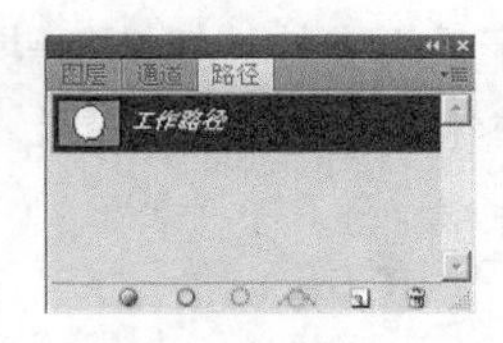

图 5-28

在图像处理时，要对图像创建路径并转换为选区也很方便，将路径转换为选区可以单击“路径”面板中“将路径作为选区载入”按钮 ，就可以将创建的路径转换为可编辑的选区。也可以在“路径”面板中单击右上角的菜单按钮，在弹出的菜单中选择“建立选区”命令进行进一步设置。

实例练习——邮票制作

（1）按“Ctrl+O”快捷键，打开光盘中的“Ch05 > 素材 > 实例练习 >邮票.jpg”文件，如图 5-29 所示。

（2）选择工具箱中的“矩形选框工具”，在素材图像中创建要制作邮票的矩形选区，选择“编辑”>“拷贝”命令复制选区。

（3）新建一个名为“邮票效果”的空白图像文件，将拷贝的图像粘贴到空白图像中，调整大小，如图 5-30 所示。

图 5-29

图 5-30

（4）选择“魔棒工具”单击图像的透明区域，创建一个选区。单击“图层”控制面板底部的“新建图层”按钮，新建图层邮票边框。选择工具箱中的“油漆桶工具”，在选区中单击，将选区用黑色填充，如图 5-31 所示。

（5）单击“选择”>“反向”命令反选图像，如图 5-32 所示。

图 5-31

图 5-32

（6）单击“路径”面板底部的“从选区生成路径”图标，将选区转换成工作路径。“路径”面板如图 5-33 所示。

（7）选择工具箱中的“铅笔工具”，选择“窗口”>“画笔”命令，打开“画笔”面板，在其中设置画笔的参数，如图 5-34 所示。

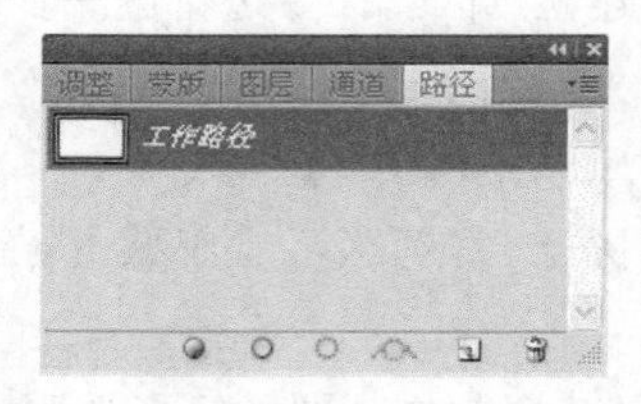

图 5-33

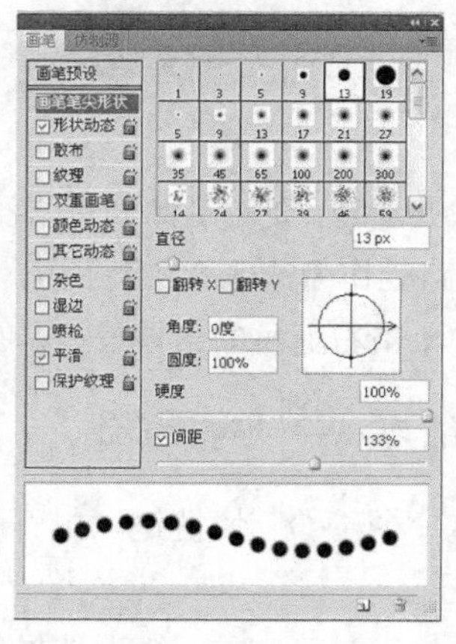

图 5-34

（8）单击“路径”面板上的小三角按钮，从弹出菜单中选择“描边路径”命令，在弹出的“描边路径”对话框中选择“画笔工具”，如图 5-35 所示。

图 5-35

（9）单击“确定”按钮，即可对路径进行描边，如图 5-36 所示。最后将工作路径删除，即可获得最终的邮票效果，如图 5-37 所示。

（10）选择“横排文字工具”，在选项栏中选择字体为“隶书”，并设置大小为 6 点，输入“中国邮政”文字和“80 分”，如图 5-38 所示。

图 5-36

图 5-37

图 5-38

5.3.5　保存与输出路径

制作好的路径，可以将其及时保存起来以便日后再用。在“路径”面板中单击右上角的菜单按钮，然后选择“存储路径”命令，在弹出图 5-39 所示的“存储路径”对话框中定义路径的名称，单击“确定”按钮即可。

图 5-39

在 Photoshop CS4 中创建的路径可以保存输出为*.ai 格式，然后在 Illustrator、3ds Max 等软件中继续应用。操作方法是选择“文件” > “导出” > “路径到 Illustrator…”命令，在“导出路径”对话框中设置保存的路径和文件名，最后单击“保存”按钮即可。

实例练习——选择的路径导出到 Illustrator 中

（1）选择“文件” > “打开”命令，打开光盘中的“Ch5 > 素材 > 汽车广告 >蝴蝶”文件。

（2）选择工具箱中的“魔棒工具”，然后在图像中的白色位置单击，将蝴蝶以外的图像选中，然后执行菜单栏中的“选择” > “反向”命令，选择蝴蝶，如图 5-40 所示。

图 5-40

（3）打开“路径”面板，如图 5-41 所示，单击底部的“从选区生成路径”按钮，将选区转换为路径。执行菜单栏中的“文件” > “导出” > “路径到 Illustrator”命令，打开“导出路径”对话框，设置一个文件名并指出保存的位置，单击“保存”按钮，即可将路径导出，如图 5-42 所示。

在 Illstrator 中，会将路径作为新文件打开。打开的路径默认情况下是透明的，所以在文档中看不到路径，可以按“Ctrl+A”快捷键将其选中，这样就可以看到路径的存在了。

图 5-41

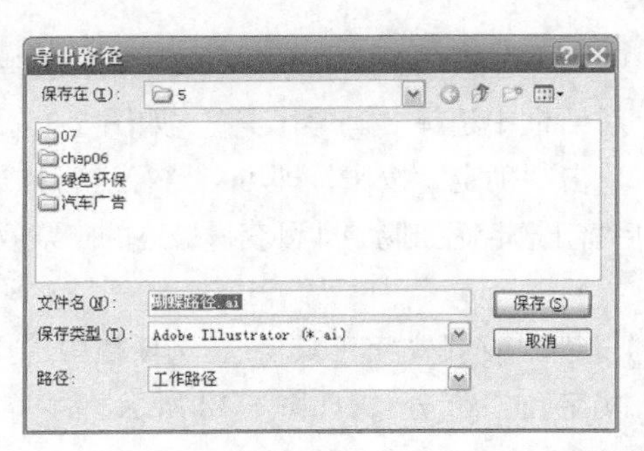

图 5-42

5.3.6 剪贴路径

在打印图像或将图像置入其他应用程序中时，分离前景对象使其他区域变为透明色很有实用价值，“剪贴路径”的操作可以很方便地将图像保存为背景透明色。

实例练习——剪贴路径

（1）按“Ctrl+O”快捷键，打开光盘中的“Ch05 > 素材 > 实例练习 >荷花.psd”文件，如图 5-43 所示。

（2）在“路径”面板中，可以看到一个已经存在的路径效果。选择该路径后，可以在文档窗口中看到该路径，如图 5-44 所示。

图 5-43

图 5-44

（3）选择“荷花”路径层后，在“路径”面板中单击“菜单选项”按钮，在弹出的菜单中选择“剪贴路径”命令，如图 5-45 所示。如果当前路径为工作路径，要先将工作路径转换为路径后，才可以使用“剪贴路径”命令，否则不能对路径进行剪贴操作。

（4）选择“剪贴路径”命令后，将打开图 5-46 所示的“剪贴路径”对话框，通过该对话框可以对路径进行设置。

（5）设置完剪贴路径参数后，单击“确定”按钮，即可为图像创建剪贴路径。然后将该图像保存为 TIF 格式或 EPS 格式。打开 Adobe InDesign 或是 PageMaker 等排版软件，将其导入，通过剪贴路径的图像将不再显示路径以外的图像，只显示路径内的图像效果。

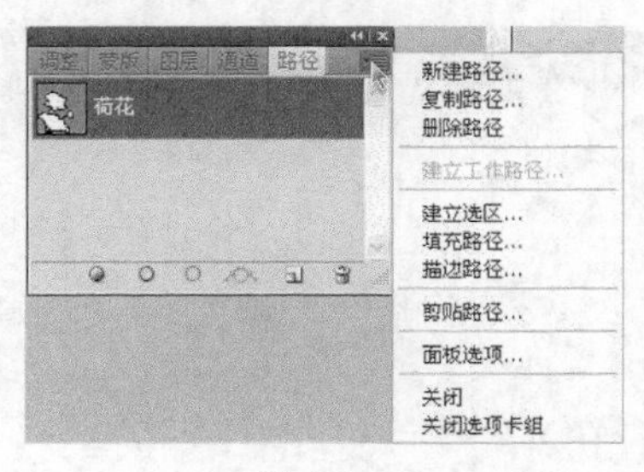

图 5-45

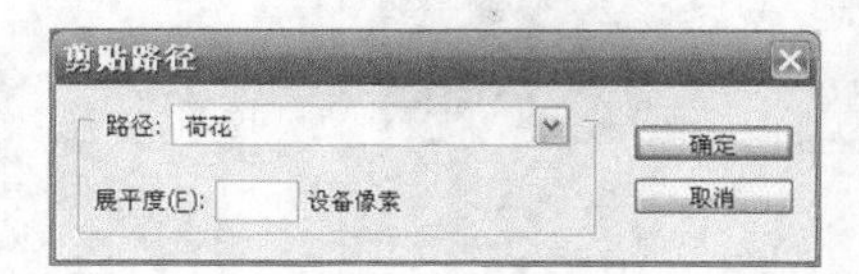

图 5-46

实例练习——制作鲜花

本例主要运用“钢笔工具”和“渐变工具”制作一盆鲜花，具体操作步骤如下。

（1）新建一个文件，大小为 300 像素 × 300 像素，分辨率为 72 像素，模式为 RGB，背景色为白色。

（2）单击工具箱中的“钢笔工具”按钮，单击属性栏中的“路径”按钮、“多边形工具”按钮。在“边”文本框中输入边数为 5，按住“Shift”键，在绘图窗口拖放画出一个正五边形，如图 5-47 所示。

（3）选择工具箱中的“添加锚点工具”，然后分别单击正五边形每条边的中点，增加 5 个锚点，如图 5-48 所示。

图 5-47　　图 5-48

（4）选择工具箱中的“直接选择工具”，把正五边形的 5 个顶点拖放至中间位置，如图 5-49 所示。

（5）使用“直接选择工具”，单击刚才添加的 5 个锚点中的任意一个，此时出现一个控制柄（一条直线带两个小圆点）。移动小圆点，调整路径的弧度，结果如图 5-50 所示。

图 5-49　　图 5-50

（6）单击“图层”面板中的“创建新图层”按钮，新建一个名为“图层 1”的图层，如图 5-51 所示。

（7）切换到“路径”面板，单击“路径”面板中的“将路径作为选区载入”按钮，结果如图 5-52 所示。

（8）单击工具箱中的“渐变工具”，单击工具选项栏中的“径向渐变”按钮，然后单击渐变条，打开“渐变编辑器”对话框。在“渐变编辑器”对话框中设置一条玫瑰色渐变，如图 5-53 所示。

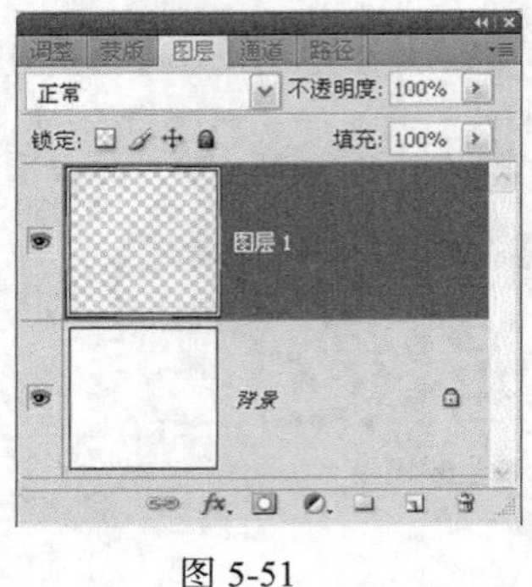

图 5-51

图 5-52

（9）以花朵形选区的中心为起点，向外侧拖动鼠标，生成渐变颜色，如图 5-54 所示。

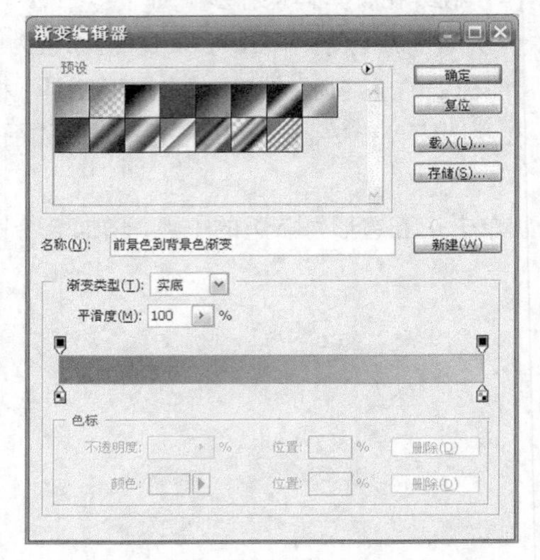

图 5-53

图 5-54

（10）单击“图层”面板中的“创建新图层”按钮，新建一个名为“图层 2”的图层。

（11）使用“钢笔工具”，分别在花朵的相关位置单击，绘制一条路径。接着使用“添加锚点工具”，在路径的中间位置单击，增加一个锚点，如图 5-55 所示。

（12）使用“直接选择工具”，单击刚才添加的锚点，此时出现一个控制柄，移动控制柄的小圆点，调整路径的弧度。采用相同的方法，绘制其他花瓣的褶皱，最终效果如图 5-56 所示。

图 5-55

图 5-56

（13）设置和花瓣颜色一致的前景色。单击“路径”控制面板中的“描边路径”按钮，如图 5-57 所示。

（14）用鼠标左键单击“工作路径”，在弹出的菜单中选择“删除路径”命令，删除路径，如图 5-58 所示。

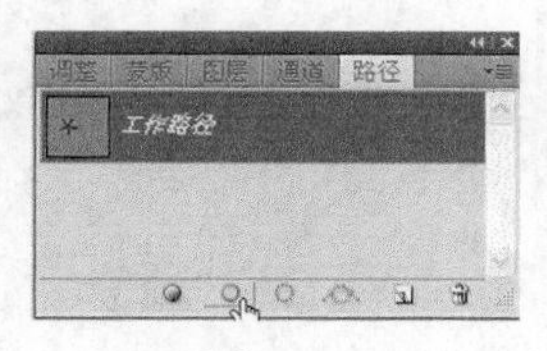

图 5-57

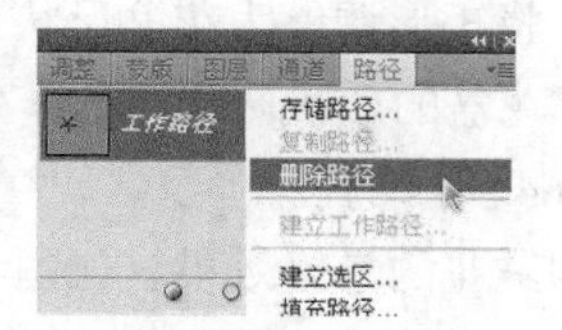

图 5-58

（15）删除路径之后，描边效果就出来了，如图 5-59 所示。

（16）按住“Ctrl”键，分别单击“图层 1”和“图层 2”，选中两个图层，如图 5-60 所示。单击“链接图层”按钮，把这两个图层链接起来，便于后面的复制工作。

（17）按“Ctrl+D”快捷键取消对花朵的选择，然后单击工具箱中的“移动工具”按钮。

（18）按住“Ctrl+Alt”快捷键，然后拖动花朵进行复制，形成一簇花丛，结果如图 5-61 所示。

图 5-59

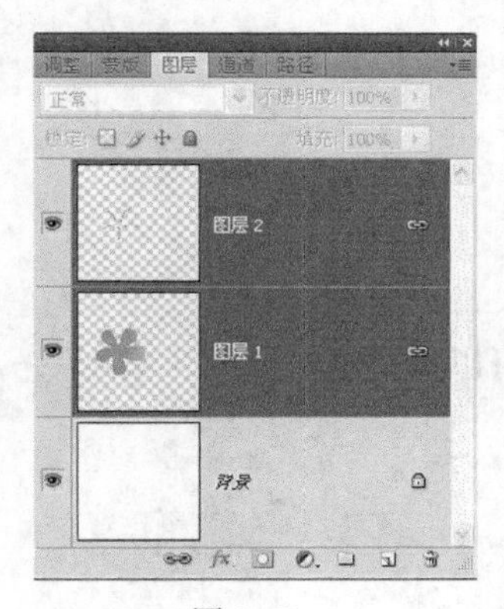

图 5-60

图 5-61

（19）单击“图层”面板中的“创建新图层”按钮，新建一个图层。单击工具箱中的”矩形选框工具”按钮，在花丛下面绘制一个矩形选区。

（20）选择工具箱中的“渐变工具”，单击选项栏中的“线性渐变”按钮，然后单击渐变条，在弹出的“渐变编辑器”对话框中设置图 5-62 所示的蓝色渐变。按住“Shift”键，在矩形选区内拖动鼠标绘制线性渐变，如图 5-63 所示。

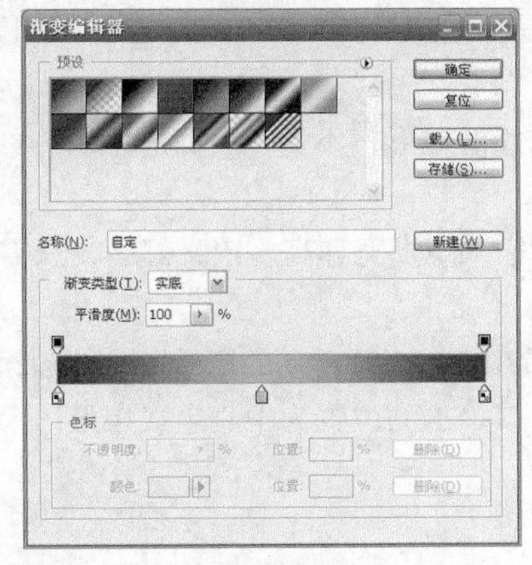

图 5-62

图 5-63

（21）按“Ctrl+D”快捷键，进入选区的自由变换状态。单击鼠标右键，在弹出的菜单中选择“透视”命令，将矩形调整为花盆形状。

（22）完成花盆的形状调整以后，在“图层”面板选中“图层 3”，并将其拖移至“图层 2”的上面，如图 5-64 所示的位置。

（23）得到鲜花的最终效果，如图 5-65 所示。

图 5-64

图 5-65

5.4 形状工具

要绘制形状规则的路径，则可以借助于“形状工具组”，“形状工具组”如图 5-66 所示。

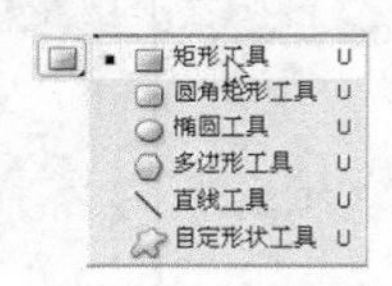

图 5-66

5.4.1 “矩形工具”和“圆角矩形工具”

1. 矩形工具

“矩形工具”可以用来绘制不同大小的矩形，在工具箱中选择“矩形工具”，则“矩形工具”的选项栏如图 5-67 所示，其中各选项的意义如下。

（1）不受约束：如果选中该项，则可以绘制任意尺寸的矩形，不受宽、高的限制。

（2）方形：如果选中该项，则绘制出正方形。

（3）固定大小：如果选中该项，则可以在文本框中输入矩形宽和高。定义好后，只需在当前工作窗口单击鼠标，即可绘制指定大小的矩形。

（4）比例：如果选中该项，则可以定义矩形的宽和高的比例，此后绘制的矩形将按照此比例生成。

（5）从中心：如果选中该项，则将以鼠标在工作窗口单击的位置为中心生成矩形。

2. 圆角矩形工具

使用“圆角矩形工具”可以绘制具有平滑边缘的矩形，并通过设置工具选项栏中的“半径”值来调整 4 个圆角的半径，输入的值越大，4 个角就越圆滑。它的工具选项栏如图 5-68 所示。

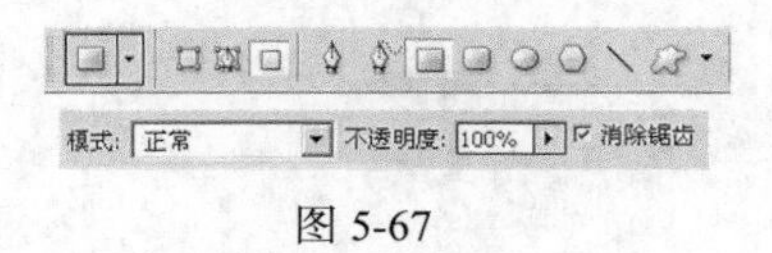

图 5-67

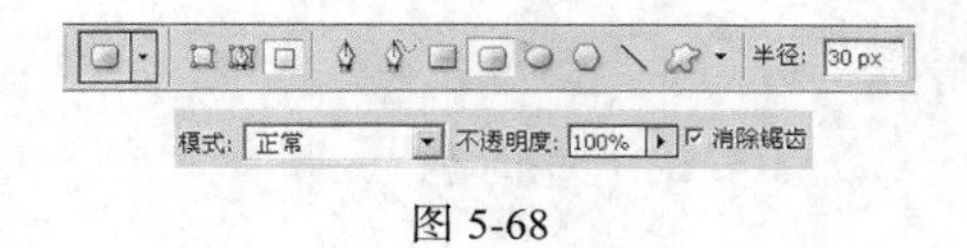

图 5-68

5.4.2　椭圆工具

使用“椭圆工具”可以绘制椭圆形和圆形。在工具箱中选择“椭圆工具”，则“椭圆工具”的选项栏如图 5-69。

图 5-69

在使用“矩形工具”、“圆角矩形工具”以及“椭圆工具”时，如果在绘制的同时按住“Shift”键，则可以分别绘制出正方形、正圆角矩形以及正圆形。

5.4.3　多边形工具

使用“多边形工具”可以绘制不同边数的多边形。在工具箱中选择“多边形工具”，则“多边形工具”选项栏如图 5-70 所示。

如图 5-71 示，依次是不勾选“多边形选项”绘制的三角形、勾选“平滑拐角”和勾选“星形”绘制的图形。

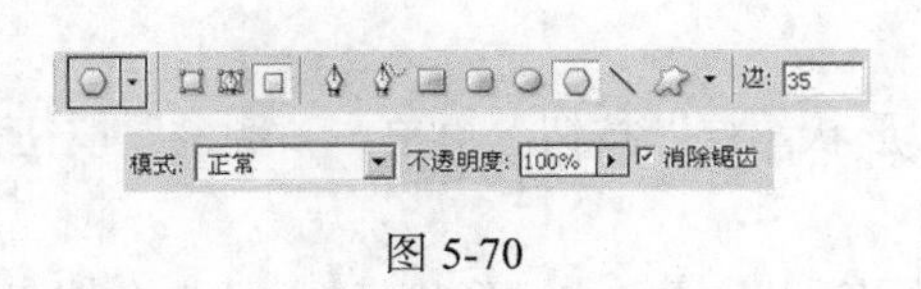

图 5-70

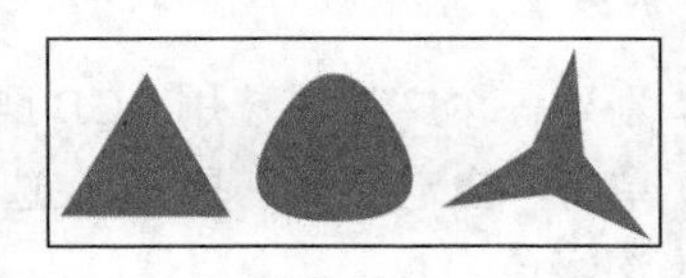
图 5-71

5.4.4　直线工具

“直线工具”可以用来绘制不同粗细的直线或带有箭头的线段。在工具箱中选择“直线工具”，则“直线工具”选项栏如图 5-72 示，其中各选项的意义如下。

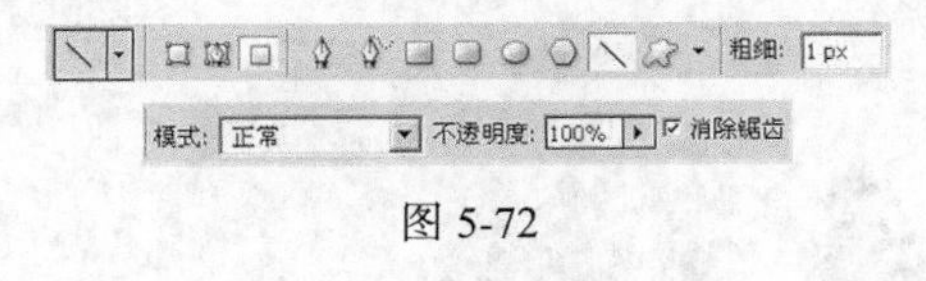

图 5-72

- “粗细”选项：设定绘制线段或箭头的粗细，数值越大，直线越粗。
- “起点”与　终点”：通过勾选复选框来设置箭头的方向，如图 5-73 所示。
- “宽度”和　长度”：设置箭头的宽度和长度与线宽的倍率。数值越大，箭头的宽度或长度越大。
- “凹度”：设置箭头的凹凸度，数值为正数时，箭头尾部向内凹；数值为负数时，箭头尾部向外凸，如图 5-74 所示。

图 5-73　　　　图 5-74

5.4.5　自定义形状工具

“自定义形状工具”可以在图像中绘制一些特殊的图形和自定义图案。系统预置了很多的形状，其载入、存储等方法与渐变、图案等相同。在工具箱中单击“自定义形状工具”，则“自定义形状工具”选项栏中的当前形状库如图 5-75 所示。

在图像中用任何工具绘制的路径都可以自定义成形状，保存在“自定义形状”库中，以备重复使用，如图 5-76 所示。

图 5-75　　　　图 5-76

实例练习——制作风景画

（1）新建一个文件，选用 RGB 颜色模式。

（2）单击“自定形状工具”，在选项栏中单击“形状图层”按钮，再单击“颜色”按钮，将颜色设置为深绿色。

（3）单击“形状”右边的图形，打开“自定形状拾色器”，再单击“形状菜单”下三角按钮，打开下拉菜单，选择“自然”选项，在打开的对话框中单击”确定”按钮。在形状列表中找到“树”并单击。

（4）在“图层 1”上拉出大大小小不同的多棵树成一片树林，并且改变颜色，使图面有变化，如图 5-77 所示。

（5）用“形状工具”中的“自由钢笔工具”画出地面。在工具选项栏中变更颜色设置，再用形状中的“草 2”画草，效果如图 5-78 所示。

图 5-77

图 5-78

（6）用“渐变工具”设置黄红蓝三色的天空。颜色的饱和度要低一些，不透明度约为 50%，对称渐变方式，用“渐变工具”沿竖直方向拉出天空的色彩，如图 5-79 所示。

（7）用“云 1”形状画出几朵小云，用“鸟 2”形状画几只小鸟，最后的效果如图 5-80 所示。

图 5-79

图 5-80

5.5 文字的编辑处理

文字的输入主要是通过文字工具来实现的。在 Photoshop CS4 中，“文字工具组”中有 4 个工具，分别为“横排文字工具”、“直排文字工具”、“横排文字蒙版工具”和“直排文字蒙版工具”，如图 5-81 所示。

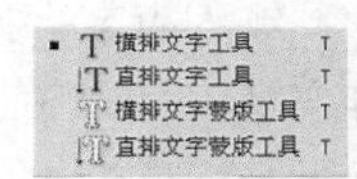

图 5-81

5.5.1 输入文字

1. 输入横排或直排文字

选取工具箱中的“文字工具”，其工具选项栏如图 5-82 所示。

图 5-82

使用工具箱中的“横排文字工具”或“直排文字工具”，在需要输入文字的图像位置处单击鼠标左键，此时在鼠标单击处将会显示闪烁的光标，即可输入文字。然后单击工具选项栏中的“提交所有当前编辑”按钮，或单击工具箱中的“选择工具”，确认输入的文字。若单击工具选项栏中的“取消所有当前编辑”按钮，则可清除输入的文字。效果如图 5-83 所示。

2. “横排”和“直排文字蒙版工具”

使用“横排”和“直排文字蒙版工具”，分别可以创建横向和竖向的文字选区，这两个工具的使用方法相同。

选取“横排文字蒙版工具”，在图像中的适当位置处单击鼠标左键，在出现闪动的光标后输入所需的文字。完成输入后单击选项工具栏中的按钮，即可退出文字的输入状态，此时即可在图像中出现输入的文字选区，如图 5-84 所示。

图 5-83

图 5-84

3. 点文字或段落文字

点文字和段落文字的区别在于：点文字的文字行是独立的，即文字行的长度随文本的增加而变长，不会自动换行。因此，如果在输入点文字时，要进行换行的话，必须按回车键。段落文字则与点文字不同，当输入的文字长度到达段落定界框的边缘时，文字会自动换行，当段落定界框的大小发生变化时，文字会根据定界框的变化而发生变化。

输入点文字方法：点文字的输入方法很简单，只需选取工具箱中的"直排文字工具"或"横排文字工具"，在图像窗口中需要输入点文字的位置处单击鼠标左键，确定插入点，在闪烁的文字插入光标处输入所需的文字，然后单击工具选项栏中的"提交所有当前编辑"按钮，确认输入的文字即可。

输入段落文字方法如下。

（1）单击"横排文字工具"，在图像上选择合适的位置，按下鼠标左键并向右下角拖曳，松开鼠标会出现文本定界框，如图 5-85 所示。或者按住"Alt"键拖动鼠标，此时会出现图 5-86 所示的"段落文字大小"对话框，设置文本定界框"高度"与"宽度"后，单击"确认"按钮，可以设置精确的文本定界框。

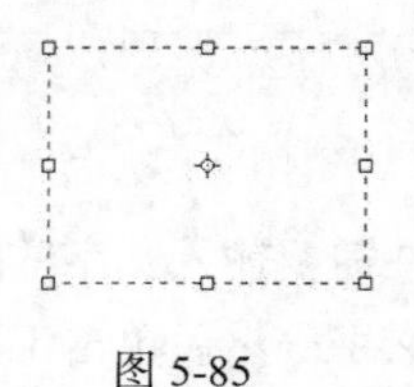

图 5-85

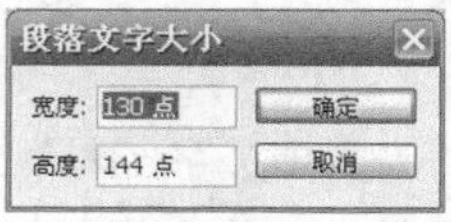

段落文字大小

宽度: 130 点 确定

高度: 144 点 取消

图 5-86

（2）输入文字，如图 5-87 所示。如果输入的文字超出文本定界框的范围，就会在文本定界框的右下角出现图标，如图 5-88 所示。

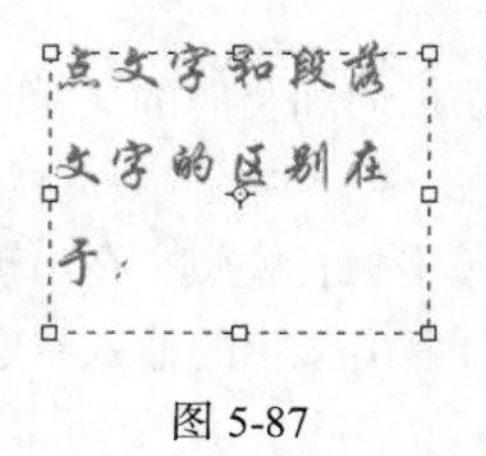

图 5-87

图 5-88

（3）直接拖曳文本定界框的控制点可以缩放文本定界框，此时改变的只是文本定界框，其中的文字并没改变大小。按住“Ctrl”键不放，然后拖动文本定界框的控制点可以缩放文本定界框，此时其中的文字也会跟随文本定界框一起变化。

（4）当鼠标指针移到文本定界框的 4 个角的控制点附近时，会出现旋转的符号，拖曳鼠标可以将其旋转。

（5）按住“Ctrl”键不放，将鼠标指针移到文本定界框的 4 条边的控制点时，会变成斜切的符号，拖曳鼠标可以将其旋转。

5.5.2　文字的编辑

在 Photoshop CS4 中创建文字时，可以使用前面提到的“字符”面板和“段落”面板进行文字格式化的设置，还可以使用“变形文本”制作变形文字，另外还可以借助于文字图层的特效制作特效文字。

1. 通过“字符面板”编辑文字

选取“横排文字工具”，在其选项栏中单击“显示/隐藏字符和段落面板”按钮，弹出“字符/段落面板”，切换到“字符”面板，如图 5-89 所示。

图 5-89

- 比例间距：该下拉列表中可以设置的百分比值是指定字符周围的空间。数值越大，字符间压缩越紧密。取值范围为 0%～100%。
- 字符间距：该下拉列表可以设置放宽或收紧字符之间的距离。
- 字距微调：该下拉列表可以增加或减少特定字符之间的间距。在“字符微调”下拉列表中包含“度量标准”、“视觉”和“0”3 个选项。输入文字后，选择不同的选项后会得到不同的字距效果。
- 水平缩放与垂直缩放：用来对输入文字水平或垂直方向上的缩放比例。设置垂直与水平缩放可以改变字形，即设置拉长或者压扁文字效果。
- 基线偏移：设置文本上下的偏移程度。在输入文字后，可以选中一个或多个文字字符，使其相对于文字基线提升或下降。
- 文字行距：用来设置当前行基线与下一行基线之间的距离。
- 字符样式：单击不同按钮，可以完成对所选字符设置样式。从左至右分别是“加粗”、“倾斜”、“全部大写字母”、“小型大写字母”、“成为上标”、“成为下标”、“添加下画线”以及添加“删除线”按钮。

2. 通过“段落”面板编辑文字

选取“横排文字工具”，在其选项栏中单击“显示/隐藏字符和段落面板”按钮，弹出“字符/段落”面板，切换到“段落”面板，如图 5-90 所示。在其中可以设置段落的对齐方式和缩进方式等，其各属性意义如下。

- 段落对齐：设置文本的对齐方式，从左至右分别是“左对齐”、“居中对齐”、“右对齐”、“最后一行左对齐”、“最后一行居中对齐”、“最后一行右对齐”以及“使文本全部两端对齐”。

- 文本缩进：设置文本向内缩进的距离，分别是“左缩进”和“右缩进”。
- 首行缩进：设置文本首行缩进的距离。
- 段前加空格：设置光标所在段落与相邻段落的间距，分别是“段落前添加空格”、“段落后添加空格”，空隙的单位是点。
- 避头尾法则：设置换行宽松或者严谨。
- 间距组合：设置段落内部字符的间距。
- 连字：如果选中该复选框，则可以将段落中的最后一个外文单词拆开，形成连词符号，使剩余的部分自动换到下一行。

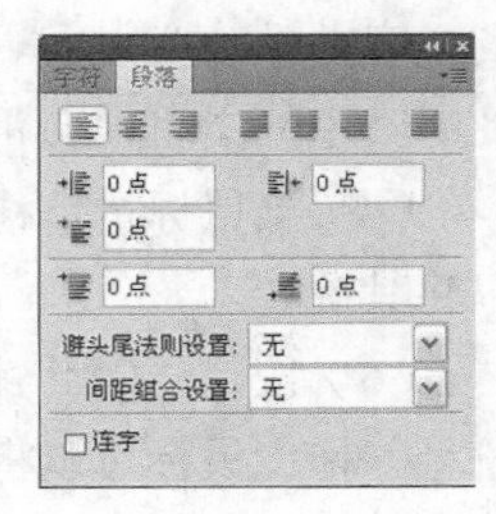

图 5-90

5.5.3 在路径上添加文字

在路径上添加文字指的是在创建路径的外侧创建文字，使文字显示动感的艺术效果。创建的方法如下。

（1）新建图像文件后，用“钢笔工具”在图像中创建路径，如图 5-91 所示。

（2）单击“横排文字工具”，设置好文字的格式后将鼠标移动到路径上，单击鼠标左键就可以在光标的位置处输入文字，如图 5-92 所示。输入文字“计算机多媒体技术专业”后如图 5-93 所示。

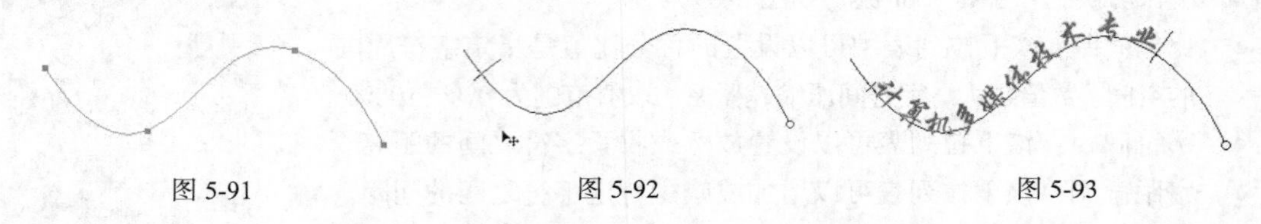

图 5-91　　图 5-92　　图 5-93

（3）选择“路径选择工具”，按住鼠标向下拖曳，就可以改变文字的方向，如图 5-94 所示。

（4）在“路径”跳板的空白处单击鼠标，可以隐藏路径，如图 5-95 所示。

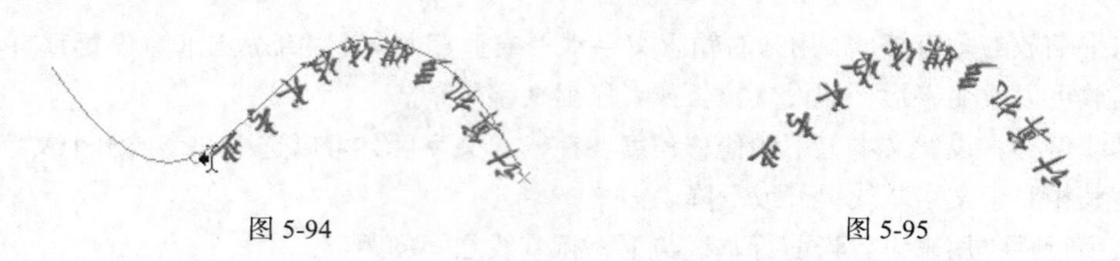

图 5-94　　图 5-95

实例练习——汽车广告

（1）选择“文件” > “新建”命令，新建一个名为“汽车广告”的 RGB 模式图像文件。设置“宽度”为 14.82 厘米、“高度”为 19.76 厘米、“分辨率”为 72 像素/英寸、“背景内容”为“白色”，然后单击“确定”按钮。

（2）单击工具箱中的前“景色”图标，设置前景色为灰色，RGB 参数值（229、229、229）。单击“图层”面板底部的“创建新图层”按钮，新建“图层 1”。按“Ctrl+Delete”快捷键填充图层。

（3）选择“文件” > “打开”命令，打开光盘中的“Ch5 > 素材 > 实例练习>汽车广告 >天空”文件。单击工具箱中的“移动工具”，将天空图片拖曳到图像窗口中，按“Ctrl+T”快捷键调整其大小。在“图层”控制面板中生成新的图层，并将其命名为“天空”，在“图层”控制面板上方，将“天空”图层的混合模式选项设为“颜色加深”，效果如图 5-96 所示。

（4）按“Ctrl＋O”快捷键，打开光盘中的“Ch5 > 素材 > 实例练习>汽车广告 > 汽车”文件。将汽车图片拖曳到图像窗口的上方，按“Ctrl+T”快捷键调整其大小，效果如图 5-97 所示。在“图层”控制面板中生成新的图层，并将其命名为“汽车”。

图 5-96

图 5-97

（5）选择“钢笔工具”，在图像窗口中沿汽车轮廓绘制路径，如图 5-98 所示。

（6）单击工具箱中的“横排文字工具”，在选项栏中选择合适的字体并设置大小，如图 5-99 所示。移动光标至创建的路径处，此时鼠标指针呈“带路径”形状。在路径的起始点单击鼠标左键，确定插入点。输入需要的文字，适当调整文字间距，如图 5-100 所示，在“图层”控制面板中生成文字图层。

图 5-98

图 5-99

（7）在“路径”控制面板中单击，隐藏路径如图 5-101 所示。

图 5-100

图 5-101

（8）单击“横排文字工具”，在选项栏中选择合适的字体并设置大小。在图像上选择合适的位置，按下鼠标左键并向右下角拖曳，松开鼠标会出现文本定界框。输入需要的文字，如图 5-102 所示。

（9）用同样的方法输入另一段落文字，如图 5-103 所示。

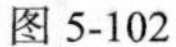

图 5-102

图 5-103

（10）单击“横排文字工具”，在选项栏中选择合适的字体并设置大小，输入需要的文字，如图 5-104 所示。最终效果如图 5-105 所示。

图 5-104

图 5-105

5.5.4 变形文字

变形文字有很多种制作方式，除了可以在“文字工具”选项栏中单击“变形文字”按钮，在图 5-106 所示的“变形文字”对话框中进行设置以外，也可以将文字转换为路径以后进行编辑，还可以通过添加图层样式、滤镜效果等手段来实现变形文字。

1．利用预设的样式制作变形文字

在 Photoshop CS4 中，用预设的变形文字样式对输入的文字进行艺术化的变形，可以使图像中的文字更加精美。在图像中输入文字后，单击文字工具选项栏中“变形文字”按钮，或者选择“图层” > “文字” > “文字变形”命令，打开图 5-106 所示的“变形文字”对话框。对话框中各选项的含义如下。

（1）样式：用来设置文字变形的效果，在下拉列表中可以选择相应的样式。

（2）水平与垂直：用来设置变形的方向。

（3）弯曲：设置变形样式的弯曲程度。

（4）水平扭曲与垂直扭曲：设置水平或垂直方向上的扭曲程度。

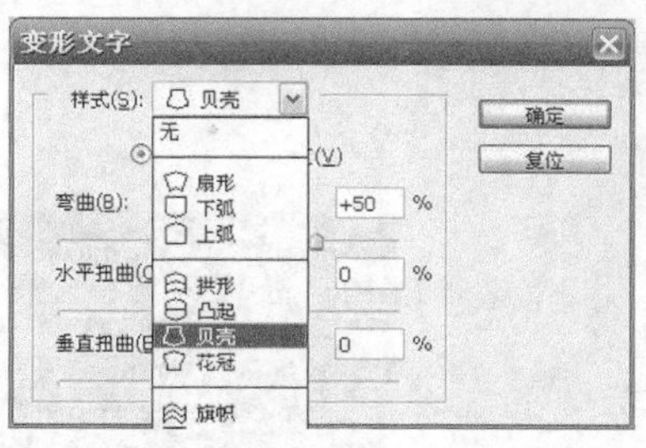

图 5-106

2. 通过“变换”菜单制作变形文字

在工作窗口输入文字以后，可以选择“编辑” > “自由变换”命令或者选择“编辑” > “变换”命令来实现文字的变形。打开素材图像“bj.jpg”，如图 5-107 所示，选中文字“绚丽多彩的人生”，设置“图层样式”和“变形文字”，然后选择“编辑” > “自由变换”命令。此时，在文字的周围会显示变形调节框，通过鼠标的拖曳等操作实现文字的变形，如图 5-108 所示。

图 5-107

图 5-108

3. 将文字转换为路径进行编辑

将文字转换成工作路径或者形状后，就可以实现使用矢量工具编辑文字。如需要将所选的文本转换成路径时，在“图层”面板的文字层上单击鼠标右键，在弹出菜单中选择“创建工作路径”命令，则文本就被转换为路径，如图 5-109 所示。转换为路径的文本的外观仍和之前的一样，但是转换后只能作为路径来编辑，此时所有的矢量工具都可以对它进行编辑。但是文本一旦转换成了路径，就失去了原有的文本属性，无法再将其作为文本来编辑。

图 5-109

从工具箱中选择“直接选工具”，单击文字后该字上会出现许多矢量调整点。用鼠标拖动这些矢量点，文本会产生变形，如图 5-110 所示。在文本以外任意点单击鼠标，取消选择文本上的矢量点，如图 5-111 所示。

图 5-110

图 5-111

实例练习——绿色环保

（1）选择“文件” > “新建”命令，新建一个名为“绿色环保”的 RGB 模式图像文件。设置“宽度”为 4.66 厘米、“高度”为 3.49 厘米、“分辨率”为 72 像素/英寸、“背景内容”为“白色”，然后单击“确定”按钮。

（2）选择“渐变工具”，单击选项栏中的“编辑渐变”按钮，弹出“渐变编辑器”对话框，将渐变色设为从浅橙色，其 R、G、B 的值为（239，147，94），到浅绿色，其 R、G、B 的值分别为（93，186，131），如图 5-112 所示，单击“确定”按钮。按住“Shift”键的同时，在图像窗口中从上至下拖曳渐变色，效果如图 5-113 所示。

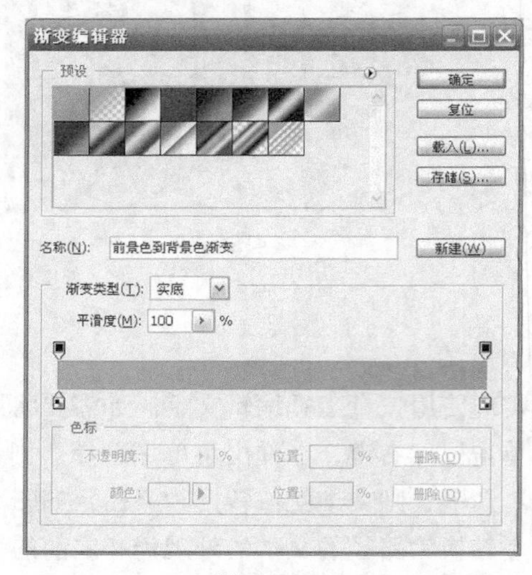

图 5-112

图 5-113

（3）选择“文件” > “打开”命令，打开光盘中的“Ch5 > 实例练习>素材 > 绿色环保 >树叶”文件。单击工具箱中的“移动工具”按钮，将天空图片拖曳到图像窗口中，按“Ctrl+T”快捷键调整其大小。在“图层”控制面板中生成新的图层并将其命名为“树叶”。在“图层”控制面板上方，将“树叶”图层的混合模式设为“叠加”，效果如图 5-114 所示。

（4）选择“文件” > “打开”命令，打开光盘中的“Ch5 > 素材 > 绿色环保 >动物”文件。单击工具箱中的“移动工具”按钮，将天空图片拖曳到图像窗口中。在“图层”控制面板中生成新的图层，并将其命名为“动物”，效果如图 5-115 所示。

图 5-114

图 5-115

（5）单击“图层”控制面板下方的“添加图层样式”按钮，在弹出的菜单中选择“投影”选项，弹出对话框。将阴影颜色设为橘黄色，其 R、G、B 的值分别为（56，78，13），其他选项的设置如图 5-116 所示，单击“确定”按钮，效果如图 5-117 所示。

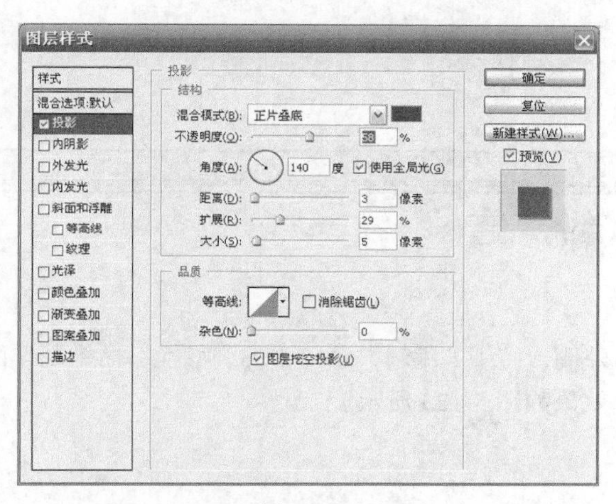

图 5-116

图 5-117

（6）将前景色设为红色，其 R、G、B 的值分别为（255，0，0）。选择“横排文字工具”，在选项栏中选择合适的字体并设置大小。输入需要的文字，适当地调整文字间距，并旋转到适当的角度，如图 5-118 所示，在“图层”控制面板中生成新的文字图层。

（7）单击选项栏中的“创建变形文字”按钮，弹出“变形文字”对话框，具体设置如图 5-119 所示，单击“确定”按钮，效果如图 5-120 所示。

图 5-118

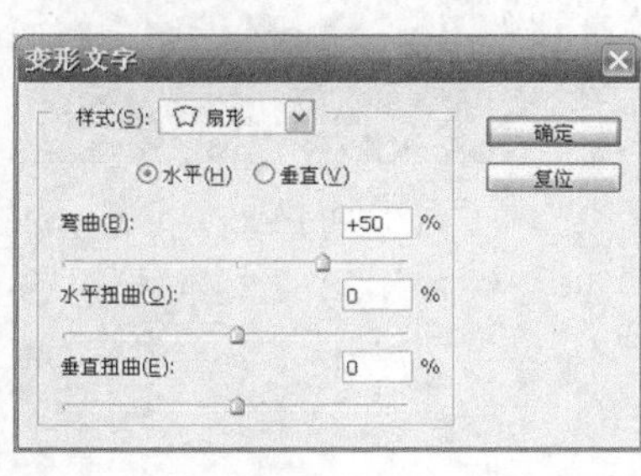

图 5-119

图 5-120

（8）单击“图层”控制面板下方的“添加图层样式”按钮，在弹出的菜单中选择“投影”选项，弹出对话框，选项的设置如图 5-121 所示，单击“确定”按钮，效果如图 5-122 所示。

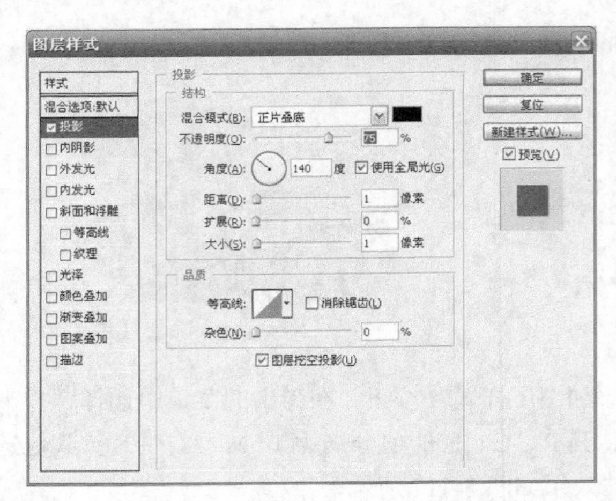

图 5-121

图 5-122

课外拓展　制作饮料广告

【习题知识要点】

使用“钢笔工具”绘制路径制作西瓜内外侧，使用“编辑”菜单中的“变换”命令制作西瓜倒影效果，使用“文字工具”制作广告语。效果如图 5-123 所示。

【效果所在位置】

光盘“ch05/效果/制作饮料广告.psd”。

图 5-123

第6章 通道与蒙版

本章主要介绍通道的建立与应用，图层蒙版、矢量蒙版与剪贴蒙版的建立与编辑，使读者掌握通道、蒙版的相关知识和操作技能。

学习目标

- 掌握通道的基本操作。
- 了解分离与合并通道的方法。
- 掌握图层蒙版、矢量蒙版与剪贴蒙版。
- 掌握图像的合成的方法。

在 Photoshop CS4 中，通道用来存储图像的颜色和选区的信息，Photoshop CS4 中提供的"通道"面板可以快捷地创建和管理通道，如图 6-1 所示。所有的图像都是由一定的通道组成的，一个图像最多可以有 24 个通道。

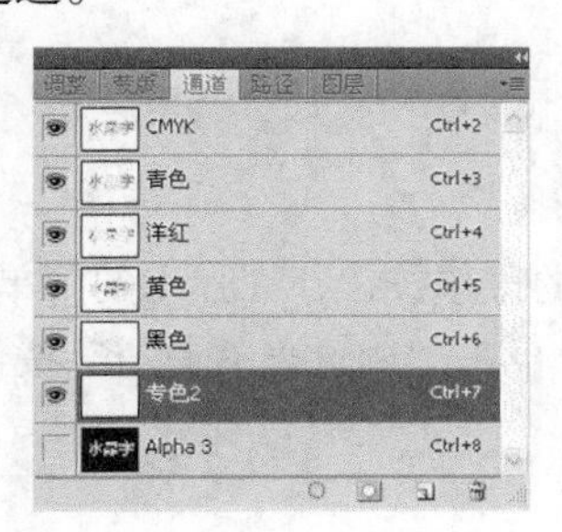

图 6-1

通道的类型主要有 3 种，分别是颜色通道、Alpha 通道以及专色通道。

（1）颜色通道：主要用来记录图像颜色的分布情况，是在创建一个新图像时自动创建的。图像的颜色模式决定了所创建的颜色通道的数目。

（2）Alpha 通道：可以将选区存储为灰度图像，也可以用来保存创建和保存图像的蒙版。

（3）专色通道：常用于专业印刷品的附加印版。

6.1 通道的基本操作

6.1.1 创建通道

创建新通道可以单击图 6-1 所示的“通道”面板右上角的菜单按钮，在弹出菜单中选择“新建通道”命令，系统则会显示图 6-2 所示的“新建通道”对话框，在其中可以输入通道的名称以及色彩的显示方式等，设定好参数后单击“确定”按钮，即可新建通道。在“通道”面板上，按住“Alt”键不放，再单击“创建新通道”按钮，也可以新建一个通道。“新建通道”对话框中选项的意义如下。

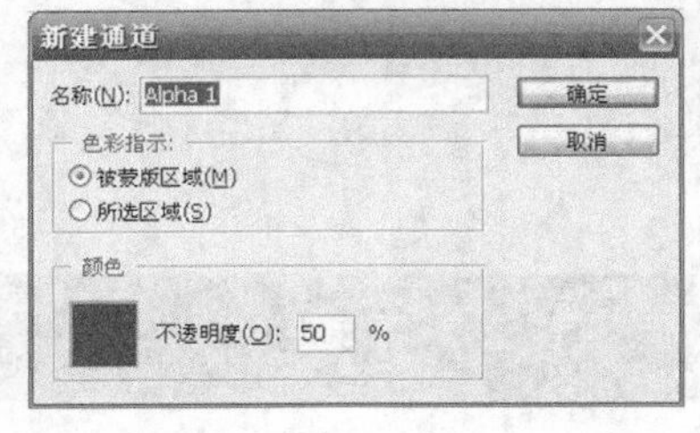

图 6-2

（1）被蒙版区域：如果选中此单选项，则将设定被通道颜色所覆盖的区域为遮蔽区域，没有颜色遮盖的区域为选区。

（2）所选区域：如果选中此单选项，则与“被蒙版区域”作用相反。

6.1.2 复制通道

首先选择要被复制的通道，接着在“通道”面板上单击右上角的菜单按钮，然后在弹出菜单中选择“复制通道”命令，最后在弹出的图 6-3 所示的“复制通道”对话框中设置通道名称、要复制通道存放的位置（通常为默认），以及是否将通道内容反向等信息，然后单击“确定”按钮即可。

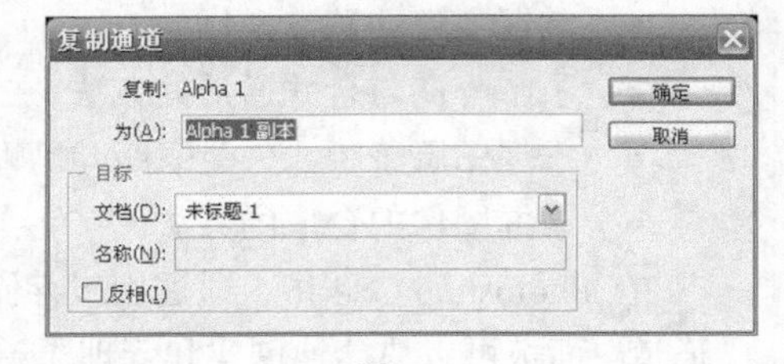

图 6-3

在“通道”面板选中要复制的通道后，按住鼠标左键将其拖动到“新建通道”按钮上，也可以复制一个通道。

6.1.3 删除通道

在“通道”面板上单击右上角的菜单按钮，在弹出的菜单中选择“删除通道”命令即可。在“通道”面板选中要复制的通道后，单击“删除当前通道”按钮 ，也可以删除一个通道。

实例练习——彩布效果

（1）执行菜单栏中的“文件”>“新建”命令，在打开的“新建”对话框中，设置画布的“名称”为“彩布”，“宽度”为 400 像素，“高度”为 320 像素，“颜色模式”为 RGB 颜色，“分辨率”为“200 像素/英寸”，“背景内容”为白色。

（2）将前景色设置为粉色，CMYK 值为（3，76，3，0），按“Alt+Delete”快捷键填充画布，效果如图 6-4 所示。

（3）将背景色设置为白色。执行菜单栏中的“滤镜”>“风格化”>“拼贴”命令，打开“拼贴”对话框，设置“拼贴数”为 10，“最大位移”为 1，在“填充空白区域用”选区中选择“背景色”单选项，如图 6-5 所示。

图 6-4

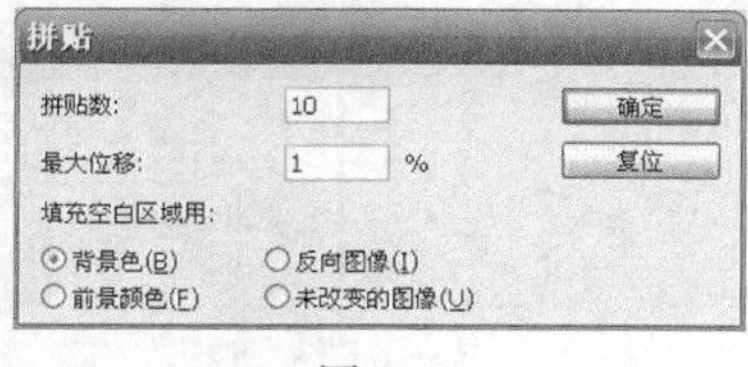

图 6-5

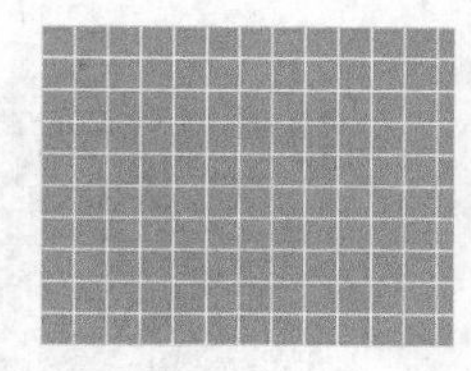
图 6-6

（4）单击“确定”按钮，贴拼后的效果如图 6-6 所示。执行菜单栏中的“滤镜”>“模糊”>“高斯模糊”命令，打开“高斯模糊”对话框，设置“半径”为 1.6 像素，单击“确定”按钮，效果如图 6-7 所示。

（5）单击“通道”面板中的“绿”通道，执行菜单栏中的“滤镜”>“像素化”>“碎片”命令，为通道应用“碎片”滤镜。单击“通道”面板中的“RGB”通道，或按“Ctrl+2”快捷键回到 RGB 模式中，完成实例的制作，效果如图 6-8 所示。

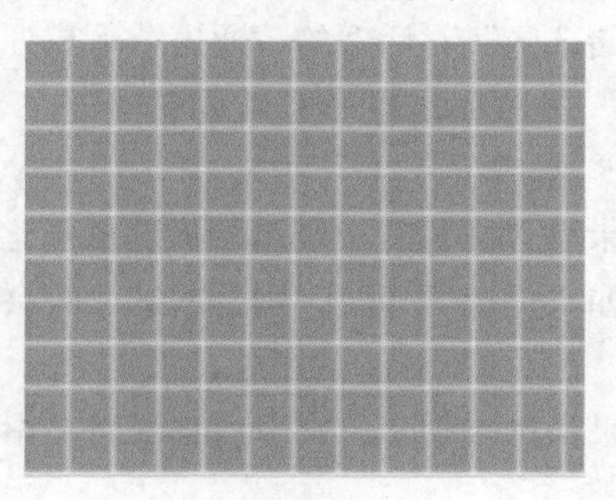
图 6-7

图 6-8

6.1.4　将通道作为选区载入

Alpha 通道转换为选取范围有 3 种方法，如下所述。

（1）在“通道”控制面板选中当前 Alpha 通道，然后单击面板上的将“通道作为选区载入”按钮即可。

（2）在“通道”控制面板中，按住“Ctrl”键并单击想要载入选取范围的 Alpha 通道即可。

（3）执行菜单“选取”→“载入选区”命令，将弹出对话框，也可以载入 Alpha 通道为选取范围。

6.1.5　将选区存储为通道

在编辑图像时创建的选区常常会多次使用，此时可以将选区存储起来以便以后多次使用。存储的选区通常会被放置在 Alpha 通道中。

方法 1：在“通道”面板上单击“将选区存储为通道”按钮，这时“通道”面板显示如图 6-9 所示，系统自建了一个“Alpha1”通道，并将选区存储在其中。

方法 2：选择“选择” > “存储选区”命令，打开图 6-10 所示的“存储选区”对话框，就可将当前选区存储到 Alpha 通道中。“存储选区”对话框中各选项意义如下。

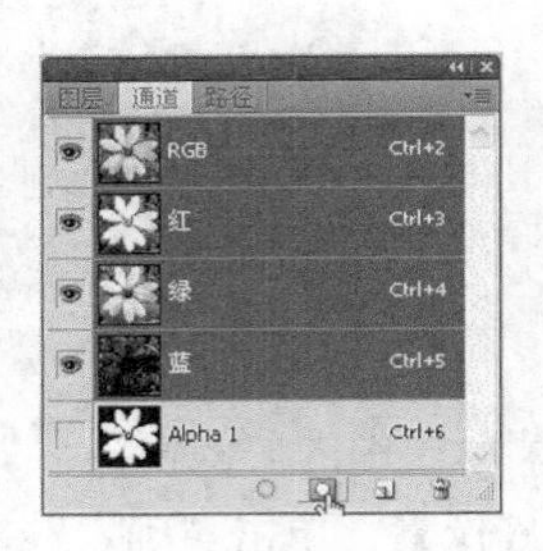

图 6-9

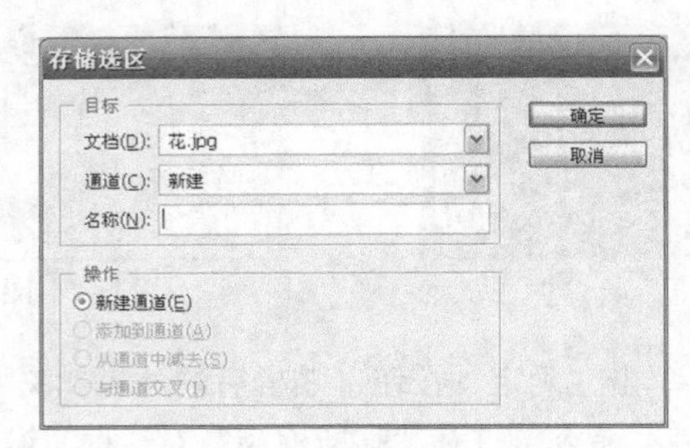

图 6-10

（1）文档：当前选区所在的文档。

（2）通道：用来选择存储选区的通道。

（3）名称：设置当前选区储存的名称，设置的结果会将 Alpha 通道名称替换。

如果“通道”面板中存在 Alpha 通道，可在“存储选区”对话框的“通道”下拉列表中选中该通道，此时 4 个单选项的意义如下。

（1）替换通道：替换原来的通道。

（2）添加到通道：在原有通道中加入新通道，如果是选区相交，则组合成新的通道。

（3）从通道中减去：在原有通道中加入新通道，如果是选区相交，则合成选区时会去除相交的区域。

（4）与通道交叉：在原有通道中加入新通道，如果是选区相交，则合成选区时会留下相交的区域。

实例练习——网点效果

（1）创建一个名为“网点”的空白图像文件：RGB 模式、400 像素×200 像素。

（2）打开“通道”面板，单击面板中的“创建新通道”按钮，创建新通道“Alpha1”，如图 6-11 所示。选择工具箱中的“椭圆选框工具”在图像中创建一个椭圆选区，确认前景色为白色，用白色填充选区，然后取消选区，效果如图 6-12 所示。

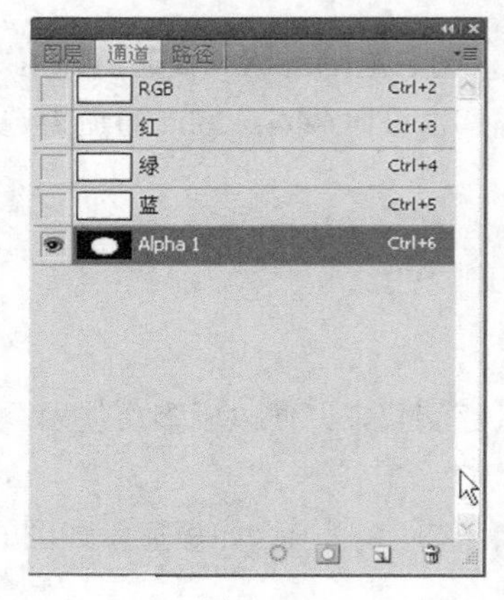

图 6-11

图 6-12

（3）选择“滤镜”>“模糊”>“高斯模糊”命令，在打开的“高斯模糊”对话框中设置“半径”为 45 像素，如图 6-13 所示，单击“确定”按钮，效果如图 6-14 所示。

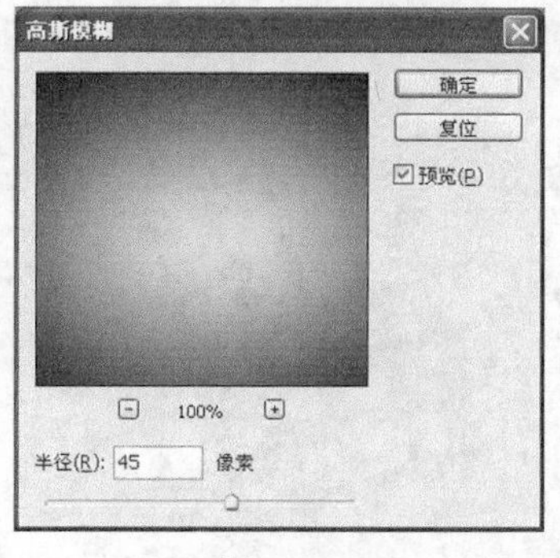

图 6-13

图 6-14

（4）选择“滤镜”>“像素化”>“彩色半调”命令，在打开的“彩色半调”对话框中设置“半径”为 25 像素，其余保持默认设置，如图 6-15 所示，单击“确定”按钮，效果如图 6-16 所示。

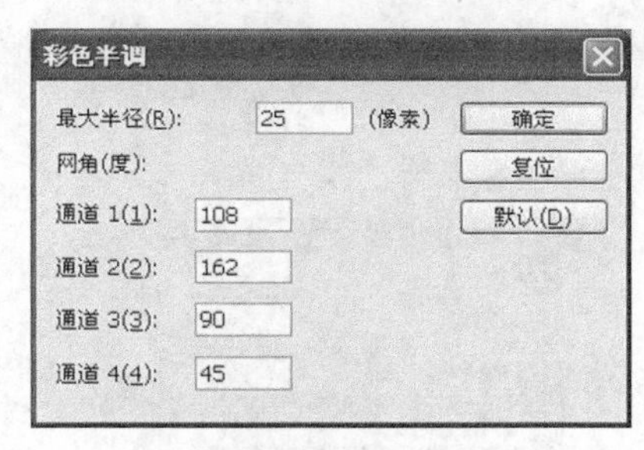

图 6-15

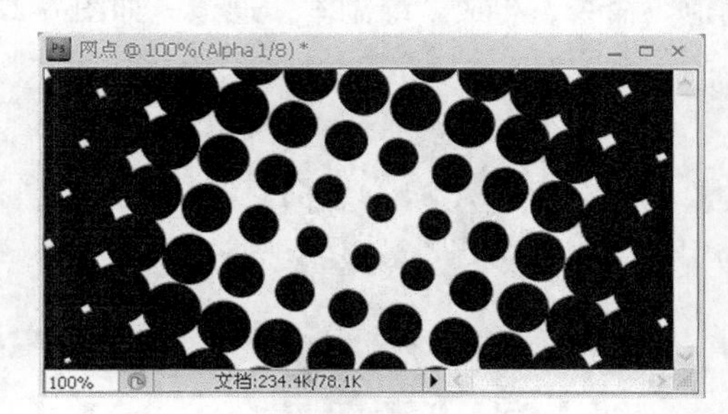

图 6-16

（5）单击“通道”面板中的将“通道载入选区”按钮，效果如图 6-17 所示。选择“背景”图层为当前层，选择一种想要的背景色填充背景图层，效果如图 6-18 所示。

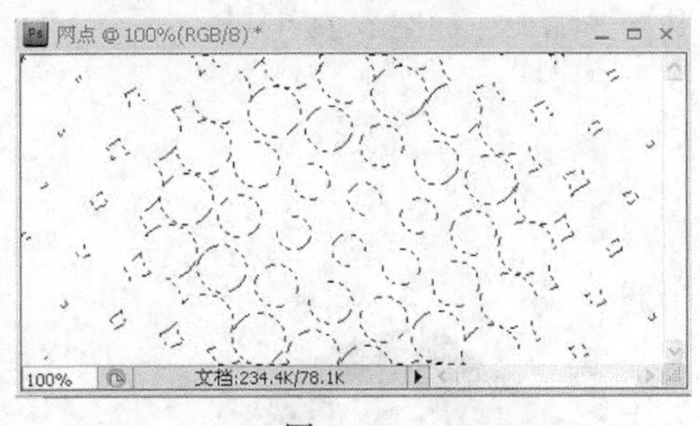

图 6-17

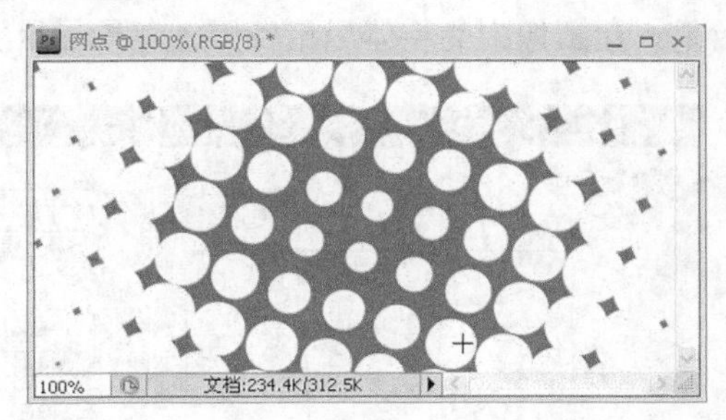

图 6-18

（6）双击“图层 1”，在打开的“图层样式”对话框中选择“投影”选项，参数保持默认值，如图 6-19 所示，单击“确定”按钮，得到的最终效果如图 6-20 所示。

综合实例——风中秀发

（1）按“Ctrl+O”快捷键，打开光盘中的“Ch06 > 素材 >秀发.bmp”文件，效果如图 6-21 所示。

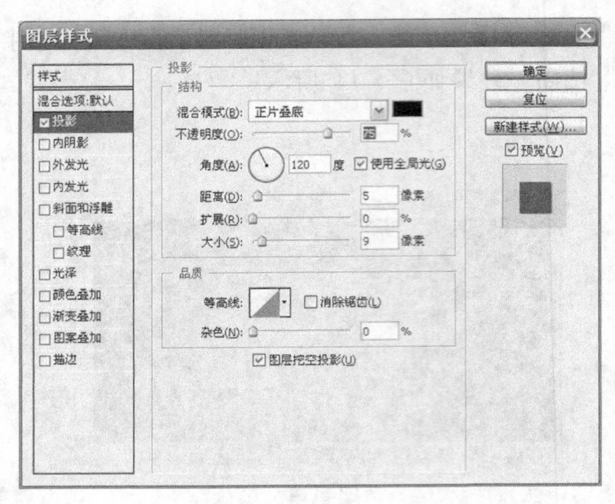

图 6-19

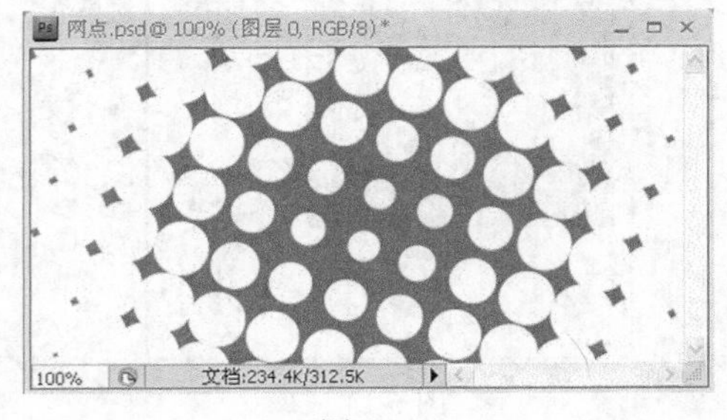

图 6-20

（2）选择“窗口”>“通道”命令，其中绿通道明暗差别大，用鼠标右击“绿通道”，选择“复制通道”命令，生成“绿副本”通道，如图 6-22 所示。

图 6-21

图 6-22

（3）选择“图像”>“调整”>“曲线”命令，打开“曲线”对话框，将其调整为图 6-23 所示效果。让图像中的主体尽量发黑，背景尽量发白，使其反差加大，如图 6-24 所示。

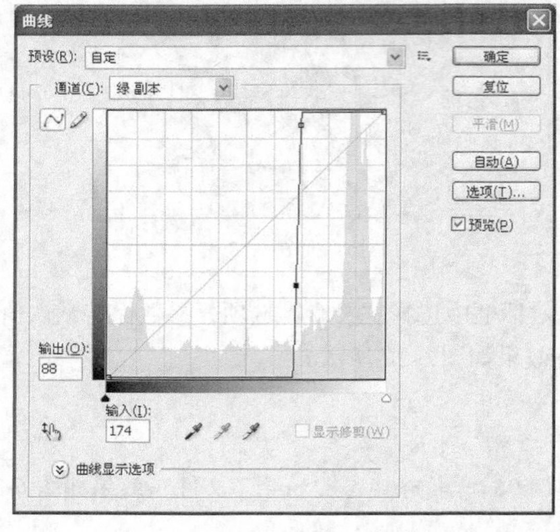

图 6-23

图 6-24

（4）选择“图像”>“调整”>“反相”命令，将其颜色反相，如图 6-25 和图 6-26 所示，通道里白色表示选区内的区域，黑色表示选区外的区域。

图 6-25

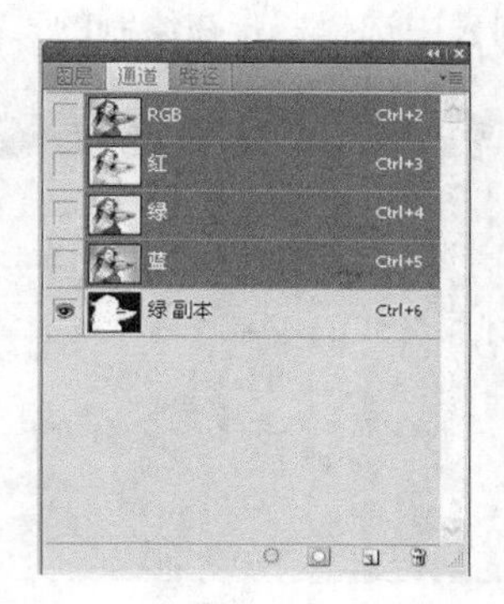

图 6-26

（5）选择工具箱中的“橡皮擦工具”，把人物的脸部和肩部的黑色部分擦掉，如图 6-27 和图 6-28 所示。

图 6-27

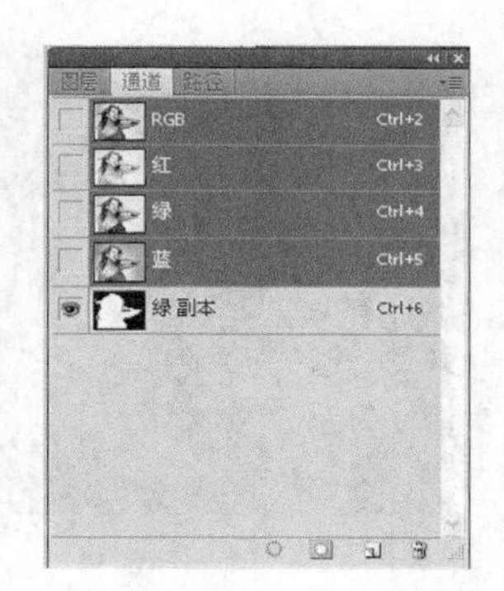

图 6-28

（6）单击“通道”面板中的 RGB 通道，使图像回到彩色状态，手臂轮廓就清晰地展现出来，选择工具箱中的“钢笔工具”，将手臂的轮廓勾画出来，如图 6-29 和图 6-30 所示。

（7）按“Ctrl+Enter”快捷键将路径转化为选区，对其填充为白色。完成后结束选区，如图 6-31 所示。

图 6-29

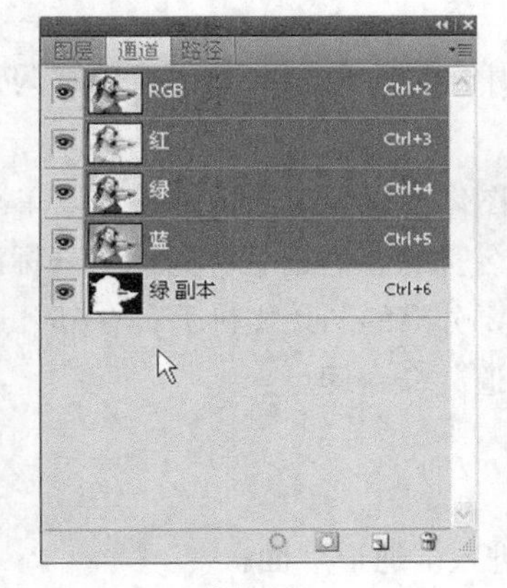

图 6-30

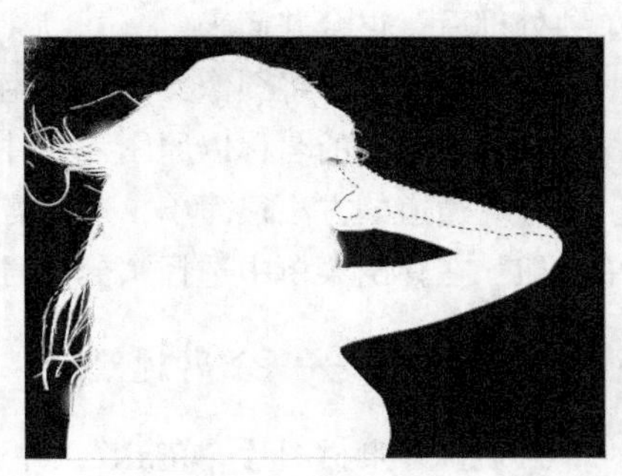

图 6-31

（8）单击“通道”面板中的 RGB 通道，使图像回到彩色状态，选择“选择”>“载入选区”命令，打开“载入选区”对话框，如图 6-32 所示。从“文档”下拉列表中选择图像本身，从“通道”下拉列表中选择一直在绘制的“绿副本”通道，单击“确定”按钮得到选区，如图 6-33 所示。

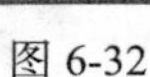

图 6-32

图 6-33

（9）按“Ctrl+C”快捷键将选区中的人物复制出来，粘贴到风景画中，效果如图 6-34 和图 6-35 所示。

图 6-34

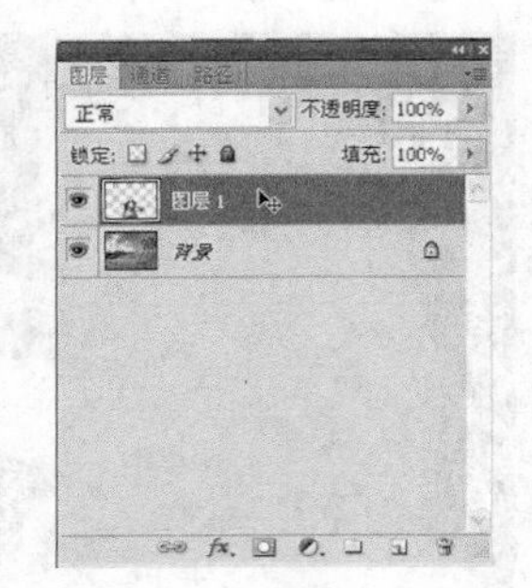

图 6-35

6.2 分离与合并通道

6.2.1 分离通道

通道的分离就是将一个图片文件中的各个通道分离出来分别调整。合并通道就是将通道分别单独处理后，再合并起来。

分离通道可以将图像文件从彩色图像中拆分出来，并各自以单独的窗口显示，而且都为灰度图像。各个通道的名称以原图片文件名称加上通道名称的速写来标注。

分离通道的方法很简单，选中需要分离的图片文件后，在其“通道”面板上单击右上角的菜单按钮，在弹出菜单中选择“分离通道”命令即可。

实例练习——分离通道

（1）打开素材图片“花.tif”，并进入“通道”面板。

（2）单击“通道”面板右上角的黑色小三角按钮，将弹出菜单，选择其中的“分离通道”命令，如图 6-36 所示。

（3）执行“分离通道”命令后，原来的图像没有了，而另生成了 3 幅灰度图，即红色通道图、绿色通道图和蓝色通道图，如图 6-37、图 6-38 和图 6-39 所示。

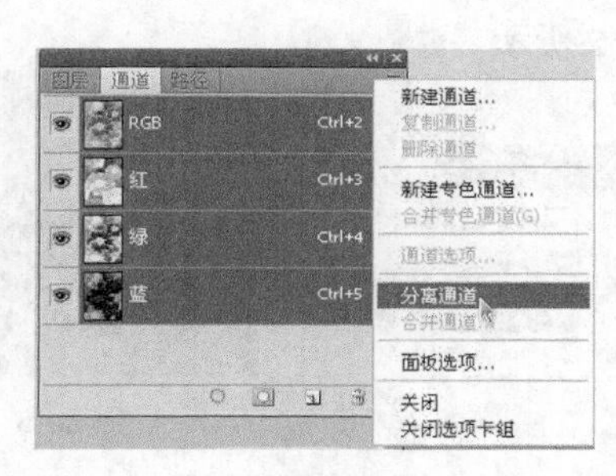

图 6-36

图 6-37

图 6-38

图 6-39

6.2.2　合并通道

合并通道即是分离通道的反操作，在“通道”面板上单击右上角的菜单按钮，再在弹出菜单中选择“合并通道”命令，然后在弹出的“合并通道”对话框中单击“确定”按钮，最后在“合并 RGB 通道”对话框中单击“确定”按钮即可。

实例练习——合并通道

（1）打开光盘中的“Ch06 > 素材 >cat.jpg、clone.jpg\leave”文件，要合并的 3 幅尺寸与分辨率相同的灰度模式素材图像如图 6-40、图 6-41 和图 6-42 所示。

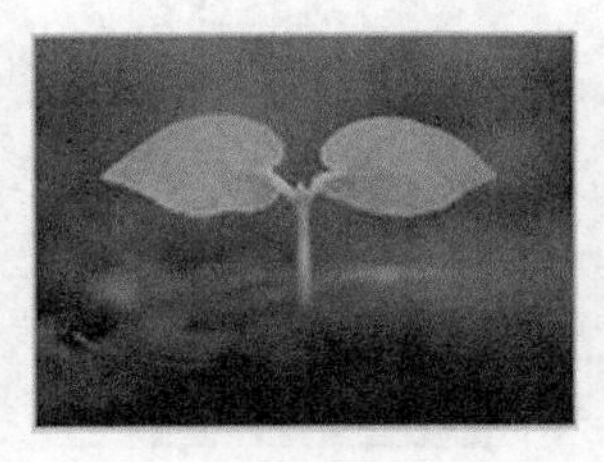

图 6-40

图 6-41

图 6-42

（2）激活其中一幅，并打开“通道”面板，执行“通道”面板弹出菜单中的“合并通道”命令。

（3）在弹出的“合并通道”对话框中选择 RGB 颜色模式，通道数为 3，如图 6-43 所示。

（4）在接下来的“合并 RGB 通道”对话框中为每一个基色通道指定相应的文件，如图 6-44 所示。把猫放在红色通道，叶子放在绿色通道，风景放在蓝色通道。

（5）单击“确定”按钮后，则指定的 3 个“灰度”模式的图像被合并为一个 RGB 模式的彩色图像。合并通道后的效果及其“通道”面板如图 6-45 所示。

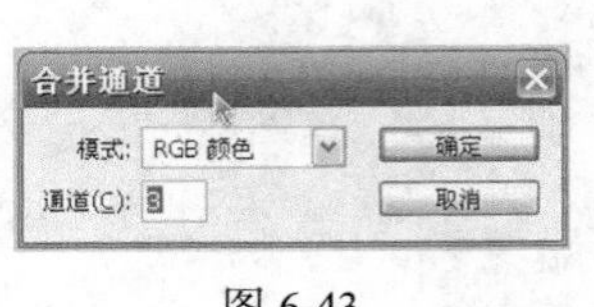

图 6-43

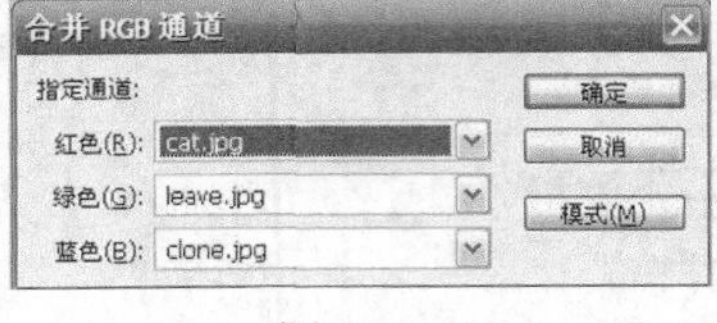

图 6-44

图 6-45

6.2.3 专色通道

专色通道用来保存专门颜色信息的通道。专色通道的创建方法如下。

方法 1：在“通道”面板的弹出菜单中选择“新建专色通道”命令，打开新建“专色通道”对话框，如图 6-46 所示。设置“油墨特性”中的“颜色”和“密度”后，单击“确定”按钮，可在“通道”面板中建立一个专色通道，如图 6-47 所示。

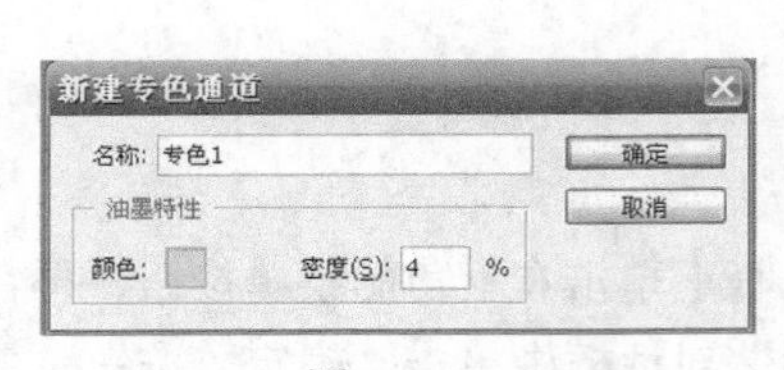

图 6-46

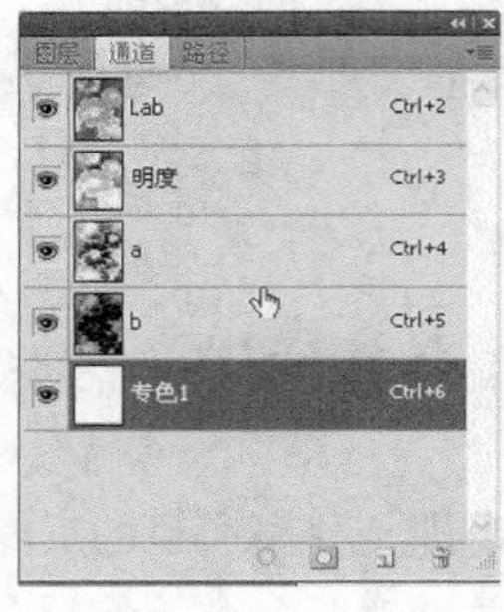

图 6-47

方法 2：如果“通道”面板中存在 Alpha1 通道，如图 6-48 所示，只要用鼠标双击 Alpha1 通道的缩略图，就可以打开“通道选项”对话框，如图 6-49 所示。选中“专色”单选项，单击“确定”按钮，就可将其转换成专色通道，如图 6-50 所示。

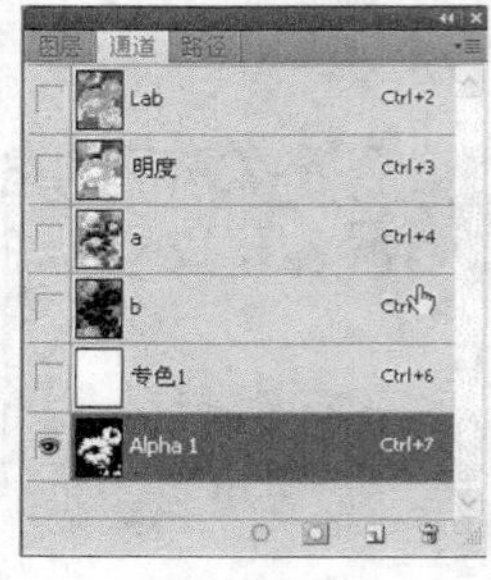

图 6-48

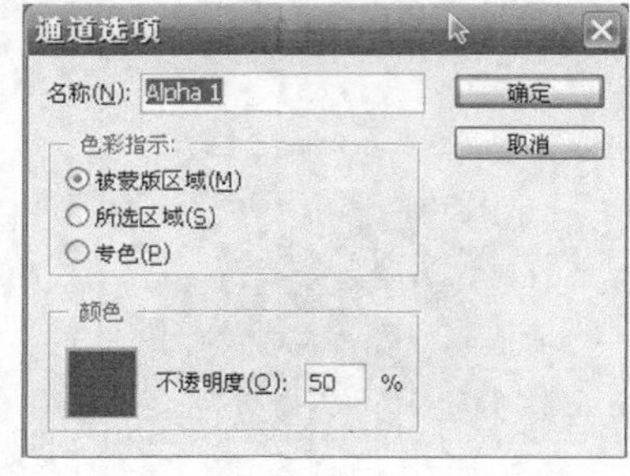

图 6-49

图 6-50

实例练习——专色通道的合并

（1）新建一个默认大小的 RGB 文件，单击工具箱中“自定义形状工具”，“自定义形状工具”选项栏的设置如图 6-51 所示，然后在画面中绘制图 6-52 所示的路径。

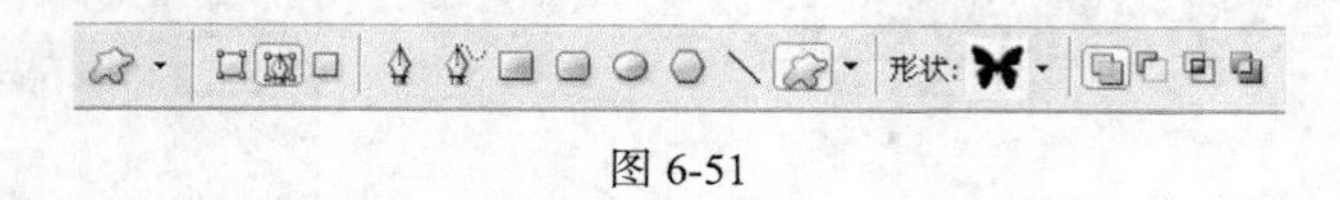

图 6-51

（2）单击浮动面板中的“路径”按钮，显示“路径”面板，然后单击“将路径作为选区载入”按钮，即可得到图 6-53 所示的选区，同时路径被隐藏。

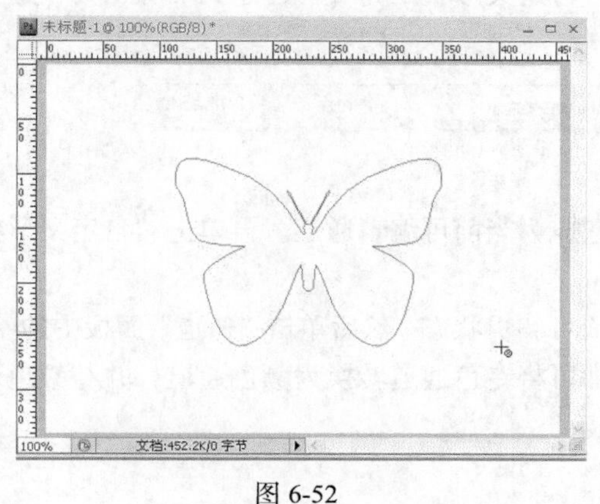

图 6-52

图 6-53

（3）在浮动面板中单击“通道”按钮，显示“通道”面板，然后单击“通道”面板右上角的按钮，弹出下拉菜单，在下拉菜单中选择“新建专色通道”命令，弹出“新专色通道”对话框，具体设置如图 6-54 所示。单击“确定”按钮即可得到图 6-55 所示的图像，“通道”面板如图 6-56 所示。

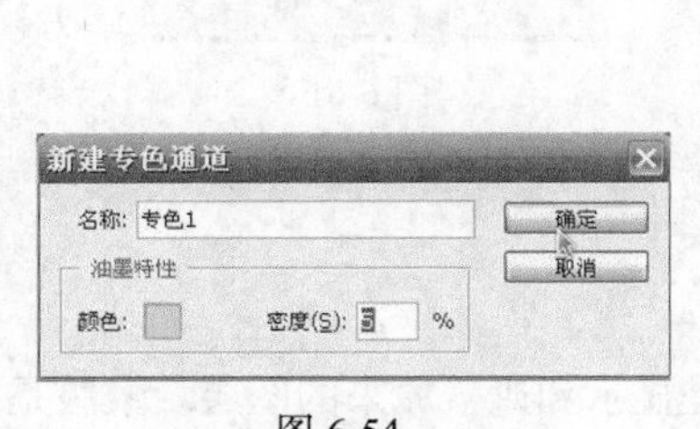

图 6-54

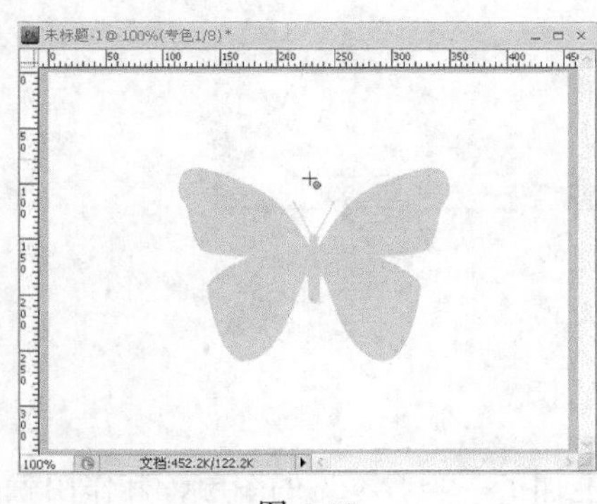

图 6-55

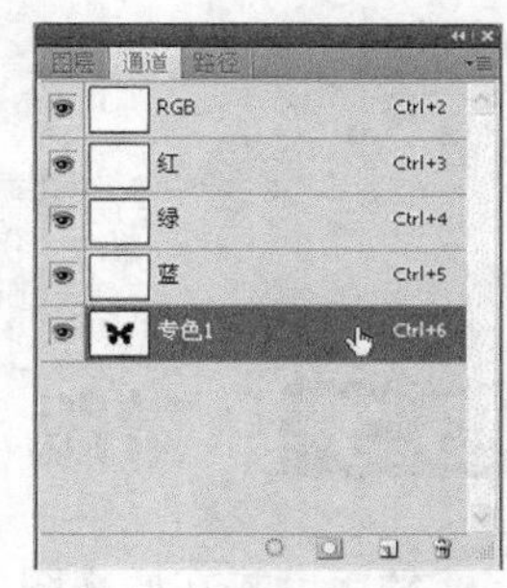

图 6-56

编辑专色通道以添加或删除其中的颜色，更改专色通道的颜色或屏幕颜色密度，还可以使用图像的颜色通道合并专色通道。

（4）单击“通道”面板中的按钮，弹出下拉菜单，在下拉菜单中选择“新建专色通道”命令，具体设置如图 6-57 所示。单击“确定”按钮即可新建专色通道 2，如图 6-58 所示。

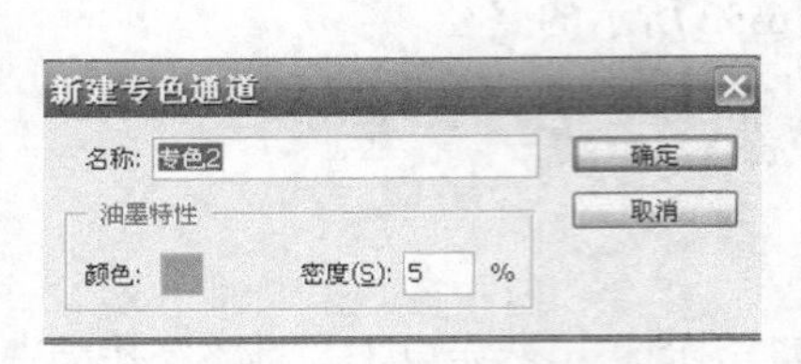

图 6-57

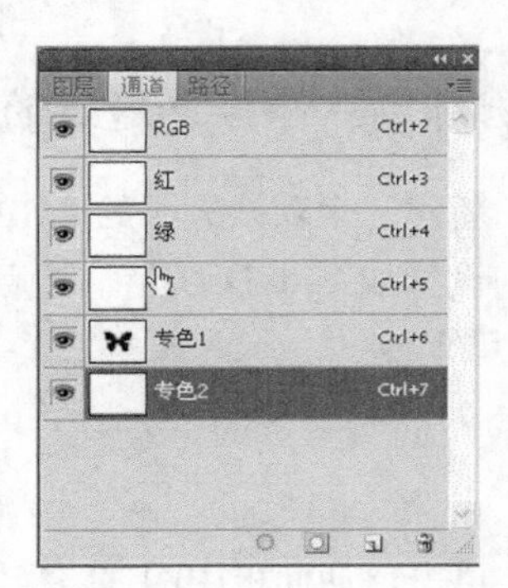

图 6-58

（5）将工具箱中的前景色设置为黑色，再单击“自定义形状工具”，“自定义形状工具”选项栏的设置如图 6-59 所示。

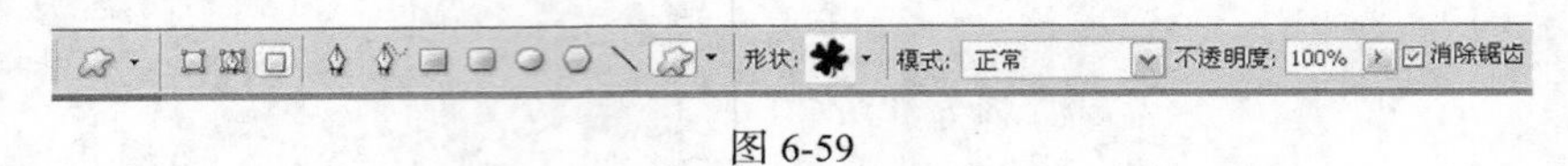

图 6-59

（6）单击“通道”面板中的蓝色通道图层，使它成为当前可编辑通道。再单击“自定义形状工具”，绘制图 6-60 所示的图形。

（7）在“通道”面板中保持“专色 1”通道为当前可编辑状态。然后单击“通道”面板中的按钮，在下拉菜单中选择“合并专色通道”命令，即可将专色通道转换为颜色通道，并与颜色通道合并，此时面板中专色通道被删除，如图 6-61 所示。

图 6-60

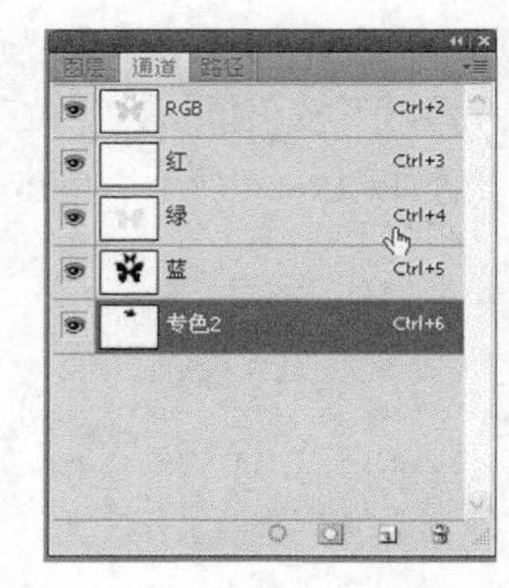

图 6-61

6.3 蒙版

蒙版就是在原来图层上加了一个看不见的图层，其作用就是显示和遮盖原来的图层。蒙版是一个灰度图像，可以用“画笔工具”、“橡皮擦工具”和部分滤镜对其进行处理。

6.3.1 快速蒙版

快速蒙版可以在不使用通道的情况下快速将一个选区范围变成一个蒙版，还可以对蒙版区域的形状进行任意修改和编辑，以完成精确的选取范围，再转换为选取范围使用。

1. 创建快速蒙版

当图像中存在选区时，在工具箱中直接单击“以快速蒙版模式编辑”按钮，如图 6-62 和图 6-63 所示，就可以进入快速蒙版编辑状态。在默认状态下，选区内的图像为可编辑区域，选区外的图像为受保护区域，如图 6-64 所示。

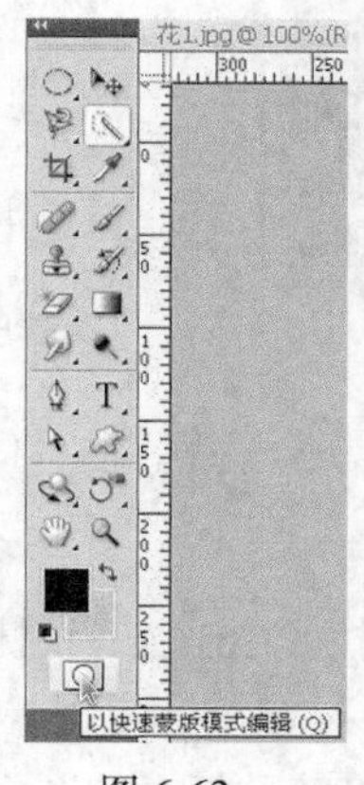

图 6-62

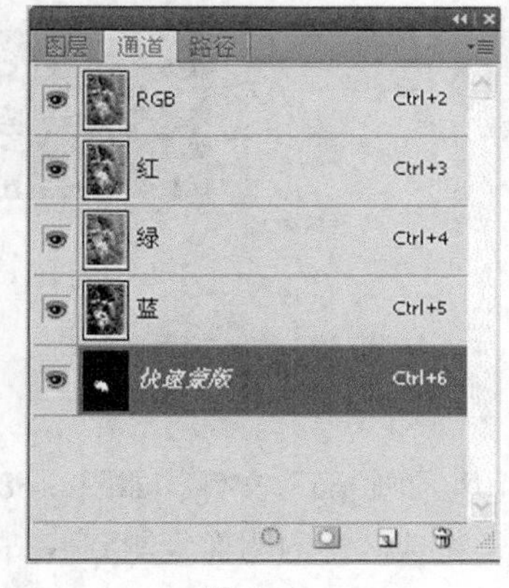

图 6-63

图 6-64

2. 更改蒙版颜色

蒙版的颜色指的是在图像中保护某区域的透明颜色，默认状态下为红色，透明度为 50%，双击“以快速蒙版模式编辑”按钮，就会显示图 6-65 所示的“快速蒙版选项”对话框。对话框中各选项的意义如下。

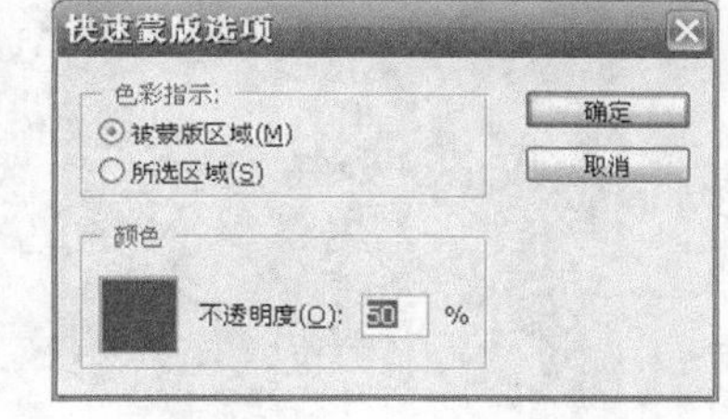

图 6-65

色彩指示：用来设置在快速蒙版状态时遮罩显示位置。

被蒙版区域：快速蒙版中有颜色的区域代表被蒙版的范围，没有颜色的区域则是被选取的范围。

所选区域：快速蒙版中有颜色的区域代表选区范围，没有颜色的区域则是被蒙版的范围。

颜色：用来设置当前快速蒙版的颜色和透明度，默认状态下“不透明度”为 50%的红色，单击颜色图标可以修改蒙版的颜色。

3. 编辑快速蒙版

进入快速蒙版模式的编辑状态时，使用相应的工具可以对快速蒙版重新编辑。在默认的状态下，使用深色在可编辑区域填充时，就可将其转换为保护区域的蒙版；使用浅色在蒙版区域填充时，就可将其转换为可编辑状态，如图 6-66 所示。

4. 退出快速蒙版

在快速蒙版状态下编辑完成后，单击“以标准模式编辑”按钮，就可以退出快速蒙版，此时被编辑区域会以选区显示，如图 6-67 所示。

图 6-66

图 6-67

实例练习——制作艺术相框

（1）打开光盘中的“Ch06 > 素材 >风景画.jpg”文件，如图 6-68 所示。按“Ctrl+A”快捷键将图片全选，然后按“Ctrl+C”快捷键，将选区中的图像复制到剪贴板上。

（2）新建一个名为“艺术边框”的空白图像文件，按“Ctrl+V”快捷键将剪贴板上的图像粘贴到“图层 1”中。

（3）选择“图像”>“画布大小”命令，在弹出的“画布大小”对话框中设置参数“宽度”为 1 厘米、“高度”为 1 厘米，如图 6-69 所示。然后单击“确定”按钮，效果如图 6-70 所示。

图 6-68

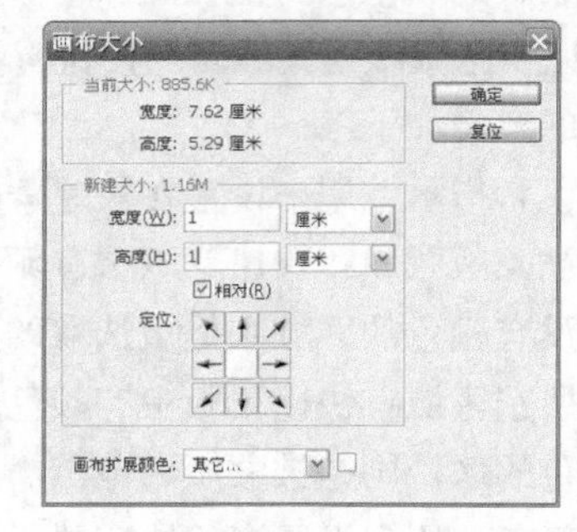

图 6-69

（4）在图像编辑区绘制矩形，如图 6-71 所示。

图 6-70

图 6-71

（5）单击工具箱中的“以快速蒙版模式编辑”按钮，执行“滤镜”>“扭曲”>“波纹”命令，在弹出的“波纹”对话框中设置“数量”为 600，“大小”为“中”，如图 6-72 所示，然后单击“确定”按钮进行应用。

（6）单击工具箱中的“以标准模式编辑”按钮，此时图像中的选区如图 6-73 所示。

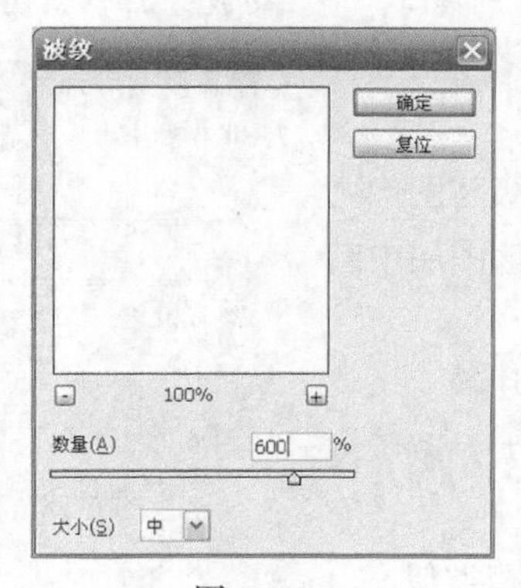

图 6-72

图 6-73

（7）选择“选择”>“反向”命令反选选区。设置前景色的 RGB 值（90，13，140），然后用前景色填充选区，如图 6-74 和图 6-75 所示。

图 6-74

图 6-75

（8）执行“编辑”>“描边”命令，在弹出的“描边”对话框中设置“宽度”为 3 像素，“颜色”为浅咖啡，如图 6-76 所示。

（9）单击“确定”按钮，然后按“Ctrl+D”快捷键取消选区，最终效果如图 6-77 所示。

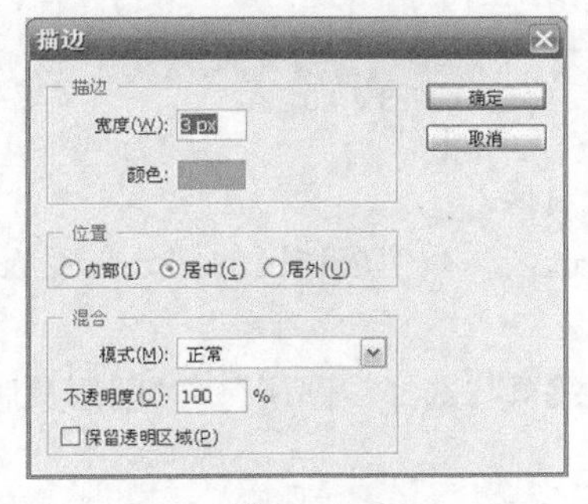

图 6-76

图 6-77

6.3.2 “蒙版”面板

“蒙版”面板是 Photoshop CS4 新增的一个功能，通过该面板可以对创建的蒙版进行细致的调整，使图像合成更加细腻，处理更加方便。创建蒙版后，选择“窗口”>“蒙版”命令就可打开图 6-78 所示的“蒙版”面板。

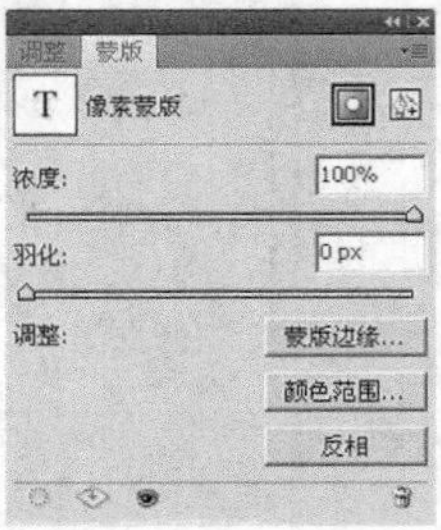

“蒙版”面板中各选项意义如下。

（1）创建矢量蒙版：用来为图像创建矢量蒙版或在矢量蒙版与图像之间切换。图像中不存在矢量蒙版时，只要单击该按钮，即可在该图层中新建一个矢量蒙版。

（2）创建蒙版：用来为图像创建蒙版或在蒙版与图像之间切换。

（3）浓度：用来设置蒙版中黑色区域的透明程度，数值越大，蒙版越透明。

图 6-78

（4）羽化：用来设置蒙版边缘的柔和程度，与选区的羽化相类似。

（5）蒙版边缘：可以更加细致地调整蒙版的边缘，单击该按钮，可以打开图 6-79 所示的“调整蒙版”对话框，设置各项参数，即可调整蒙版的边缘。

（6）颜色范围：用来重新设置蒙版的效果，单击该按钮可以打开图 6-80 所示的“色彩范围”对话框。

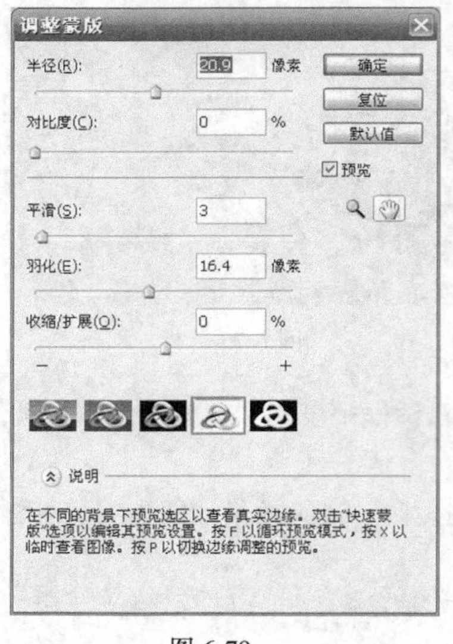

图 6-79

图 6-80

（7）反相：单击该按钮，蒙版中的黑色与白色可以进行对换。

（8）创建选区：单击该按钮，可以从创建的蒙版中生成选区，被生成选区的部分是蒙版中的白色部分。

（9）应用蒙版：单击该按钮，可以将蒙版与图像合并，效果与选择“图层”>“图层蒙版”>“应用蒙版”命令一致。

（10）启用与停用蒙版：单击该按钮可以使蒙版在显示与隐藏之间转换。

（11）删除蒙版：单击该按钮，可以将选择的蒙版缩略图从“图层”面板中删除。

6.3.3　图层蒙版

在处理图像的过程中，图层蒙版是经常被使用到的工具，因为它可以遮盖掉图层中不需要的部分，而不必真正破坏图层的像素。用各种绘图工具在蒙版上（即玻璃片上）涂色，只能涂黑、白、灰色，涂黑色地方的蒙版变为不透明，看不见当前图层中被遮盖的图像，涂白色的地方则使涂色部分变为透明，可看到当前图层上的图像，涂灰色使蒙版变为半透明，透明的程度由涂色的深浅决定。

1. 创建整体图层蒙版

整体图层蒙版指的是创建一个将当前图层进行覆盖效果的蒙版，具体的创建方法如下。

（1）在图 6-81 所示的图像中，选择“图层”>“图层蒙版”>“显示全部”命令，此时在“图层”面板的该图层上便会出现一个白色蒙版缩略图，在“图层”面板中单击“添加图层蒙版”按钮，可以快速创建一个白色蒙版缩略图，如图 6-82 所示，此时蒙版为透明效果。

图 6-81

图 6-82

（2）选择“图层”>“图层蒙版”>“隐藏全部”命令，此时在“图层”面板的该图层上便会出现一个黑色蒙版缩略图。在“图层”面板中按住“Alt”键，单击“添加图层蒙版”按钮，可以快速创建一个黑色蒙版缩略图，如图 6-83 所示，此时蒙版为不透明效果。

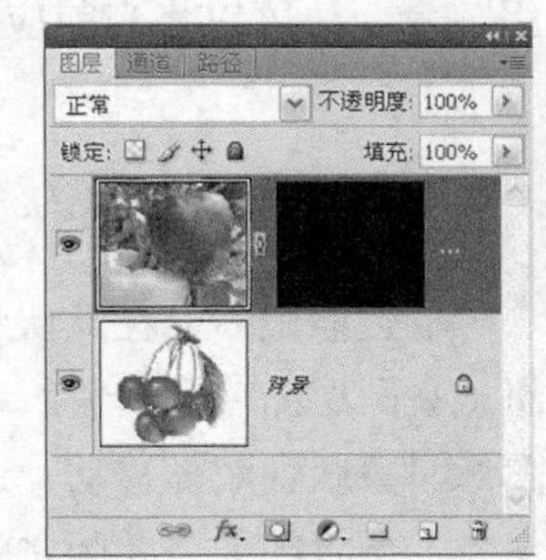

图 6-83

2. 选区蒙版

选区蒙版指的是在图像的当前图层中已创建了选区，在 Photoshop CS4 中添加关于该选区的蒙版，具体的创建方法如下。

如果编辑的图像中存在选区如图 6-84 所示，选择“图层”>“图层蒙版”>“显示选区”命令，或在“图层”面板中单击“添加图层蒙版”按钮，此时选区内的图像会被显示，选区外的图像会被隐藏，如图 6-85 所示，效果如图 6-86 所示。

3. 显示与隐藏图层蒙版

创建蒙版后，选择“图层”>“图层蒙版”>“停用”命令，或在蒙版缩略图上单击鼠标右键，在弹出的菜单中选择“停用图层蒙版”命令，此时在蒙版缩略图上会出现一个红叉，表示此蒙版被停用，如图 6-87 所示。选择“图层”>“图层蒙版”>“启用”命令，或在蒙版缩略图上单击鼠标右键，在弹出的菜单中选择“启用图层蒙版”命令，即可重新启用蒙版效果，如图 6-88 所示。

图 6-84

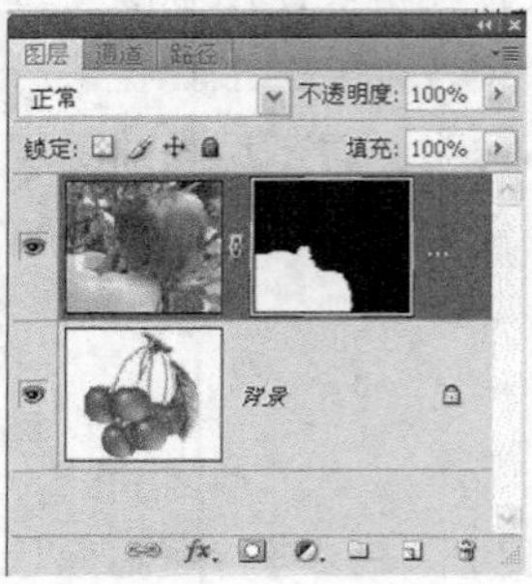

图 6-85

图 6-86

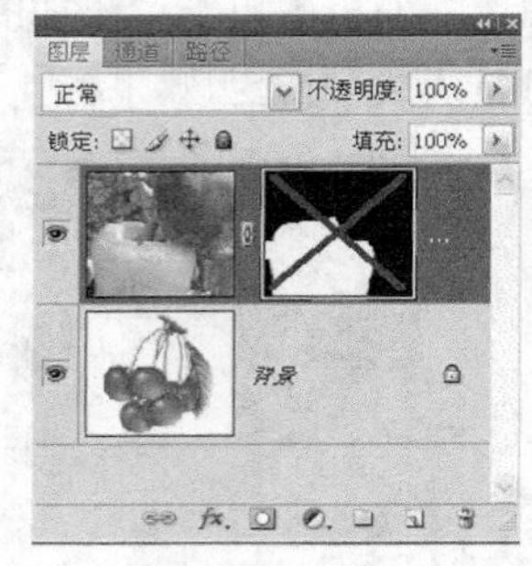

图 6-87

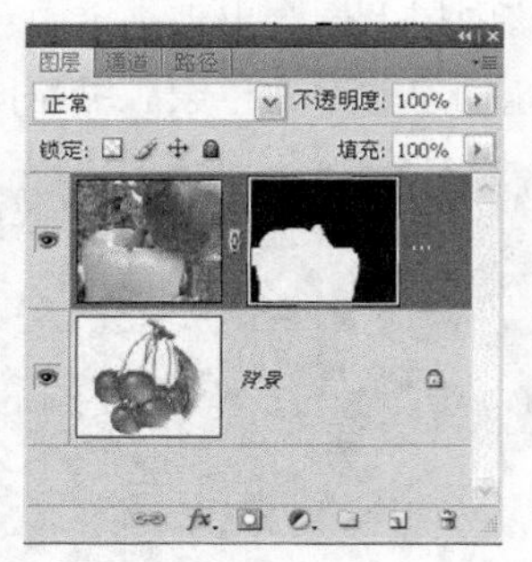

图 6-88

4. 删除与应用图层蒙版

创建蒙版后，选择“图层”>“图层蒙版”>“删除”命令，即可将当前应用的蒙版效果从图层中删除，图像恢复原来的效果。选择“图层”>“图层蒙版”>“应用”命令，可以将当前应用的蒙版效果直接与图像合并，如图 6-89 所示。

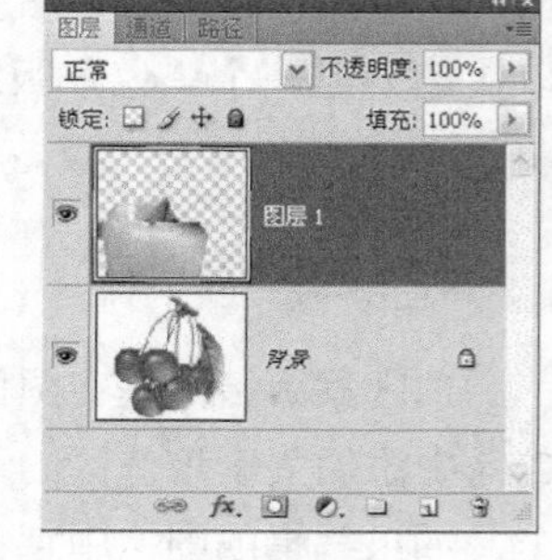

图 6-89

5. 图层蒙版链接与取消链接

创建蒙版后，在默认状态下蒙版与当前图层中的图像处于链接状态，在图层缩略图与蒙版缩略图之间会出现一个链接图标。此时移动图像时蒙版会跟随移动，选择“图层”>“图层蒙版”>“取消链接”命令，会将图像与蒙版之间的链接取消，此时图标会隐藏，移动图像时蒙版便不跟随移动。

实例练习——图层蒙版

具体操作方法是：打开光盘中的“Ch06 > 素材 > 雪山.jpg，气球.jpg”文件，如图 6-90 所示。把“雪山”粘贴在“气球”图像中，效果如图 6-91 所示。

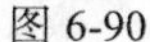
图 6-90

图 6-91

选择“图层”>“图层蒙版”>“显示全部”菜单命令，产生一个白色的蒙版，如图 6-92 所示。在蒙版图层上做线性渐变，使图像在黑色蒙版部分变透明，如图 6-93 所示。

最终效果如图 6-94 所示。

图 6-92

图 6-93

图 6-94

6.3.4　矢量蒙版

矢量蒙版的作用与图层蒙版类似，只是创建或编辑矢量蒙版时要使用“钢笔工具”或“形状工具”，选区、画笔、渐变工具不能编辑矢量蒙版。矢量蒙版可在图层上创建边缘比较清晰的形状。使用矢量蒙版创建图层之后，还可以给该图层应用一个或多个图层样式，如果需要，还可以编辑这些图层样式。

矢量蒙版可以直接创建空白蒙版和黑色蒙版，选择“图层”>“矢量蒙版”>“显示全部”命令，或选择“图层”>“矢量蒙版”>“隐藏全部”命令，即可在图层中创建白色或黑色矢量蒙版。“图层”面板中的“矢量蒙版”显示效果与“图层蒙版”显示效果相同，当在图像中创建路径后，选择“图层”>“矢量蒙版”>“当前路径”命令，即可在路径中建立矢量蒙版，如图 6-95 和图 6-96 所示。

创建矢量蒙版后可以用“钢笔工具”等矢量编辑工具对其进行进一步编辑。

图 6-95

图 6-96

实例练习——矢量蒙版

（1）打开“许愿瓶”和“幻想”图像，把“幻想”粘贴在“许愿瓶”图像中，效果如图 6-97 所示。

（2）选择工具箱中“钢笔工具”，在许愿瓶图层创建工作路径，如图 6-98、图 6-99 和图 6-100 所示。

图 6-97

图 6-98

（3）选择“图层” > “矢量蒙版” > “当前路径”菜单命令，产生一个矢量蒙版，如图 6-101 所示。

图 6-99

图 6-100

图 6-101

6.3.5 剪贴蒙版

剪贴蒙版是一种用于混合文字、形状及图像的常用技术。剪贴蒙版由两个以上图层构成，处于下方的图层称为基层，用于控制上方图层的显示区域，而其上方的图层则被称为内容图层。在每一个剪贴蒙版中基层只有一个，内容图层则可以有若干个。剪贴蒙版形式多样，使用方便灵活。选择“图层”>“创建剪贴蒙版”命令，便可将当前图层创建为其下方的剪贴图层。

实例练习——小花伞

（1）创建一个名为“小花伞”的空白图像文件：RGB 模式、400 像素×300 像素。

（2）将背景层填充为黑白渐变。

（3）设置前景色为紫色，单击工具箱中“自定义形状工具”，在工具选项栏中设置形状图层绘制雨伞，单击“形状”按钮选择物体中的雨伞，绘制图形如图 6-102 所示。

（4）单击“图层”面板“新建图层”按钮新建“图层 1”，设置前景色颜色为纯红色，选择“画笔工具”在“图层 1”上涂抹，选择“图层”>“创建剪贴蒙版”菜单命令，产生一个剪贴蒙版，如图 6-103 所示。

图 6-102

图 6-103

（5）单击“图层”面板上的“新建图层”按钮新建“图层 2”，设置前景色的颜色为纯黄橙，选择“画笔工具”在“图层 2”上涂抹，选择“图层”>“创建剪贴蒙版”菜单命令，产生一个剪贴蒙版，如图 6-104 所示。

（6）单击“图层”面板上的“新建图层”按钮新建“图层 3”，设置前景色颜色为纯黄，选择“画笔工具”在“图层 3”上涂抹，选择“图层”>“创建剪贴蒙版”菜单命令，产生一个剪贴蒙版，如图 6-105 所示。

（7）单击“图层”面板上的“新建图层”按钮新建“图层 4”，设置前景色的颜色为蜡笔青豆绿，选择“画笔工具”在“图层 4”上涂抹，选择“图层”>“创建剪贴蒙版”菜单命令，产生一个剪贴蒙版，如图 6-106 所示。

图 6-104

图 6-105

图 6-106

（8）选择“横排文字工具”，设置字体为“隶书”、“大小”为 36。输入“一把小雨伞”。双击文字图层，打开“图层样式”对话框，设置文字的“投影”效果及“斜面和浮雕”效果，效果如图 6-107 和图 6-108 所示。

（9）选择“横排文字工具”，输入“yibaxiaoyusan”，雨伞最终效果如图 6-109 所示。

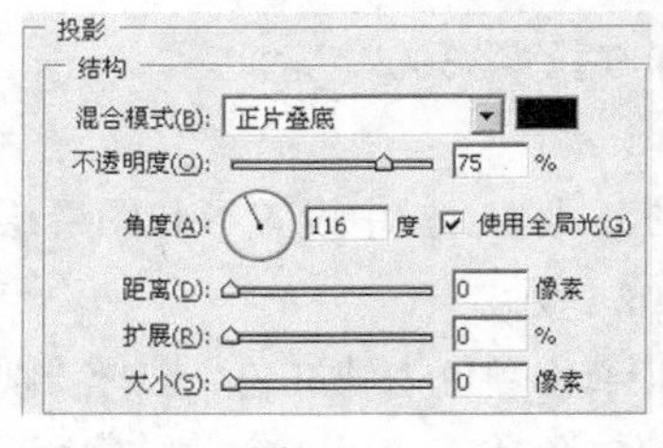

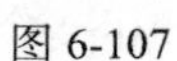
图 6-107

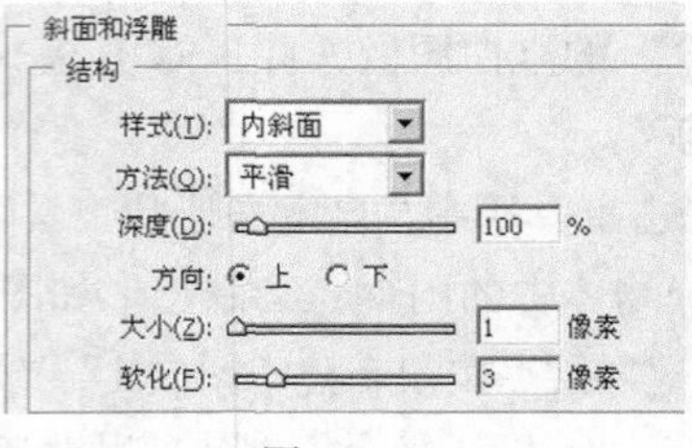

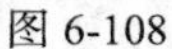
图 6-108

图 6-109

6.4 图像的合成

在通道的操作中，利用“图像”>“应用图像”命令和“图像”>“计算”命令，通过结合通道与蒙版使得混合更加细致，还可以对图像每个通道中的像素颜色值进行一些算术运算，从而使图像产生一些奇妙特殊的效果。

6.4.1 计算

“计算”命令可以混合两个来自一个或多个源图像的单个通道，从而得到新图像或新通道，或当前图像的选区。选择“图像”>“计算”命令，可以打开“计算”对话框，如图 6-110 所示。对话框中各选项意义如下。

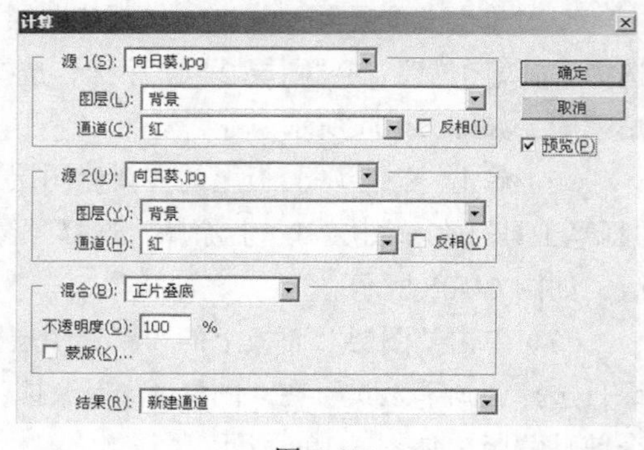

图 6-110

（1）通道：用来指定源文件参与计算的通道，在“计算”对话框的“通道”下拉菜单中不存在复合通道。

（2）结果：用来指定计算后出现的结果，包括“新建文档”、“新建通道”和“选区”。

新建文档：选择该选项后，可以自动生成一个多通道文档。

新建通道：选择该选项后，在当前文件中新建 Alpha 通道。

选区：选择该选项后，在当前文件中生成选区。

6.4.2 应用图像

“应用图像”命令可以将源图像的图层或通道与目标图像的图层或通道混合，创建出特殊的混合效果，并将结果保存在目标图像的当前图层和通道中。使用“应用图像”命令对图像进行处理时，两个图像尺寸的大小以及分辨率等必须完全一致。选择“图像”>“应用图像”命令，打开的“应用图像”对话框如图 6-111 所示，对话框中各选项的意义如下。

（1）源：用来选择与目标图像相混合的源图像文件。

（2）图层：如果源文件是多图层文件，则可以选择源图像中相应的图层作为混合对象。

（3）通道：用来指定源文件参与混合的通道。

（4）反相：勾选该复选框，可以在混合图像时使用通道内容的负片。

（5）目标：当前的工作图像。

（6）混合：设置图像的混合模式。

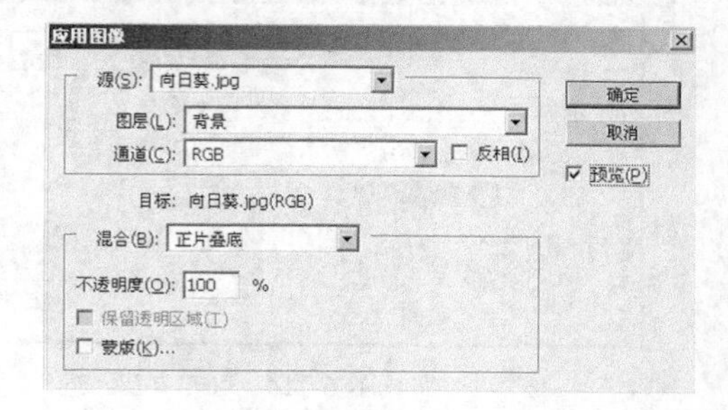

图 6-111

（7）不透明度：设置图像混合效果的强度。

（8）保留透明区域：勾选该复选框，可以将效果只应用于目标图层的不透明区域而保留原来的透明区域。如果该图像只存在背景图层中，那么该选项将不可用。

（9）蒙版：可以应用图像的蒙版进行混合，勾选该复选框，可以显示蒙版如下设置。

图像：在下拉菜单中选择包含蒙版的图像。

图层：在下拉菜单中选择包含蒙版的图层。

通道：在下拉菜单中选择作为蒙版的通道。

反相：勾选该复选框，可以在计算时使用蒙版的通道内容的负片。

实例练习——合成草原

（1）按“Ctrl+O”快捷键，打开光盘中的“Ch06 > 素材 >草原 1.jpg 和草原 2.jpg”文件，效果如图 6-112 所示。

（2）分别选取这两个图像，执行“图像大小”命令，查看两个图像的“宽度”、“高度”和“分辨率”的值是否都为 1164 像素、827 像素和 300 像素/英寸，如图 6-113 所示。

图 6-112

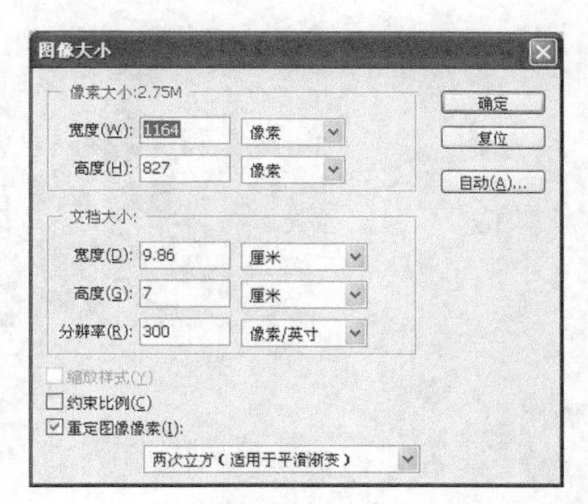

图 6-113

（3）选择图 6-113 所示为当前图片，然后执行“图像”>“应用图像”命令，打开“应用图像”对话框，选择“草原 2.jpg”为源图，将“通道”设置为“绿”，“混合模式”设置为“叠加”，如图 6-114 所示，合成后效果如图 6-115 所示。

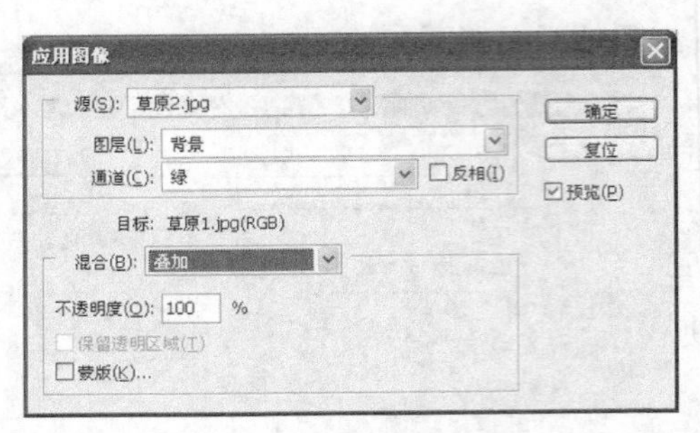

图 6-114

图 6-115

课外拓展 CD 封面设计

【习题知识要点】

使用“添加图层蒙版”命令和“渐变工具”制作图片的渐隐效果，使用“创建剪贴蒙版”命令制作渐隐图片的剪贴蒙版，使用图层混合模式和“外发光”命令制作文字效果。再使用“文字工具”添加 CD 名称，使用“描边”和“渐变叠加”制作文字的渐变描边效果。效果如图 6-116 所示。

【效果所在位置】

光盘“Ch06/效果/梁祝小提琴.psd”。

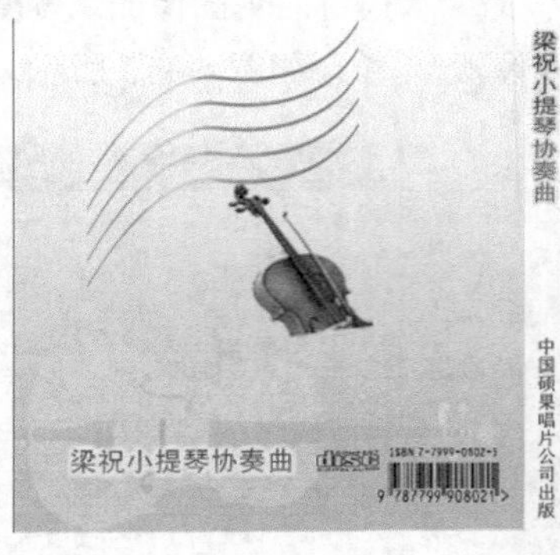

图 6-116

第7章 图像色彩与色调调整

本章主要介绍图像的色彩模式、图像的色调调整命令、图像的色彩调整命令的综合使用，使读者掌握调整图像色彩与色调的相关知识和操作技能。

学习目标

- 了解图像的色彩模式。
- 掌握色调调整的方法。
- 掌握色彩调整的方法。
- 掌握获取特殊的颜色效果的方法。

调整命令是对图像的色调、色彩等进行调整，从而实现特殊颜色效果。调整命令中包括调整色调的命令（色阶、曲线等）、调整色彩的命令（色彩平衡、色相/饱和度等）、特殊色调控制的命令（去色、反相等）。在调整图像色彩和色调的时候，对不同色彩模式的图像进行调整，效果是不同的。下面分别说明图像的色彩模式、色调调整、色彩调整、使用特殊色调调整命令获取特殊的颜色效果。可通过调整图层在不改变原图像的基础上进行调整。

7.1 色彩模式

色彩模式是数字世界中表示颜色的一种算法。由于成色原理的不同，决定了显示器、投影仪、扫描仪这类靠色光直接合成颜色的颜色设备和打印机、印刷机这类靠使用颜料的印刷设备在生成颜色方式上的区别。

在 Photoshop CS4 中，执行菜单栏中的“图像”>“模式”命令，如图 7-1 所示，可以看到有“位图”、“灰度”、“双色调”、“索引颜色”、“RGB 颜色”、“CMYK 颜色”、“Lab 颜色”、“多通道”等色彩模式。

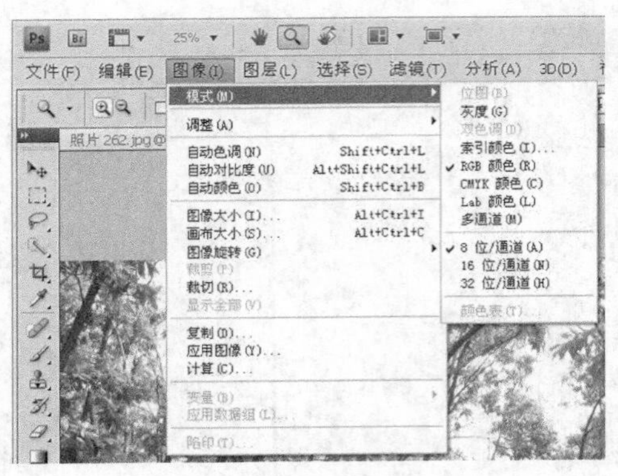

图 7-1

7.1.1 位图模式

位图模式：位图模式的图像也叫做黑白图像，只有黑白两种颜色。它包含的信息最少，因而图像也最小。要将图像转换为位图模式，必须先将图像转换为灰度模式，再由灰度模式转换为位图模式。

实例练习——位图模式

（1）打开素材图片“位图模式素材.jpg”。

（2）执行菜单栏中的“图像”>“模式”>“灰度”命令，弹出“信息”对话框，如图 7-2 所示，单击“扔掉”按钮。

（3）执行菜单栏中的“图像”>“模式”>“位图”命令，弹出“位图”对话框，如图 7-3 所示。在“方法”框的“使用”下拉列表框中可选择“50%阈值”、“图案仿色”、“扩散仿色”、“半调网屏”、“自定图案”，如图 7-4 所示。

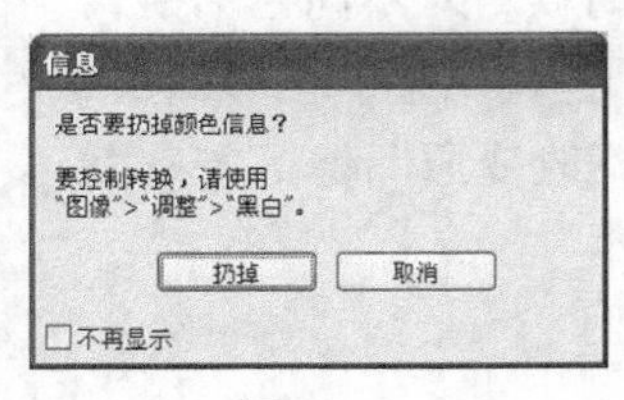

图 7-2

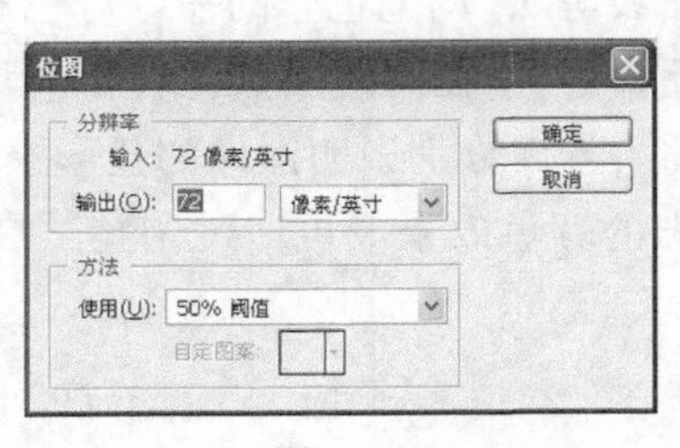

图 7-3

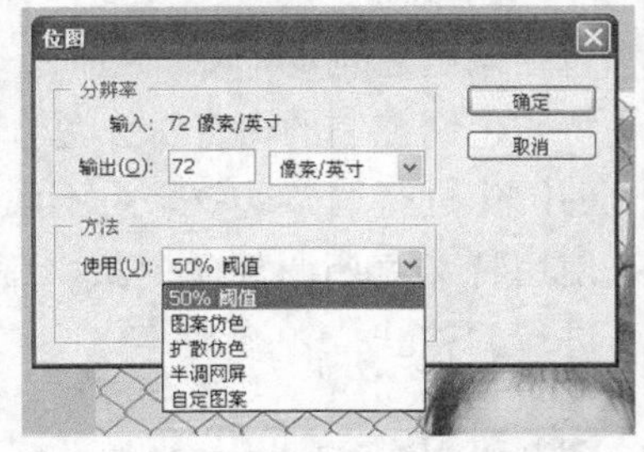

图 7-4

说明如下。

- 50%阈值：将灰色值高于中间灰阶（128）的像素转换为白色，将灰色值低于该灰阶的像素转换为黑色，结果将是高对比度的黑白图像。选择“50%阈值”的效果如图 7-5 所示。

“仿色”是指模拟计算机的颜色显示系统中未提供的颜色的方法。

- 图案仿色：通过将灰阶组织成白色和黑色网点的几何配置来转换图像。选择“图案仿色”的效果如图 7-6 所示。

图 7-5

图 7-6

- 扩散仿色：通过使用从图像左上角开始的误差扩散过程来转换图像。如果像素值高于中间灰阶（128），像素将更改为白色；如果低于该灰阶，则更改为黑色。因为原像素很少是纯白色或纯黑色，所以不可避免地会产生误差。此误差将传递到周围的像素并在整个图像中扩散，从而导致粒状、类似胶片的纹理。选择“扩散仿色”的效果如图 7-7 所示。

图 7-7

- 半调网屏：模拟转换后的图像中半调网点的外观。选择此项后出现“半调网屏”对话框，如图 7-8 所示。可设置频率、角度，并能选择形状（圆形、菱形、椭圆、直线、方形、十字线）。设置“半调网屏”的效果如图 7-9 所示。

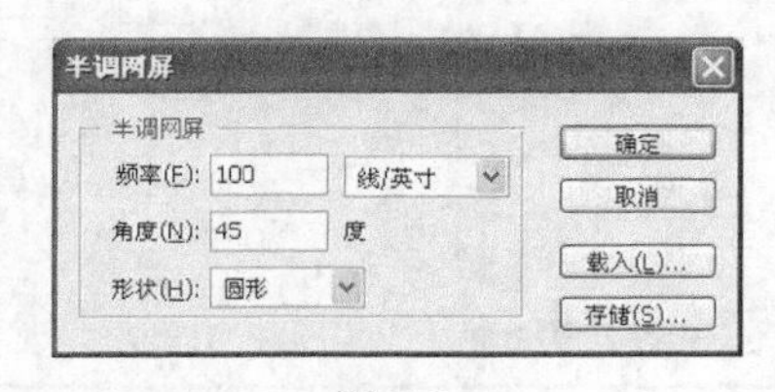

图 7-8

图 7-9

- 自定图案：模拟转换后的图像中自定半调网屏的外观。先定义一个图案，再进行转换。自定义的图案如图 7-10 所示，效果如图 7-11 所示。

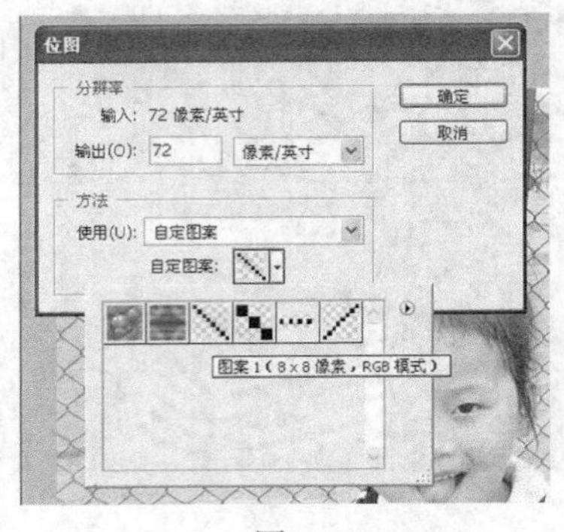

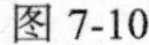
图 7-10

图 7-11

7.1.2 灰度模式

灰度图像中只有灰度颜色而没有彩色，在 Photoshop 中灰度图可以看成是只有一种颜色通道的数字图像，它可以设置灰阶的级别，如常用的 8 位/通道，16 位/通道等，其位数的大小代表了通道中所包含的颜色信息量的多少，8 位就是 2 的八次方，即 256 色，这是最常见的通道，16 位就是 2 的十六次方，即 65536 色。

7.1.3 双色调模式

双色调相当于用不同的颜色来表示灰度级别，其深浅由颜色的浓淡来实现。只有灰度模式能直接转换为双色调模式。

在 Photoshop 中对灰度图像执行菜单栏中的“图像”>“模式”>“双色调”命令，调出“双色调选项”对话框，如图 7-12 所示。

在预设中，可以选择设置好的效果。在类型中，我们可以设置所要混合的颜色数目：包括单色、双色、三色、四色；在中间的颜色方框中，可以任意指定用何种颜色来混合；单击其左边的曲线框，可以在调出的“双色调曲线”对话框中调节颜色的深浅，如图 7-13 所示。

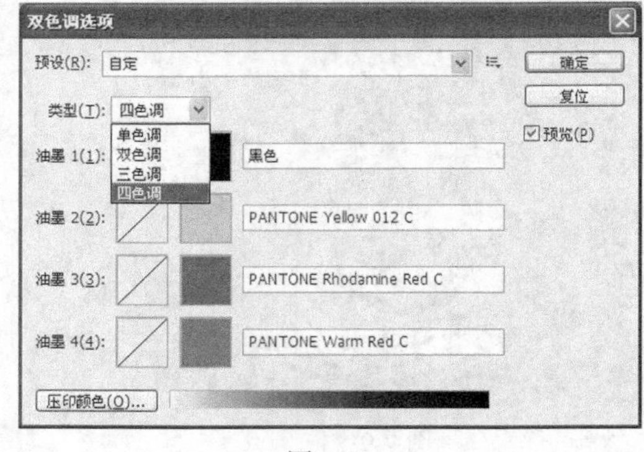

图 7-12

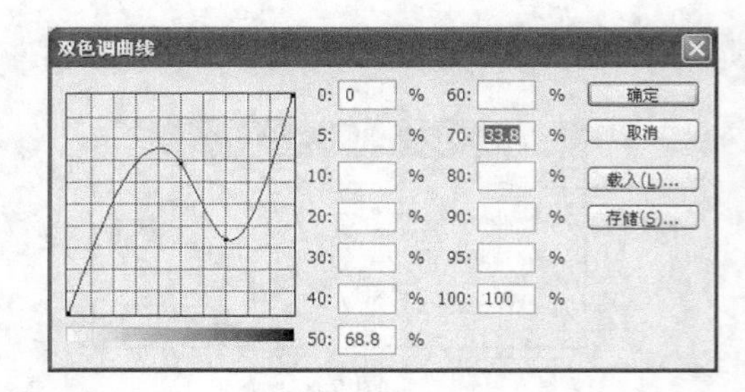

图 7-13

双色调模式只能模拟出印刷的套色，并不能在真正意义上还原图像的本色。运用这种方式，可以对黑白图片进行加色处理，得到一些特别的颜色效果。这种方法在处理一些艺术照片时经常用到。

7.1.4　索引颜色模式

该模式使用最多 256 种颜色。当转换为索引颜色时，Photoshop 将构建一个颜色查找表，用以存放并索引图像中的颜色。如果原图像中的某种颜色没有出现在该表中，则程序将选取现有颜色中最接近的一种，或使用现有颜色模拟该颜色。

在索引模式下很多工具不能使用，滤镜也不能使用。

实例练习——索引颜色模式下用颜色表改变图像效果

（1）打开素材图片“索引模式素材.jpg”，如图 7-14 所示。

（2）执行菜单栏中的“图像”>“模式”>“索引颜色”命令，弹出“索引颜色”对话框，如图 7-15 所示，单击“确定”按钮。

图 7-14

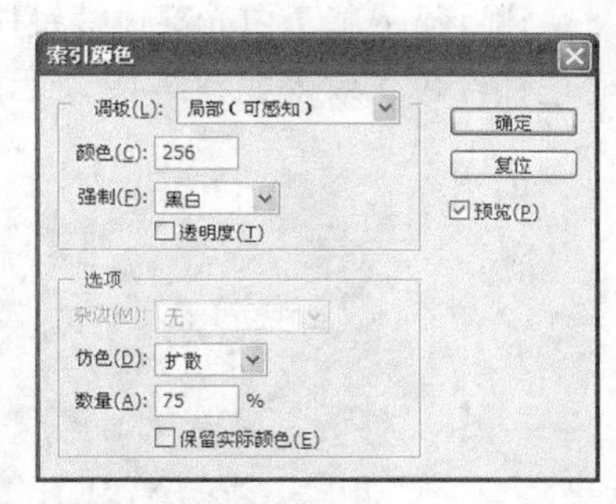

图 7-15

（3）执行菜单栏中的“图像”>“模式”>“颜色表”命令，弹出“颜色表”对话框。“颜色表”下拉列表框中默认为“自定”，可选择：黑体、灰度、色谱、系统（Mac OS）、系统（Windows），如图 7-16 所示。

说明如下。

- 黑体：显示基于不同颜色的面板，这些颜色是黑体辐射物被加热时发出的，从黑色到红色、橙色、黄色和白色，可产生类似燃烧的效果，效果如图 7-17 所示。通常制作火焰字、燃烧效果时使用。

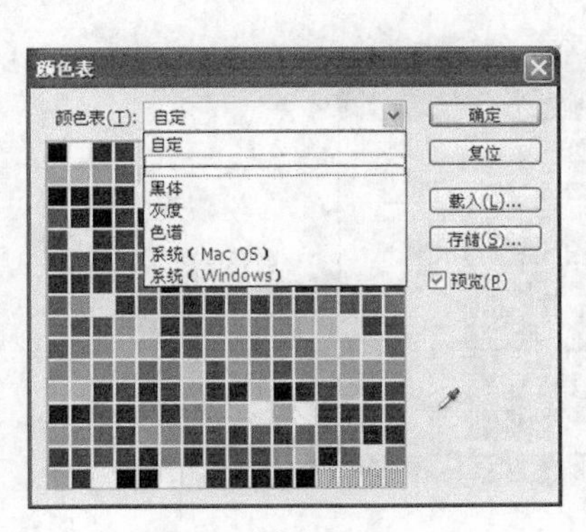

图 7-16

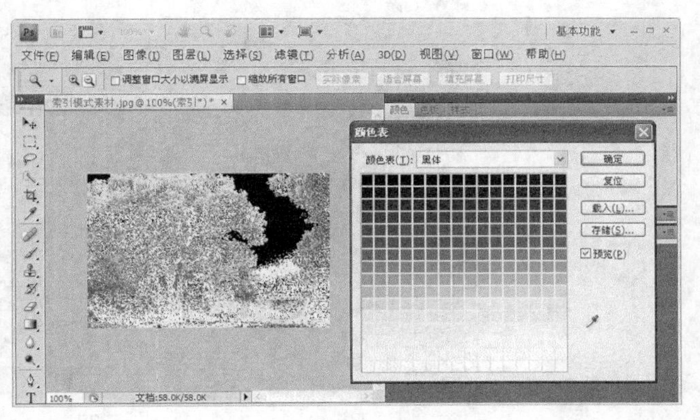

图 7-17

- 灰度：图像变成灰度图像，没有色彩，效果如图 7-18 所示。

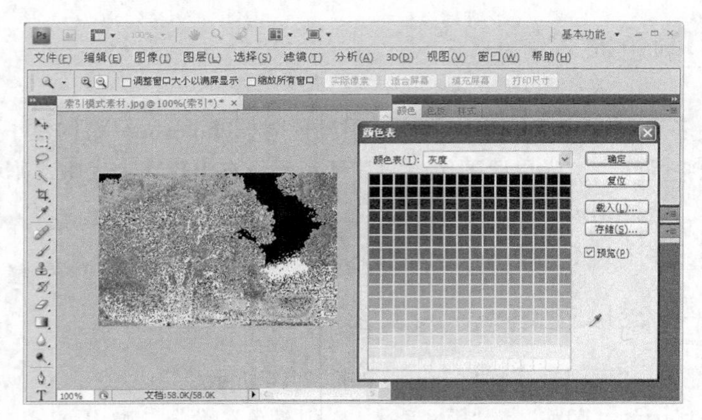

图 7-18

- 色谱：显示基于白光穿过棱镜所产生的颜色的调色板，从紫色、蓝色、绿色到黄色、橙色和红色，效果如图 7-19 所示。

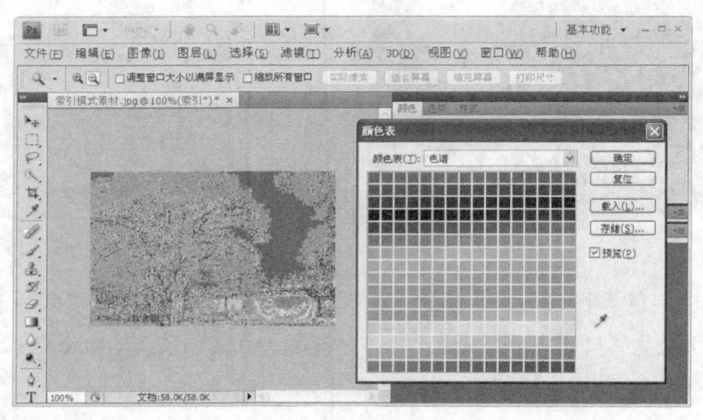

图 7-19

- 系统（Mac OS），效果如图 7-20 所示。

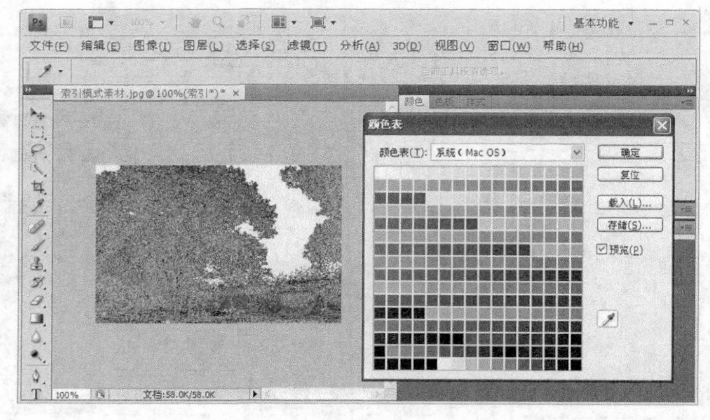

图 7-20

- 系统（Windows），效果如图 7-21 所示。

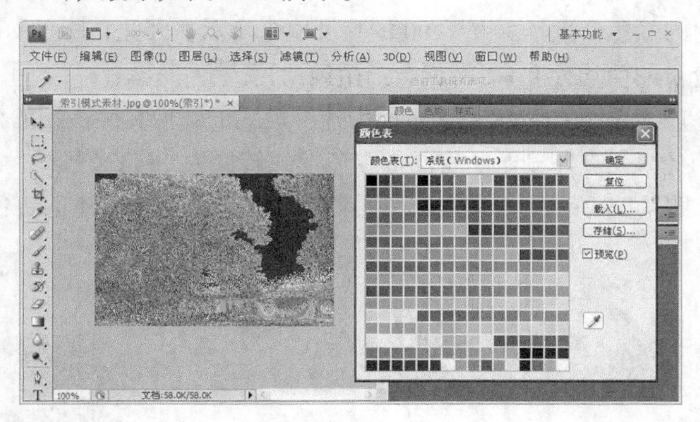

图 7-21

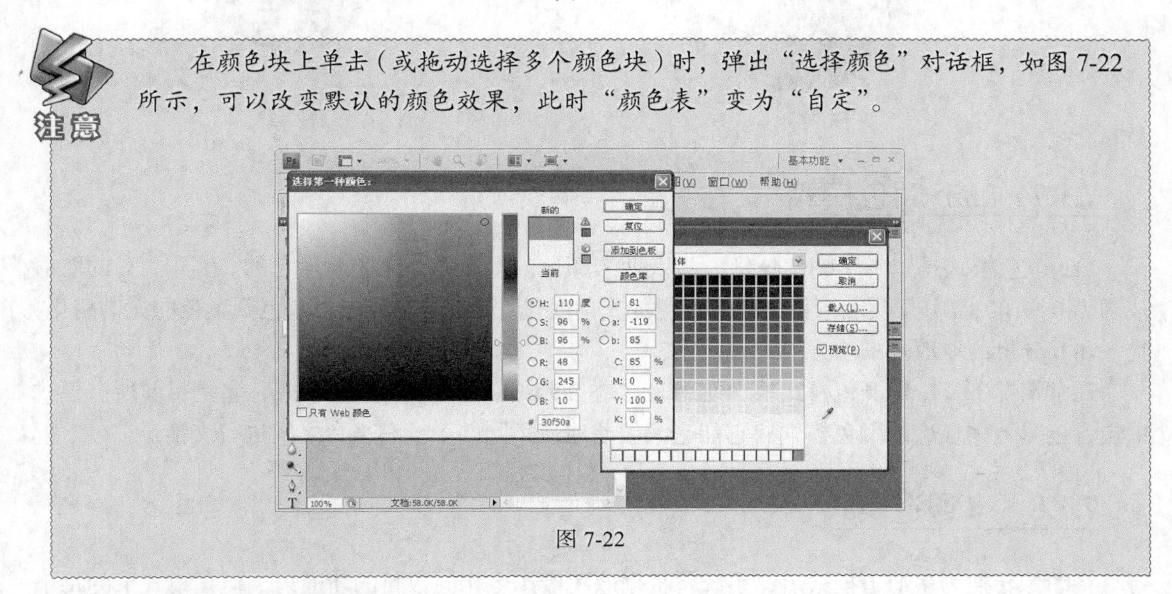

注意

在颜色块上单击（或拖动选择多个颜色块）时，弹出“选择颜色”对话框，如图 7-22 所示，可以改变默认的颜色效果，此时“颜色表”变为“自定”。

图 7-22

7.1.5　RGB 颜色模式

这种模式利用红、绿、蓝 3 种基本颜色进行颜色加法，图 7-23 所示，配制出绝大部分肉眼能看到的颜色。Photoshop 将 24 位的 RGB 图像看作由 3 个颜色信息通道组成，这 3 个颜色通道分别为：红色通道、绿色通道、蓝色通道。其中每个通道使用 8 位颜色信息，由 0～255 来表示，这 3 个通道组合可以产生 1 670 余万种不同的颜色。当这 3 个分量的值相等时，结果是中性灰度级。当所有分量的值均为 255 时，结果是纯白色；当这些值都为 0 时，结果是纯黑色。

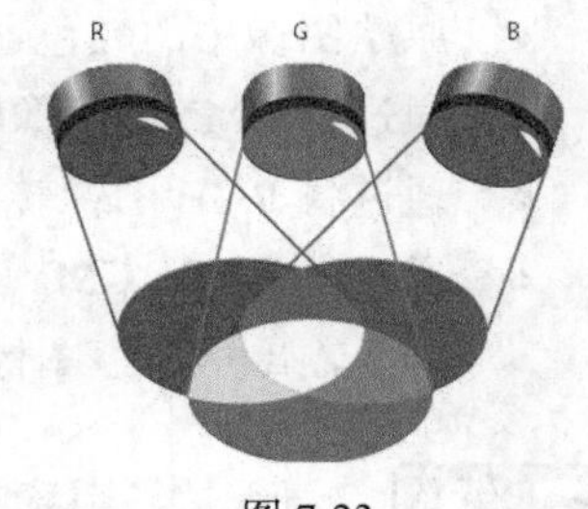

图 7-23

7.1.6　CMYK 颜色模式

CMYK 颜色模式是一种印刷模式，其中的 4 个字母分别是青、洋红、黄、黑。CMYK 模式在本质上与 RGB 颜色模式没有什么区别，只是产生色彩的原理不同，RGB 产生颜色的方法称为加色法，CMYK 产生颜色的方法称为减色法，如图 7-24 所示。它有 4 个通道，分别是青、洋红、黄、黑，每个通道内的颜色信息是由 0～100 的亮度值来表示。因此它所显示的颜色比 RGB 颜色模式要少。当 4 种分量的值均为 0%时，就会产生纯白色。

在处理图像时一般不采用 CMYK 模式，因为这种模式的图像文件占用的存储空间较大，许多滤镜都不能使用，因此只是在印刷时才将图像颜色模式转换为 CMYK 模式。

通过色轮图，如图 7-25 所示，可以看出 6 种颜色的关系，3 对互补色红色和青色、绿色和洋红、蓝色和黄色。

图 7-24　　　图 7-25

7.1.7 Lab 颜色模式

Lab 颜色模式是以一个亮度分量 L 以及两个颜色分量 a 和 b 来表示颜色的。其中，L 的取值范围为 0～100，a 分量代表了由绿色到红色的光谱变化，而 b 分量代表由蓝色到黄色的光谱变化，且 a 和 b 分量的取值范围均为−128～+127。

通常情况下，Lab 颜色模式很少使用，它是 Photoshop 内部的颜色模式，它是目前所有模式中包含色彩范围最广的颜色模式，它能毫无偏差地在不同的系统和平台之间进行交换。

7.1.8 多通道模式

将图像转换为多通道模式后，系统将根据原图像产生相同数目的新通道，但该模式下的每个通道都为 256 级灰度通道（其组合仍为彩色），这种显示模式通常用于处理特殊打印。

当将图像转换为多通道模式时，可以使用下列原则。

- 原始图像中的颜色通道在转换后的图像中变为专色通道。
- 通过将 CMYK 图像转换为多通道模式，可以创建青色、洋红、黄色和黑色专色通道。
- 通过将 RGB 图像转换为多通道模式，可以创建青色、洋红和黄色专色通道。
- 通过从 RGB、CMYK 或 Lab 图像中删除一个通道，可以自动将图像转换为多通道模式。
- 若要输出多通道图像，要以 Photoshop DCS2.0 格式存储图像。

7.2 色调调整

7.2.1 通过直方图观察色调分布

在 Photoshop CS4 中，使用“直方图”面板，可以科学直观地观察和分析图像中的色彩，“直方图”以图形的形式显示了图像像素在各个色调区的分布情况，通过显示图像在暗调、中间调和高光区域是否包含足够的细节，以便进行更好的校正。

直方图左端表示最暗处，右端表示最亮处。通过直方图可以看出图片是否正常，也能看出图片是曝光不足（左端溢出）还是曝光过度（右端溢出）、反差过低（左右两端留有大量空间）还是反差过高（两端都溢出）。

实例练习——通过直方图分析图像

（1）打开附书光盘中的“Ch07>素材>直方图素材 1.jpg”文件。

（2）执行菜单栏中的“窗口”>“直方图”命令，可打开“直方图”面板，如图 7-26 所示。

图 7-26

（3）单击“直方图”面板菜单，选择“用原色显示通道”命令，再选择“全部通道视图”命令，如图 7-27 所示。

图 7-27

说明如下。

- 在“通道”下拉列表框中可选择“RGB”、“红”、“绿”、“蓝”、“明度”、“颜色”选项。当选择“RGB”选项时，显示为黑色。

- 当鼠标指针放在直方图中某一位置时，会显示该位置处的色阶、数量、百分位等信息。
- 在直方图中单击并拖动会选择一个区域（不能松开鼠标），也会显示该区域的信息，此时色阶是一个范围（如 54，…，176 等），如图 7-28 所示。

图 7-28

- 如果在图像中有选区，直方图中显示的只是图像选区的信息，如图 7-29 所示。

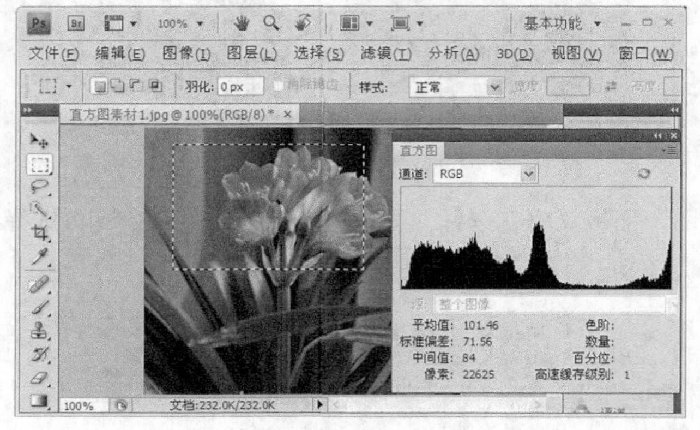

图 7-29

（4）通过观察直方图（见图 7-30）可以看出“直方图素材 1.jpg”的像素集中在面板左侧，也就是暗部区域，亮部区域几乎没有图像像素，可以认为是曝光不足。

图 7-30

（5）打开附书光盘中的“Ch07 >素材>直方图素材 2.jpg、直方图素材 3.jpg、直方图素材 4.jpg、直方图素材 5.jpg”文件，进行观察，如图 7-31（A、B、C、D）所示。

A　“直方图素材 2.jpg”（曝光不足）

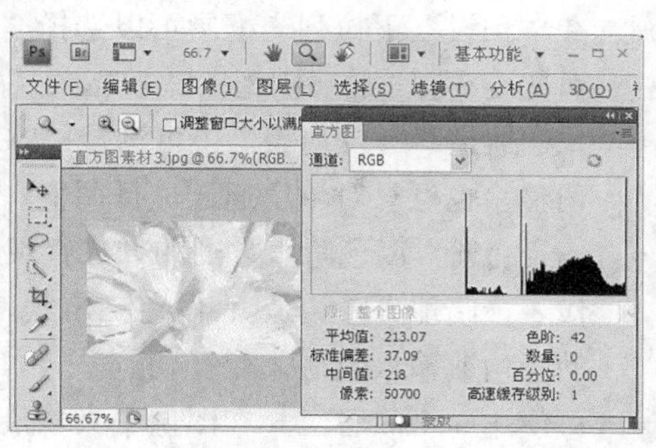

B　“直方图素材 3.jpg”（曝光过度）

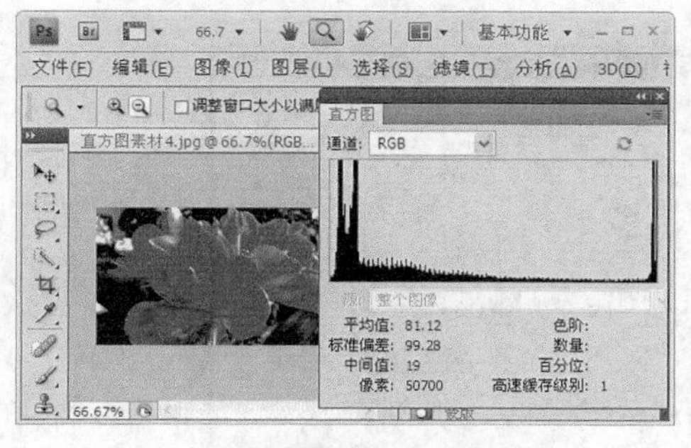

C　“直方图素材 4.jpg”（反差过大）

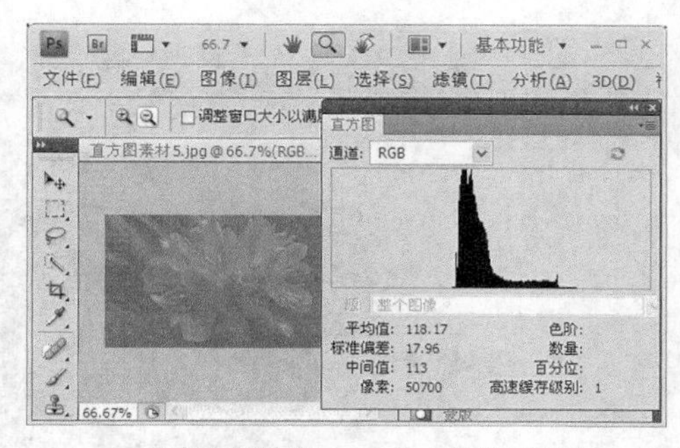

D　“直方图素材 5.jpg”（反差过低）

图 7-31

7.2.2　色阶

在 Photoshop CS4 中，可以使用“色阶”调整图像的阴影、中间调和高光的强度级别，从而校正图像的色调范围和色彩平衡。

（1）打开附书光盘中的“Ch07>素材>直方图素材 2.jpg”文件。

（2）执行菜单栏中的“图像”>“调整”>“色阶”命令，可打开“色阶”对话框，如图 7-32 所示。

图 7-32

说明如下。

- 按快捷键“Ctrl+L“也可打开“色阶”对话框。
- 在“预设”下拉列表框中可以选择“较暗”、“增加对比度 1”、“增加对比度 2”、“增加对比度 3”、“加亮阴影”、“较亮”、“中间调较亮”、“中间调较暗”、“自定”选项。
- 在“通道”下拉列表框中可选择“RGB”、“红”、“绿”、“蓝”选项，可对整个图像进行调整，也可只对单个通道进行调整。
- 输入色阶”以色阶直方图的方式直观显示，从左至右是从暗到亮的像素分布，黑色三角代表最暗地方（纯黑），白色三角代表最亮地方（纯白），灰色三角代表中间调。通过移动三角或输入数值改变。
- 可使用 3 个吸管工具在图像中吸取最暗、中间调、最亮部分，会有不一样的效果，示例如图 7-33 所示。

图 7-33

- 输出色阶”决定“输入色阶”的范围，但一般不调节“输出色阶”。某些时候偶尔用到将图像整体变亮和变暗时要用到“输出色阶”。
- 调整色阶后会出现间隙，最好的方法是先将图像模式转为 16 位/通道，然后调整色阶，最后将图像模式转为 8 位/通道。

（3）对“直方图素材 2.jpg”的色阶进行调整（白色三角和灰色三角），效果如图 7-34 所示。

图 7-34

（4）打开附书光盘中的“Ch07>素材>直方图素材 3.jpg”文件，调整色阶，效果如图 7-35 所示。

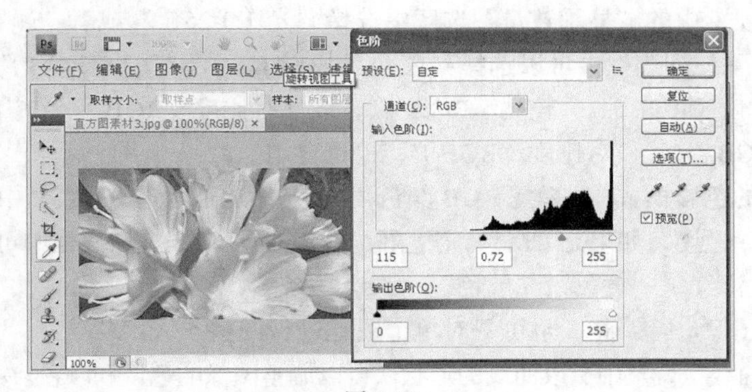

图 7-35

7.2.3　曲线

与“色阶”对话框一样，“曲线”对话框也允许调整图像的整个色调范围。但是，“曲线”不是只使用 3 个值（高光、暗调、中间调）进行调整，而是可以调整 0～255 范围内的任意点。也可以使用“曲线”对图像中的单个颜色通道进行精确的调整。

（1）打开附书光盘中的“Ch07>素材>曲线素材 1.jpg”文件。

（2）执行菜单栏中的“图像”>“调整”>“曲线”命令，可打开“曲线”对话框，如图 7-36 所示。

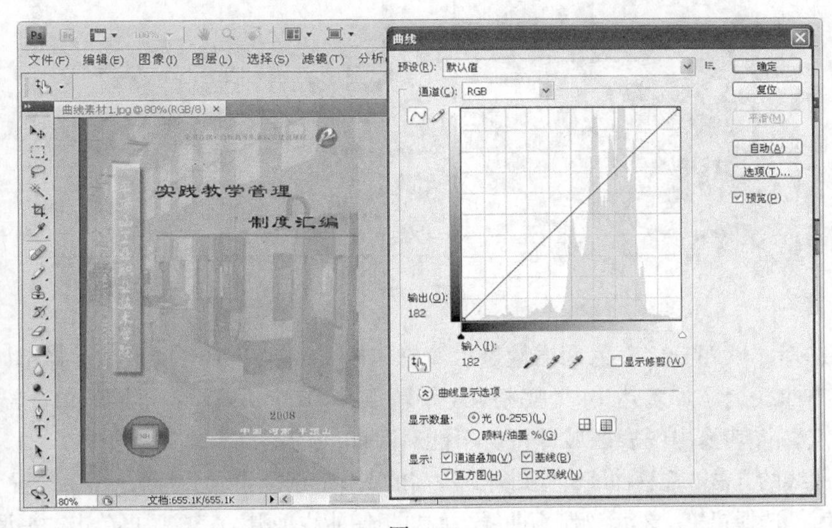

图 7-36

说明如下。

- 按快捷键“Ctrl+M”也可打开“曲线”对话框。
- 图表的水平轴（输入色阶）表示像素原来的强度值；垂直轴（输出色阶）表示新的颜色值。在默认的对角线中，所有像素都具有相同的“输入”和“输出”值。
- 对于 RGB 图像，“曲线”显示 0 到 255 间的强度值，暗调位于左边。对于 CMYK 图像，“曲线”显示 0～100 的百分数，高光位于左边。若要反转暗调和高光的显示，可在“曲线显示选项”中的“显示数量”选区中选择“光（0-255）”或者“颜料/油墨%”。

- 在“预设”下拉列表框中可以选择：“彩色负片（RGB）”、“反冲（RGB）”、“较暗（RGB）”、“增加对比度（RGB）”、“较亮（RGB）”、“线性对比度（RGB）”、“中对比度（RGB）”、“负片（RGB）”、“强对比度（RGB）”，也可自定。
- 根据图像的色彩模式，如果是 RGB 颜色模式，在“通道”下拉列表框中可选择：“RGB”、“红”、“绿”、“蓝”；如果是 CMYK 颜色模式，在“通道”下拉列表框中可选择：“CMYK”、“青色”、“洋红”、“黄色”、“黑色”。
- 可对整个图像进行调整，也可只对单个通道进行调整。
- 通过在“曲线”调整中更改曲线的形状，可以调整图像的色调和颜色。将曲线向上或向下移动将会使图像变亮或变暗，具体情况取决于对话框是设置为显示色阶还是显示百分比。曲线中较陡的部分表示对比度较高的区域；曲线中较平的部分表示对比度较低的区域。
- 在“通道”面板中选择多个通道后，再打开“曲线”对话框，“通道”菜单会显示目标通道的缩写，如图 7-37 所示，其中“RG”表示红和绿。

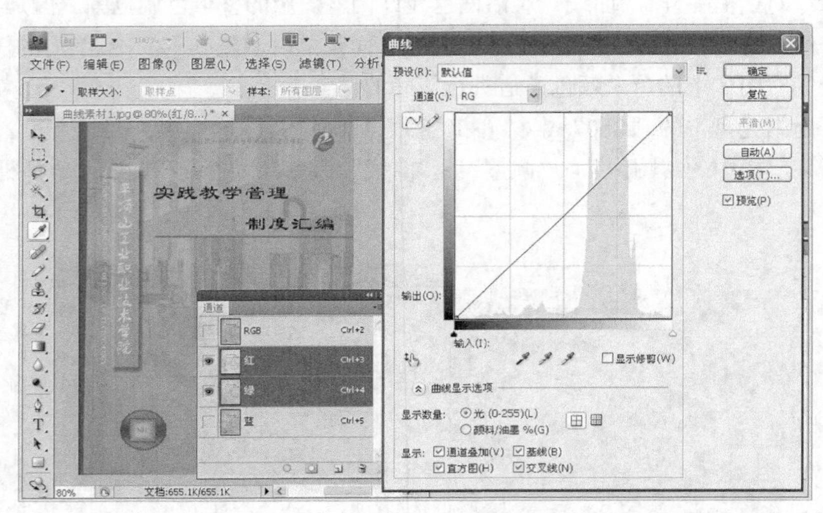

图 7-37

- 可以选择“以四分之一色调增量显示简单网格”或“以 10%增量显示详细网格”图标。
- 可以在曲线上添加多达 14 个控制点（带端点共 16 个）并设置不同的值。若要删除一个控制点，将其拖出图表区域即可。不能删除曲线的端点。
- 调整曲线的方法：拖移曲线，直到得到所需的图像；选择曲线上的某一点，设置“输入”、“输出”值；选择铅笔，然后绘制新曲线，如果想使曲线平滑，完成后再单击“平滑”按钮。
- 通常，在对大多数图像进行色调和色彩校正时，只需进行较小的曲线调整。

（3）对“曲线素材 1.jpg”进行“曲线”调整，效果如图 7-38 所示。

实例练习——通过“曲线”调整图像的颜色

（1）打开附书光盘中的“Ch07>素材>曲线素材 2.jpg”文件。

（2）执行菜单栏中的“图像”>“调整”>“曲线”命令，只对“绿”通道进行调整，调整前后效果如图 7-39 所示。

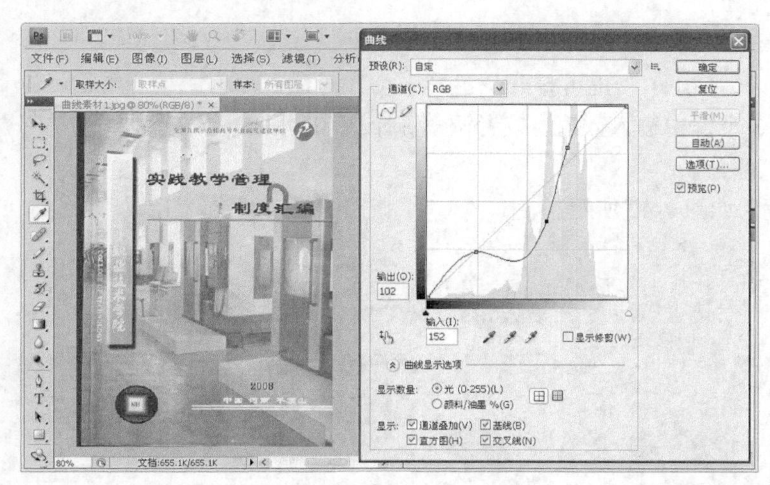

图 7-38

图 7-39

7.3 色彩调整

7.3.1 色彩平衡

色彩平衡利用 3 对互补色红色和青色、绿色和洋红、蓝色和黄色来调整图像的颜色。

（1）打开素材图片“色彩平衡素材 1.jpg”，如图 7-40 所示。

（2）执行菜单栏中的“图像”>“调整”>“色彩平衡”命令，打开“色彩平衡”对话框，如图 7-41 所示。

图 7-40

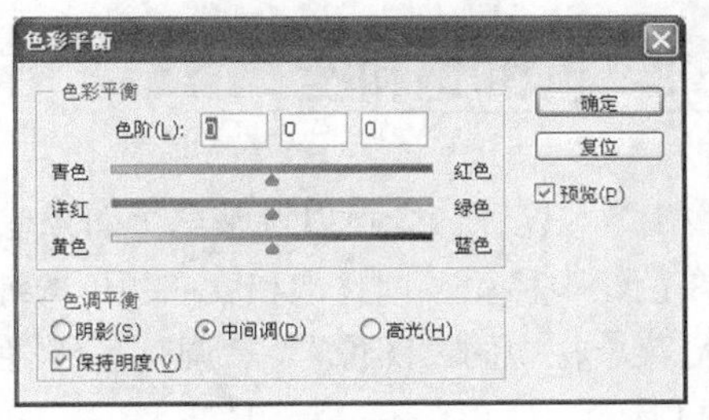

图 7-41

说明如下。

- 按快捷键“Ctrl+B”也可打开“色彩平衡”对话框。
- 可以在 3 个框中输入数值，或者调整 3 个三角滑块；能够分别调整“阴影”、“中间调”、“高光”部分。

（3）调整效果如图 7-42 所示。

图 7-42

7.3.2 亮度和对比度

使用“亮度/对比度”，可以对图像的色调范围进行简单的调整。将“亮度”滑块向右移动会增加色调值并扩展图像高光，而将“亮度”滑块向左移动会减少值并扩展阴影。“对比度”滑块可扩展或收缩图像中色调值的总体范围。

执行菜单栏中的“图像”>“调整”>“亮度/对比度”命令，打开“亮度/对比度”对话框，如图 7-43 所示。

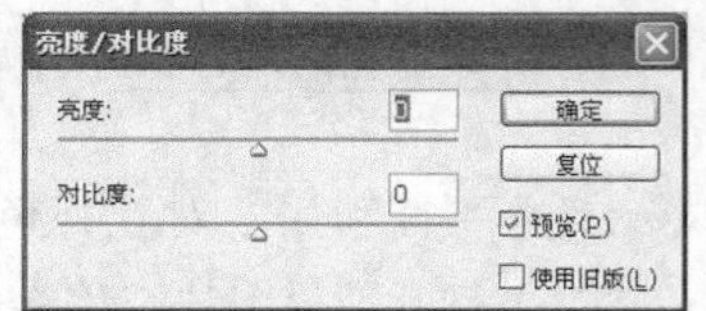

图 7-43

当选定“使用旧版”复选项时，在“亮度/对比度”对话框中调整亮度时只是简单地增大或减小所有像素值。由于这样会造成修剪高光或阴影区域，或者使其中的图像细节丢失，因此不建议在旧版模式下对摄影图像使用“亮度/对比度”（但对于编辑蒙版或科学影像是很有用的）。

7.3.3 色相/饱和度

“色相/饱和度”命令可以调整整个图像或单个颜色的色相、饱和度和明度。调整色相或颜色表现为在色轮中移动；调整饱和度或颜色的纯度表现为在半径上移动。

执行菜单栏中的“图像”>“调整”>“色相/饱和度”命令，打开“色相/饱和度”对话框，如图 7-44 所示。

说明如下。

- 按快捷键“Ctrl+U”也可打开“色相/饱和度”对话框。
- 可以在 3 个框中输入数值，或者调整三角滑块；能够分别调整色相、饱和度、明度。
- 框中显示的值反映像素原来的颜色在色轮中旋转的度数。值的范围是 0～+360（勾选“着色”）或−180～到+180（不勾选“着色”），如图 7-45 所示。

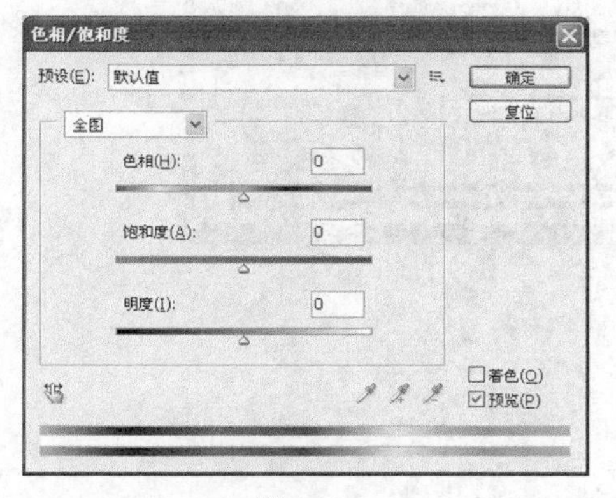

图 7-44

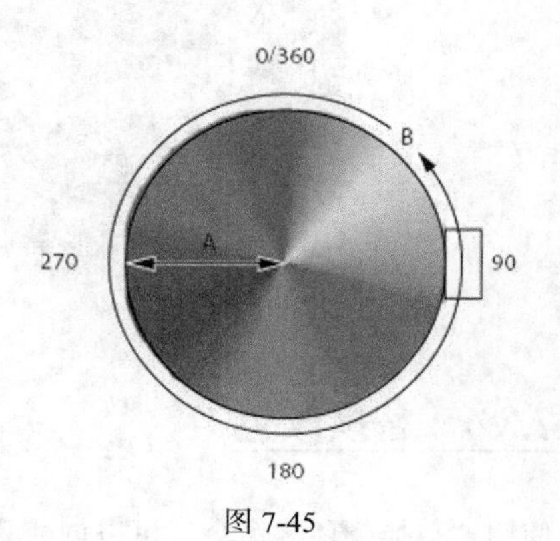

图 7-45

- 使用“着色”选项可为 RGB 模式的灰度图像或 RGB 图像添加单一颜色效果。

实例练习——制作特殊的图像效果

（1）打开附书光盘中的“Ch07>素材>单色图像素材.jpg”文件。

（2）执行菜单栏中的“图像”>“调整”>“色相/饱和度”命令，打开“色相/饱和度”对话框，选择“着色”复选项，并设置“色相”值为 320，“饱和度”为 30，效果如图 7-46 所示。

图 7-46

（3）对图像“复位”，不选择“着色”，设置“色相”值为+30，“饱和度”为+100，“明度”为+5，效果如图 7-47 所示。

图 7-47

7.3.4 替换颜色

使用“替换颜色”命令，可以创建蒙版，以选择图像中的特定颜色，然后替换那些颜色。可以设置选定区域的色相、饱和度和亮度，也可以使用拾色器来选择替换颜色。

执行菜单栏中的“图像”>“调整”>“替换颜色”命令，打开“替换颜色”对话框，如图 7-48 所示。

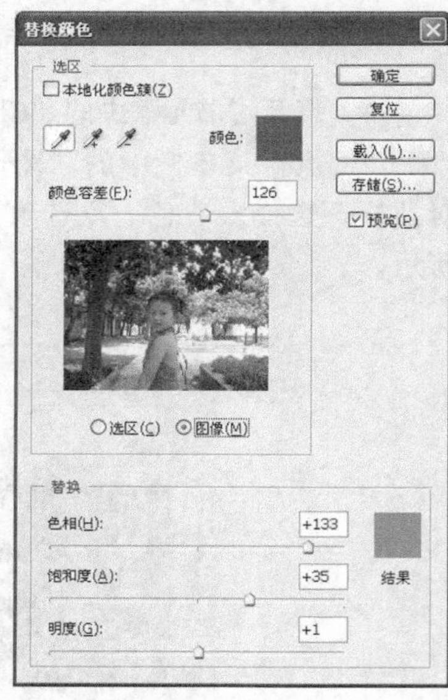

图 7-48

说明如下。

- 如果正在图像中选择多个颜色范围，则选择“本地化颜色簇”来构建更加精确的蒙版。
- 选区：在预览框中显示蒙版，被蒙版区域是黑色，未蒙版区域是白色，部分被蒙版区域（覆盖有半透明蒙版）会根据不透明度显示不同的灰色色阶。
- 图像：在预览框中显示图像。
- 选择由蒙版显示的区域：在图像或预览框中使用吸管工具单击；按住“Shift”键并单击，或使用“添加到取样”吸管工具添加区域；按住“Alt”键单击，或使用“从取样中减去”吸管工具移去区域。双击“选区”色板，使用拾色器选择要替换的颜色。通过拖移“颜色容差”滑块或输入一个值来调整蒙版的容差，此滑块控制选区中包括哪些相关颜色的程度。
- 更改选定区域的颜色：拖移“色相”、“饱和度”和“明度”滑块（或者在文本框中输入值）。双击“结果”色板，并使用拾色器选择替换颜色。

实例练习——用“替换颜色”命令改变衣服的颜色

（1）打开附书光盘中的“Ch07>素材>单色图像素材.jpg”文件。

（2）执行菜单栏中的“图像”>“调整”>“替换颜色”命令。

（3）选择人物的衣服部分，设置“颜色容差”为 130，替换“色相”为-160，“饱和度”为+33，“明度”为+12，效果如图 7-49 所示。

图 7-49

（4）选择人物的衣服部分，设置“颜色容差”为 130，“替换色相”为+77，“饱和度”为+33，“明度”为+7，效果如图 7-50 所示。

图 7-50

7.3.5　可选颜色

“可选颜色”校正是高端扫描仪和分色程序使用的一种技术，用于在图像中的每个主要原色成分中更改印刷色的数量。可以有选择地修改任何主要颜色中的印刷色数量而不会影响其他主要颜色。

执行菜单栏中的“图像”>“调整”>“可选颜色”命令，打开“可选颜色”对话框，如图 7-51 所示。

说明如下。

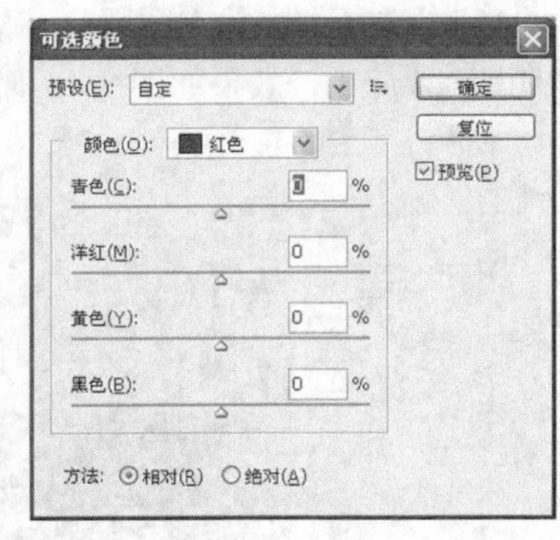

图 7-51

- 即使“可选颜色”使用 CMYK 颜色来校正图像，也可以在 RGB 图像中使用它。
- 确保在“通道”面板中选择了复合通道。只有在查看复合通道时，“可选颜色”面板才可用。
- 在“调整”面板中，从“颜色”菜单选取要调整的颜色。
- 相对：按照总量的百分比更改现有的青色、洋红、黄色或黑色的量。
- 绝对：采用绝对值调整颜色。

7.3.6 通道混合器

通道混合器一般用于创建高品质的灰度图像、棕褐色调图像或其他色调图像，也可以对图像进行创造性的颜色调整。

执行菜单栏中的“图像”>“调整”>“通道混合器”命令，打开“通道混合器”对话框，如图 7-52 所示。

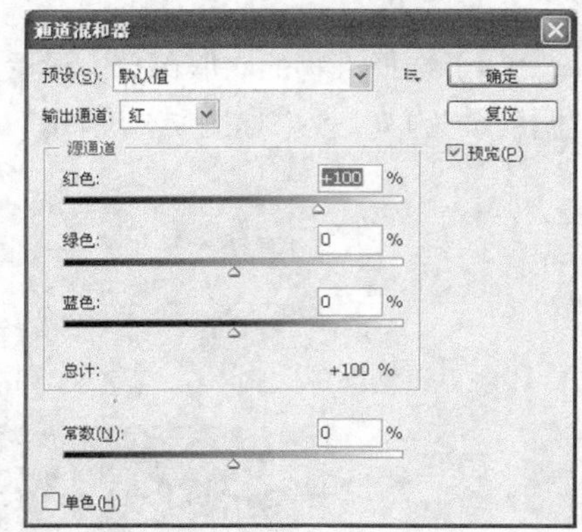

图 7-52

说明如下。

- 预设：在该下拉列表中包括软件自带的几种预设效果选项，可以创建不同效果的灰度图像。
- 输出通道：“输出通道”选项可以用来选择所需调整的颜色。
- 源通道：滑块可以针对选定的颜色调整其色彩比重。
- 常数：此选项用于调整输出通道的灰度值。负值增强黑色像素，正值增强白色像素。当参数值设置为 200%时，将使输出通道成为全黑；当参数值设置为+200%时，将使输出通道成为全白。
- 单色：启用“通道混合器”对话框中的“单色”复选项，可以创建高品质的灰度图像。需要注意的是启用“单色”复选项，将彩色图像转换为灰色图像后，要想调整其对比度，必须是在当前对话框中调整，否则就会为图像上色。

7.3.7 渐变映射

“渐变映射”命令是将设置好的渐变模式映射到图像中，从而改变图像的整体色调。

执行菜单栏中的“图像”>“调整”>“渐变映射”命令，打开“渐变映射”对话框，如图 7-53 所示。

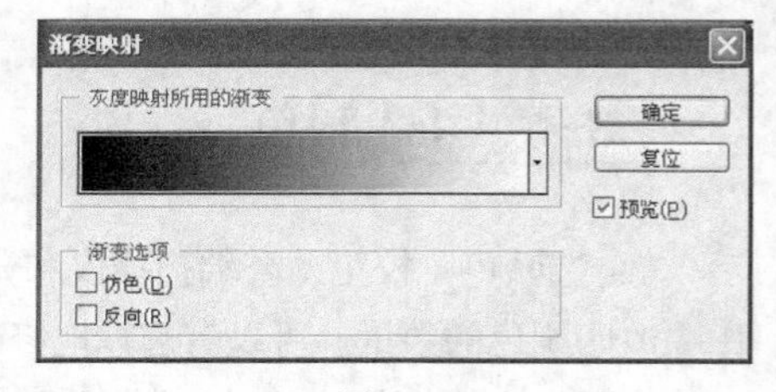

图 7-53

说明如下。

- 在默认情况下，“渐变映射”对话框中的“灰度映射所用的渐变”选项显示的是前景色与背景色，并且设置前景色为阴影映射，背景色为高光映射。

- 当鼠标指向渐变显示条上方时，显示“点按可编辑渐变”提示，单击弹出“渐变编辑器”对话框，这时就可以添加或者更改颜色，生成三色或者更多颜色的图像。

实例练习——用“渐变映射”命令改变图像效果

（1）打开附书光盘中的“Ch07>素材>渐变映射素材.jpg”文件，如图 7-54 所示。

（2）执行 “图像”>“调整”>“渐变映射” 命令，打开“渐变映射”对话框。

（3）单击渐变显示条，打开“渐变编辑器”对话框，如图 7-55 所示。

图 7-54

图 7-55

（4）添加色标 1：RGB 值为（249，230，0），“位置”为 17%；色标 2：RGB 值为（2，1，2），“位置”为 31%；色标 3：RGB 值为（253，124，0），“位置”为 53%；色为 4：RGB 值为（255，255，255），“位置”为 97%；效果如图 7-56 所示。

图 7-56

7.3.8 照片滤镜

“照片滤镜”调整模仿以下技术：在相机镜头前面加彩色滤镜，以便调整通过镜头传输的光的色彩平衡和色温，使胶片曝光。“照片滤镜”还允许选取颜色预设，以便将色相调整应用到图像。

执行菜单栏中的“图像”>“调整”>“照片滤镜”命令，打开“照片滤镜”对话框，如图 7-57 所示。

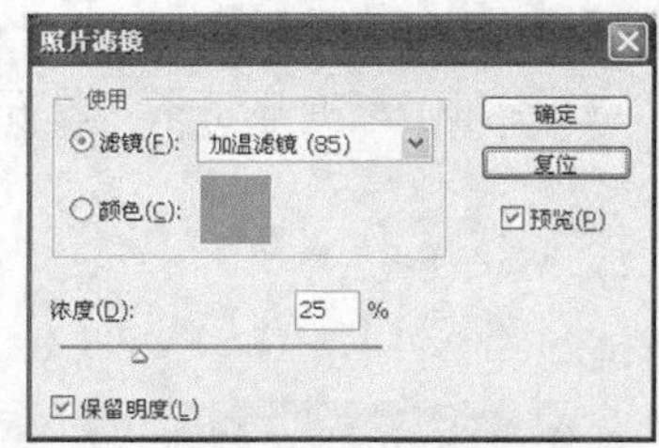

图 7-57

说明如下。

- “照片滤镜”面板最上面是“滤镜”下拉列表框，里面自带多种颜色滤镜。
- 中间的是“颜色”选框，可以设置想要的颜色。
- 下面的是“浓度”选项，可以控制需要增加颜色的浓淡。
- 而“保留明度”选项就是是否保持高光部分，勾选后有利于保持图像的层次感。

7.3.9 变化

“变化”命令可以让用户调整图像或选区的色彩平衡、对比度和饱和度；同时，看到图像或选区调整前和调整后的缩略图，使调节更为简单、清楚。这个命令对于色调平均、不需要精确调节的图像，是非常适用的。注意，这一命令并不适用于索引颜色模式的图片。

执行菜单栏中的“图像”>“调整”>“变化”命令，打开“变化”对话框，如图 7-58 所示。

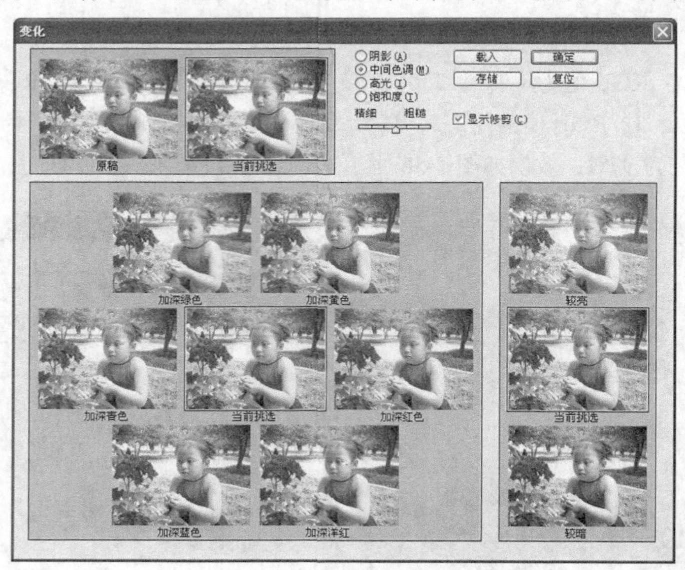

图 7-58

说明如下。

- 对话框顶部的两个缩览图显示原始选区（原图）和包含当前选定的调整内容的选区（当前挑选）。第一次打开该对话框时，这两个图像是一样的。随着调整的进行，“当前挑选”

图像将随之更改以反映所进行的处理。

- “暗调”、“中间调”或“高光”，指出是要调整暗区域、中间区域还是亮区域。
- “饱和度”更改图像中的色相度数。如果超出了最大的颜色饱和度，则颜色可能被剪切。
- 拖移“精细/粗糙”滑块确定每次调整的量。将滑块移动一格可使调整量双倍增加。
- 调整颜色和亮度：若要将颜色添加到图像，请点按相应的颜色缩览图。若要减去一种颜色，请点按其相反颜色的缩览图。若要调整亮度，请点按对话框右侧的缩览图。每次点按一个缩览图，其他的缩览图都会更改。中心缩览图总是反映当前的选择。

7.4 获取特殊的颜色效果

7.4.1　去色

“去色”命令将彩色图像转换为相同颜色模式下的灰度图像。每个像素的明度值不改变。

执行“图像”>“调整”>“去色”命令（或按“Ctrl+Shift+U”快捷键），图像的所有颜色信息消失，成为灰度图像。

7.4.2　反相

“反相”命令用于产生原图的负片，将图像的颜色色相反转，黑变白，蓝变黄、红变绿。如果有选区只将选区内的图像反相，否则反相整个图层的图像。

实例练习——将彩色照片变成黑白素描画

（1）打开附书光盘中的“Ch07>素材>黑白素描画素材 1.jpg”文件，如图 7-59 所示。

（2）执行“图像”>“调整”>“去色”命令（或按“Ctrl+Shift+U”快捷键），效果如图 7-60 所示。

图 7-59

图 7-60

（3）在“图层”面板中，拖动“背景层”到“创建新图层”按钮上得到“背景 副本”图层。

（4）执行“图像”>“调整”>“反相”命令（或按“Ctrl+I”快捷键），效果如图 7-61 所示。

（5）执行“滤镜”>“其他”>“最小值”命令，在弹出的“最小值”对话框（见图 7-62）中设置“半径 1”，单击“确定”按钮。

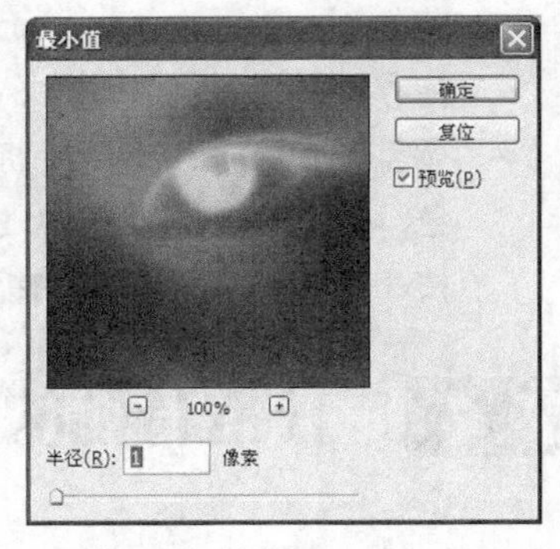

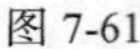

图 7-61　　图 7-62

（6）将“背景副本”的混合模式改为“颜色减淡”，效果如图 7-63 所示。

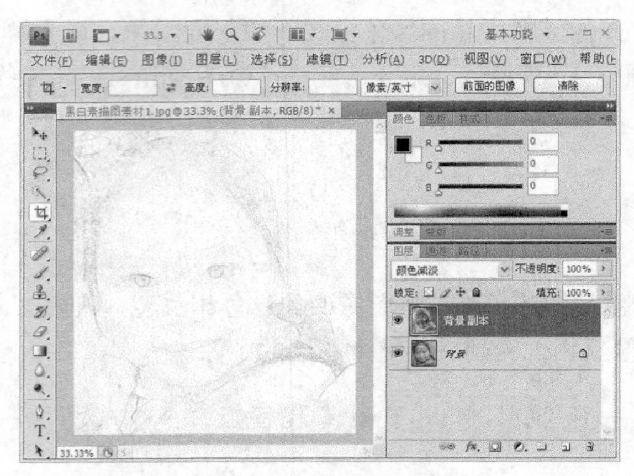

图 7-63

（7）执行“滤镜”>“模糊”>“高斯模糊”命令，在弹出的“高斯模糊”对话框中设置“半径”为 4.0，单击“确定”按钮，彩色图像就变成了黑白素描画了，效果如图 7-64 所示。

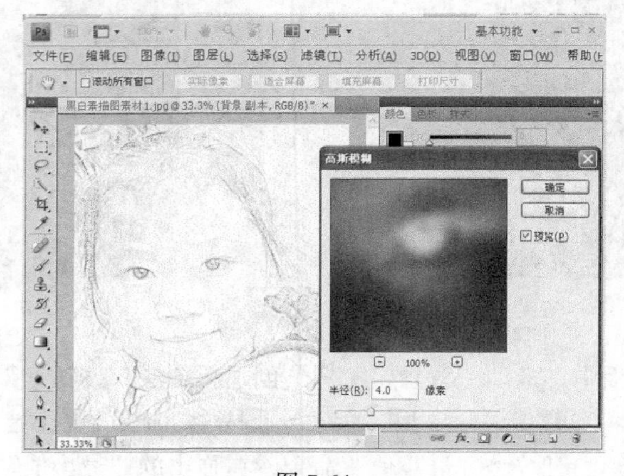

图 7-64

7.4.3　色调匀化

“色调均化”命令重新分布图像中像素的亮度值，以便它们更均匀地呈现所有范围的亮度级。“色调均化”将重新映射复合图像中的像素值，使最亮的值呈现为白色，最暗的值呈现为黑色，而中间的值则均匀地分布在整个灰度中。“色调均化”效果如图 7-65 所示。

图 7-65

7.4.4　阈值

“阈值”调整将灰度或彩色图像转换为高对比度的黑白图像。可以指定某个色阶作为阈值。所有比阈值亮的像素转换为白色；而所有比阈值暗的像素转换为黑色。

7.4.5　色调分离

使用“色调分离”调整，可以指定图像中每个通道的色调级数目（或亮度值），然后将像素映射到最接近的匹配级别。例如在 RGB 图像中选取两个色调级别将产生 6 种颜色：两种代表红色，两种代表绿色，另外两种代表蓝色。

在照片中创建特殊效果，如创建大的单调区域时，此调整非常有用。当减少灰色图像中的灰阶数量时，它的效果最为明显，但它也会在彩色图像中产生有趣的效果。“色调分离”效果如图 7-66 所示。

图 7-66

7.5 使用调整图层

我们在调整图像时会遇到以下两个问题，第一个问题是对一幅图像进行多次调整后，会造成图像的严重失真；第二个问题是进行多步操作时，如果前面某个步骤中的设置参数需要修改，就需要返回重新制作，以后的步骤也要重做。如何在图像调整时不破坏原始图像，又能独立调整呢？

使用调整图层则可以很好地解决以上两个问题。“调整”命令是对图像本身进行调整，不利于修改。而调整图层的作用和“调整”菜单里的命令一样，只是调整图层是结合了蒙版，通过一个新的图层来对图像进行色彩的调整，也就是说用调整图层来调整颜色的话，不影响图像本身，且可利用调整图层重新进行调整。而再者，调整图层可通过蒙版来决定其下方图层某一部分采用调整的效果。它既有色彩调整的效果，又不会破坏原始图像。并且多个色彩调整层可以综合产生调整效果，彼此间又可以独立修改。

执行“图层”>“新建调整图层”下的命令，可以新建调整图层，如图 7-67 所示。

执行“窗口”>“调整”命令，可打开“调整”面板，如图 7-68 所示。

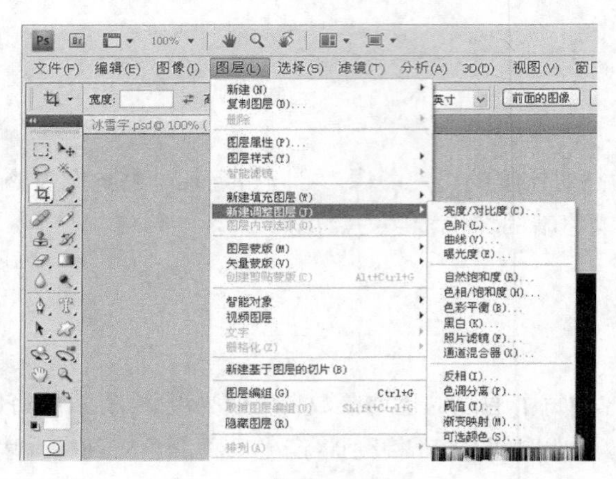

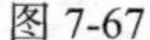

图 7-67

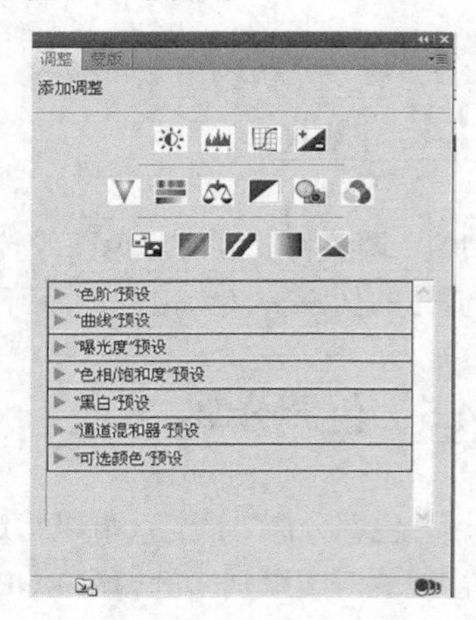

图 7-68

可以在“调整”面板中找到用于调整颜色和色调的工具。单击“工具”图标以选择调整并自动创建调整图层。使用“调整”面板中的控件和选项进行的调整会创建非破坏性调整图层。

为了方便操作，“调整”面板具有应用常规图像校正的一系列调整预设。预设可用于色阶、曲线、曝光度、色相/饱和度、黑白、通道混合器以及可选颜色。单击“预设”选项，使用调整图层将其应用于图像。还可以将调整设置存储为预设，它会被添加到预设列表中。

调整图层可以对图像试用颜色和应用色调调整；每个调整图层都带有一个图层蒙版，可以对图层蒙板进行编辑或修改以符合我们的要求。其操作方式和通道相似，只有黑或白两种颜色。在图层蒙版上黑色的地方，我们可以看成是透明的，它不对下面的图像产生调整影响。而白色的地方反应的是对图像所做的调整。因此我们可以用笔刷和橡皮擦对它进行修改。

实例练习——用调整图层给照片上色

用调整图层给照片上色的最大好处就是不对原图做任何改动。而且当我们需要对其中的某一部分进行调整时会很方便。我们可以通过改变笔刷的大小和压力对图像做精细的调整，并且随心所欲地添加效果。

（1）打开附书光盘中的“Ch07>素材>调整图层素材.jpg”文件，确认图片的色彩模式为 RGB 颜色，如果不是要转换成 RGB 颜色。

（2）用“选择工具”选取皮肤部分，创建“色相/饱和度”类型的调整图层，调整皮肤颜色。并用画笔调整边缘和眼睛、眉毛等细节。

（3）选取衣服部分，创建“色相/饱和度”类型的调整图层，调整衣服颜色。

（4）同理，分别对头发、背景、嘴唇等添加调整图层。这样，黑白照片就变成彩色照片了，效果如图 7-69 所示。

图 7-69

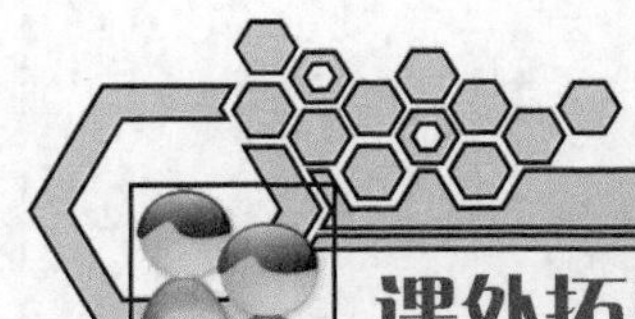

课外拓展　写意人生照片模版

【习题知识要点】

“色相/饱和度”、“去色”、“亮度/对比度”的调整；图像的“变换”、“描边”、“投影”设置，图层样式的拷贝及粘贴，图层“不透明度”的设置，文字的输入及设置。效果如图 7-70 所示。

【效果所在位置】

光盘中“Ch07/效果/写意人生照片模版.psd 文件。

图 7-70

第8章 滤镜

本章主要介绍 Photoshop CS4 中各种内置滤镜的使用方法，使读者掌握滤镜的相关知识和操作技能。

学习目标

- 了解各种内置滤镜。
- 掌握图像修饰滤镜的使用方法。

8.1 滤镜简介

Photoshop 滤镜分为内置滤镜和外挂滤镜两种：内置滤镜是 Adobe 公司在开发 Photoshop 时添加的滤镜效果；外挂滤镜是第三方公司提供的滤镜。利用滤镜不仅可以修饰图像的效果并掩盖其缺陷，还可以快速制作一些特殊的效果，如动感模糊效果、光照效果、图章效果、壁画效果等。

1. 滤镜菜单

单击打开“滤镜”菜单。Photoshop CS4 的滤镜菜单由以下 5 个部分组成。

（1）上次执行的滤镜命令。

（2）将智能滤镜应用于智能对象图层的命令。

（3）5 种特殊的 Photoshop CS4 滤镜命令。

（4）13 种 Photoshop CS4 滤镜组，每个滤镜组都包含若干滤镜子菜单。

（5）作品保护滤镜。

2. 使用规则

在使用 Photoshop 的滤镜命令时，需要注意以下这些操作规则。

（1）滤镜的处理是以像素为单位，所以其处理效果与图像的分辨率有关。相同的滤镜参数处理不同分辨率的图像，其效果也不相同。

（2）Photoshop CS4 会针对选区进行滤镜效果处理，如果没有定义选区，滤镜将对整个图像做处理。如果当前选中的是某一图层或某一通道，则只对当前图层或通道起作用。

（3）如果只对局部图像进行滤镜效果处理，可以为选区设定羽化值，使处理后的区域能自然地与原图像融合，减少突兀的感觉。

（4）当至少执行过一次滤镜命令后，“滤镜”菜单的第一行将自动记录最近一次滤镜操作，直接单击该命令或按“Ctrl+F”快捷键，可快速地重复执行相同的滤镜命令。

（5）使用“编辑”菜单中的“后退一步”、“前进一步”命令可对比执行滤镜前后的效果。

（6）在“位图”和“索引颜色”的色彩模式下不能使用滤镜。此外，不同的色彩模式，滤镜的使用范围也不同。在“CMYK 颜色”和“Lab 颜色”模式下，部分滤镜不可用，如“画笔描边”、“纹理”、“艺术效果”等。

8.2 Photoshop CS4 的内置滤镜

在 Photoshop CS4 中，常用的内置滤镜分别有“像素化”、“扭曲”、“杂色”、“模糊”、“渲染”等 13 种滤镜。

8.2.1 “像素化”滤镜组

“像素化”滤镜组的作用是将图像分成一定的区域，将这些区域转变为相应的色块，再由色块构成图像，类似于网格、马赛克等纹理的效果，其中包括 7 种不同效果的滤镜命令。

（1）彩块化：该滤镜将图像色彩相似的像素点归成统一色彩的大小及形状各异的色块，形成具有手绘感觉的图像。

（2）彩色半调：该滤镜命令将每一个通道划分为矩形栅格，然后将像素添加进每一个栅格，并用圆形替换矩形，从而使图像的每一个通道实现扩大的半色调网屏效果。执行该命令时，弹出“彩色半调”对话框，如图 8-1 所示。图 8-2 所示为执行“彩色半调”命令后形成的最终效果。

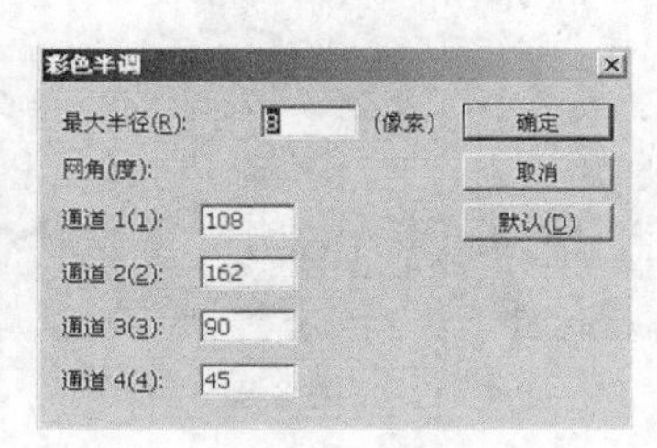

图 8-1

图 8-2

（3）晶格化：使用“晶格化”命令可以使图像像素结块生成为单一颜色的多边形栅格。“晶格化”对话框中“单元格大小”选项决定画面中生成单元格的大小，数值越大生成的单元格越大，如图 8-3 所示。图 8-4 所示为执行“晶格化”命令后形成的最终效果。

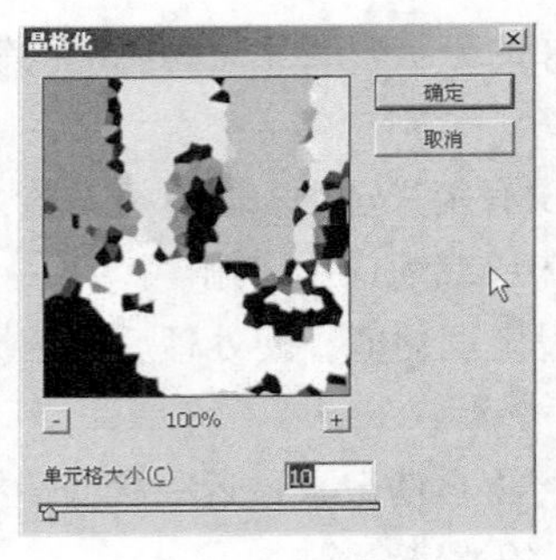

图 8-3

图 8-4

（4）点状化：与晶格化命令相似，不同的是它将图像分成不连续的小晶块，其缝隙用背景色填充。“点状化”对话框中“单元格大小”选项决定画面中生成单元格的大小，数值越大生成的单元格越大，如图 8-5 所示。图 8-6 所示为执行“点状化”命令后形成的最终效果。

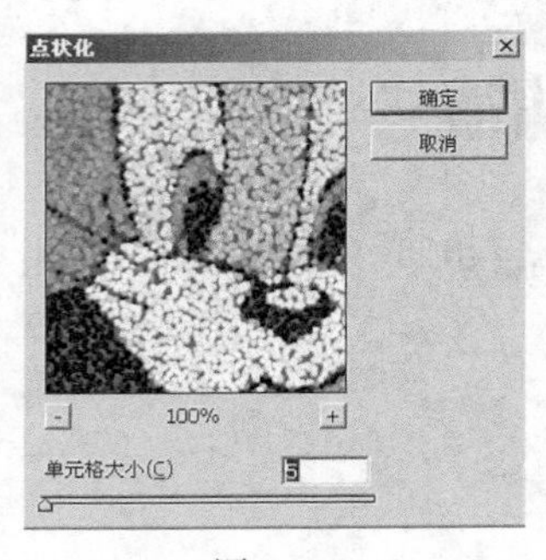

图 8-5

图 8-6

（5）铜板雕刻：“铜板雕刻”命令是用点、线条或笔划重新生成图像，且图像的颜色被饱和。它是一种特殊半调网屏图案，其中以随机分布的旋涡状曲线和小孔取代普通半调网点。在“铜板雕刻”对话框中的“类型”下拉列表中可以任意选择网格模式，如图 8-7 所示，使图像生成不同网格的画面效果。图 8-8 所示为执行“铜板雕刻”命令后形成的最终效果。

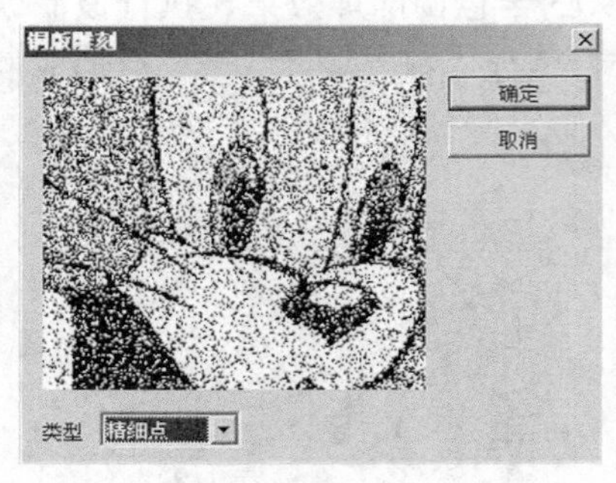

图 8-7

图 8-8

（6）马赛克：“马赛克”命令是指首先将画面中的像素分组，然后将其转换成颜色单一的方块，使图像生成马赛克效果。“马赛克”对话框中“单元格大小”选项决定画面中生成单元格的大小，数值越大，生成的单元格越大，如图 8-9 所示。图 8-10 所示为执行“马赛克”命令后形成的效果。

图 8-9

图 8-10

实例练习——印刷效果制作

通过蒙版与“彩色半调”滤镜结合使用，综合表现印刷效果。

（1）按“Ctrl+O”快捷键，打开光盘中的“Ch08 > 素材 > 实例练习 >马铃薯.tif”文件，如图 8-11 所示。

（2）使用工具箱中的“以快速蒙版模式编辑”按钮，使图像转换为快速蒙版模式。单击工具箱中的“渐变工具”按钮，并确认工具栏设置，在图像画布中由上往下拖曳鼠标指针，如图 8-12 所示。

图 8-11　　图 8-12

（3）单击工具箱中的“以标准模式编辑”按钮，使蒙版转变为选区。执行“滤镜”>“像素化”>“彩色半调”命令，默认当前设置，单击“确定”按钮确认，如图 8-13 所示。

（4）按“Ctrl+D”快捷键取消选区，最终效果如图 8-14 所示。

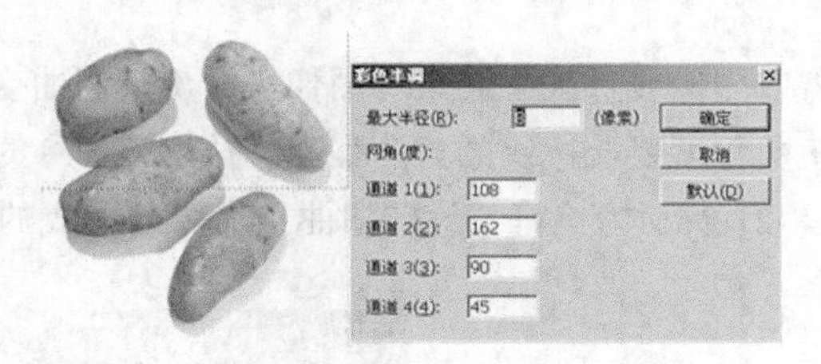

图 8-13

图 8-14

8.2.2 “扭曲”滤镜

“扭曲”滤镜可以将图像进行几何扭曲，创建 3D 或其他变形效果。此类滤镜共有 13 个滤镜效果，具体解释如下。

（1）切变：通过拖移“切变”对话框中的线条来扭曲一幅图像，如图 8-15 所示。应用“切变”滤镜前后的效果如图 8-16 和图 8-17 所示。

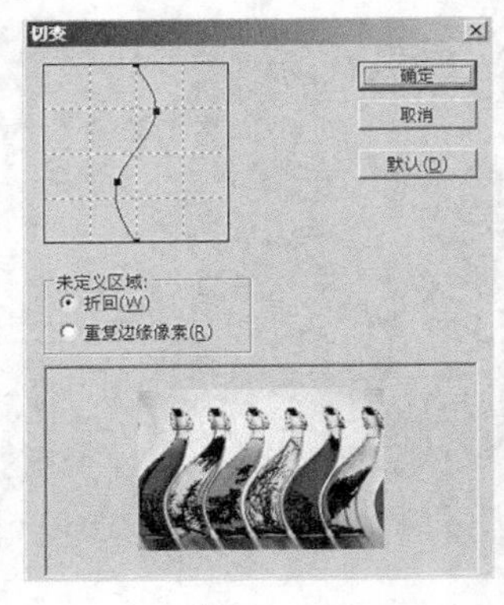

图 8-15

图 8-16

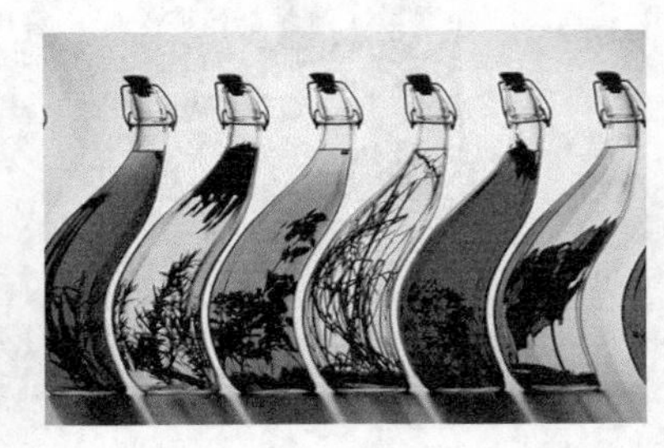

图 8-17

（2）扩散亮光：使用“扩散亮光”命令，可以对图像的高亮区域用背景色填充，以散射图像上的高光，使图像产生发光效果。

（3）挤压：选择“挤压”命令可以对图像向外或向内进行挤压。执行该命令时，将弹出“挤压”对话框，如图 8-18 所示。该对话框中“数量”数值可以是负值，也可以是正值。当数值为负值时，图像向外挤压，且数值越小，挤压程度越大；当数据为正值时，图像向内挤压，且数值越大，挤压程度越大。图 8-19 所示为执行“挤压”命令后形成的最终效果。

图 8-18

图 8-19

（4）旋转扭曲：选择“旋转扭曲”命令将以图像或选区中心来对图像进行旋转扭曲变形。当对图像进行旋转扭曲后，图像或选区的中心扭曲程度要比边缘的扭曲强烈。执行该命令时，将弹出“旋转扭曲”对话框，如图 8-20 所示。图 8-21 所示为执行“旋转扭曲”命令后形成的效果。

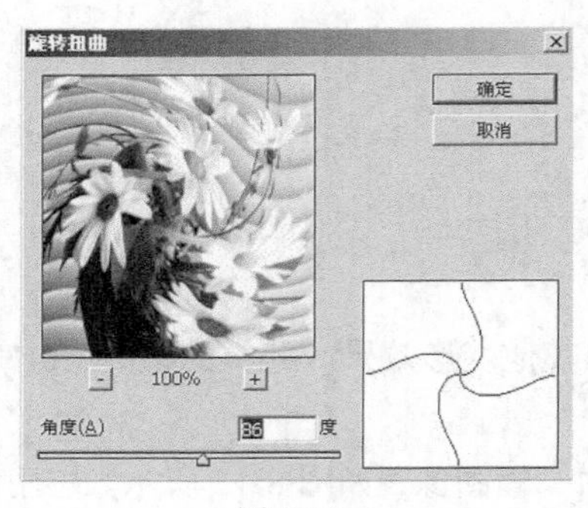

图 8-20

图 8-21

（5）极坐标：“极坐标”命令用于使图像产生强烈的变形。执行该命令时，将弹出“极坐标”对话框，如图 8-22 所示。图 8-23 所示为执行“极坐标”命令后形成的最终效果。

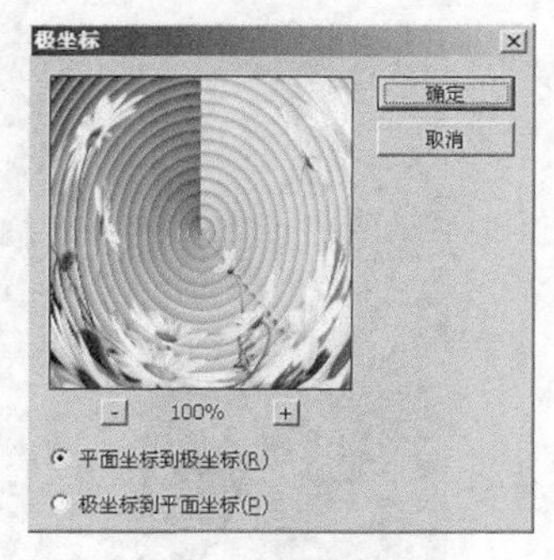

图 8-22

图 8-23

（6）水波：“水波”命令所生成效果类似于平静的水面波纹。执行该命令时，将弹出“水波”对话框，如图 8-24 所示。图 8-25 所示为执行“水波”命令后形成的最终效果。

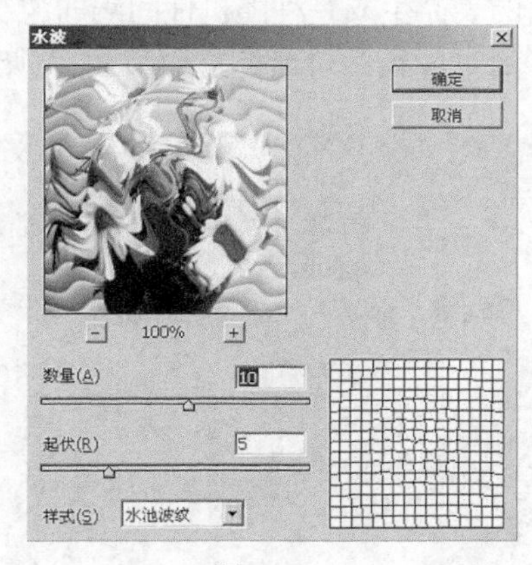

图 8-24

图 8-25

（7）波浪：选择“波浪”命令可以生成强烈的波纹效果，与“水波”命令不同的是，“波浪”命令可以对波长的振幅进行控制。执行该命令时，将弹出“波浪”对话框，如图 8-26 所示。图 8-27 所示为执行“波浪”命令后形成的最终效果。

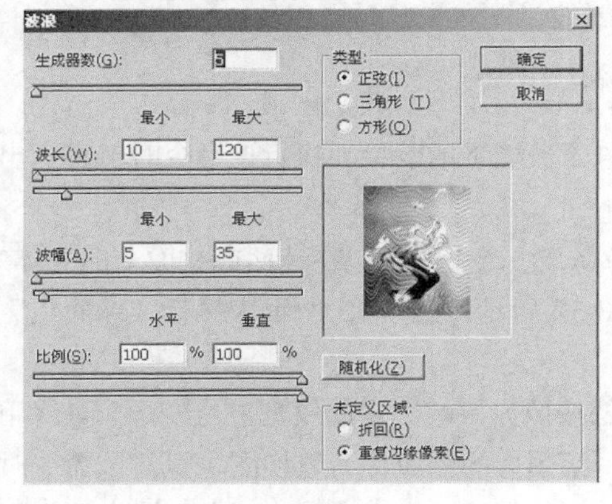

图 8-26

图 8-27

（8）波纹：选择“波纹”命令所生成的效果类似于水面波纹。执行该命令时，将弹出“波纹”对话框，如图 8-28 所示。图 8-29 所示为执行“波纹”命令后形成的最终效果。

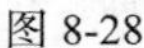

图 8-28

图 8-29

（9）海洋波纹：选择“海洋波纹”命令，将在画面的表面生成一种随机性间隔的波纹，产生类似于画面置于水下的效果。执行该命令时，将弹出“海洋波纹”对话框，如图 8-30 所示。

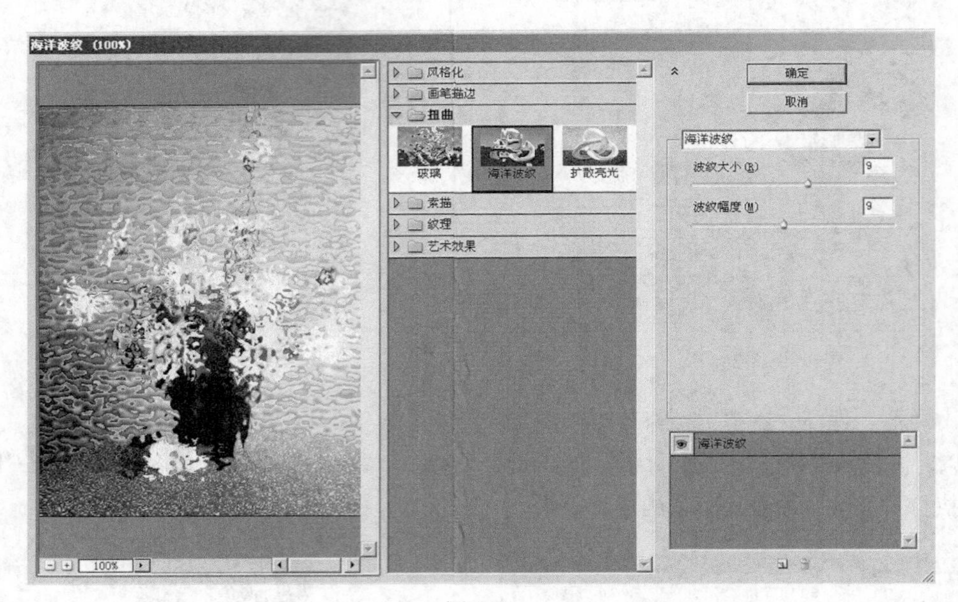

图 8-30

（10）玻璃：“玻璃”命令可以产生类似画布置于玻璃下的效果。执行该命令时，将弹出“玻璃”对话框，如图 8-31 所示。

（11）球面化：使用“球面化”命令可以将图像挤压，产生图像包在球面或柱面上的立体效果。执行该命令时，将弹出“球面化”对话框，如图 8-32 所示。图 8-33 所示为执行“球面化”命令后形成的最终效果。

（12）置换：使用“置换”命令可以使一幅图像按照另一幅图像的纹理进行变形，最终用两幅图像的纹理将两幅图像组合在一起，用来置换前一幅图像的图像称为置换图。执行该命令时，将弹出“置换”对话框，如图 8-34 所示。单击“确定”按钮后，在弹出的对话框中选择一个要置换的图像，图 8-35 所示就是执行“置换”命令前后的效果。

图 8-31

图 8-32

图 8-33

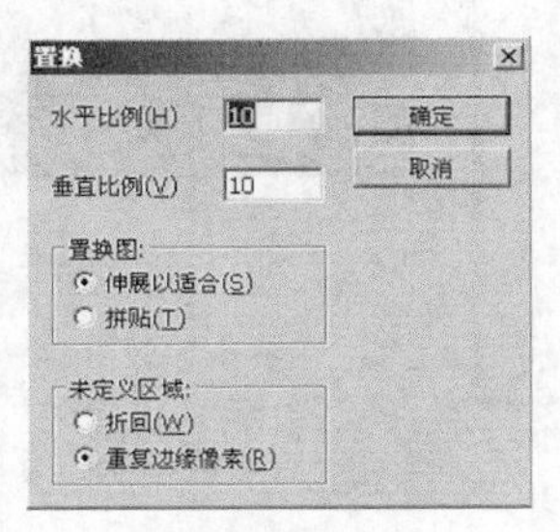

图 8-34

图 8-35

（13）镜头校正：“镜头校正”滤镜用来修复常见的镜头瑕疵，如桶形和枕形失真、晕影和色差等。“桶形失真”是一种镜头缺陷，它会导致直线向外弯曲到图像的外缘；“枕形失真”的效果正好相反，直线会向内弯曲。执行该命令时，将弹出“镜头校正”对话框，如图 8-36 所示。

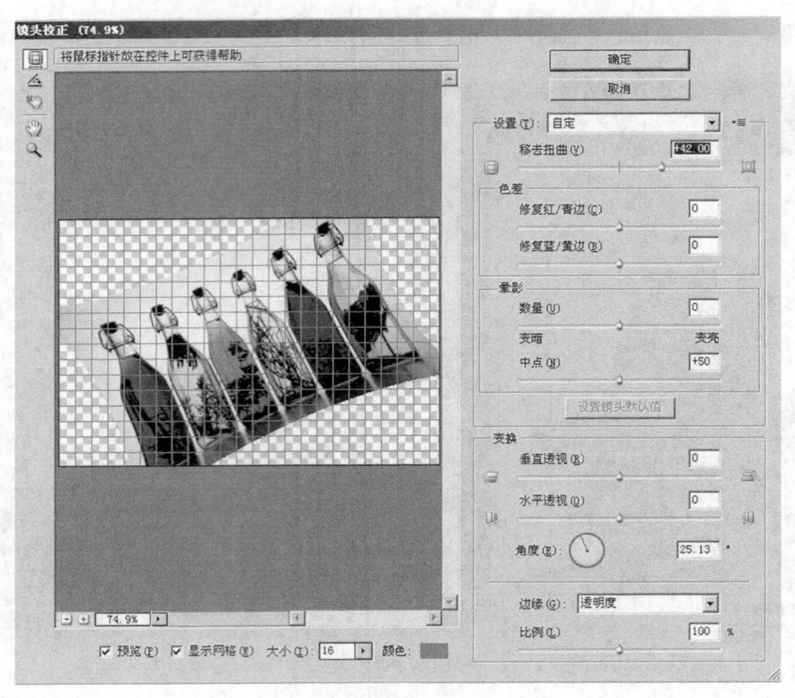

图 8-36

实例练习——水中倒影

（1）按“D”键设置前景色为黑色、背景色为白色，按“Ctrl+O”快捷键，打开光盘中的“Ch08 > 素材> 实例练习>水中倒影素材.jpg”文件，如图 8-37 所示。

（2）执行“图像” > “画布大小”命令，在打开的对话框中设置相对高度为 9cm，如图 8-38 所示的。单击“确定”按钮，得到图 8-39 所示的效果。

图 8-37

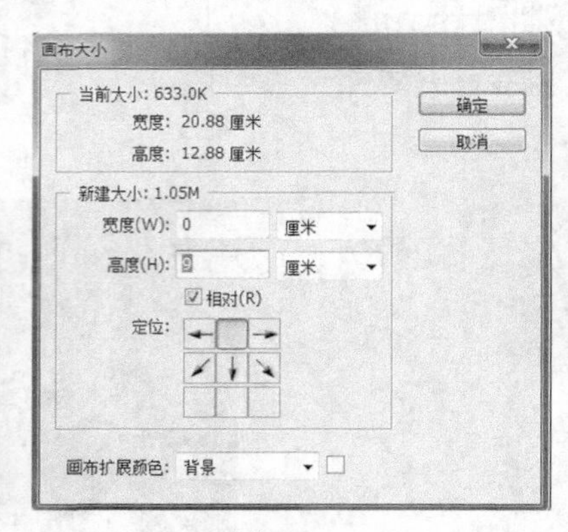

图 8-38

图 8-39

（3）在“工具箱”中选择“魔棒工具”，在图像白色画布上单击，执行“选择” > “反选”命令将图像选中。单击鼠标右键选择“通过拷贝的图层”命令，将所选区域复制到“图层 1”上，这时“图层”面板就呈现图 8-40 所示的效果。

（4）执行“编辑” > “变换” > “垂直反转”命令，将“图层 1”中的对象进行反转。垂直向下拖动“图层 1”的图像内容，将它置于水中倒影的位置，如图 8-41 所示。

图 8-40

图 8-41

（5）在“图层 1”中按下“Ctrl+T”快捷键进行自由变换，使所选图像充满湖水的区域，并缩小图像的高度，效果如图 8-42 所示。

（6）在“图层 1”中执行“滤镜”>“扭曲”>“波纹”命令，在打开的“波纹”滤镜对话框中进行设置如图 8-43 所示，单击“确定”按钮后得到图 8-44 所示的倒影效果。

图 8-42

图 8-43

图 8-44

（7）执行“滤镜”>“模糊”>“动感模糊”命令，在打开的对话框中设置“角度”为 90，“距离”为 10 像素。选择“矩形选框工具”，在倒影区域绘制一个矩形框，修改“羽化半径”为 5 像素，如图 8-45 所示。

图 8-45

（8）执行“滤镜”>“扭曲”>“水波”命令，在打开的对话框中进行图 8-46 所示的设置，单击“确定”按钮，并将“图层”面板中“图层 1”的“不透明度”设置为 85%，最终得到图 8-47 所示的效果。

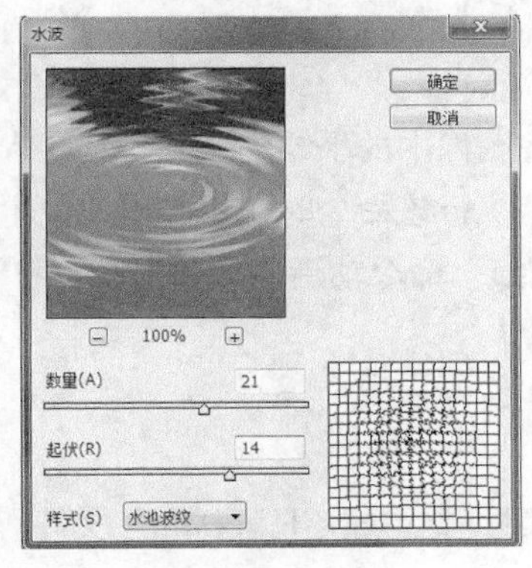

图 8-46

图 8-47

8.2.3 “杂色”滤镜

“杂色”滤镜组中的滤镜用于添加或去掉图像中的杂点。使用该滤镜可以创建不同寻常的纹理，或去掉图像中有缺陷的区域，如图像扫描时带来的一些灰尘或原稿上的划痕等，也可用这些滤镜生成一些特殊的底纹。

（1）中间值：通过混合选区中像素的亮度来减少图像的杂色。此滤镜在消除或减少图像的动感效果时非常有用。图 8-48 所示为执行“中间值”命令前后的效果对比。

（2）减少杂色：“减少杂色”命令是在基于影响整个图像或各个通道的用户设置保留边缘的同时减少杂色。

（3）去斑：“去斑”滤镜用于检测图像的边缘（发生显著颜色变化的区域），并模糊出那些边缘外的所有选区。该模糊操作会移去杂色，同时保留细节。图 8-49 所示为执行“去斑”命令前后的效果对比。

图 8-48

图 8-49

（4）添加杂色：使用“添加杂色”命令可以将一定数量的杂色以随机的方式引入图像中，并可以使混合时产生的色彩有散漫的效果。图 8-50 所示为执行“添加杂色”命令前后的效果对比。

图 8-50

（5）蒙尘与划痕：选择“蒙尘与划痕”命令可以查找图像中的小缺陷，并将其融入周围的图像中，使其在清晰化的图像和隐藏的缺陷之间达到平衡。执行该命令时，将弹出“蒙尘与划痕”对话框，如图 8-51 所示。图 8-52 所示为执行“蒙尘与划痕”命令前后的效果对比。

实例练习——飘雪的冬日

通过设置画笔、“添加杂色”命令绘制不同的雪花。

（1）按“Ctrl+O”快捷键，打开光盘中的“Ch08 > 素材>飘雪的冬日素材.tif”文件，如图 8-53 所示。

（2）在“图层”面板中，使用鼠标将“背景”层拖曳至底部右侧的“创建新的图层”按钮，复制两个“背景副本”层。单击最上方的“背景 副本 2”层，如图 8-54 所示。

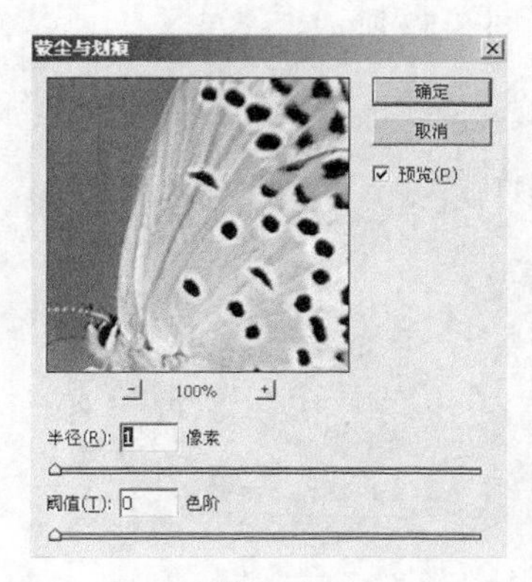

图 8-51

图 8-52

图 8-53

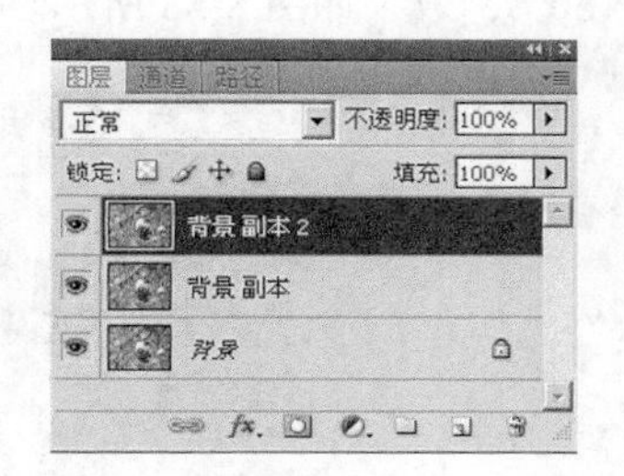

图 8-54

（3）在“图像”菜单中，执行“调整”>“去色”命令，将图像转换为黑白图像，如图 8-55 所示。

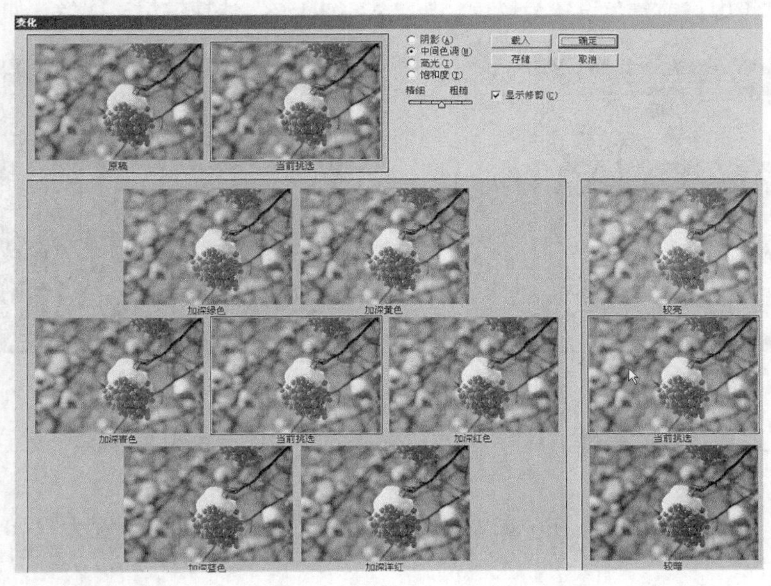

图 8-55

（4）在“图像”菜单中，执行“调整”>“变化”命令，分别单击“加深青色”和“加深蓝色”按钮，如图 8-56 所示。

（5）单击“确定”按钮，黑白图像将转换为双色调图像，如图 8-57 所示。

图 8-56

图 8-57

（6）在“图层”面板中将“背景 副本”层的“混合模式”设置为“柔光”，将“不透明度”设置为 60%，效果如图 8-58 所示。

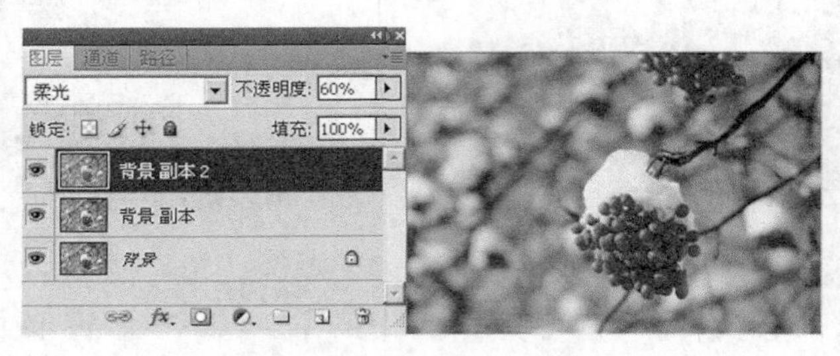

图 8-58

（7）在“图层”面板中，单击“创建新的图层”按钮，新建“图层 1”，如图 8-59 所示。

（8）在工具箱中将前景色设置为黑色，按“Alt+Delete”快捷键填充图像，如图 8-60 所示。

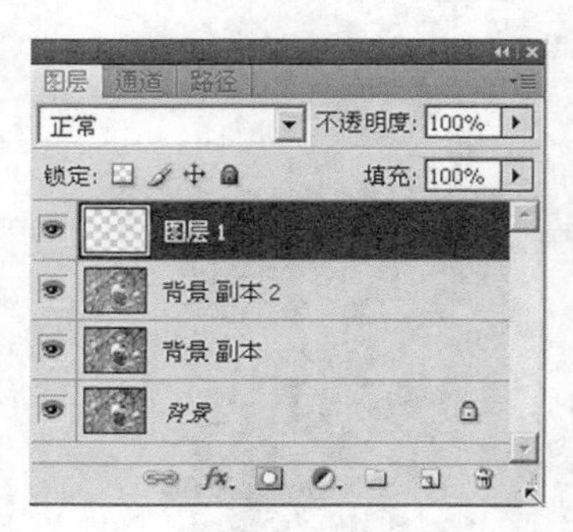

图 8-59

图 8-60

（9）选择工具箱中的“画笔工具”，并在选项栏中将选项设置为 30 像素，然后单击“切换画面面板”按钮。

（10）弹出“画笔”面板，在“形状动态”中将“大小抖动”设置为 100%，如图 8-61 所示。

（11）在“散布”中将“散布”设置为 1000%，如图 8-62 所示。

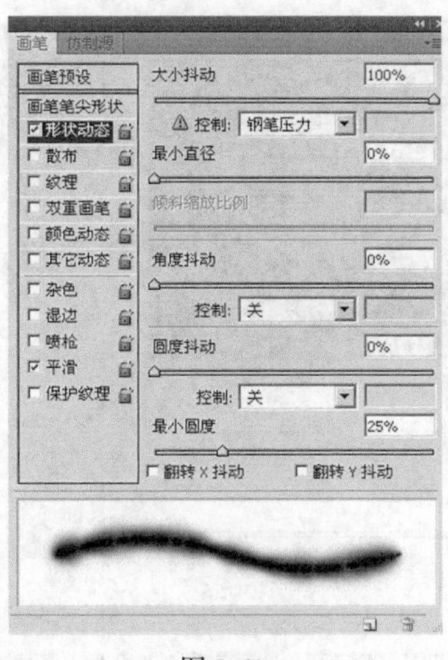

图 8-61

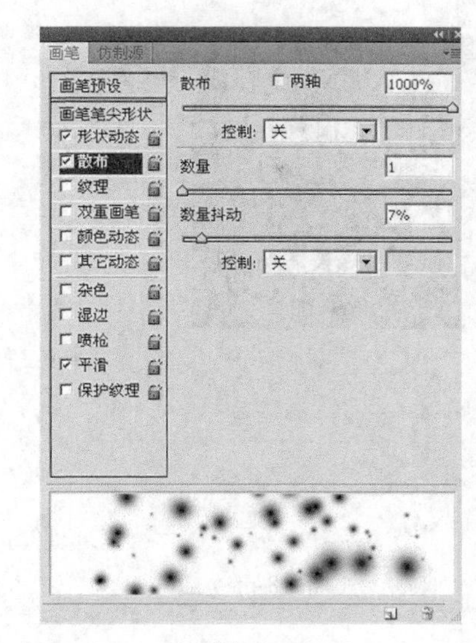

图 8-62

（12）在“其他动态”中将“不透明度抖动”设置为 100%，使画笔变为透明，完成雪花的画笔形状，如图 8-63 所示。

（13）在工具箱中将前景色设置为白色，在黑色背景上拖动，绘制雪花，如图 8-64 所示。

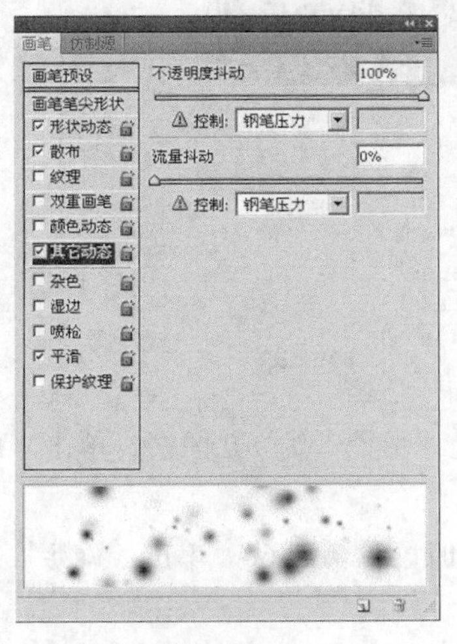

图 8-63

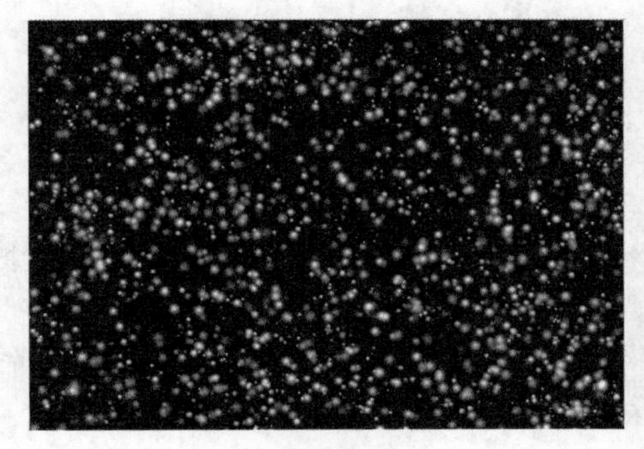

图 8-64

（14）为了制作出逼真的下雪场景，绘制的雪花形状应该有所区别。下面将使用滤镜绘制雪花。执行“滤镜”>“杂色”>“添加杂色”命令，设置“数量”为 3%、“分布”为“平均分布”，选中“单色”复选框，单击“确定”按钮，如图 8-65 所示。

（15）执行“滤镜”>“模糊”>“动感模糊”命令，设置“角度”为 50°、“距离”为 10 像素，单击“确定”按钮，如图 8-66 所示。

（16）在“图层”面板中单击“创建新的图层”按钮，新建“图层 2”，如图 8-67 所示。

（17）在工具箱中将前景色设置为黑色，按“Alt+Delete”快捷键填充图像。执行“滤镜”>“杂色”>“添加杂色”命令，设置“数量”为 30%、“分布”为“高斯分布”，选中“单色”复选框，单击“确定”按钮，如图 8-68 所示。

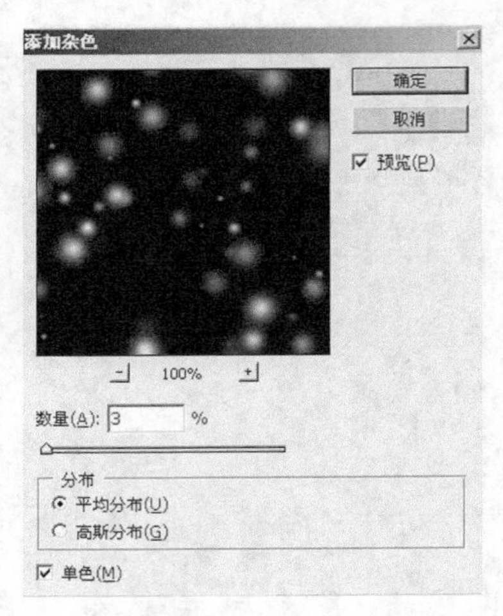

图 8-65

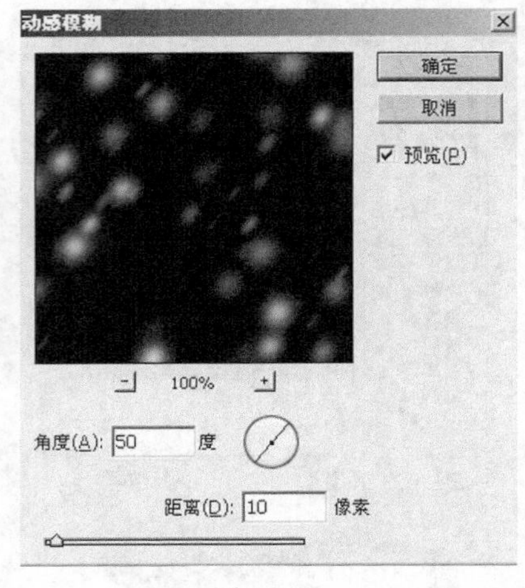

图 8-66

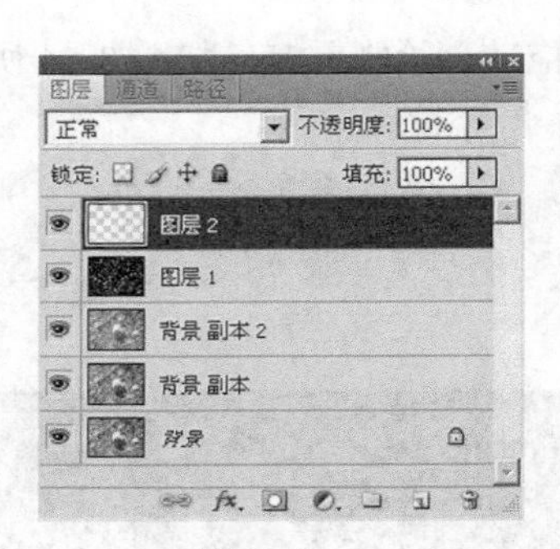

图 8-67

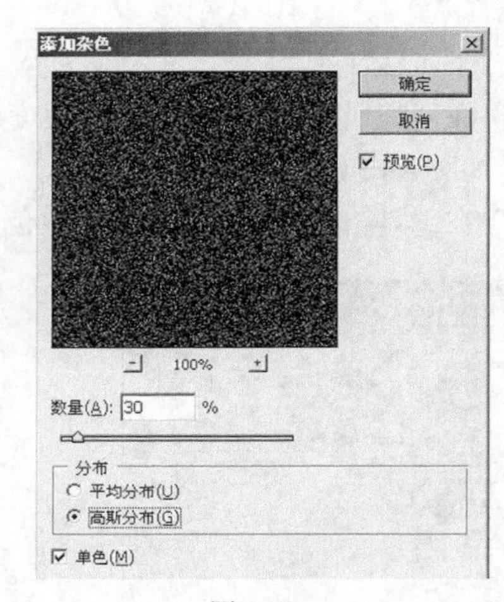

图 8-68

（18）执行“滤镜” > “模糊” > “高斯模糊”命令，设置“半径”为 1.0 像素，单击“确定”按钮，如图 8-69 所示。

（19）执行“图像” > “调整” > “阈值”命令，设置“阈值色阶”为 60，单击“确定”按钮，如图 8-70 所示。

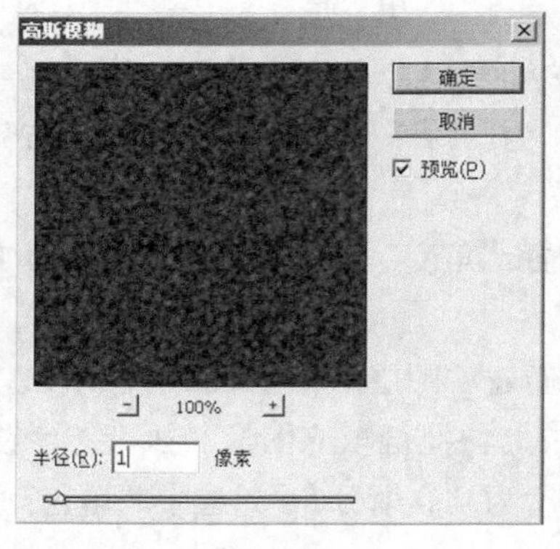

图 8-69

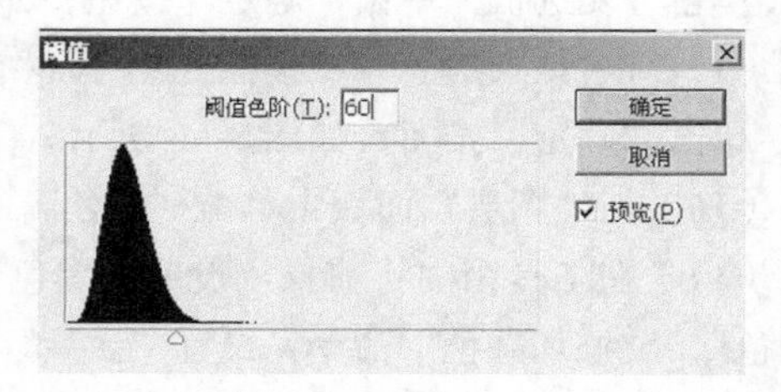

图 8-70

（20）执行“滤镜”>“模糊”>“高斯模糊”命令，设置“半径”为 1.0 像素，单击“确定”按钮，如图 8-71 所示。

（21）执行“滤镜”>“模糊”>“动感模糊”命令，弹出“动感模糊”对话框。设置“角度”为 50 度、“距离”为 10 像素，单击“确定”按钮，如图 8-72 所示。

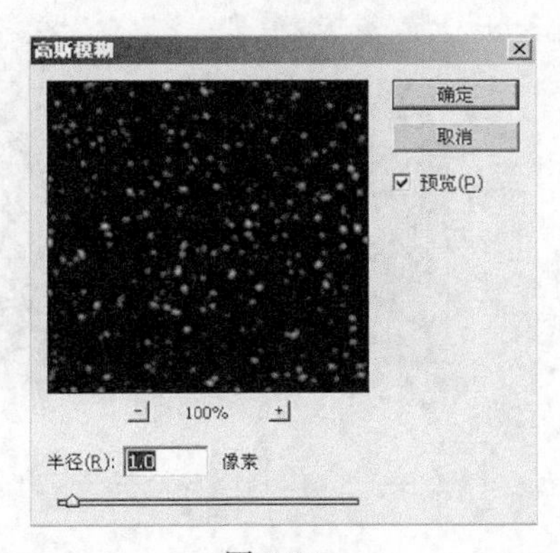

图 8-71

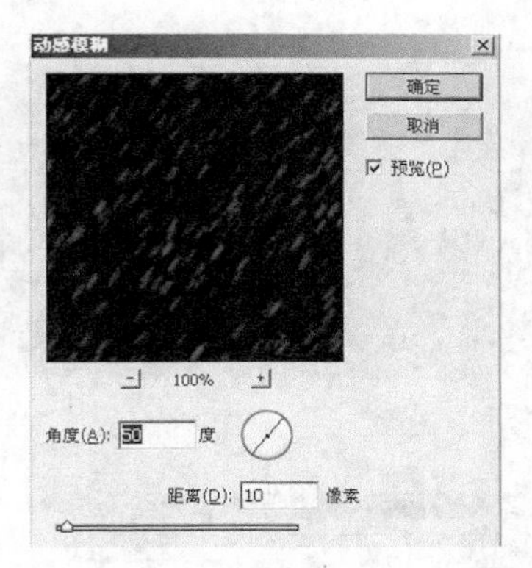

图 8-72

（22）在“图层”面板中将“图层 1”和“图层 2”的混合模式设置为“滤色”，如图 8-73 所示。

（23）这样就完成了冬天里的一场雪，最终效果如图 8-74 所示。

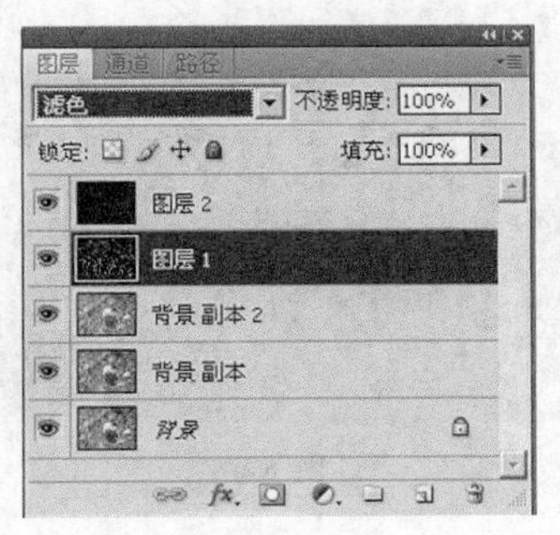

图 8-73

图 8-74

8.2.4 “模糊”滤镜

使用“模糊”滤镜组可以对图像进行模糊处理，可以利用此滤镜组来突出画面中的某一部分；对画面中颜色变化较大的区域进行模糊，可以使画面变得较为柔和平滑；同样可以利用此滤镜组去除画面中的杂色。

（1）动感模糊：使用“动感模糊”命令可以使图像产生模糊运动的效果，类似于物体高速运动时曝光的摄影手法。图 8-75 所示为使用该命令前后的画面效果对比。

（2）平均：“平均”命令用于找出图像或选区的平均颜色，然后用该颜色填充图像或选区以创建平滑的外观。例如，如果选择了绿叶区域，该滤镜会将该区域更改为一块平滑的绿色，如图 8-76 所示。

（3）形状模糊：“形状模糊”命令是使用指定的形状内核来创建模糊。执行该命令时，将弹出“形状模糊”对话框，如图 8-77 所示。从“自定形状预设”列表中选取一种形状，并使用“半径”

滑块来调整其大小，半径决定了内核的大小，内核越大，模糊效果越好。单击三角形按钮，从其列表中进行选取，可以载入不同的形状库。图 8-78 所示为执行“形状模糊”命令后形成的最终效果。

图 8-75

图 8-76

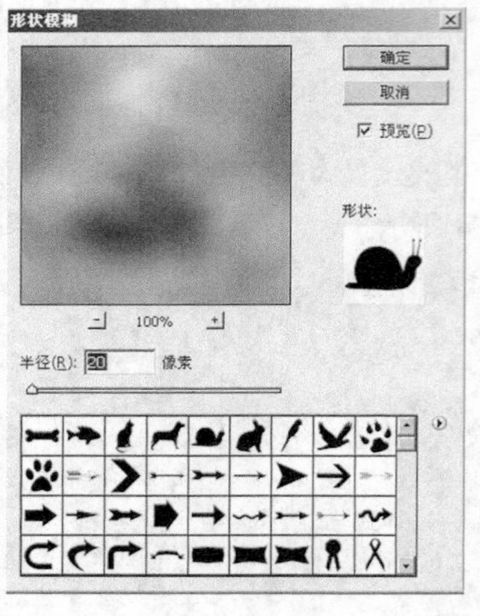

图 8-77

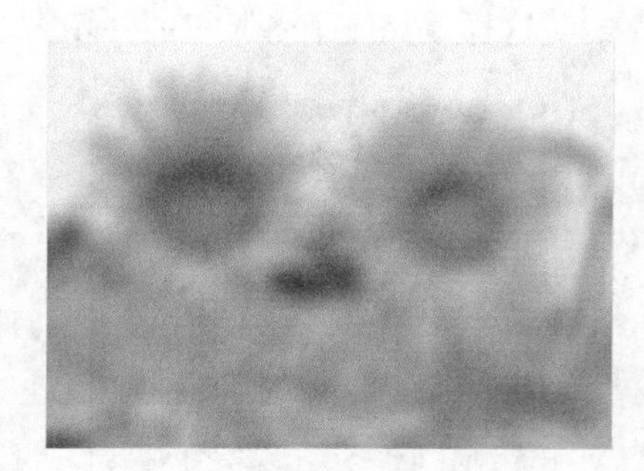

图 8-78

（4）径向模糊：使用“径向模糊”命令可以使图像产生旋转或放射的模糊运动效果。执行该命令时，将弹出“径向模糊”对话框，如图 8-79 所示。图 8-80 所示为执行“径向模糊”命令后形成的最终效果。

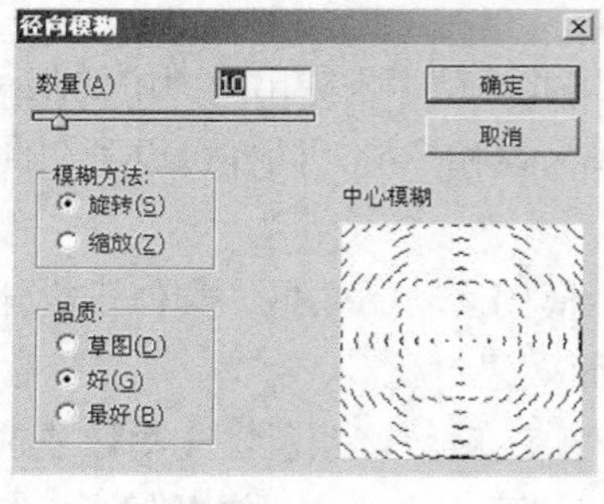

图 8-79

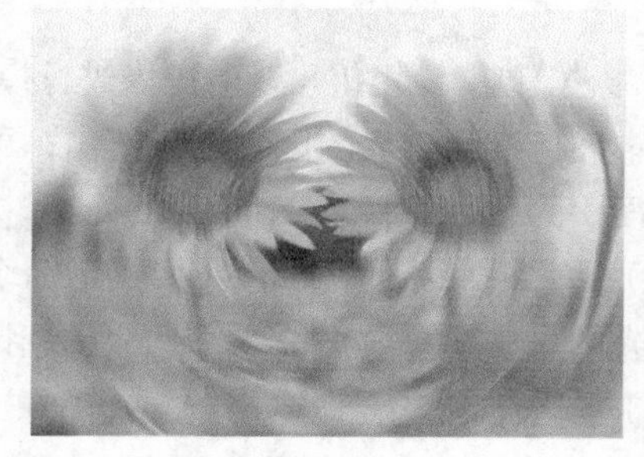

图 8-80

（5）方框模糊：“方框模糊”命令是在相邻像素的平均颜色值的基础上来模糊图像，此滤镜用于创建特殊效果。可以调整用于计算给定像素的平均值的区域大小，半径越大，产生的模糊效果越好。

（6）模糊：选择“模糊”命令可以使图像产生极其轻微的模糊效果，只有多次使用此命令后才可以看出图像模糊的效果。直接执行此命令，系统将自动对图像进行处理。

（7）特殊模糊：当画面中有微弱变化的区域时，便可以使用“特殊模糊”命令。执行“特殊模糊”命令，弹出“特殊模糊”对话框，如图 8-81 所示，将只对有微弱颜色变化的区域进行模糊，不对边缘进行模糊，可以使图像中原来较清晰的区域不变，原来较模糊的区域更为模糊。如果选择“叠加边缘”模式会把当前图像一些纹理的边缘变为白色，图 8-82 所示为选择“叠加边缘”模式进行特殊模糊的效果。

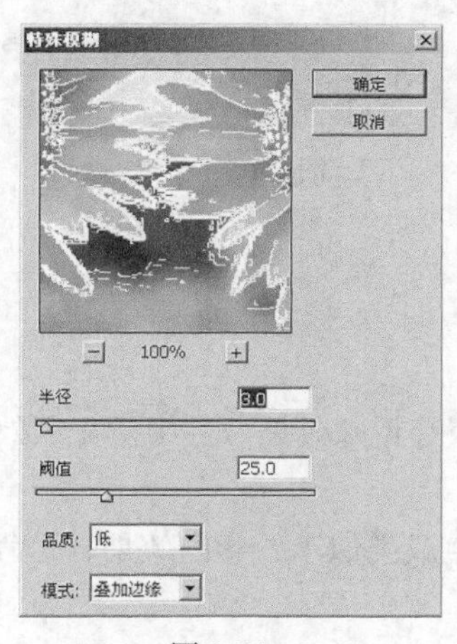

图 8-81

图 8-82

（8）表面模糊：“表面模糊”在保留边缘的同时模糊图像，此滤镜用于创建特殊效果，并消除杂色或粒度。执行该命令时，将弹出“表面模糊”对话框，如图 8-83 所示。图 8-84 所示为执行“表面模糊”命令后形成的最终效果。

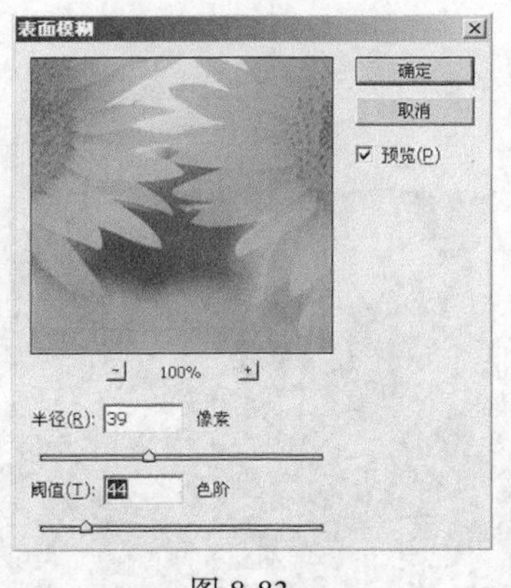

图 8-83

图 8-84

（9）进一步模糊：使用“进一步模糊”命令与“模糊”命令对图像所产生的模糊效果基本相同，但使用“进一步模糊”命令要比“模糊”命令产生的图像模糊效果更加明显。

（10）镜头模糊：“镜头模糊”命令向图像中添加模糊以产生更窄的景深效果，以便使图像中的一些对象在焦点内，而使另一些区域变模糊。

（11）高斯模糊：用户可以直接根据高斯算法中的曲线调节像素的色值，通过控制模糊半径控制模糊程度，造成难以辨认的浓厚的图像模糊。该滤镜主要用于制作阴影、消除边缘锯齿、去除明显边界和突起。图 8-85 和图 8-86 所示为执行“高斯模糊”命令前后的效果对比。

图 8-85

图 8-86

8.2.5 “渲染”滤镜

使用“渲染”滤镜组可以在画面中制作立体、云彩和光照等特殊效果。其中“光照效果”命令可以绘制出非常漂亮的纹理图像。

（1）云彩：“云彩”命令是根据前景色与背景色在画面中生成类似于云彩的效果，此命令没有对话框，每次使用此命令时，所生成画面效果都会有所不同。

（2）光照效果：选择“光照效果”命令，可绘制出多种奇妙的灯光纹理效果。执行该命令时，将弹出“光照效果”对话框，如图 8-87 所示。图 8-88 所示为执行“光照效果”命令后形成的最终效果。

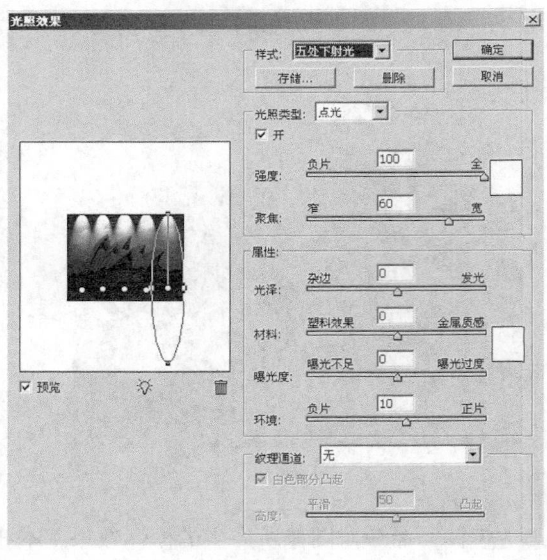

图 8-87

图 8-88

（3）分层云彩：“分层云彩”命令是根据当前图像的颜色，产生与原图像有关的云彩效果，其方式与“差值”模式混合颜色的方式相同。图 8-89 和图 8-90 所示为使用“分层云彩”命令前后的效果对比。

图 8-89

图 8-90

（4）纤维："纤维"命令是根据前景色与背景色在画面中生成类似于纤维的效果。此命令没有对话框，每次使用此命令时，所生成画面效果都会有所不同，其原理与"云彩"命令相似。图 8-91 和图 8-92 所示为执行"纤维"命令前后的效果对比。

图 8-91

图 8-92

（5）镜头光晕：选择"镜头光晕"命令可以使图像产生摄像机镜头的眩光效果。执行该命令时，将弹出"镜头光晕"对话框，图 8-93 和图 8-94 所示为使用"镜头光晕"命令前后的画面效果对比。

图 8-93

图 8-94

实例练习——制作天空效果

（1）执行"文件" > "新建"命令，新建一个名为"天空"的文件，如图 8-95 所示。

（2）按"D"键默认前景色与背景色，在"图层"面板中新建"图层 1"。执行"滤镜" > "渲染" > "云彩"命令，制作出不规则的黑白云雾效果，并按"Ctrl+F"快捷键重复执行"云彩"命令大约 5 次左右，效果如图 8-96 所示。

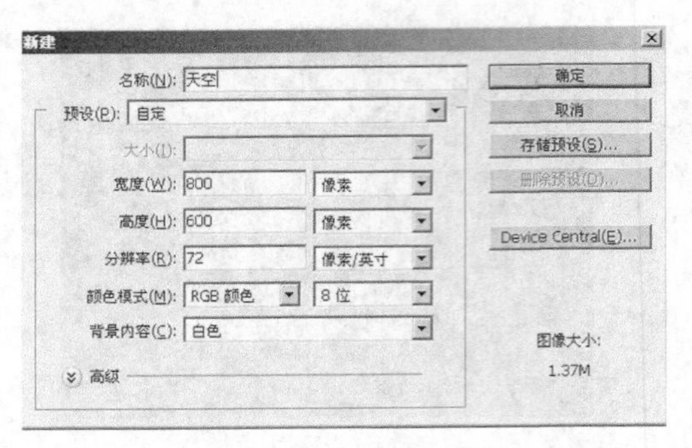

图 8-95

图 8-96

（3）执行“图像”>“调整”>“色阶”命令，设置“输入色阶”为 90、1.00、220，单击“确定”按钮确定，如图 8-97 所示。

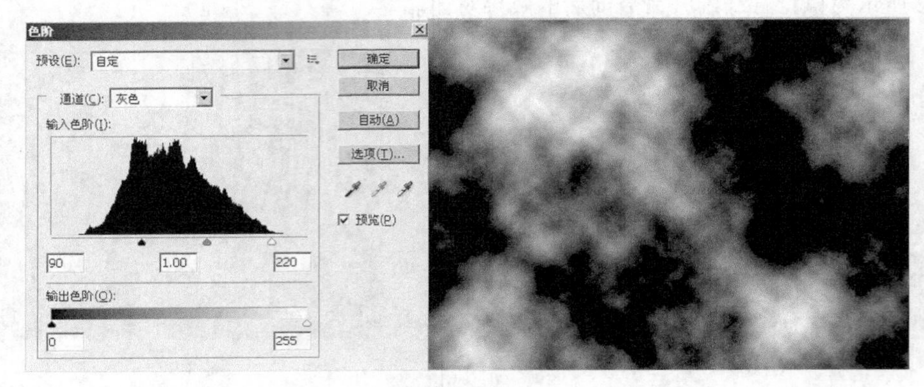

图 8-97

（4）在“图层”控制面板中单击“图层 1”前的显示图标，隐藏该层，当前选择“背景”层，如图 8-98 所示。

（5）分别单击前景色与背景色图标，在弹出的拾色器中将前景色与背景分别设置为蓝色（#4569B2）、淡蓝色（#93D4F5）。使用“渐变工具”，在画布中由上而下拉出渐变色，效果如图 8-99 所示。

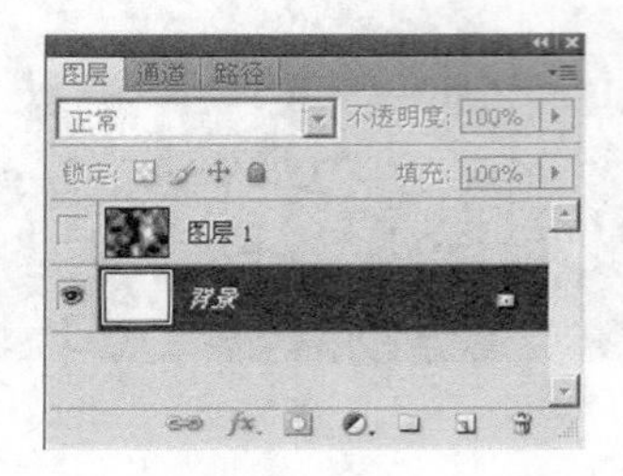

图 8-98

图 8-99

（6）显示并选择“图层 1”，切换至“通道”面板，按“Ctrl”键单击 RGB 通道，根据图像的亮度指定选区，如图 8-100 所示。

（7）切换至“图层”控制面板，按“D”键默认前景色与背景色，将“图层 1”更名为“云”层，再新建一个图层，如图 8-101 所示。

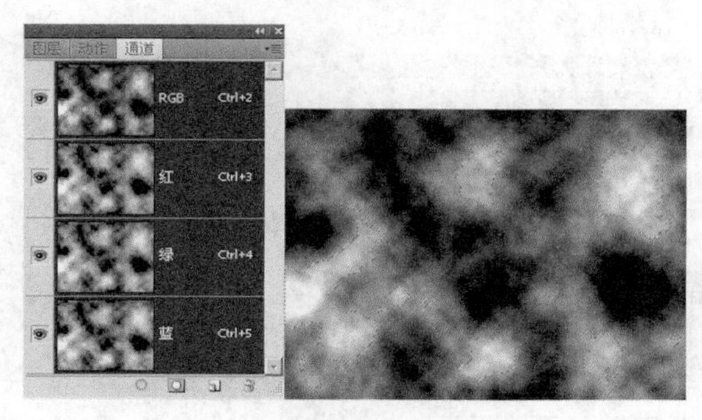

图 8-100

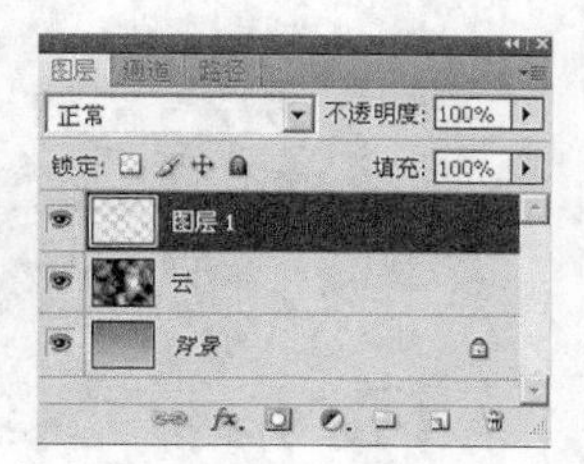

图 8-101

（8）确定当前选择“图层 1”，按“Ctrl+Delete”快捷键将选区填充为白色，单击“云”层前的显示图标隐藏该层，按“Ctrl+Delete”快捷键取消选区，如图 8-102 所示，制作出天空效果。

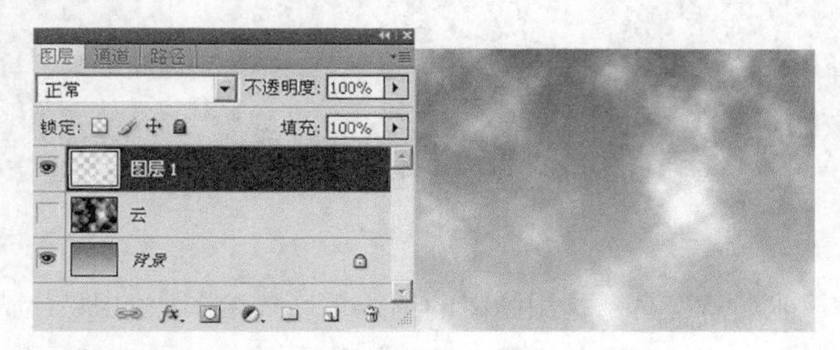

图 8-102

8.2.6 “画笔描边”滤镜

运用“画笔描边”滤镜组可以使图像产生绘画效果，在图形中增加颗粒、杂色或纹理，而使图像产生多样的绘画效果。

（1）喷溅：使用“喷溅”命令可以在图像中产生颗粒飞溅的效果。执行该命令时，将弹出“喷溅”对话框，图 8-103 和图 8-104 所示为使用“喷溅”命令前后的画面效果对比。

图 8-103

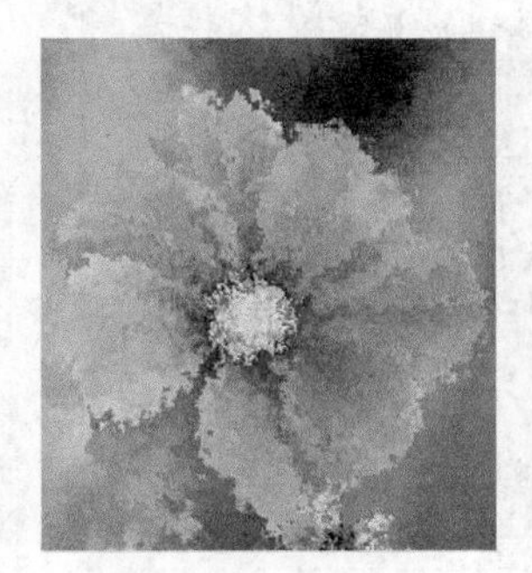

图 8-104

（2）喷色描边：“喷色描边”命令是用颜料按照一定的角度在画面中喷射，以重新绘制图像。执行该命令时，将弹出“喷色描边”对话框，如图 8-105 所示，在对话框的左边可以预览执行“喷色描边”命令后的画面效果。

图 8-105

（3）墨水轮廓："墨水轮廓"命令是用圆滑的细线重新描绘图像的细节，从而使图像产生钢笔油墨画的风格。执行该命令时，将弹出"墨水轮廓"对话框，如图 8-106 所示，在对话框的左边可以预览执行"墨水轮廓"命令后的画面效果。

图 8-106

（4）强化的边缘：选择"强化的边缘"命令可以对图像中不同颜色之间的边缘进行加强处理。执行该命令时，将弹出"强化的边缘"对话框，如图 8-107 所示，在对话框左边可以预览执行"强化的边缘"命令后的画面效果。

图 8-107

（5）成角的线条：当选择“成角的线条”命令时，系统将以对角线方向的线条描绘图像。在画面中较亮的区域与较暗的区域分别使用两种不同角度的线条进行描绘。执行该命令时，将弹出“成角的线条”对话框，如图 8-108 所示，在对话框的左边可以预览执行“成角的线条”命令后的画面效果。

图 8-108

（6）深色线条：“深色线条”命令可以在画面中用短而密的线条绘制图像中的深色区域，用较长的白色线条描绘图像的浅色区域。执行该命令时，将弹出“深色线条”对话框，如图 8-109 所示，在对话框的左边可以预览执行“深色线条”命令后的画面效果。

图 8-109

（7）烟灰墨："烟灰墨"命令可以使图像产生一种类似于毛笔在宣纸上绘画的效果。执行该命令时，将弹出"烟灰墨"对话框，如图 8-110 所示，在对话框的左边可以预览执行"烟灰墨"命令后的画面效果。

图 8-110

（8）阴影线："阴影线"命令可以使图像中产生一种类似于用铅笔绘制交叉线的效果，以此将画面中的颜色边界加以强化和纹理化。执行该命令时，将弹出"阴影线"对话框，如图 8-111 所示，在对话框的左边可以预览执行"阴影线"命令后的画面效果。

图 8-111

8.2.7 “素描”滤镜

（1）便条纸：“便条纸”命令可以使用当前前景色、背景色创建一种立体效应，以模拟真实凹凸的便条纸。它适用于简单的黑白插图，或从一幅灰度图快速创建立体的彩色效果。图 8-112 和图 8-113 所示为使用“便条纸”命令前后的效果对比。

图 8-112

图 8-113

（2）半调图案：选择“半调图案”命令可根据当前工具箱中的前景色与背景色重新给图像添加颜色，使图像产生一种网纹图案的效果。图 8-114 所示为使用“半调图案”命令后的效果。

（3）图章：使用“图章”命令图像所产生的效果与现实中的图章相似。在进行印章的模拟时，图像部分为前景色，其余部分为背景色。图 8-115 所示为使用“图章”命令后的效果。

（4）基底凸现：“基底凸现”命令用于使图像产生凹凸起伏的雕刻效果，且用前景色对画面中的较暗区域进行填充，较亮区域用背景色进行填充。图 8-116 所示为使用“基底凸现”命令后的效果。

图 8-114

图 8-115

（5）塑料效果：使用“塑料效果”命令可以用前景色和背景色给图像上色，并且对图像中的亮部进行凹陷，暗部进行凸出，从而生成塑料效果。图 8-117 所示为使用“塑料效果”命令后的效果。

图 8-116

图 8-117

（6）影印：用“影印”命令可以模仿由前景色和背景色两种不同颜色影印图像的效果。图 8-118 所示为使用“影印”命令后的效果。

（7）撕边：使用“撕边”命令可以使图像产生用粗糙的颜色边缘模拟碎纸片的效果。图 8-119 所示为使用“撕边”命令后的效果。

图 8-118

图 8-119

（8）水彩画纸："水彩画纸"命令用于产生潮湿的纸上作画的溢出混合效果。图 8-120 所示为使用"水彩画纸"命令后的效果。

（9）炭笔：使用"炭笔"命令可以用前景色在背景色上重新绘制图案。在绘制的图像中，用粗线绘制图像的主要边缘，用细线绘制图像的中间色调。图 8-121 所示为使用"炭笔"命令后的效果。

图 8-120

图 8-121

（10）炭精笔："炭精笔"命令产生的效果类似于用前景色绘制画面中较暗的部分，用背景色绘制画面中较亮的部分，产生蜡笔绘制的感觉。图 8-122 所示为使用"炭精笔"命令后的效果。

（11）粉笔和炭笔：执行"粉笔和炭笔"命令，可以使用前景色在图像上绘制出粗糙高亮区域，使用背景色在图像上绘制出中间色调，使用的前景色为炭笔，背景色为粉笔。图 8-123 所示为使用"粉笔和炭笔"命令后的效果。

图 8-122

图 8-123

（12）绘图笔：使用"绘图笔"命令可以用前景色以对角方向重新绘制图像。图 8-124 所示为使用"绘图笔"命令后的效果。

（13）网状：使用"网状"命令可以产生透过网格向背景色上绘制半固体的前景色效果。图 8-125 所示为使用"网状"命令后的效果。

（14）铬黄渐变：使用"铬黄渐变"命令可以根据原图像的明暗分布情况产生磨光的金属效果。图 8-126 所示为使用"铬黄渐变"命令后的效果。

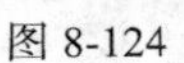
图 8-124

图 8-125

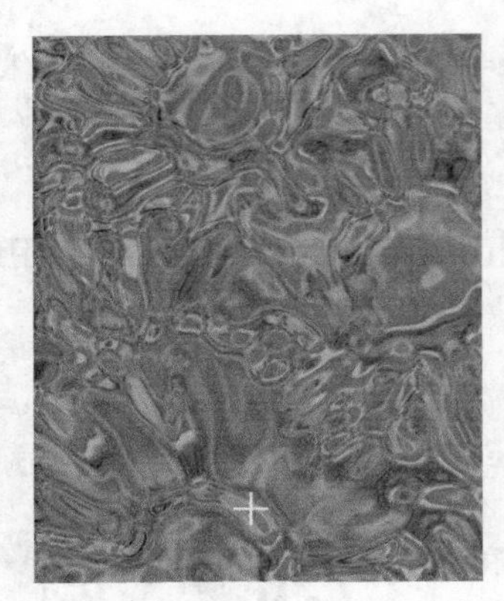

图 8-126

实例练习——水彩画效果

（1）按“Ctrl＋O”快捷键，打开光盘中的“Ch08＞素材>水彩画素材.jpg”文件，如图 8-127 所示。

（2）执行“滤镜”＞“素描”＞“水彩画纸”命令，在“水彩画纸”滤镜的对话框中设置“纤维长度”为 10、“亮度”为 62、“对比度”为 79，单击“确定”按钮，效果如图 8-128 所示。

图 8-127

图 8-128

（3）单击“通道”面板下部的“新建通道”按钮，新建一个名为 Alpha1 的通道，并用黑色填充。

（4）执行“滤镜”＞“杂色”＞“添加杂色”命令，设置“数量”为 50%、“分布”为“高斯分布”，选中“单色”复选框，效果如图 8-129 所示。

（5）执行“图像”＞“调整”＞“反相”命令来反转图像的黑白，效果如图 8-130 所示。

图 8-129

图 8-130

（6）执行“滤镜”＞“模糊”＞“高斯模糊”命令，设置“模糊半径”为 0.5 像素，效果如图 8-131 所示。

（7）选择“图层”面板，选中“背景”图层，执行“滤镜”>“渲染”>“光照效果”命令，设置“样式”为“默认”、“光照类型”为“平行光”、“强度”为 50、“纹理通道”为 Alpha1、“高度”为 1，其他数值使用默认设置，最终效果如图 8-132 所示。

图 8-131

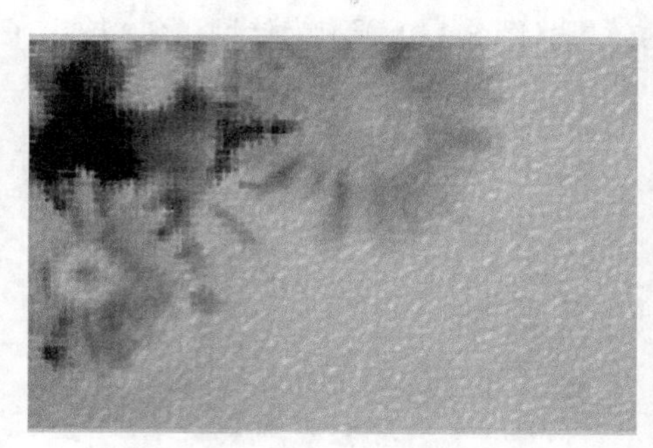

图 8-132

8.2.8 “纹理”滤镜

（1）拼缀图：使用“拼缀图”命令可以将图像分为若干的小方块，如同现实中的瓷砖。图 8-133 和图 8-134 所示为使用“拼缀图”命令后的前后效果对比。

图 8-133

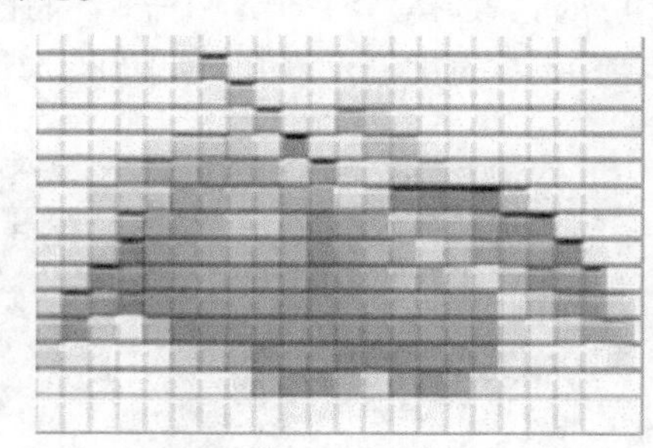

图 8-134

（2）染色玻璃：“染色玻璃”命令用于在画面中生成玻璃的模拟效果，生成玻璃块之间的缝隙将用前景色进行填充，图像中的多个细节将会随玻璃的生成而消失。图 8-135 所示为使用“染色玻璃”命令后的效果。

（3）纹理化：使用“纹理化”命令可以任意选择一种纹理样式，从而在画面中生成一种纹理效果。图 8-136 所示为使用“纹理化”命令后的效果。

（4）颗粒：使用“颗粒”命令可以利用颗粒使画面生成不同的纹理效果，当选择不同的颗粒类型时，画面所生成的纹理不同。图 8-137 所示为使用“颗粒”命令后的效果。

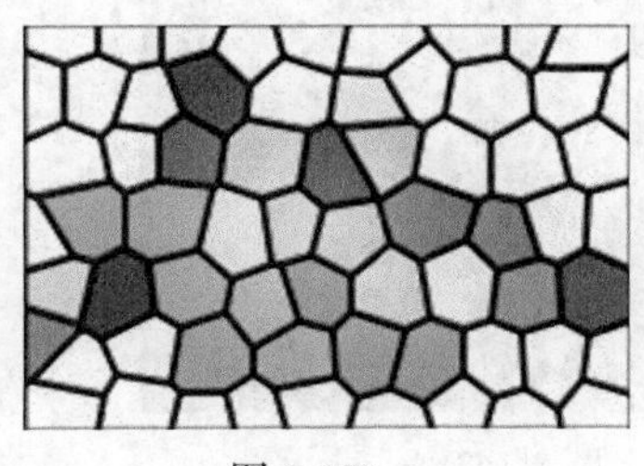

图 8-135

图 8-136

图 8-137

（5）马赛克拼贴：使用“马赛克拼贴”命令可以将画面分割成若干形状的小块，并在小块之间增加深色的缝隙。图 8-138 所示为使用“马赛克拼贴”命令后的效果。

（6）龟裂缝：使用“龟裂缝”命令可使画面上形成许多的纹理，类似于在粗糙的石膏表面绘画的效果。图 8-139 所示为使用“龟裂缝”命令后的效果。

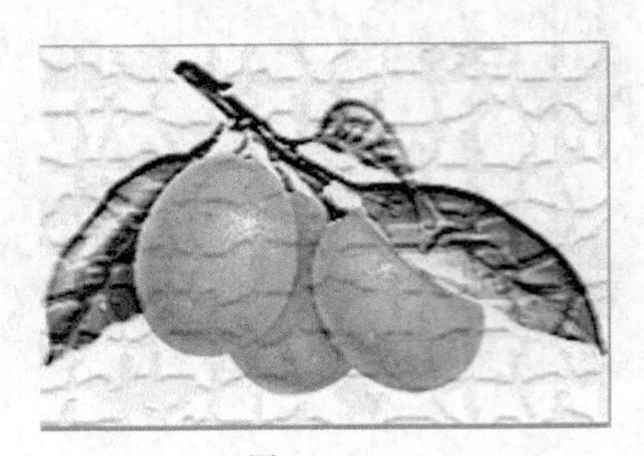

图 8-138

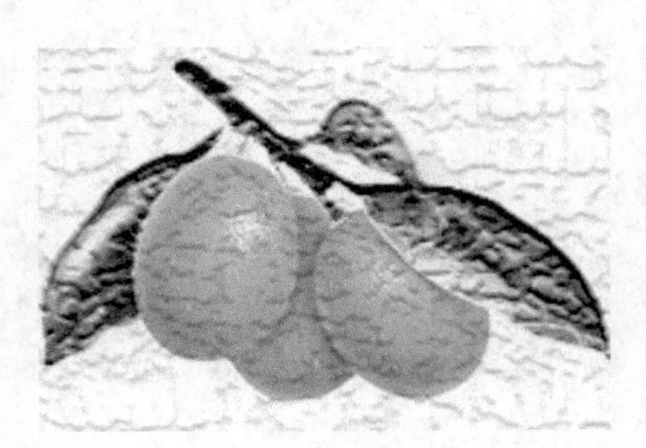

图 8-139

实例练习——边框效果制作

（1）按“Ctrl+O”快捷键，打开光盘中的“Ch08 > 素材>女孩.jpg”文件，如图 8-140 所示。

（2）执行“选择”>“全选”命令，将图片全选。并执行“选择”>“修改”>“边界”命令，根据希望的镜框宽度输入数值，如图 8-141 所示。

图 8-140

图 8-141

（3）对选区填充颜色，RGB 值为（108，74，8），填充后的效果如图 8-142 所示。

（4）执行“滤镜”>“纹理”>“染色玻璃”命令，数值为默认，整体效果如图 8-143 所示。

图 8-142

图 8-143

8.2.9 “艺术效果”滤镜

使用“艺术效果”滤镜组可以使图像产生多种不同风格的艺术效果，其中包括 15 种滤镜命令。

（1）塑料包装：使用“塑料包装”命令可以增加图像中的高光并强化图像中的线条，产生一种表现质感很强的塑料包装效果。原图与使用该命令之后的画面效果对比如图 8-144 和图 8-145 所示。

（2）壁画：使用“壁画”命令可以在图像的边缘添加黑色，并增加反差的饱和度，从而使图像产生古壁画的效果。图 8-146 所示为使用“壁画”命令后的效果。

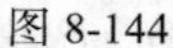

图 8-144

图 8-145

图 8-146

（3）干画笔：使用“干画笔”命令可以通过减少图像的颜色来简化图像的细节，使图像有类似于油画和水彩画之间的效果。图 8-147 所示为使用“干画笔”命令后的效果。

（4）底纹效果：使用“底纹效果”命令可以根据纹理和颜色产生一种纹理喷绘的图像效果，也可以用来创建布料或油画效果。图 8-148 所示为使用“底纹效果”命令后的效果。

（5）彩色铅笔：使用“彩色铅笔”命令可以模拟各种颜色的铅笔在单一颜色的背景上绘制图像，绘制的图像中较明显的边缘被保留，并带粗糙的阴影线外观。图 8-149 所示为使用“彩色铅笔”命令后的效果。

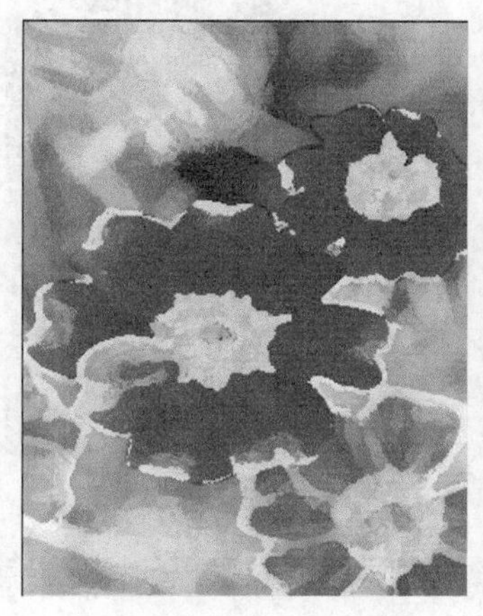

图 8-147

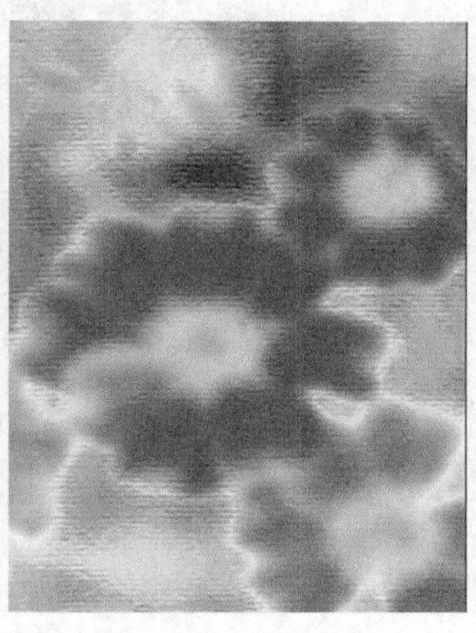

图 8-148

图 8-149

（6）木刻：使用“木刻”命令可以将画面中相近的颜色利用一种颜色进行代替，并且减少画面中原有的颜色，使图像看起来是由几种颜色所绘制而成的。图 8-150 所示为使用“木刻”命令后的效果。

（7）水彩：使用“水彩”命令可以通过简化图像的细节，改变图像边界的色调及饱和图像的颜色等，使其产生一种类似于水彩风格的图像效果。图 8-151 所示为使用“水彩”命令后的效果。

（8）海报边缘：使用“海报边缘”命令可以减少原图像中的颜色，查找图像的边缘，并描成黑色的外轮廓。图 8-152 所示为使用“海报边缘”命令后的效果。

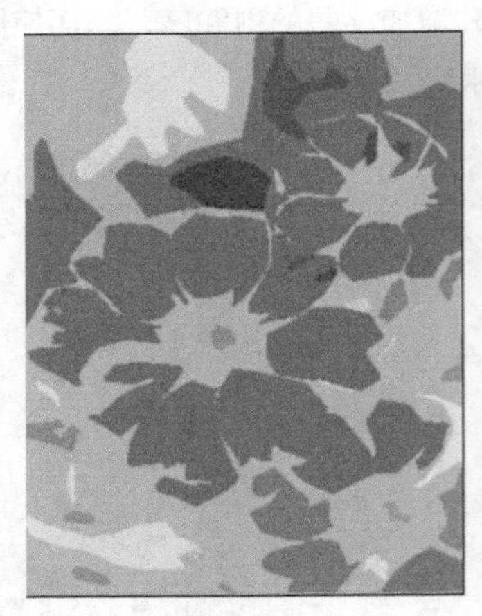

图 8-150

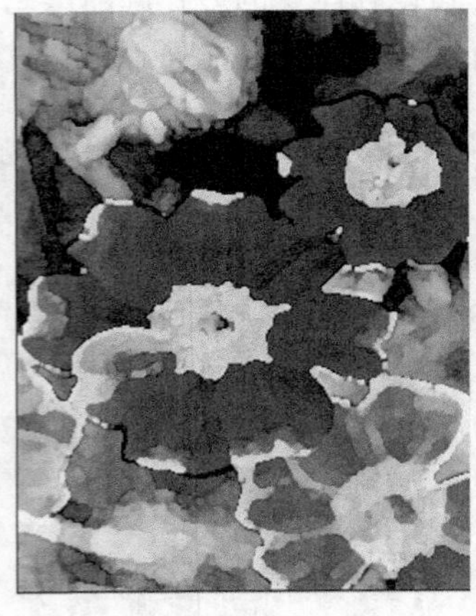

图 8-151

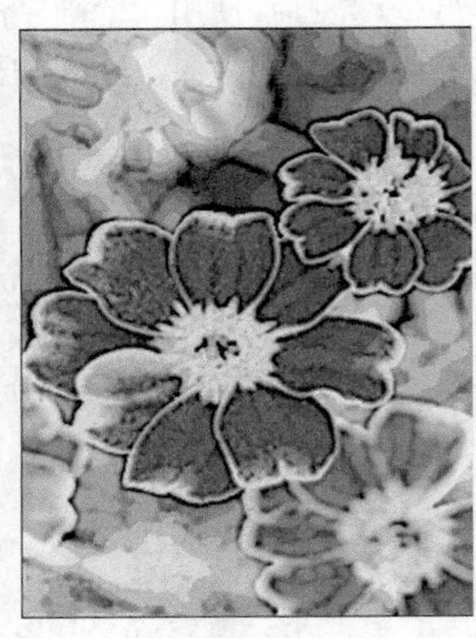

图 8-152

（9）海绵：使用“海绵”命令可以模拟直接使用海绵在画面中绘画的效果，图 8-153 所示为使用“海绵”命令后的效果。

（10）涂抹棒：使用“涂抹棒”命令可以使画面中较暗的区域被密而短的黑色线条涂抹，图 8-154 所示为使用“涂抹棒”命令后的效果。

（11）粗糙蜡笔：使用“粗糙蜡笔”命令可以产生彩色画笔在布满纹理的图像中描绘的效果，图 8-155 所示为使用“粗糙蜡笔”命令后的效果。

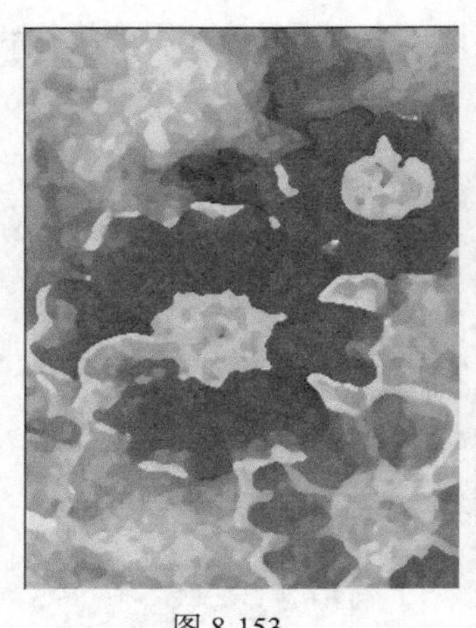

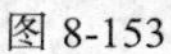

图 8-153

图 8-154

图 8-155

（12）绘画涂抹：“绘画涂抹”命令可以看做是一组滤镜菜单的组合运用，它可以使图像产生模糊的艺术效果。图 8-156 所示为使用“绘画涂抹”命令后的效果。

（13）胶片颗粒：使用“胶片颗粒”命令可以在画面中的暗色调与中间色调之间添加颗粒，使画面看起来色彩更为均匀平衡，图 8-157 所示为使用“胶片颗粒”命令后的效果。

图 8-156

图 8-157

（14）调色刀：使用“调色刀”命令，类似于用刀子刮去图像的细节，从而产生画布的效果。图 8-158 所示为使用“调色刀”命令后的效果。

（15）霓虹灯光：使用“霓虹灯光”命令可以为图像添加类似霓虹灯一样的发光效果，图 8-159 所示为使用“霓虹灯光”命令后的效果。

图 8-158

图 8-159

实例练习——制作油画

（1）按“Ctrl＋O”快捷键，打开光盘中的“Ch08 > 素材> 油画素材.jpg”文件，如图 8-160 所示。

图 8-160

（2）执行“滤镜” > “艺术效果” > “干笔画”命令，设置“画笔大小”为 2、“画笔细节”为 10、“纹理”为 1，单击“确定”按钮，效果如图 8-161 所示。

（3）执行“滤镜” > “艺术效果” > “调色刀”命令，设置“描边大小”为 7、“描边细节”为 3，单击“确定”按钮，效果如图 8-162 所示。

图 8-161

图 8-162

（4）执行“图像”>“调整”>“色彩平衡”命令，弹出“色彩平衡”对话框，选中“阴影”单选项，设置“色阶”值为（-20，0，0），如图 8-163 所示。选中“中间调”单选项，设置“色阶”值为（0，0，-37），如图 8-164 所示。

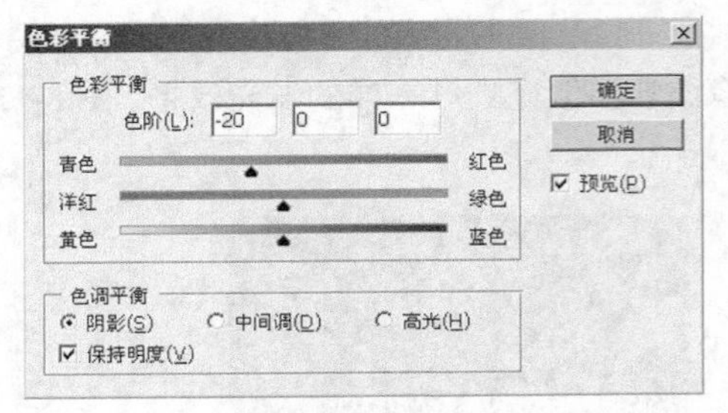

图 8-163

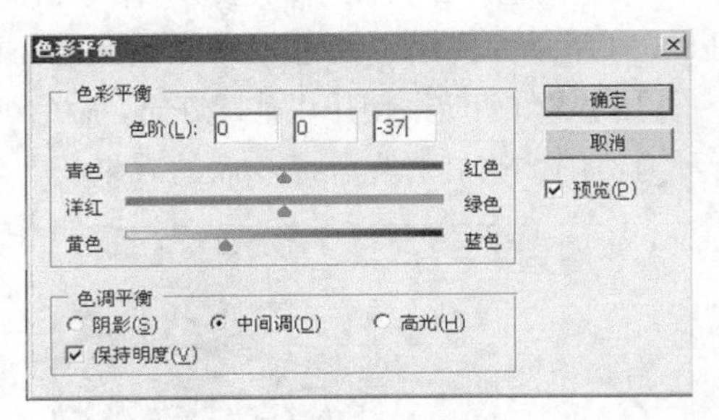

图 8-164

（5）选中“高光”单选项，设置“色阶”值为（0，0，-15），如图 8-165 所示。

（6）执行“滤镜”>“纹理”>“纹理化”命令，在“纹理”下拉列表中选择“粗麻布”选项，设置“缩放”为 82%、“凸现”为 2，在“光照”下拉列表框中选择“左上”选项，单击“确定”按钮，如图 8-166 所示。

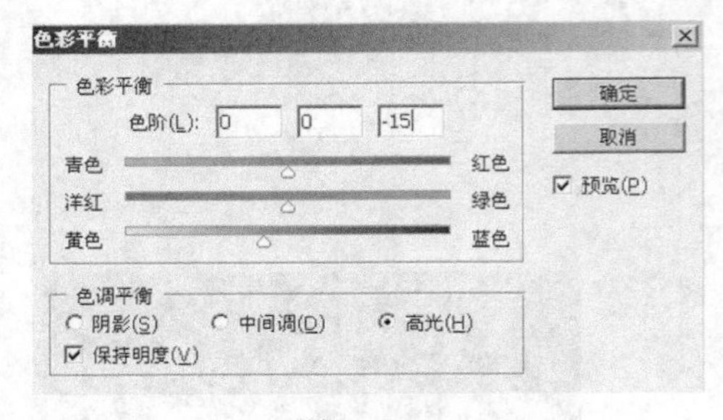

图 8-165

图 8-166

8.2.10 “视频”滤镜

“视频”滤镜有两种，是属于 Photoshop 的外部接口程序，主要用来处理从摄像机输入或是要输出到录像带上的图像。

（1）NTSC 颜色：该滤镜的作用是将图像中的某些颜色转换为适合视频输出的要求，与 NTSC 视频标准相匹配。

（2）逐行：该滤镜可以用来矫正视频图像中锯齿或跳跃的画面，使图像更平滑。

8.2.11 “锐化”滤镜

“锐化”滤镜通过增加相邻像素的对比度来聚焦模糊的图像，使图像更清晰，包括 5 种锐化效果。

（1）USM 锐化：它是显示图像边缘细节的最精巧的方法。它以较低的“半径”值产生较锐利的效果，而高值则产生柔和的、高对比度的效果；较低的“阈值”可以使许多像素的对比增强，而高值则导致大量的像素不被锐化。原图与使用该命令之后的效果对比如图 8-167 和图 8-168 所示。

图 8-167

图 8-168

（2）智能锐化：“智能锐化”滤镜具有“USM 锐化”滤镜所没有的锐化控制功能。用户可以设置锐化算法，或控制在阴影和高光区域中进行的锐化量。图 8-169 所示为使用“智能锐化”命令前的效果。执行“智能锐化”命令时，将弹出图 8-170 所示对话框，在对话框的左边可以预览执行“智能锐化”命令后的画面效果。

图 8-169

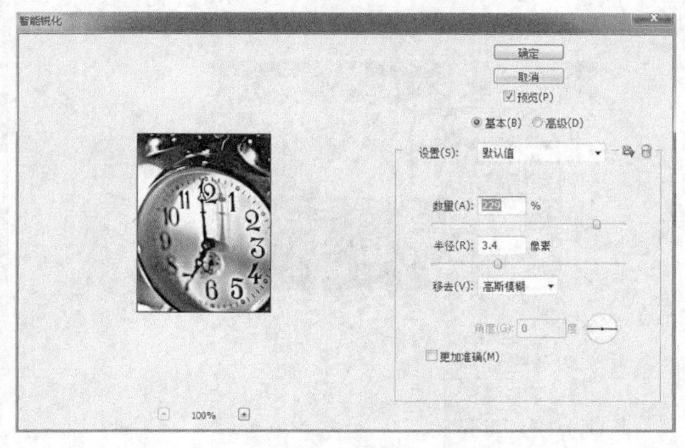

图 8-170

（3）锐化：“锐化”滤镜提供了最基本的像素对比增强功能，可以使图像的边缘产生轮廓锐化的效果。

（4）进一步锐化："进一步锐化"命令可以增大图像之间的反差，从而使图像产生较为清楚的效果，此命令相当于多次执行"锐化"命令对图像进行锐化的效果。使用"锐化"和"进一步锐化"命令与"模糊"和"进一步模糊"滤镜产生的效果恰好相反。

（5）锐化边缘："锐化边缘"命令对图像的边缘轮廓进行锐化，其特点与"锐化"和"进一步锐化"相同，它增强了图像的高对比区，使用它有助于显示图像中微小的细节。

实例练习——照片清晰度处理

（1）按"Ctrl+O"快捷键，打开光盘中的"Ch08 > 素材> 水彩画素材.jpg"文件，如图 8-171 所示。

（2）执行"滤镜" > "锐化"命令。

（3）执行"滤镜" > "锐化" > "进一步锐化"命令，得到更强的锐化效果，经过两次"锐化"路径后获得的效果如图 8-172 所示。

图 8-171

图 8-172

（4）执行"滤镜" > "锐化" > "锐化边缘"命令，锐化边缘。

（5）执行"图像" > "模式" > "Lab 颜色"命令，将图像转换为 Lab 模式。

（6）设置"通道"面板，使滤镜只应用于"明度"通道，如图 8-173 所示。

（7）执行"滤镜" > "锐化" > "USM 锐化"命令，参照图 8-174 所示设置参数。

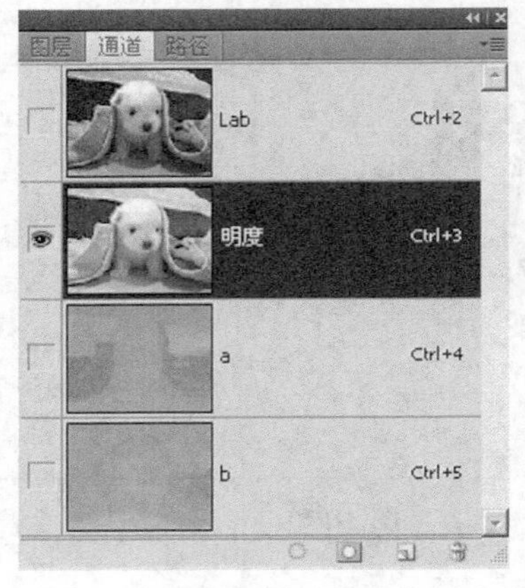

图 8-173

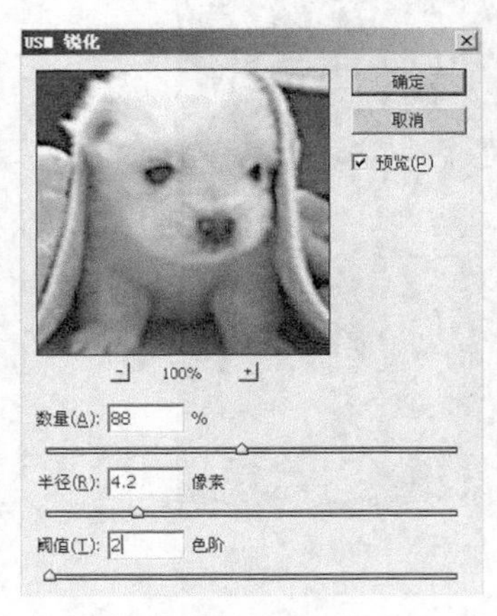

图 8-174

（8）将颜色模式改为 RGB 模式，最后完成图 8-175 所示的效果，与原图 8-176 相比形成明显的差异。

图 8-175

图 8-176

8.2.12 “风格化”滤镜

“风格化”滤镜组通过替换像素、增强相邻像素的对比度，使图像产生加粗、夸张的效果，该滤镜组包括以下 9 个命令。

（1）凸出：使用“凸出”命令可以将画面转化为立方体或锥体的三维效果。原图与使用该命令之后的画面效果对比如图 8-177 和图 8-178 所示。

图 8-177

图 8-178

（2）扩散：使用“扩散”命令可以对画面中的像素进行搅乱，并将其进行扩散，使其产生透过玻璃观察图像的效果。图 8-179 所示为使用“扩散”命令后的效果。

（3）拼贴：使用“拼贴”命令将图像分成大小相同，但间隔随机变化的一系列平铺方块。图 8-180 所示为使用“扩散”命令后的效果。

图 8-179

图 8-180

（4）曝光过度："曝光过度"命令能创建图像正片、反片的混合效果，对灰度图像使用更能产生艺术效果。图 8-181 所示为使用"曝光过度"命令后的效果。

（5）查找边缘："查找边缘"命令将图像中低反差区变成白色，中反差区变成灰色，而高反差边界变成黑色，硬边变成细线，柔边变成较粗的线。图 8-182 所示为使用"查找边缘"命令后的效果。

图 8-181

图 8-182

（6）浮雕效果："浮雕效果"命令可以通过勾画图像，或者选择区域的轮廓和降低周围的色值来生成凹凸不平的浮雕效果。图 8-183 所示为使用"浮雕效果"命令后的效果。

（7）照亮边缘："照亮边缘"命令用于对画面中的像素边缘进行搜索，然后使其产生发光的效果。图 8-184 所示为使用"照亮边缘"命令后的效果。

图 8-183

图 8-184

（8）等高线：使用"等高线"命令可以在画面中的每一个通道的亮区和暗区边缘位置勾画轮廓线，产生颜色的细线条。图 8-185 所示为使用"等高线"命令后的效果。

（9）风：使用"风"命令可以按照图像边缘的像素颜色增加水平线，产生起风的效果。此命令只对图像边缘起作用，例如可以利用此命令来制作火焰字等艺术效果。图 8-186 所示为使用"风"命令后的效果。

图 8-185

图 8-186

8.2.13 其他

“其他”滤镜包含 5 个子滤镜，用户可以使用该组滤镜创建一些特殊的效果。

（1）“位移”滤镜可以将图像像素按照设定的数值在水平和垂直方向移动一定的距离，产生具有填充效果的位移效果。

（2）“最大值”滤镜可以放大图像中较亮的区域，减少较暗的区域。

（3）“最小值”滤镜与“最大值”滤镜恰好相反，可以放大图像中较暗的区域，减少较亮的区域。

（4）“自定义”滤镜可以创建由用户自己定义的滤镜，可使生成的图像具有锐化、模糊或浮雕的效果。

（5）“高反差保留”滤镜可以用于在图像颜色变化频率高的地方按照指定的半径保留边缘细节，而不显示图像中颜色变化频率低的部分。

8.3 “图像修饰”滤镜

8.3.1 滤镜库

使用“滤镜库”可以累积滤镜，并可多次应用单个滤镜，还可以重新排列滤镜，并更改已应用的每个滤镜的设置，以便实现所需的效果。图 8-187 中显示了滤镜库中常用的内容。

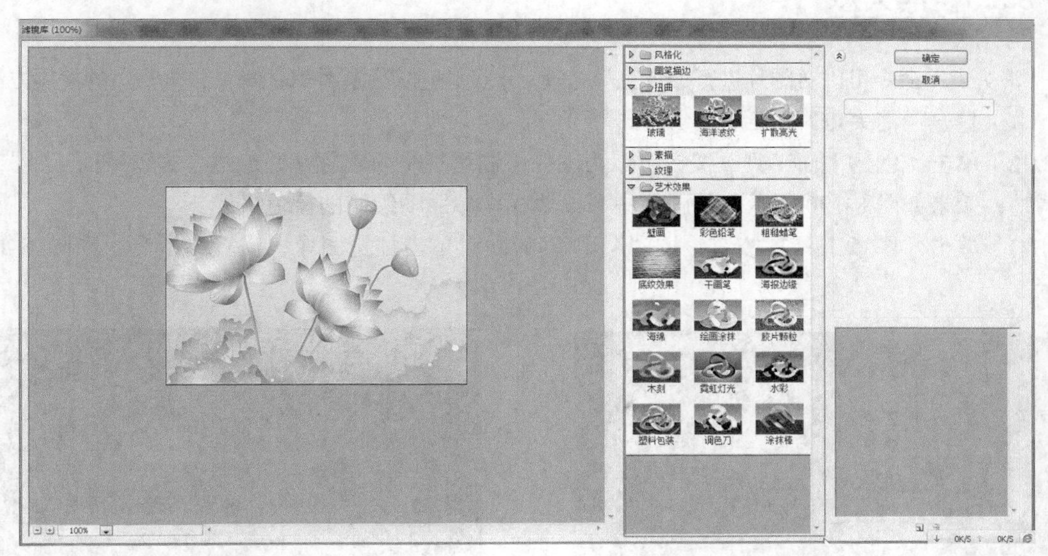

图 8-187

8.3.2 “液化”滤镜

“液化”命令可以逼真地模拟液体流动的效果，利用它可以非常方便地制作推、拉、旋转、反射、折叠和膨胀图像等各种效果。打开一幅图像，执行“滤镜”>“液化”命令，弹出图 8-188 所示的“液化”对话框。

“液化”命令可将“液化”滤镜应用于 8 位/通道或 16 位/通道图像，但不能用于索引颜色、位图或多通道模式的图像。图 8-189 所示为利用“膨胀工具”作用于下面的莲蓬后得到的变大效果。

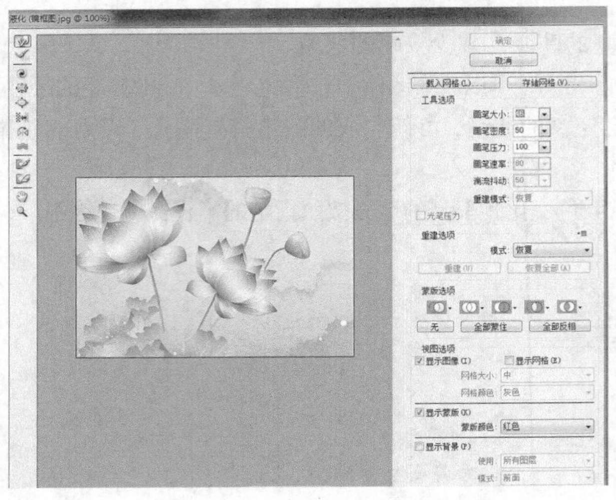

图 8-188

图 8-189

8.3.3 消失点

“消失点”命令可以对图片进行透视克隆处理。下面通过实际操作来了解“消失点”的使用方法。

（1）打开“消失点”对话框。

（2）单击“创建平面工具”按钮可以为图像绘制透视平面轮廓，并通过“编辑平面工具”进行调整，效果如图 8-190 所示，其画面中有以地板作参照物绘制的蓝色格线。

（3）单击“图章工具”按钮，按“Alt”键的同时单击预览图像，设置参考点，如图 8-191 所示。

图 8-190

图 8-191

（4）在图中扫帚处进行涂抹来克隆参考点处的图像，效果如图 8-192 所示。

图 8-192

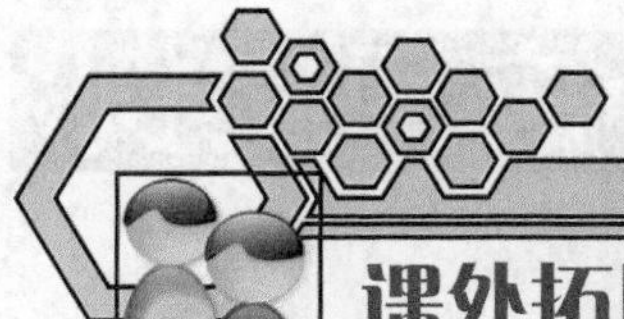

课外拓展　制作月饼包装

【习题知识要点】

使用“自定义工具”、“自由变换”命令来调整图层的大小。应用“旋转扭曲”滤镜制作纹理效果。效果如图 8-193 所示。

【效果所在位置】

光盘中“Ch08/效果/月饼包装.psd”文件。

图 8-193

第9章 综合应用实例

9.1 标志设计

VI 是企业的视觉识别系统，通过具体符号的视觉传达设计，直接进入人脑，留下对企业的视觉影像。一个企业想要做大就必须要做好品牌形象 VI 设计，用 Photoshop 可以制作各种企业名称、企业标志、标准字、标准色、企业造型等效果。本章主要介绍 Photoshop 在企业标识制作中的应用，掌握用标志的制作方法。

学习目标：掌握房地产标志、度假景区标志的制作。

9.1.1 房地产标志

1. 案例效果分析

使用变形的四方形造型，简洁、生动、准确地表现了地产项目，文字的字体寓意着房地产公司的帝家气势，如图 9-1 所示。

图 9-1

2. 设计思路

（1）制作蓝灰色渐变背景。
（2）制作 4 个正方形图形效果。
（3）添加白色文字和图层样式。

3. 相关知识和技能点

使用“渐变工具”制作背景，使用形状图层制作正方形图形，使用“直接形状工具”变形图形，使用“图层样式投影”和“渐变叠加”制作图形效果。使用“图层样式投影”制作文字效果。

4. 案例制作

（1）按“Ctrl+N”快捷键，新建一个文件：“宽度”为 14 厘米，“高度”为 10 厘米，“分辨率”为 300 像素/英寸，颜色模式为 RGB，背景内容为白色，单击“确定”按钮。

（2）设置前景色 RGB 值为 0（0，63，82），背景色 RGB 值为 0（140，165，181）。选择“渐变工具”，单击选项栏中的“编辑渐变”按钮，弹出“渐变编辑器”对话框，选择从前景色到背景色渐变，如图 9-2 所示，单击“确定”按钮。在选项栏中单击“径向渐变”按钮，勾选“反向”选项，在图像窗口中从中心向外拖曳渐变，效果如图 9-3 所示。

（3）将前景色设为黑色。选择“矩形工具”，单击选项栏中的“形状图层”按钮，按住“Ctrl”键在图像窗口中绘制正方形图形，生成新的图层“形状 1”，效果如图 9-4 所示。

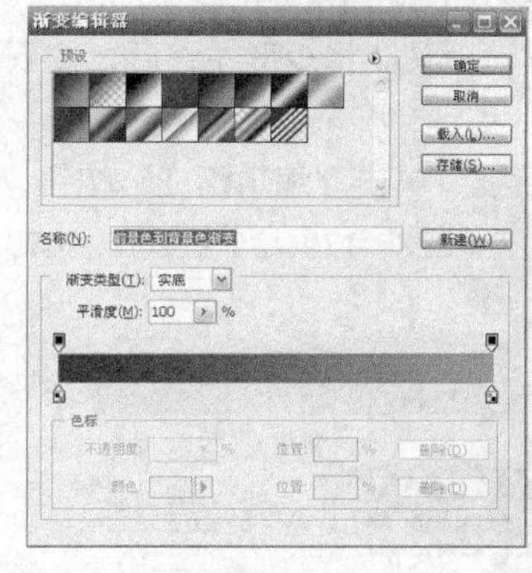

图 9-2

图 9-3

图 9-4

（4）单击“图层”控制面板下方的“添加图层样式”按钮，在弹出的菜单中选择“投影”命令，弹出对话框，投影选项的设置如图 9-5 所示，效果如图 9-6 所示。

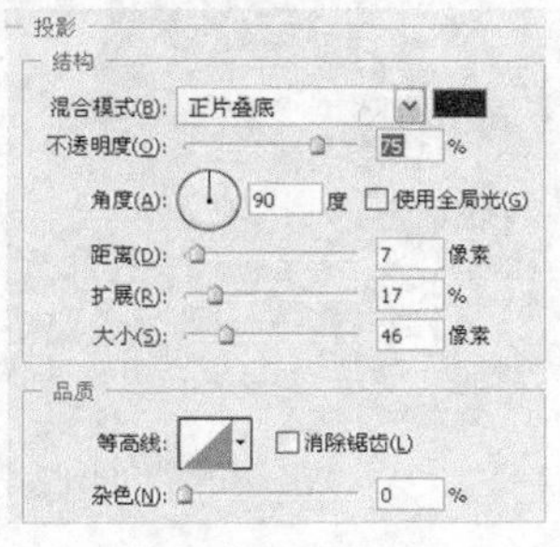

图 9-5

图 9-6

（5）切换到“渐变叠加”命令，弹出对话框，单击“编辑渐变”按钮，弹出“渐变编辑器”对话框，在“位置”选项中分别输入 0、100 两个位置点，分别设置 2 个位置点颜色的 RGB 值为 0（50，35，78），100（91、152、175），如图 9-7 和图 9-8 所示，单击“确定”按钮，效果如图 9-9 所示。

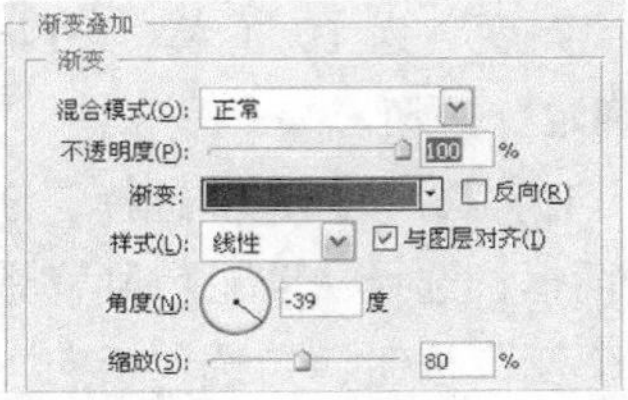

图 9-7

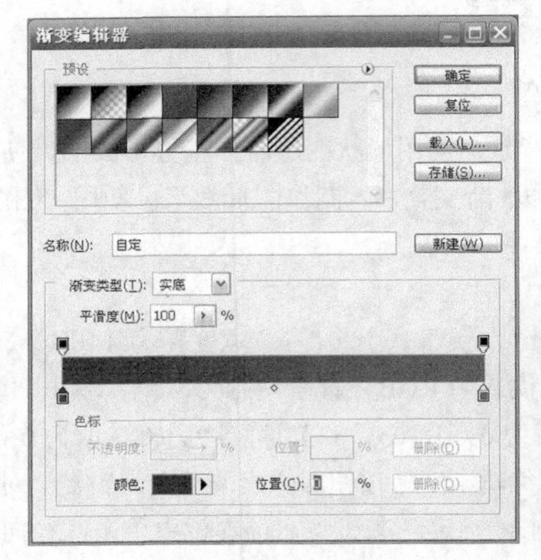

图 9-8

图 9-9

（6）在“图层”面板中，选择图层“形状 1”，按下鼠标左键拖曳至“图层”面板底部的创建“新图层按钮”上，复制 4 个图层，分别将其命名为“形状 2”、“形状 3”、“形状 4”、“形状 5”。

（7）选择图层“形状 2”，单击“矢量蒙版缩略图”，选择“移动工具”将矩形左移后，按下“Ctrl+T”快捷键，稍微向左旋转，效果如图 9-10 所示。

（8）双击图层“形状 2”，切换到“渐变叠加”命令，弹出对话框，单击“编辑渐变”按钮，弹出“渐变编辑器”对话框，分别修改两个位置点颜色的 RGB 值为 0（228，170，35），100（247，226，144），如图 9-11 所示，单击“确定”按钮。

图 9-10

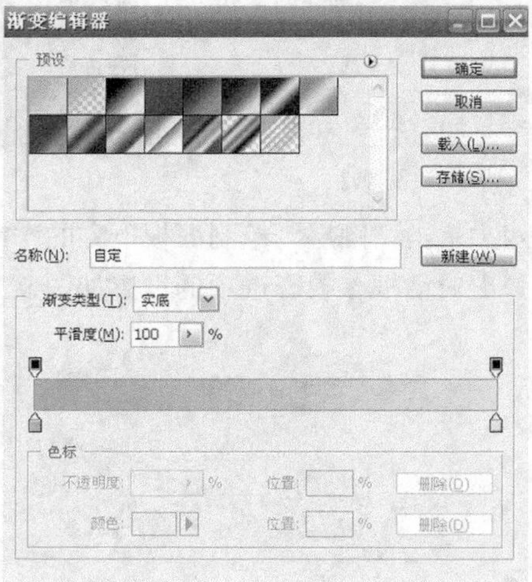

图 9-11

修改“渐变叠加”选项的设置如图 9-12 所示，单击“确定”按钮，效果如图 9-13 所示。

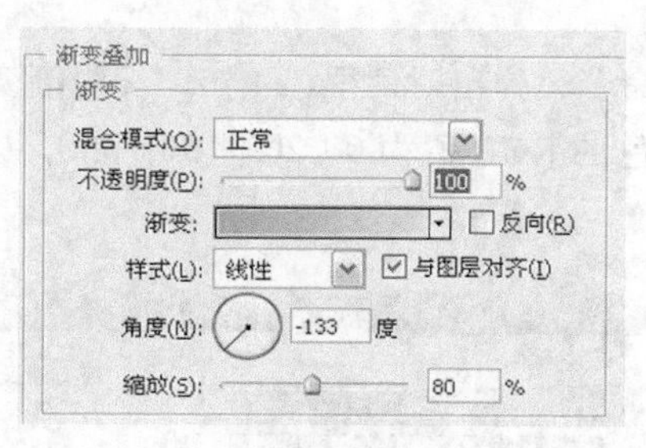

图 9-12

图 9-13

（9）选择图层“形状 3”，单击“矢量蒙版缩略图”，选择“移动工具”将矩形左移后，单击工具箱中的“直接选择工具”按钮，单击“矩形”右上锚点向下调整，效果如图 9-14 所示。

（10）双击图层“形状 3”，切换到“渐变叠加”命令，弹出对话框，单击“编辑渐变”按钮，弹出“渐变编辑器”对话框，分别修改两个位置点颜色的 RGB 值为 0（52，95，136），100（119，187，232），如图 9-15 所示。

图 9-14

图 9-15

修改“渐变叠加”选项的设置如图 9-16 所示，单击“确定”按钮，效果如图 9-17 所示。

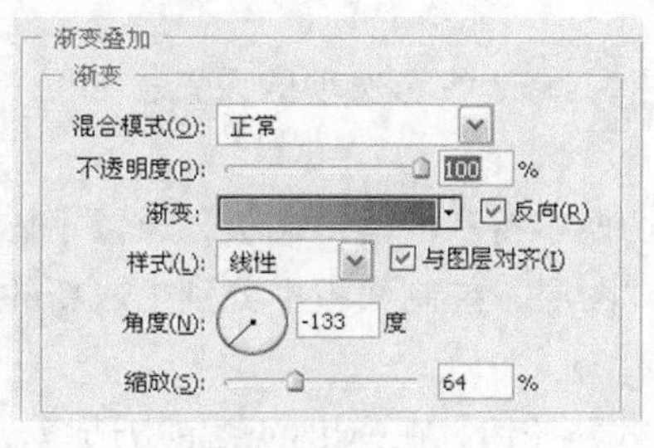

图 9-16

图 9-17

（11）选择图层“形状 4”，单击“矢量蒙版缩略图”，选择“移动工具”将矩形左上方移后，按下“Ctrl+T”快捷键，调整“矩形”大小，单击工具箱中的“直接选择工具”按钮，单击“矩形”左上锚点向下调整，效果如图 9-18 所示。

（12）双击图层“形状 4”，切换到“渐变叠加”命令，弹出对话框，单击“编辑渐变”按钮，弹出“渐变编辑器”对话框，分别修改两个位置点颜色的 RGB 值为 0（203，61，35），100（242，150，111），如图 9-19 所示。

图 9-18

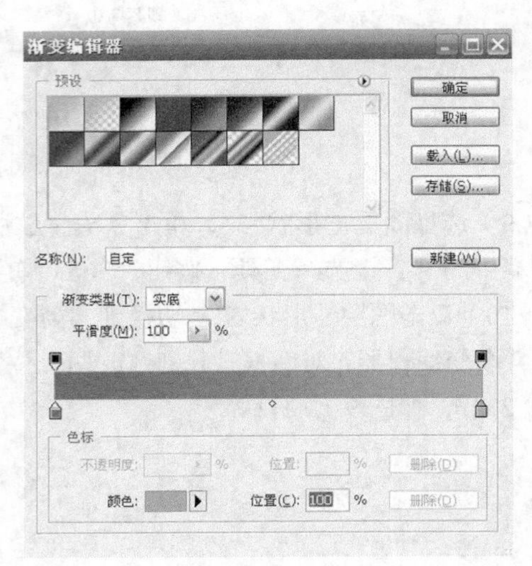

图 9-19

修改“渐变叠加”选项的设置，如图 9-20 所示，单击“确定”按钮，效果如图 9-21 所示。

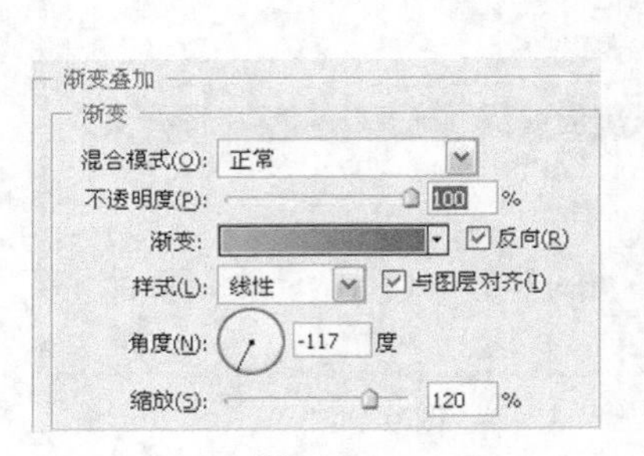

图 9-20

图 9-21

（13）选择图层“形状 5”，单击“矢量蒙版缩略图”，按“Ctrl+T”快捷键，调整“矩形”大小，效果如图 9-22 所示。

（14）双击图层“形状 5”的投影样式，弹出对话框，修改投影选项的设置，如图 9-23 所示。单击“确定”按钮，效果如图 9-24 所示。

（15）选择“横排文字工具”，在选项栏中单击“切换字符和段落”面板，设置字体、颜色、大小、间距，如图 9-25 所示。输入需要的文字，在“图层”控制面板中分别生成新的文字图层 LIVEHOUSE，效果如图 9-26 所示。

（16）单击“图层”控制面板下方的“添加图层样式”按钮，在弹出的菜单中选择“投影”命令，弹出对话框，投影选项的设置如图 9-27 所示，效果如图 9-28 所示。

（17）选择“横排文字工具”，在选项栏中单击“切换字符和段落”面板，设置字体、颜色、大小、间距，如图 9-29 所示。输入需要的文字，在“图层”控制面板中分别生成新的文字图层“帝家尚城”，效果如图 9-30 所示。

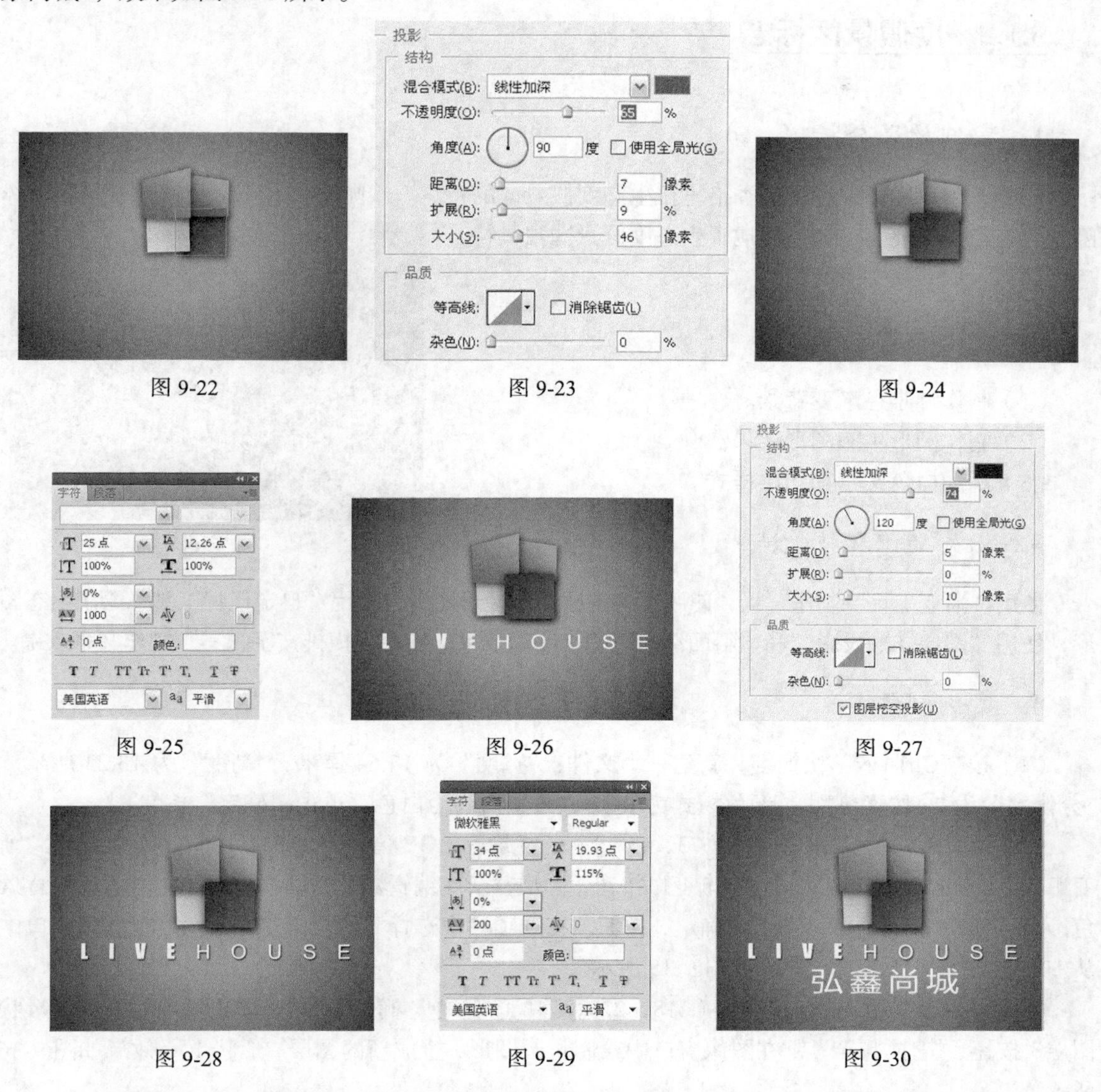

图 9-22　图 9-23　图 9-24

图 9-25　图 9-26　图 9-27

图 9-28　图 9-29　图 9-30

（18）单击“图层”控制面板下方的“添加图层样式”按钮，在弹出的菜单中选择“投影”命令，弹出对话框，投影选项的设置如图 9-31 示，效果如图 9-32 所示。

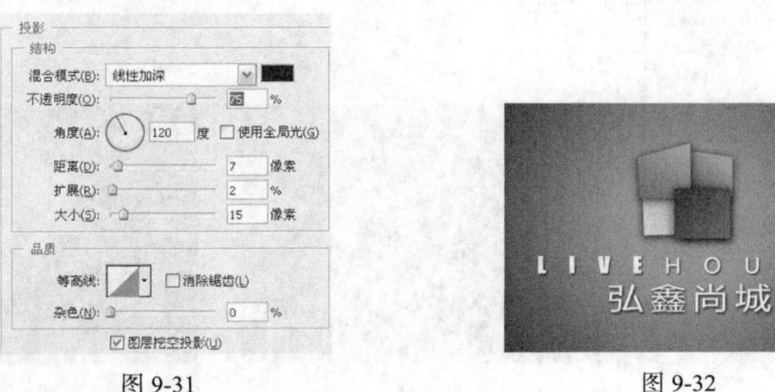

图 9-31　图 9-32

9.1.2 度假景区标志

1. 案例效果分析

该标志树、蝴蝶、花代表香格里拉生态度假景区的特点。浅咖啡色和豆青色寓意着景区的休闲。生态与休闲混为一体，展现了生态度假景区独具特色的魅力，如图 9-33 所示。

图 9-33

2. 设计思路

（1）制作咖啡色渐变背景。

（2）制作圆形生态图形效果。

（3）添加白色文字和图层样式。

3. 相关知识和技能点

使用“渐变工具”制作背景，使用形状图层制作圆形图形，使用“自定形状工具”绘制生态图形，使用“图层样式投影”和“斜面浮雕”制作圆形效果。使用“横排文字工具”制作文字效果。

4. 案例制作

（1）按“Ctrl+N”快捷键，新建一个文件：“宽度”为 17.64 厘米，“高度”为 13.23 厘米，“分辨率”为 72 像素/英寸，颜色模式为 RGB，背景内容为白色，单击“确定”按钮。

（2）设置前景色 RGB 值为 0（73，43，17），背景色 RGB 值为 0（185，166，145），选择“渐变工具”，单击选项栏中的“编辑渐变”按钮，弹出“渐变编辑器”对话框，选择从前景色到背景色渐变，如图 9-34 所示，单击“确定”按钮。在选项栏中选择“线性渐变”按钮，在图像窗口中从左下向右上拖曳渐变，效果如图 9-35 所示。

（3）设置前景色 RGB 值为 0（218，229，213）。选择“椭圆工具”，单击选项栏中的“形状图层”按钮，按住“Ctrl”键在图像窗口中绘制正圆图形，生成新的图层“形状 1”，效果如图 9-36 所示。

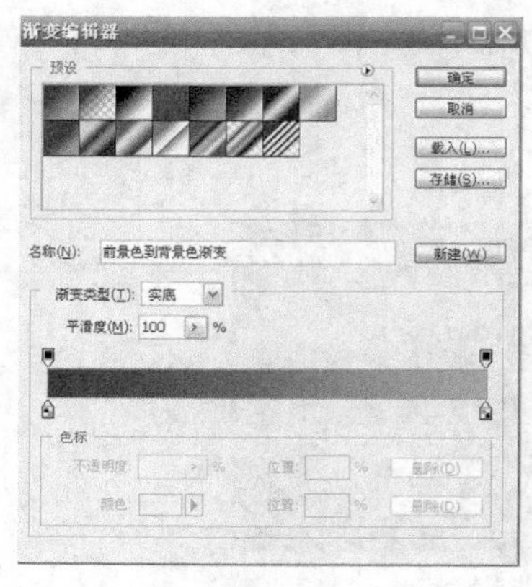

图 9-34

图 9-35

图 9-36

（4）单击“图层”控制面板下方的“添加图层样式”按钮，在弹出的菜单中选择“斜面和浮雕”命令，弹出对话框，“斜面和浮雕”选项的设置如图 9-37 所示。效果如图 9-38 所示。

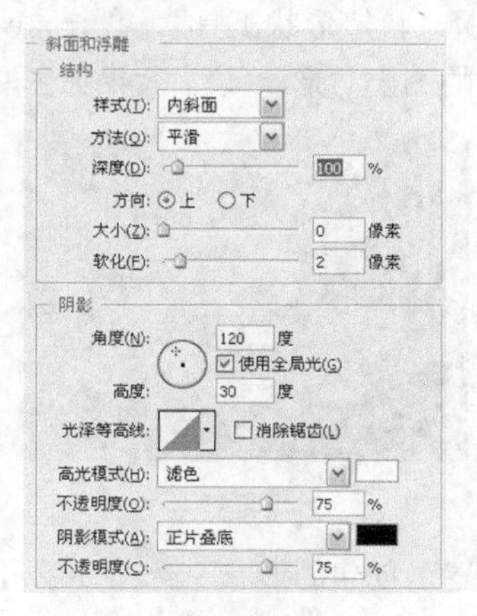

图 9-37

图 9-38

（5）切换到“描边”命令，“大小”为 4 像素，颜色 RGB 值为（142，119，96），如图 9-39 所示，单击“确定”按钮，效果如图 9-40 所示。

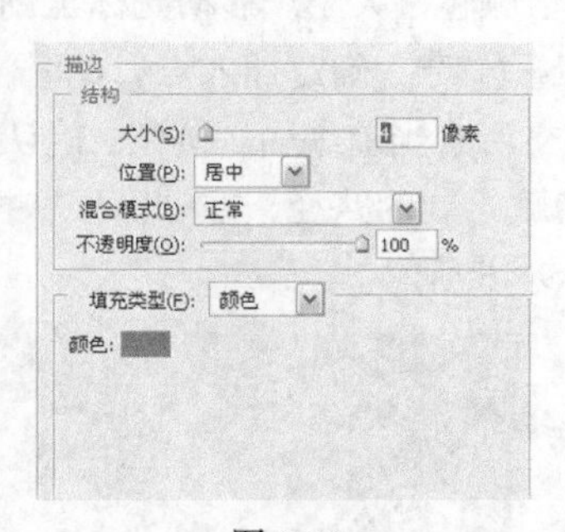

图 9-39

图 9-40

（6）在“图层”面板中，选择“形状 1”图层，按鼠标左键拖至“图层”面板底部的“创建新图层按钮”上，复制图层，将其命名为“形状 2”。选择“形状 2”图层的“斜面和浮雕”效果，按鼠标左键拖至“图层”面板底部的“删除图层”按钮上，删除“斜面和浮雕”效果。

（7）按“Ctrl+T”快捷键，显示图形变换框，按住“Shft+Alt”快捷键的同时，缩小正圆，双击“形状 2”图层的“描边”样式，修改描边“大小”为 1 像素，如图 9-41 所示。效果如图 9-42 所示。

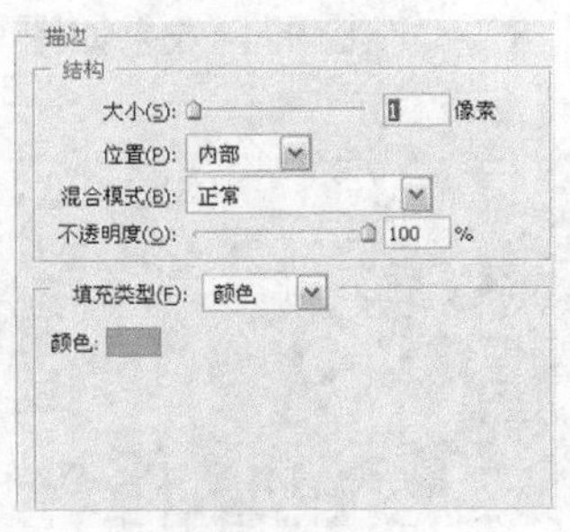

图 9-41

图 9-42

（8）设值前景色的 RGB 值为（197，182，151），选择“椭圆工具”，单击选项栏中的“形状图层”按钮，按住“Ctrl+Alt”快捷键在图像窗口中绘制正圆图形，生成新的图层“形状 3”，效果如图 9-43 所示。

（9）设值前景色的 RGB 值为（218，229，223），选择“自定形状工具”，单击选项栏中的“设置待创建的形状”选项，单击“主页”选项卡，生成新的图层“形状 4”，效果如图 9-44 所示。

图 9-43

图 9-44

（10）选择“自定形状工具”，单击选项栏中的“设置待创建的形状”选项，单击“树”选项卡，生成新的图层“形状 5”，效果如图 9-45 所示。

（11）选择“椭圆工具”，单击选项栏中的“路径”按钮，按住“Ctrl+Alt”快捷键在图像窗口中绘制正圆图形，生成正圆路径。

（12）选择“横排文字工具”，在选项栏中设置字体、颜色、大小。移动光标至创建的路径处，此时鼠标指针呈“路径”形状，在路径的起始点单击鼠标左键，确定插入点，此时将出现一个闪烁的光标，输入需要的文字，单击工具选项栏中的“提交所有当前编辑”按钮，确认输入的文字。在“路径”面板中的灰色空白处单击鼠标左键，即可隐藏绘制的路径，在“图层”控制面板中分别生成新的文字图层“精英汇集幸福有我”，效果如图 9-46 所示。

图 9-45

图 9-46

（13）运用上述绘制路径与输入文字的操作方法，在图像窗口中创建其他的路径文字，效果如图 9-47 所示。

（14）选择“自定形状工具”，单击选项栏中的“设置待创建的形状”选项，分别单击“蝴蝶”、“花 3”选项，生成新的图层“形状 6”、“形状 7”、“形状 8”、“形状 9”，效果如图 9-48 所示。

图 9-47

图 9-48

（15）选择“横排文字工具”，在选项栏中，设置字体、颜色、大小、间距，输入需要的文字，在“图层”控制面板中分别生成新的文字图层，效果如图 9-49 所示。

（16）选择“直线工具”，单击选项栏中的“形状图层”按钮，在图像窗口中绘制直线，生成新的图层“形状 10”，选择“形状 10”图层，按鼠标左键拖至“图层”面板底部的“创建新图层”按钮上，复制 3 个图层。分别按下“Ctrl +t”快捷键，将直线旋转后，效果如图 9-50 所示。

图 9-49

图 9-50

9.2　广告设计

平面广告设计是以加强销售为目的所做的设计，例如产品、品牌、活动等广告。Photoshop 是从事平面广告设计、印刷出版的专业人员必不可少的工具。各类广告的制作都离不开图像处理。在图像处理中，选区的操作是非常频繁和十分重要的，正是通过对图像选区内的像素进行编辑的方法制作出内涵丰富、创意鲜明的广告。本章主要介绍用 Photoshop 制作各种广告的方法。

学习目标：掌握饮料广告、手机广告、公益广告的制作方法。

9.2.1　公益广告

1．案例效果分析

利用干裂的土地和蓝天作背景衬托环保的迫切，小鸟图形和树桩图片的结合突出广告的主题，独特的广告语使广告诉求更加清晰，并与公众心心相印，如图 9-51 所示。

图 9-51

2．设计思路

（1）使用云彩和干裂的土地制作背景。

（2）使用树桩和小草制作保护环境的内容。

（3）使用小鸟突出环保主题。

（4）使用“文字工具”制作广告语。

3．相关知识和技能点

使用滤镜制作云彩效果，使用“编辑”菜单中的“变换扭曲”命令制作树桩，使用“画笔工具“绘制小草，使用“自定形状工具”制作小鸟，使用“横排文字工具”制作广告语。

4. 案例制作

（1）新建一幅 600×600 像素，RGB 模式的白色图像文件。

（2）将前景色设置为蓝色，背景色设置为白色，新建并选中“图层 1”，执行“滤镜>渲染>云彩”命令，为“图层 1”应用云彩“滤镜”。

（3）选择“文件”>“打开”菜单命令，打开附书光盘中的“Ch09>素材>干裂的土地.jpg”文件，将图像选中并复制到新建的图像文件中，此时在新建的文件中出现“图层 2”。

（4）全选“图层 2”中的图像，按“Ctrl+T”快捷键并对图像进行自由变换，调整图像的大小，然后按回车键确认，效果如图 9-52 所示。

（5）选择“文件”>“打开”菜单命令，打开附书光盘中的“Ch09> 素材> 树桩.jpg”文件，选中树桩，并将其复制到新建的图像文件中，树桩出现在“图层 3”中。

（6）选中树桩，选择“编辑>变换>扭曲”命令，将树桩的下部调整得粗些，形成上细下粗的效果，再使用“缩放”命令调整树桩的大小，效果如图 9-53 所示。

图 9-52

图 9-53

（7）选中“图层 3”中的树桩并进行多次复制，适当调整每个树桩的大小和位置，效果如图 9-54 所示。

（8）使用“模糊工具”分别将各个树桩的底部轻轻涂抹，使树桩与地面接得更加自然些。

（9）使用“画笔工具”在地面上绘制些枯黄的小草，如图 9-55 所示。

图 9-54

图 9-55

（10）将各个树桩所在层合并生成在一个图层，新建一个图层。选择“自定形状工具”，在其选项栏的“形状”列表中选择“鸟”形状，然后为图像添加几只小鸟，如图 9-56 所示。

（11）添加广告语。选择“横排文字工具”，在图像的合适位置添加广告语，并对广告语进行适当的设置，最终效果如图 9-57 所示。

图 9-56

图 9-57

9.2.2　油漆广告

1. 案例效果分析

通过“画笔工具”以及笔触的调整、色块的颜色搭配，把握油漆广告的要点，突出靓丽多彩人生的主题，如图 9-58 所示。

图 9-58

2. 设计思路

（1）导入素材图片。
（2）添加面部颜色。
（3）绘制颜色块。
（4）导入图像。

3. 相关知识和技能点

使用“画笔工具”制作油漆效果，使用“魔术棒工具”进行效果添加。

4. 案例制作

（1）新建一个名为“油漆广告”的图像文件，设置“宽度”为 800 像素、“高度”为 600 像素、“分辨率”为 300 像素/英寸。

（2）打开附书光盘中的“Ch09>素材 >油漆广告> 小鸡 .jpg”文件，然后使用“魔术棒工具”，选择“小鸡”图像，羽化后拖曳至“油漆广告”图像文件中，并更名为“小鸡”层，如图 9-59 所示。

（3）新建“图层 1”，使用“画笔工具”打开“画笔”面板，设置“不透明度”为 100%、“流量”为 100%、“主直径”为 70，如图 9-60 所示。

图 9-59

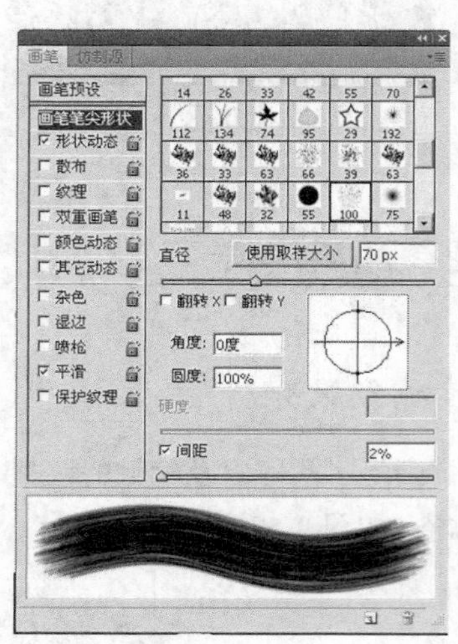

图 9-60

（4）随意选择亮丽一点的颜色，在“小孩”的脸部绘制颜色，然后选择不同的画笔和色彩，将“图层 1”的混合模式设置为“叠加”，如图 9-61 所示。

（5）新建“图层 2”，绘制一个矩形选区，并填充为黑色，如图 9-62 所示。

图 9-61

图 9-62

（6）新建“图层 3”，使用“画笔工具”，选择红、黄、蓝 3 种颜色在图像中绘制色块，如图 9-63 所示。

（7）打开附书光盘中的“Ch09>素材>油漆广告>刷子.psd”文件，将“刷子”拖曳至“油漆广告”文件中，并调整大小位置，如图 9-64 所示。

（8）最后使用“文字工具”输入文字，效果如图 9-65 所示。

图 9-63

图 9-64

图 9-65

9.3 贺卡设计

贺卡是人们在遇到喜庆的日期或事件的时候互相表示问候的一种卡片，人们通常赠送贺卡的日子包括生日、圣诞、元旦、春节、母亲节、父亲节、情人节等。贺卡上一般有一些祝福的话语，传达人们对生活的期冀与憧憬。使用 Photoshop CS4 制作出来的电子卡片，风格各异，既快捷又环保，深受人们的喜爱。本章主要介绍用 Photoshop 制作节日贺卡的方法。

学习目标：掌握节日卡、友情卡、祝福卡的制作方法。

9.3.1　六一节贺卡

1. 案例效果分析

用简洁的线条和明快的“黄色”和“玫红色”描绘儿童活泼可爱的形象。手中色彩缤纷的气球体现了节日的气氛，青山、绿树和白云衬托了儿童的勃勃生机，趣味的文字突出了“六一儿童节”的主题，最终效果如图 9-66 所示。

图 9-66

2. 设计思路

（1）背景的制作。

（2）人物的制作。

（3）文字的制作。

3. 相关知识和技能点

使用“套索工具”制作青山，使用“滤镜>渲染>云彩”命令制作云彩效果，使用“画笔工具”绘制男孩和女孩，使用“渐变工具”制作“气球”。

4. 案例制作

（1）执行菜单“文件>新建”命令（快捷键“Ctrl+N”），新建文件，设置名称为“六一儿童节贺卡”、“宽度”为 297 像素、“高度”为 210 像素、“分辨率”为 72 像素。

（2）执行菜单“图层>新建>新建图层”命令（快捷键“Ctrl+Shift+N”），新建图层并命名为“草地”。前景色设置为#3db01d，选择“套索工具”，框出选区，按“Alt+Delete”快捷键，填充颜色，如图 9-67 所示。

（3）执行菜单“图层>新建>新建图层”命令（快捷键“Ctrl+Shift+N”），新建图层并命名为“天空”。将前景色设置为“#a3e6ff”，执行菜单“滤镜>渲染>云彩”命令，如图 9-68 所示。

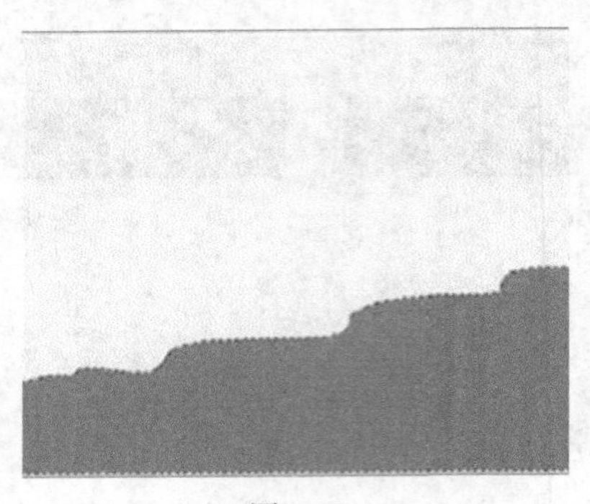

图 9-67

图 9-68

（4）单击图层下方的“添加图层蒙版”按钮，给天空图层添加蒙版。选择“渐变工具”，单击工具选项栏上的“渐变编辑器”按钮，弹出“渐变编辑器”对话框。选择“前景色到透明渐变”样式，如图 9-69 所示。使用“渐变工具”，在工具选项栏中选择“线性”选项，从下到上拖曳出渐变，如图 9-70 所示。

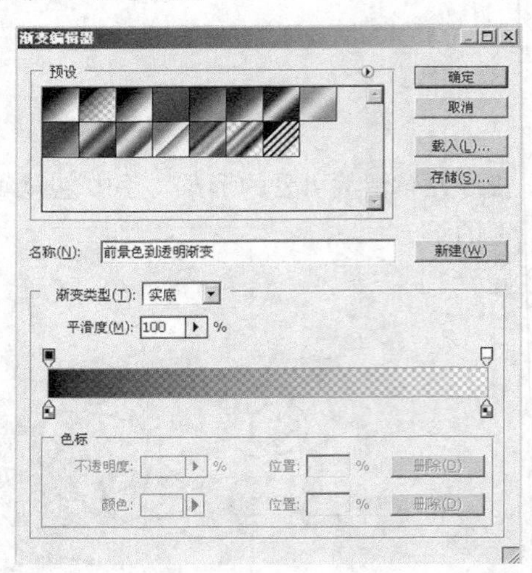

图 9-69

图 9-70

（5）执行菜单“图层>新建>新建图层”命令（快捷键“Ctrl+Shift+N”），新建图层并命名为“小女孩”。按“D”键恢复默认颜色，使用“画笔工具”，在工具选项栏上设置画笔大小为“尖角 5 像素”，描绘出小女孩，如图 9-71 所示。新建图层，命名为“小男孩”，用一样的方法，描绘出小男孩，如图 9-72 所示。

（6）执行菜单“图层>新建>新建图层”命令（快捷键“Ctrl+Shift+N”），新建图层并命名为“颜色”。前景色设置为“#fa37cf”，使用“画笔工具”，在工具选项上设置画笔大小为“柔角 40 像素”，描绘出裙子的颜色，如图 9-73 所示。设置前景色为“#f8fa36”，描绘出小男孩的衣服颜色，如图 9-74 所示。

图 9-71　　图 9-72

图 9-73　　图 9-74

（7）设置前景色为“#ffe0aa”，使用“画笔工具”，在工具选项栏设置画笔大小为“柔角 27 像素”，描绘出脸晕颜色，如图 9-75 所示。

（8）按“Ctrl+Shift+N”快捷键，新建图层并命名为“糖”。将前景色设置为“#f8d512”，选择“椭圆选框工具”，框选出椭圆，按“Alt+Delete”快捷键填充颜色，如图 9-76 所示。

图 9-75

图 9-76

（9）选择“自定形状工具”，在工具选项栏上的“形状”栏里选择“螺线”，绘制出螺线，如图 9-77 所示。设置前景色为“#b99f0f”，按“Ctrl+Enter”快捷键得到选区，按“Atl+Delete”快捷键填充颜色，按“Ctrl+D”快捷键取消选区，如图 9-78 所示。

（10）使用“画笔工具”，在工具选项栏中设置画笔大小为“尖角 3 像素”，按住“Shift”键，绘制出直线，如图 9-79 所示。

图 9-77

图 9-78

（11）按“Ctrl+Shift+N”快捷键，新建图层并命名为“汽球”。选择“椭圆选框工具”，框选出椭圆，如图 9-80 所示。

图 9-79

图 9-80

（12）选择“渐变工具”，单击工具选项栏上的“渐变编辑器”按钮，弹出“渐变编辑器”对话框，设置颜色如图 9-81 所示。使用“渐变工具”，在工具选项栏中选择“线性”选项，从下到上拖曳出渐变，如图 9-82 所示。

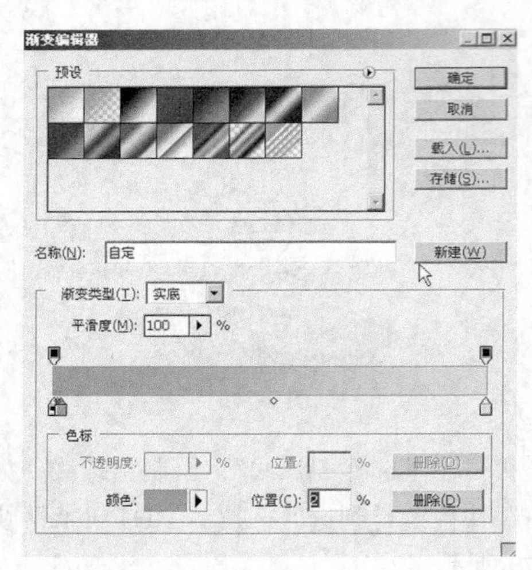

图 9-81

图 9-82

（13）按“Ctrl+Shift+N”快捷键，新建图层并命名为“高光”。选择“椭圆工具”，框选出椭圆，再按“Alt+Delete”快捷键填充白色，设置“图层”面板的“不透明度”为 70%，如图 9-83 所示。

（14）按“Ctrl+E”快捷键向下合并图层，按“Ctrl+J”快捷键复制出汽球副本。执行菜单“图像>调整>色相/饱和度”命令，设置参数如图 9-84 所示。按“Ctrl+T”快捷键变换调整位置，如图 9-85 所示。

图 9-83

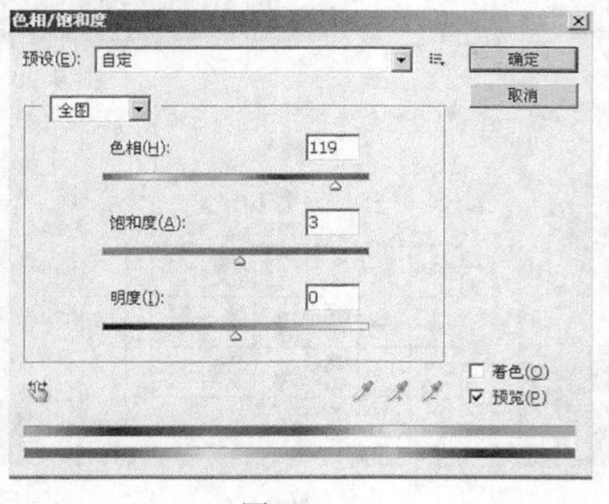

图 9-84

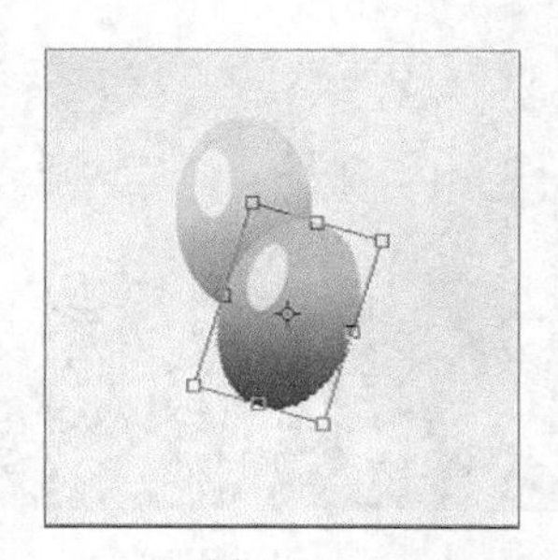

图 9-85

（15）按“Ctrl+J”快捷键复制图层副本，再按“Ctrl+T”快捷键变换调整位置，如图 9-86 所示。

（16）按“Ctrl+Shift+N”快捷键，新建图层并命名为“线”。使用“钢笔工具”绘制线，如图 9-87 所示。

（17）选择“画笔工具”，在工具选项栏上设置画笔“大小”为“尖角 1 像素”、“不透明度”为 80%，切换到“路径”面板，单击画笔描边路径，如图 9-88 所示。

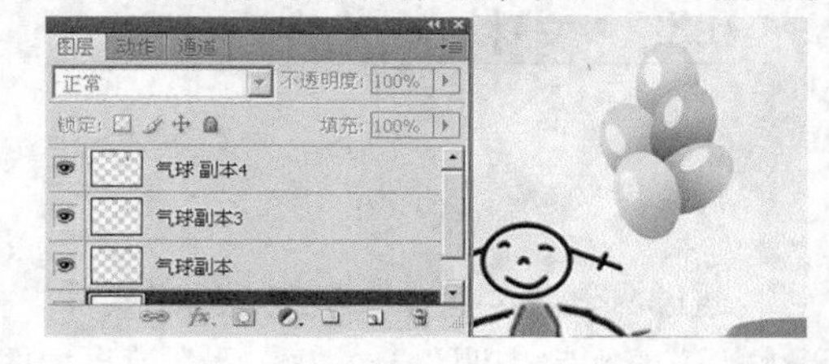

图 9-86

图 9-87

图 9-88

（18）按“Ctrl+E”快捷键向下合并图层，合并到“汽球”，如图 9-89 所示。

（19）按“Ctrl+J”快捷键复制出“汽球副本”，使用“移动工具”移动汽球，如图 9-90 所示。

（20）选择“横排文字工具”，输入“六一儿童节快乐！”，在工具选项栏上设置字体为“华康娃娃体”、“大小”为 50 点，给文字设置不同颜色，效果如图 9-91 所示。

（21）按“Ctrl+Shift+N”快捷键，新建图层并命名为“图案”。选择“自定形状工具”，在工具选项栏上的“形状”栏里选择形状，设置不同颜色，如图 9-92 所示。

（22）最终效果如图 9-93 所示。

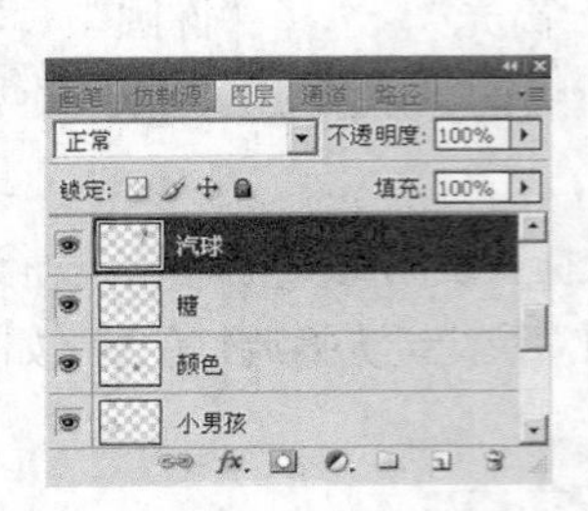

图 9-89

图 9-90

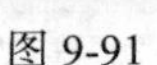

图 9-91

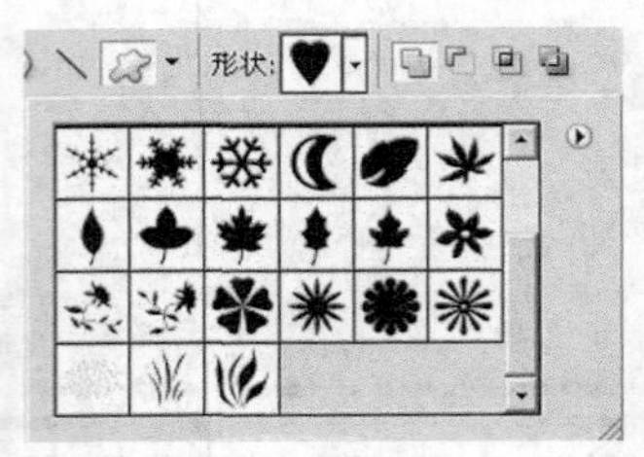

图 9-92

图 9-93

9.3.2　中秋节贺卡

1．案例效果分析

通过深红色的背景、彩虹、荷花展示中秋节日气氛，添加仙女寓意传统节日，一轮圆月和“中秋快乐”的文字表明设计主题，最终效果如图 9-94 所示。

图 9-94

2．设计思路

（1）制作背景。

（2）制作彩虹。

（3）添加装饰图形和人物。

（4）添加文字。

3．相关知识和技能点

使用“渐变工具”制作背景，使用“滤镜>像素化>马赛克”命令及“滤镜>扭曲>极坐标”命令制作彩虹，使用图层蒙版制作明暗效果。

4．案例制作

（1）新建一个 800 像素×600 像素的文件，然后选择“渐变工具”，颜色设置（左“#A62F67”，右“#49212E”），如图 9-95 所示。然后在画笔的偏左半部，拉出图 9-96 所示的径向渐变。

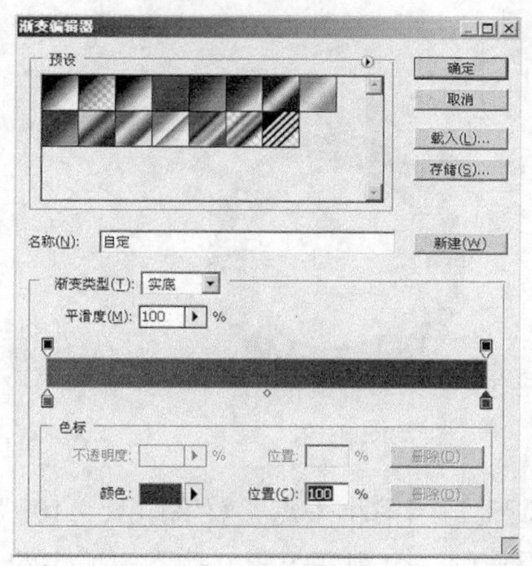

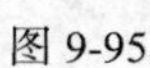

图 9-95

图 9-96

（2）新建一个图层，选择菜单“编辑”>“填充”命令，然后选择图案，如图 9-97 所示。再选择云彩图案，填充后把图层混合模式改为“正片叠底”，图层“不透明度”改为 30%，效果如图 9-98 所示。

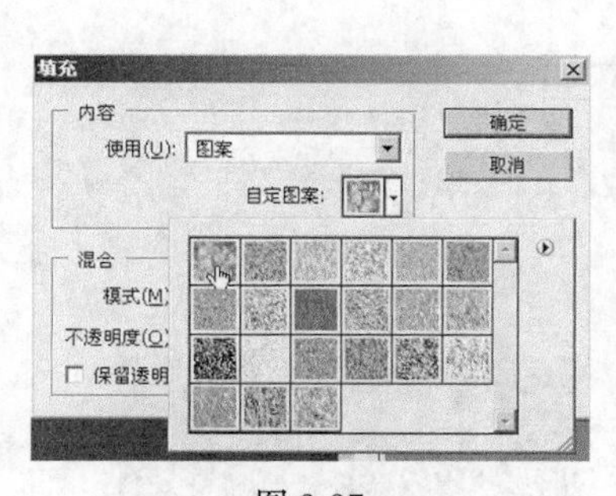

图 9-97

图 9-98

（3）另外新建一个 1600 像素×1600 像素的文件，将背景填充白色，新建一个图层。用“矩形选框工具”在中间拉一个小的长条矩形，然后选择彩虹渐变，拉上渐变色，按“Ctrl + D”快捷键取消选区，效果如图 9-99 所示。

（4）执行“滤镜> 像素化>马赛克”命令，参数设置如图 9-100 所示。

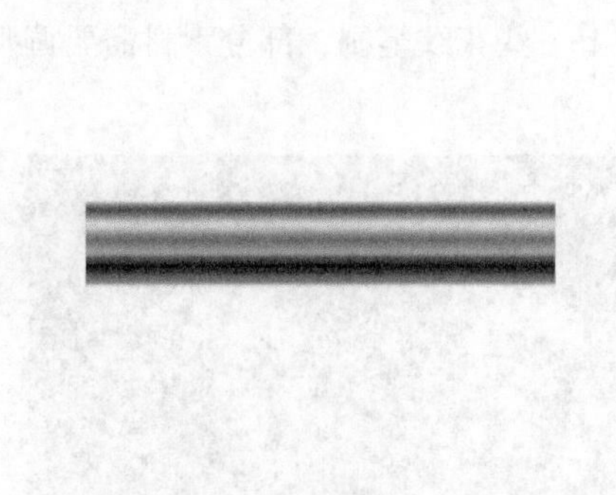

图 9-99

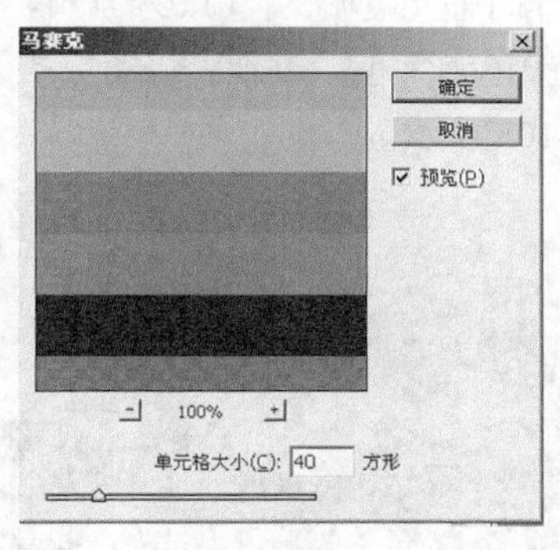

图 9-100

（5）执行“滤镜>扭曲>极坐标”命令，参数设置如图 9-101 所示。确定后一个圆形彩虹就出来了，效果如图 9-102 所示。

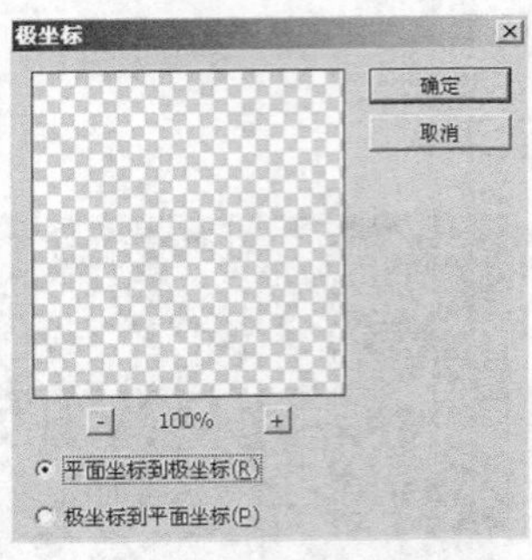

图 9-101

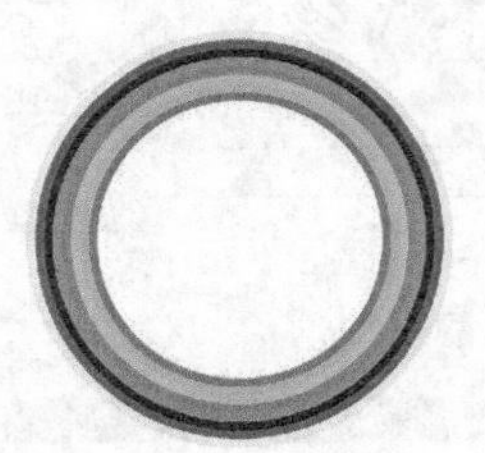

图 9-102

（6）把彩虹拖到贺卡的图层里面，按“Ctrl + T”快捷键适当缩小一点，效果如图 9-103 所示。

（7）在彩虹的下面新建一个图层，用“椭圆选框工具”画一个刚好跟彩虹差不多大小的正圆。然后选择“渐变工具”，颜色设置（#FFFF0D，#C56D51）如图 9-104 所示，拉出图 9-105 所示的径向渐变。然后把图层混合模式改为“饱和度”，效果如图 9-106 所示。

图 9-103

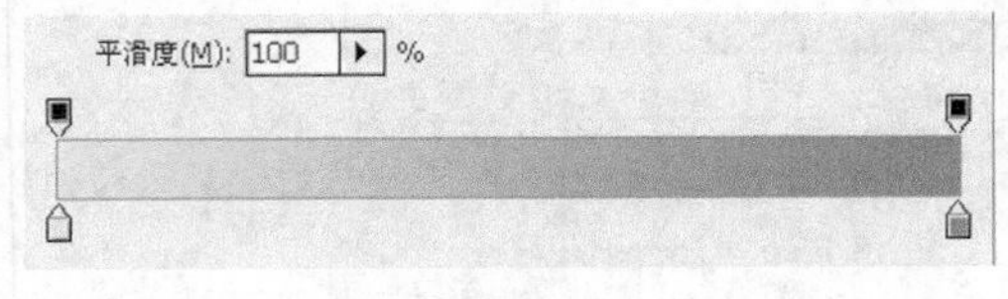

图 9-104

图 9-105

图 9-106

（8）打开附书光盘中的“Ch09>素材>中秋贺卡”中图 9-107 所示的素材图片，把主体勾出来，适当地调整颜色和大小，放到彩虹图层的下面，再配上一些花纹笔刷，部分素材需要调整色彩，效果如图 9-108 所示。

图 9-107

图 9-108

（9）在彩虹图层上面新建一个图层，选择“椭圆选框工具”在上部拉一个椭圆形，填充白色。然后加上图层蒙版，用黑白渐变拉出透明部分，效果如图 9-109 所示。

（10）打开附书光盘中的“Ch09>素材 >中秋贺卡>5.png”文件，如图 9-110 所示的嫦娥图片，用魔术棒把人物勾出来，然后拖进来，放到彩虹图层的上面，适当地加点投影，效果如图 9-111 所示。

图 9-109

图 9-110

图 9-111

（11）在嫦娥图层下面新建一个图层，刷上一些花纹及潮流元素笔刷，再适当的给笔刷拉上渐变色彩，效果如图 9-112 所示。

（12）在最上面新建一个图层，选择“矩形选框工具”在图层下部拉一个矩形选区，填充颜色“#64253F”，如图 9-113 所示。按“Ctrl+D”快捷键取消选区后，加上图层蒙版，用黑白渐变拉出透明部分，效果如图 9-114 所示，这一步是简单地把下部的亮度压暗一点。

图 9-112

图 9-113

图 9-114

（13）再新建一个图层，用“椭圆选框工具”绘制一个图 9-115 所示的正圆。按“Shift+F6”快捷键执行“羽化”命令，设置数值为 45，然后填充颜色“#F41A80”、“c60d62”，效果如图 9-116 所示。

（14）新建一个图层，加上月亮，打上祝福的文字，完成的效果最终如图 9-117 所示。

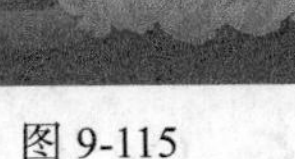

图 9-115

图 9-116

图 9-117

9.4 包装设计

包装作为实现商品价值和使用价值的手段，在生产、流通、销售和消费领域中，发挥着极其重要的作用，是企业界产品设计不得不关注的重要课题。包装的功能是保护商品、传达商品信息、方便使用、方便运输、促进销售、提高产品附加值。包装作为一门综合性学科，具有商品和艺术相结合的双重性。图层的各种操作是图像处理的重点操作，运用图层样式、图层混合模式可以制作各种包装效果。本章主要介绍 Photoshop 制作手提袋、易拉罐包装的方法。

学习目标：掌握手提袋设计、易拉罐包装的制作。

9.4.1 手提袋设计

1. 案例效果分析

通过手提袋正面的颜色和文字来宣传长虹空调，用绿色的背景和黄绿色的图片直接体现空调的清新特色，通过对文字的艺术处理突出空调“清新宁静”的主题，如图 9-118 所示。

图 9-118

2. 设计思路

（1）制作手提袋正面。

（2）制作手提袋背面。

（3）制作手提袋侧面。

（4）制作手提袋提绳。

3. 相关知识和技能点

使用“自由变换”命令处理素材图像，使用图层样式制作文字特殊效果。制作手提袋背面变化图层，制作手提袋侧面。使用“钢笔工具”绘制手提袋提绳。

4. 案例制作

（1）选择“文件>新建”命令，创建一个 400×500 像素，分辨率为 96 的 RGB 模式的白色背景文件。

（2）在“图层”面板中单击“创建新图层”按钮，新建一个图层。单击工具箱中的“渐变填充”按钮，打开“渐变编辑器”对话框，编辑渐变色，设置“绿色>黄色>绿色”的渐变，然后单击“确定”按钮。

（3）单击工具箱中的“矩形选框工具”，绘制一个矩形选区，如图 9-119 所示。使用“渐变工具”从上至下拖动填充选区，然后按“Ctrl+D”快捷键取消选区，得到图 9-120 所示的选区。

（4）按“Ctrl＋O”快捷键，打开光盘中的“Ch09> 素材>手提袋设计> 叶子 .jpg”文件，如图 9-121 所示。按住“Ctrl”键将打开的图像拖动到手提袋侧面文件中。按“Ctrl+T”快捷键对选区进行变换，调整图形大小到合适的位置，如图 9-122 所示。单击工具箱中的“魔棒工具”，选择图箱上的白色部分，按“Delete”键将其删除。

图 9-119　　　　图 9-120

（5）打开光盘中的“Ch09> 素材>手提袋设计> 佳爽标志.jpg”文件，如图 9-123 所示。

图 9-121

图 9-122

图 9-123

（6）将文件复制到图像中，按“Ctrl+T”快捷键对选区进行变换，并移动到图 9-124 所示的位置。

（7）双击该图像所在的图层，打开“图层样式”对话框，选中“描边”复选框。设置“大小”为 1 像素、“不透明度”为 100%、颜色为“白色”，如图 9-125 所示。

图 9-124

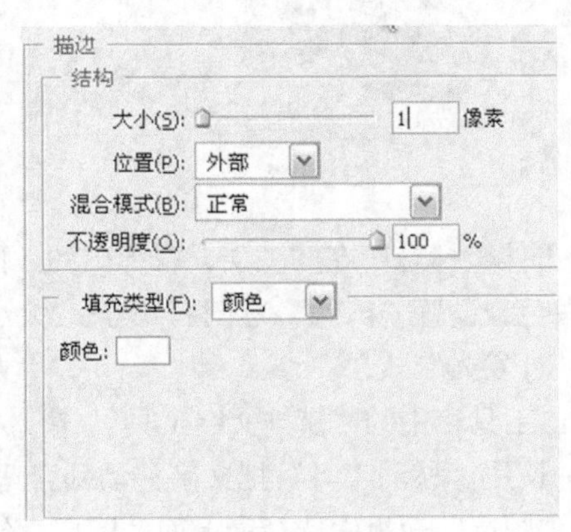

图 9-125

（8）单击“确定”按钮完成设置。设置前景色为白色，选择工具箱中的“横排文字工具”，输入文字“佳爽空调”，并栅格化文字图层。按“Ctrl+T”快捷键，变换文字的大小和倾斜度，如图 9-126 所示。

（9）双击文字图层，打开“图层样式”对话框，选中“斜面和浮雕”复选框，参数设置如图 9-127 所示。

图 9-126

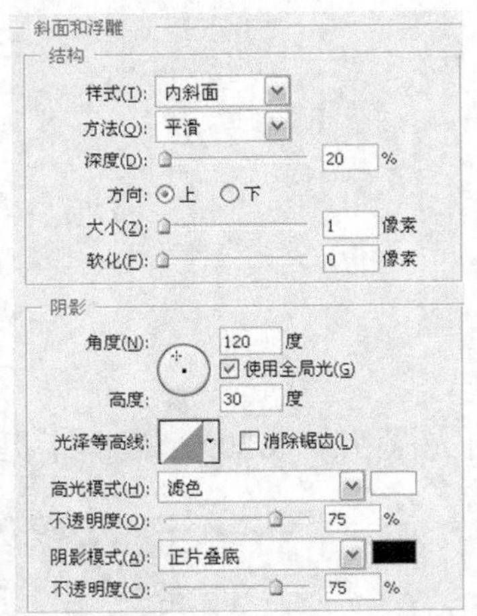

图 9-127

（10）单击“确定”按钮完成“页面和浮雕”的设置，打开光盘中的“Ch12> 素材>手提袋设计> 标志 .jpg”文件，如图 9-128 所示。按“Ctrl+T”快捷键，变换标志图像的大小，并移动到文字的左边。

（11）在“图层”面板中将图层拖动到“佳爽空调”文字图层的下边，图像效果如图 9-129 所示。

图 9-128

图 9-129

（12）双击佳爽标志所在的图层，在弹出的“图层样式”对话框中，选中“外发光”复选框。设置颜色为白色，设置“扩展”为 2%。设置“大小”为 25 像素，如图 9-130 所示。单击“确定”按钮，应用“外发光”效果。

（13）单击工具箱中的“横排文字工具”，输入文字“一年四季清新宁静”，然后调整文字的间距、大小，并使用“移动工具”把文字移动到合适的位置，如图 9-131 所示。

（14）在“图层”面板中选择最上面的图层，然后按“Ctrl+E”快捷键向下合并图层，将除背景图层外的所有图层全部合并为一个图层。单击“创建新图层”按钮，创建“图层 1”，并选择该图层，使其为当前图层，如图 9-132 所示。

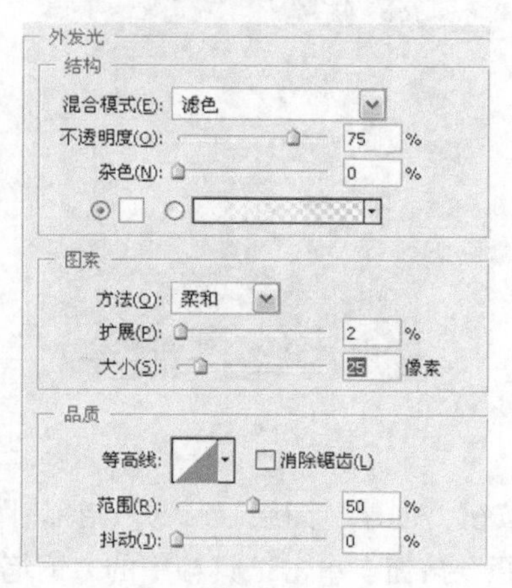

图 9-130

图 9-131

（15）单击工具箱中的“渐变工具”，设置为浅灰色到深灰色渐变。单击工具箱中的“矩形选框工具”，创建一个矩形选区。然后使用“渐变工具”从上至下拖动选区进行渐变填充。

（16）按“Ctrl+T”快捷键，将“图层 1”变换成图 9-133 所示的位置。

图 9-132

图 9-133

（17）按住“Ctrl”键，然后用鼠标单击“背景副本”图层，载入“背景副本”图层选区。

（18）在“图层”面板中单击“创建新图层”按钮，创建“图层 2”，并选择该图层，使其为当前图层。单击工具箱中的“渐变工具”，设置为浅灰色到深灰色的渐变，再使用“渐变工具”从上至下拖动对选区进行渐变填充。单击工具箱中的“移动工具”，将图层移动到图 9-134 所示的位置。

（19）在“图层”面板中单击“创建新图层”按钮，创建“图层 3”，并选择该图层，使其为当前图层。单击工具箱中的“渐变工具”，设置“黄绿色-绿色”的渐变。

（20）单击工具箱中的“矩形选框工具”，创建一个矩形选区，使用“渐变工具”从上至下填充选区，如图 9-135 所示。

（21）按住“Ctrl+T”快捷键，调节变换控制点，将“图层 3”的右边与“图层 2”的右边对齐，但要保持“图层 3”的上边和下边平行，如图 9-136 所示。

图 9-134

图 9-135

（22）在“图层”面板中单击“创建新图层”按钮，创建“图层 4”，并选择该图层，使其为当前图层。切换到“路径”面板，单击“创建新路径”按钮。单击工具箱中的“钢笔工具”，绘制手提袋的提绳，如图 9-137 所示。

图 9-136

图 9-137

（23）单击工具箱中的“画笔工具”，设置画笔的“大小”为 5，设置前景色为橘黄色。

单击“路径”面板右上角的三角形按钮，在弹出的菜单中选择“路径描边”命令，得到图 9-138 所示的效果。

（24）然后按“Ctrl+T”快捷键，按住鼠标左键移动提绳，将提绳复制一条，完成手提袋的制作。最终效果如图 9-139 所示。

图 9-138

图 9-139

9.4.2　易拉罐包装

1. 案例效果分析

通过蓝色的背景和隐约的冰块背景体现了产片冰爽的感觉，使用新鲜的柠檬、醒目的品名，直接展示了产品的口味和特征，用错落有序的文字构图表达产品的成分和属性。整体画面清新自然，图文清晰，具有很好的视觉吸引力，如图 9-140 和图 9-141 所示。

图 9-140

图 9-141

2. 设计思路

（1）制作包装的平面展开图。

流程：制作背景>制作包装的标头>正面文字编排>添加品牌标志>制作包装背面>添加文字说明和条码。

（2）制作包装的立体效果图。

流程：制作背景> 打开听罐>选取平面图正面>制作包装正面效果>调整正面明暗效果>制作倒影。

3. 相关知识和技能点

使用图层样式制作“品名”的描边效果，使用“创建文字变形”命令制作变形文字，使用“滤镜>渲染>光照效果”命令制作立体效果背景，使用“滤镜>扭曲>切变”命令制作听罐正面图形弧度，使用“钢笔工具”制作听罐正面包装图形，使用曲线调整正面的明暗高光。

4. 案例制作

步骤一：制作包装的平面展开图

（1）按“Ctrl+N”快捷键，在弹出的“新建”对话框中设置“宽度”为 21.6 厘米，“高度”为 12.6 厘米，“分辨率”为 300 像数/英寸，颜色模式为 CMYK 颜色，背景色为白色，建立新文件。

（2）按“Ctrl+R”快捷键显示图层标尺，设置预留出血线和中线。

（3）单击工具箱中的“渐变工具”，在选项栏中选择“线性渐变”选项，在弹出的“渐变编辑器”中，创建新的渐变预设，选择渐变类型为“实底”。设置图 9-142 所示的从深蓝，RGB 颜色值为（13，53，141）到浅蓝色 RGB 颜色为（41，152，190）的渐变效果。接着在图层中从下至上拖曳产生渐变效果，如图 9-143 所示。

（4）按“Ctrl＋O”快捷键，打开光盘中的“Ch12 >素材 >易拉罐包装>冰块.psd”文件。选择“移动工具”，将冰块图片拖曳到图像窗口中，在“图层”控制面板中生成新的图层，并将其命名为“冰块”。在“图层”面板中设置图层混合模式为“颜色加深”，效果如图 9-144 所示。

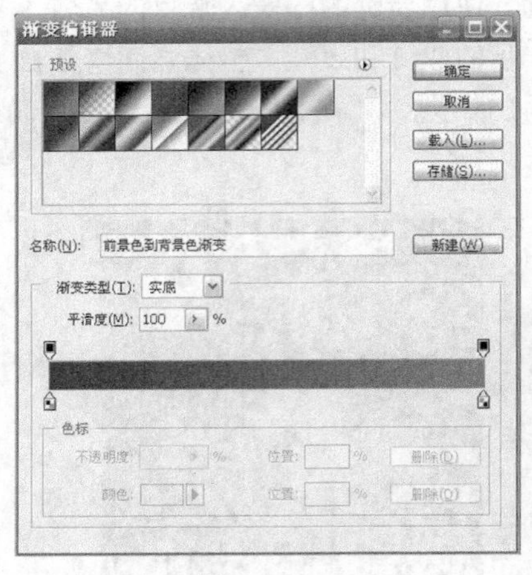

图 9-142

图 9-143

图 9-144

（5）保持当前文件状态，按“Ctrl+Shift+N”快捷键新建图层，新建图层为“圆形底”，单击工具箱中的“椭圆选框”工具，在包装正面绘制一个正圆，将前景色设置为深蓝色，RGB 颜色值为（27，49，114），并填充该圆，如图 9-145 所示。

（6）按“Ctrl+D”快捷键取消选区，然后单击“图层”面板下方的“添加图层样式”按钮，在弹出菜单中选择“描边”命令，“描边大小”设置为 10 像素，为圆形添加白色描边，如图 9-146 所示。

（7）复制图层“圆形底”为图层“圆形底副本”，将该图层填充为白色，并将该圆缩小，如图 9-147 所示。

图 9-145

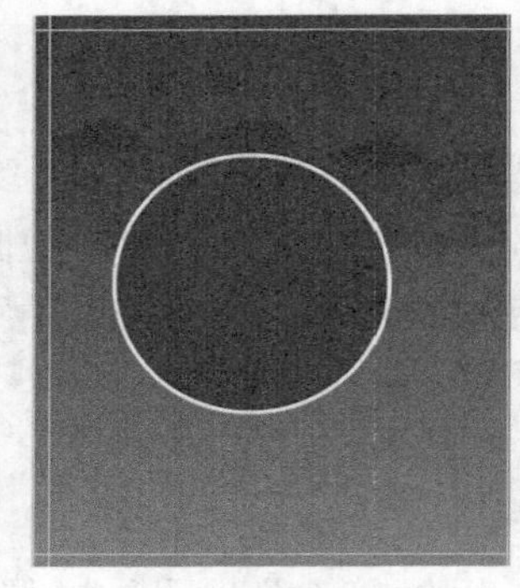

图 9-146

图 9-147

（8）执行“文件”>“打开”命令，打开光盘中的“Ch09>素材 >易拉罐包装>柠檬”文件，如图 9-148 所示。并将该“柠檬”图片拖曳到听罐平面图中，如图 9-149 所示。

（9）执行“文件”>“打开”命令，打开光盘中的“Ch09>素材 >易拉罐包装>品名”文件，如图 9-150 所示。将 Bingshan 字体图片拖曳到听罐平面图中，按键盘“Ctrl+T”快捷键自由变换缩放英文字体的大小，如图 9-151 所示。

图 9-148

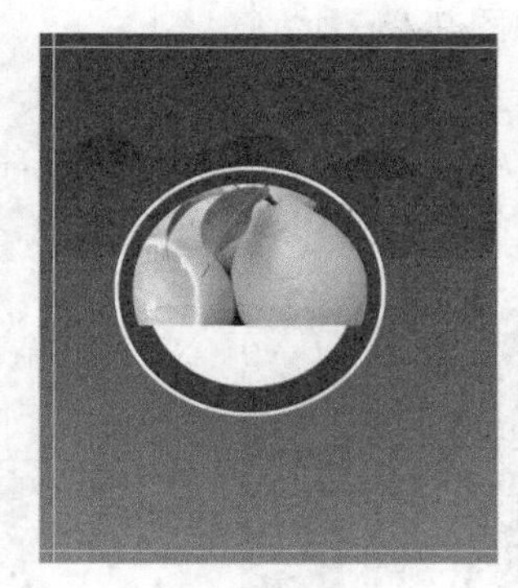

图 9-149

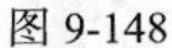

（10）保持当前“品名”图层状态，单击“图层”面板下方的“添加图层样式”按钮，在弹出的菜单中选择“描边”命令。在打开的对话框中设置“描边大小”为 10 像素，为 Bingshan 字体添加白色描边，如图 9-152 所示。

图 9-150

图 9-151

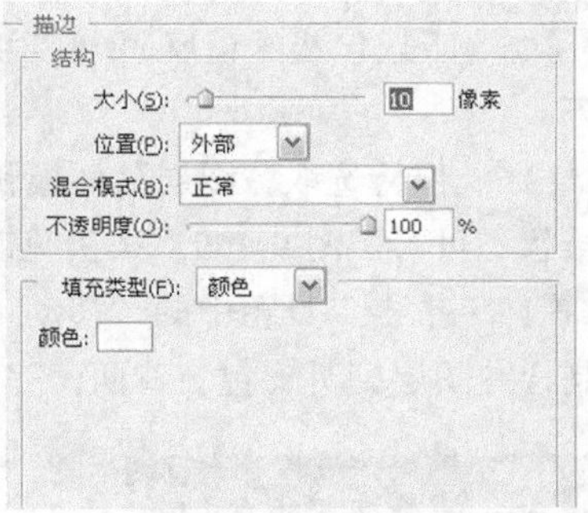

描边
结构
大小(S): 10 像素
位置(P): 外部
混合模式(B): 正常
不透明度(O): 100 %
填充类型(F): 颜色
颜色:

图 9-152

（11）将前景色设置成 K 为 100 的黄色，单击工具箱中的“横排文字工具”，在包装版面中输入“100% 原果精制”文本图层，同时在“字符”面板中设置字体为“方正大黑简体”，其他参数可参照图 9-153 所示。

（12）单击工具选项栏中的“创建文字变形”按钮，在弹出的“变形文字”对话框中设置“样式”为“拱形”，其他参数可参照图 9-154 所示。效果如图 9-155 所示。

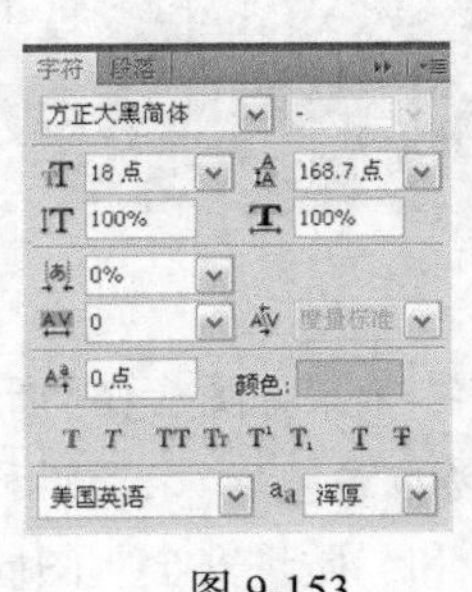

图 9-153

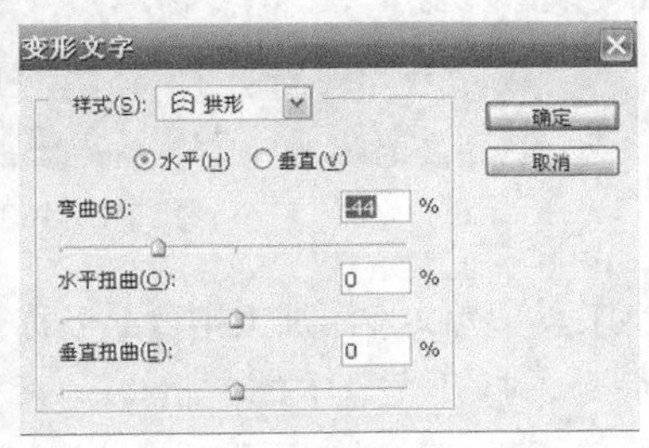

图 9-154

图 9-155

（13）继续运用工具箱中的“横排文字工具”为文件添加文本图层，添加的文字内容和文字设置效果可参照图 9-156 所示。

（14）执行“文件”>“打开”命令，打开光盘中的“Ch09 >素材>易拉罐包装>冰山标志”文件，如图 9-157 所示。运用 “移动工具”将“良品”品牌标志图层拖曳到包装标头上面，按“Ctrl+T”快捷键自由变换调整图片的大小。至此，听罐包装版面正面完成，效果如图 9-158 所示。

图 9-156

图 9-157

图 9-158

（15）听罐包装的正反面内容可以做成一致，正面内容做好以后将它们合并，然后复制到背面即可。

（16）保持选取“图层”面板状态，单击除背景层以外图层的“指示图层是否已链接”按钮，链接状态可参照图 9-159。按快捷键“Ctrl+E”，合并链接图层。

（17）单击工具箱中的“移动工具”选取合并图层，同时按“Alt”键，单击鼠标左键，拖曳复制合并图层到听罐包装背面，完成效果可参照图 9-160。

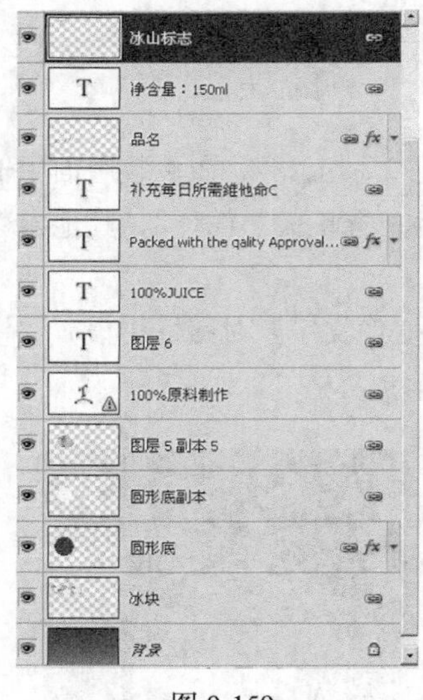

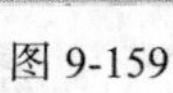

图 9-159

图 9-160

（18）运用工具箱中的“横排文字工具”为文件添加文本食品名称等文字，效果如图 9-161 所示。

（19）执行“文件”>“打开”命令，打开光盘中的“Ch09 >素材 >易拉罐包装>条形码和质量安全”文件，如图 9-162 所示。接着运用“移动工具”分别将“条码”和“质量安全”图层拖曳到文字说明之间的空隙，按“Ctrl+T”快捷键自由变换调整图片大小，包装展开平面图效果如图 9-163 所示。

图 9-161

图 9-162

图 9-163

步骤二：制作包装的立体效果图

（1）按“Ctrl+N”快捷键，在弹出的“新建”对话框中设置“宽度”为 10 厘米，“高度”为 10 厘米，“分辨率”为 300 像素/英寸，色彩模式为 RGB 模式，背景色为白色，建立新文件。

（2）单击工具箱中的“设置前景色”选项，在弹出的“拾色器”对话框中设置前景色为墨绿色，CMYK 值为（75，55，80，55），按“Alt+Delete”快捷键填充前景色。

（3）执行菜单栏中的“滤镜”>“渲染”>“光照效果”命令，在弹出的“光照效果”对话框中设置图 9-164 所示的效果，将背景灯光化处理。按“Ctrl+S”快捷键存储该文件为“立体效果图”psd 文件，如图 9-165 所示。

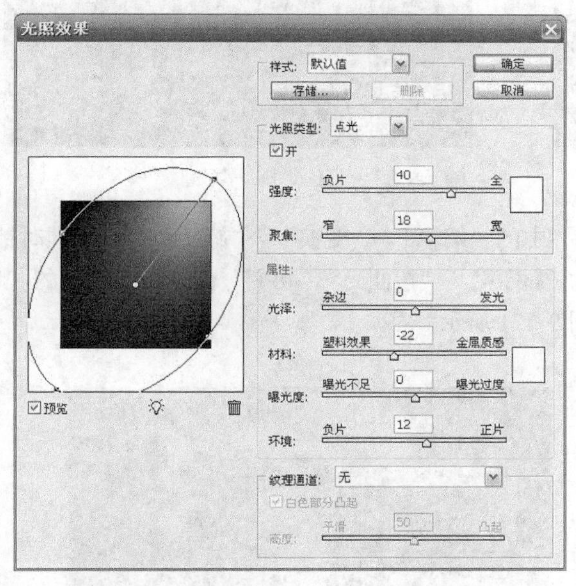

图 9-164

图 9-165

（4）执行“文件”>“打开”命令，打开光盘中的“Ch12 >素材 >易拉罐包装>听罐”文件，如图 9-166 所示。运用工具箱中的“移动工具”将“听罐轮廓”图层拖曳到“立体效果图”文件中，以便下一步为听罐建立轮廓之用，如图 9-167 所示。

（5）执行“文件”>“打开”命令，打开光盘中的“Ch12 >素材 >任务>易拉罐包装>易拉罐包装平面图”文件，选择工具箱中的“矩形选框工具”框选听罐的正面，框选范围如图 9-168 所示。然后按“Ctrl+C”快捷键，再转换到“易拉罐包装”文件状态，按“Ctrl+V” 快捷键，将听罐包装的正面粘贴到“易拉罐包装”文件内为“图层 1”，并按“Ctrl+T” 快捷键，将听罐包装的正面缩小至听罐轮廓大小，如图 9-169 所示。

图 9-166

图 9-167

图 9-168

图 9-169

（6）保持选取“图层 1”状态，执行菜单栏中的“编辑” > “变换” > “旋转 90 度”（顺时针）命令，将“图层 1”旋转。再执行菜单栏中的“滤镜” > “扭曲” > “切变”命令，在弹出的“切变”对话框中调整切变弧度，如图 9-170 和图 9-171 所示。

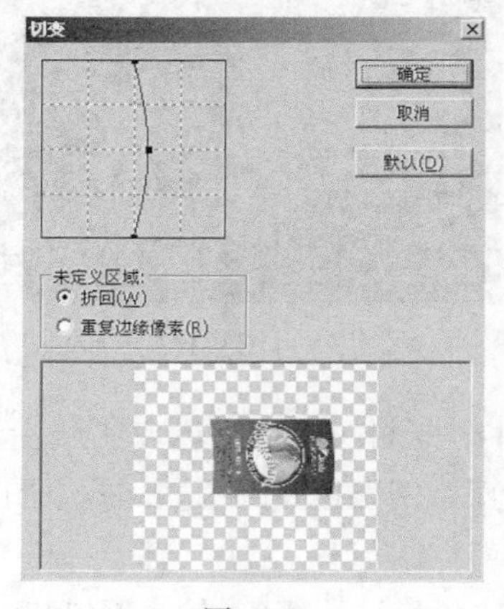

图 9-170

图 9-171

（7）保持选取切变后“图层 1”状态，执行菜单栏中的“编辑”>“变换”>“旋转 90 度”（逆时针）命令，将切变的包装正面保持与听罐轮廓居中状态。接着将“图层 1”的“不透明度”调整为 50%，透出听罐的轮廓，如图 9-172 所示。然后单击工具箱中的“钢笔工具”，根据听罐的可印刷面积勾出路径，如图 9-173 所示。

图 9-172

图 9-173

（8）勾画路径完成后按“Ctrl+Enter”快捷键将其载入选区，如图 9-174 所示。接着按“Ctrl+Shift+I”快捷键反选选区，勾选路径以外的选区，然后按“Delete”键，删除选区，如图 9-175 所示。

图 9-174

图 9-175

（9）选择“图层”面板右上方的“不透明度”，调整设置，将透明度恢复为 100%，如图 9-176 所示。

（10）保持选取“图层 1”状态，单击工具箱中的“矩形选框工具”选取听罐的明暗交界线，按“Ctrl+Alt+D”快捷键，在弹出的“羽化”对话框中设置羽化值为 60 像素。接着按“Ctrl+M”快捷键，在弹出的“曲线”对话框中调整色彩曲线，调整参数如图 9-177 所示，效果如图 9-178 所示。

（11）继续运用“矩形选框工具”选取听罐的高光线，按“Ctrl+Alt+D”快捷键，在弹出的“羽化”对话框中设置“羽化”值为 50 像素。接着按“Ctrl+M”快捷键，在弹出的“曲线”对话框中调整色彩曲线，参数设置如图 9-179 所示，效果如图 9-180 所示。

图 9-176

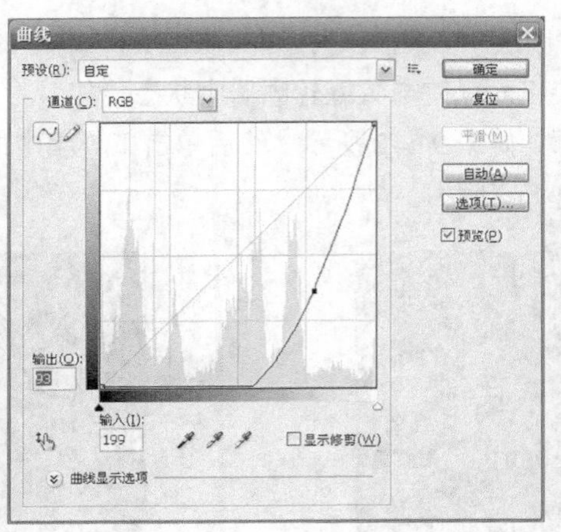

图 9-177

图 9-178

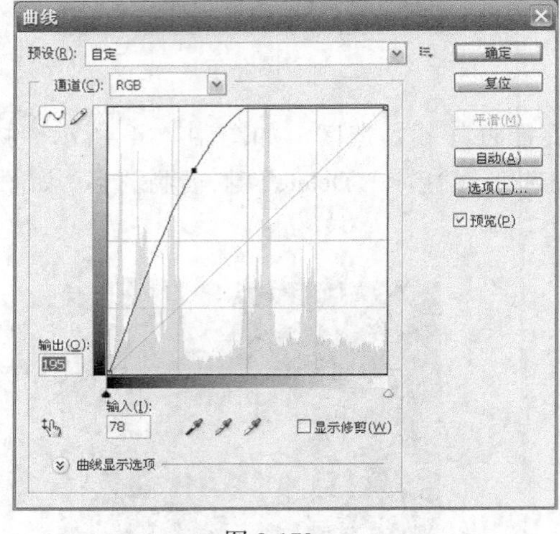

图 9-179

图 9-180

（12）保持选取“图层 1”状态，单击工具箱中的“加深工具”，接着单击鼠标右键，在弹出的“画笔”设置面板中，将画笔“主直径”设置为 70 像素，如图 9-181 所示。然后根据听罐的明暗关系，用“加深工具”将听罐局部边缘加深，如图 9-182 所示。

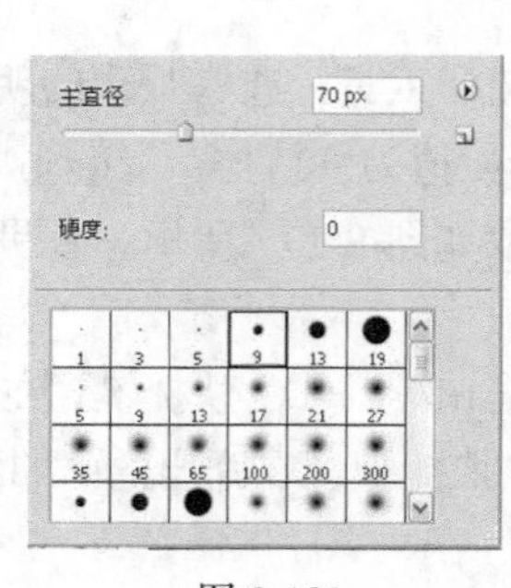

图 9-181

图 9-182

（13）按“Ctrl+Shift+N”快捷键新建图层为“图层 2”，单击工具箱中的“钢笔工具”，勾选听罐收口压边处高光部位，载入选区后按“Ctrl+Alt+D”快捷键，在弹出的“羽化”对话框中设置“羽化”值为3像素，将前景色设置为白色，按“Alt+Delete”快捷键填充前景色为听罐收口压边的高光，如图9-183所示。

（14）复制“图层2”为“图层2副本”、“图层2副本2”，分别执行“Ctrl+T”快捷键执行“自由变换”命令，按照听罐收口压边的斜度调整其长度，效果如图9-184所示。

（15）单击“图层2”、“图层2副本”、“图层2副本2”的“指示图层是否已链接”按钮，按快捷键“Ctrl+E”，将链接图层合并为“图层2”。复制“图层2”为“图层2副本”，单击关闭“图层2副本”的“指示图层可视性”图标。

（16）保持选取“图层2”状态，单击“矩形选框工具”选取听罐收口压边的背光面，按“Ctrl+Alt+D”快捷键，设置“羽化”值为50像素，然后按“Delete”键，删除选区，如图9-185所示。

图9-183

图9-184

图9-185

（17）单击“图层2”的“指示图层可视性”图标，关闭“图层2”的可视性。打开“图层2副本”的可视性，执行菜单栏“选择”>“载入选取”命令，载入“图层2副本”的选区。接着按“Ctrl+Shift+N”快捷键新建“图层3”，同时设置前景色为蓝色，CMYK值为（84，52，0，0），按“Alt+Delete”快捷键填充前景色为听罐收口压边的背光。

（18）选取“图层2副本”，将“图层2副本”拖曳到控制栏下方的“删除图层”按钮上，删除“图层2副本”。

（19）保持选取“图层3”状态，单击“矩形选框工具”选取听罐收口压边的高光部位，按“Ctrl+Alt+D”快捷键执行“羽化”命令，设置“羽化”值为50像素。然后按“Delete”键删除选区。接着，按键盘“↑”（方向）键，向上移动听罐收口压边的暗面，连续按5次，将暗面位移，如图9-186所示。

（20）单击释放“图层2”的“指示图层可视性”图标，这样，听罐收口压边的明暗关系就制作完成了，如图9-187所示。

图9-186

图9-187

（21）单击“听罐轮廓”、“图层 1”、“图层 2”、“图层 3”的“指示图层可视性”图标，链接该图层组。接着，按“Ctrl+E”快捷键合并链接图层，合并该图层组。这样，包装的罐体就制作完成，如图 9-188 所示。

（22）复制“图层 1”为“图层 1 副本”，保持选择“图层 1”状态，执行菜单栏“编辑”>“变换”>“垂直翻转”命令，将“图层 1”镜像为倒影，并将“不透明度”调整为 40%，降低倒影的不透明度。最后，执行菜单栏“滤镜”>“模糊”>“高斯模糊”命令，在弹出的“高斯模糊”对话框中设置模糊“半径”为 2 像素。至此，“鲜橙汁”听罐包装的立体效果图便全面地制作完成，如图 9-189 所示。

图 9-188

图 9-189

（23）最后，选取菜单栏中的“文件”>“保存”命令，继续存储“易拉罐包装”的 psd 格式文件。

9.5 海报设计

海报是众人皆知的广告宣传手段，无论是企业宣传某种商品，还是社团策划某种活动，在准备阶段都会向众人张贴一张相关的海报。海报的语言要求简明扼要，形式要做到新颖美观。路经、形状与文字是 Photoshop CS4 中 3 个重要的知识点，路径与文字结合可以制作各种形状的海报文字效果。本章主要介绍用 Photoshop 制作产品海报、节日海报的方法。

学习目标：掌握产品海报、节日海报、电影海报的制作。

9.5.1 饮料海报设计

1. 案例效果分析

通过绿色的背景和气泡突出饮料绿色食品的特色，使用橙子图片和文字展示产品的口味和特色。通过对文字的“球面化”处理突出产品“富含维生素”的主题，如图 9-190 所示。

图 9-190

2. 设计思路

（1）填充背景色。
（2）导入图像文件。
（3）输入文字、添加特效。
（4）执行“球面化”命令。

3. 相关知识和技能点

使用“渐变工具”制作背景，用“外发光”图层样式渲染海报主题，并运用“描边”效果为广告文字添加“边缘”效果。

4. 案例制作

（1）新建名为“饮料海报”的图像文件，设置“宽度”为 397 像素、“高度”为 463 像素、“分辨率”为 96 像素/英寸。

（2）选择“渐变工具”，打开“渐变编辑器”对话框，如图 9-191 所示。选择“从前景色（#25B60D）到背景色（#7EFF26）渐变”，使用线性渐变编辑器在图像画布中从顶部向底部拉出渐变色，如图 9-192 所示。

（3）打开光盘中的“Ch09>素材>饮料海报>包装盒.jpg ”文件，将图像拖曳到图像窗口中，生成新的图层，并将其命名为“盒子”。调整图像的大小，效果如图 9-193 所示。

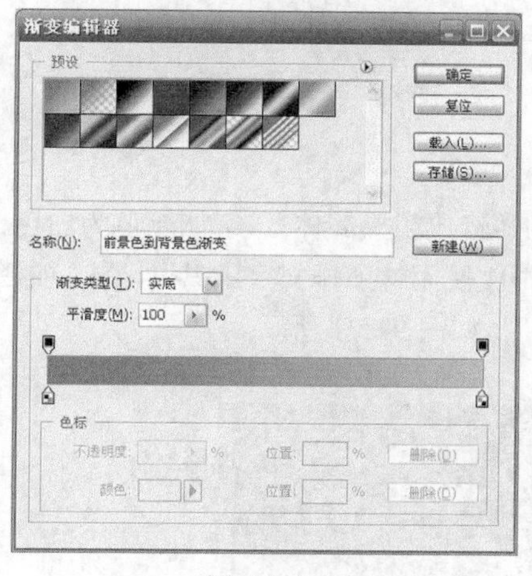

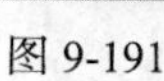

图 9-191

图 9-192

图 9-193

（4）单击“图层”控制面板底部的“添加图层样式”按钮，在弹出的下拉菜单中选择“外发光”效果，弹出“图层样式”对话框，设置颜色为白色，其他均为默认设置，如图 9-194 所示。

（5）复制“盒子”层为“盒子副本”层，如图 9-195 和图 9-196 所示。

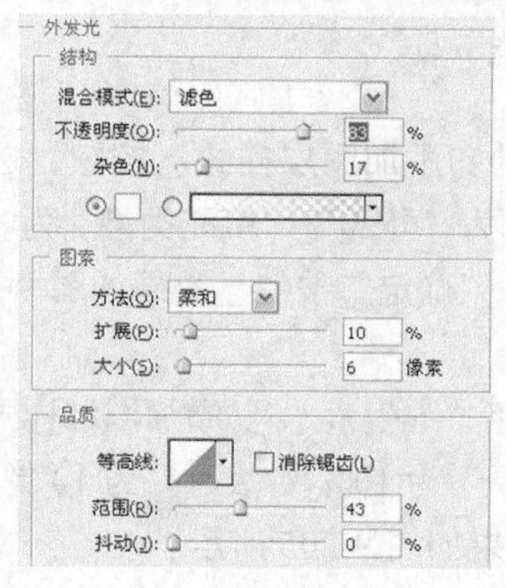

图 9-194

图 9-195

图 9-196

（6）打开光盘中的“Ch09>素材>饮料海报>橙子.jpg”文件，将图像拖曳到图像窗口中，生成新的图层，并将其命名为“橙子”。执行“自由变换”命令调整大小，并置于“背景”层的上面，如图 9-197 所示。

（7）单击“图层”控制面板底部的“添加图层样式”按钮，在弹出的下拉菜单中选择“外发光”效果，弹出“图层样式”对话框，设置颜色为黄色（#FFFCoo），其他均为默认设置，如图 9-198 所示。效果如图 9-199 所示。

图 9-197

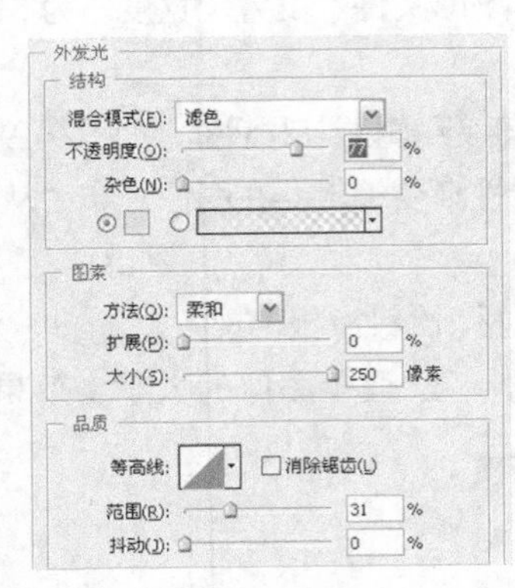

图 9-198

图 9-199

（8）使用“横排文字工具”，在选项栏中设置“字体”为“经典粗黑简体”，字体颜色为白色，输入文字“喝杯鲜橙汁，年轻添活力”，如图 9-200 所示。再次使用“横排文字工具”，在选项栏中设置字体颜色为“黄色（#FFFFoo）”，输入文字“鲜橙汁”，如图 9-201 所示。

图 9-200

图 9-201

（9）在“鲜橙汁”文字层中，单击“图层”控制面板底部的“添加图层样式”按钮，选择“描边”选项，如图 9-202 所示，设置“大小”为 8 像素，“位置”为“外部”，“填充类型”为“渐变”并设置为“从蓝色（#00A8FF）到深蓝色（#010862）”。单击“确定”按钮，效果如图 9-203 所示。

（10）使用“横排文字工具”，设置字体颜色为白色，输入文字“维生素 C”。添加图层样式中的“投影”效果，如图 9-204 所示，设置“距离”为 8 像素，“扩展”为 10%，“大小”为 10 像素。添加“描边”效果，“大小”为 1 像素，颜色为“白色”，最终效果如图 9-205 所示。

（11）新建一个名为“气泡”的图层，使用“椭圆工具”绘制选区，使用“渐变工具”在“渐变编辑器”中选择“从白色到透明”的渐变，在图像选区中从上至下拉出渐变效果，如图 9-206 所示。

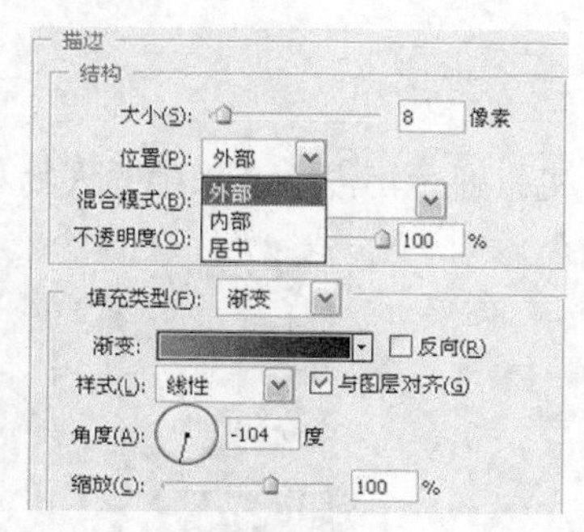

图 9-202

图 9-203

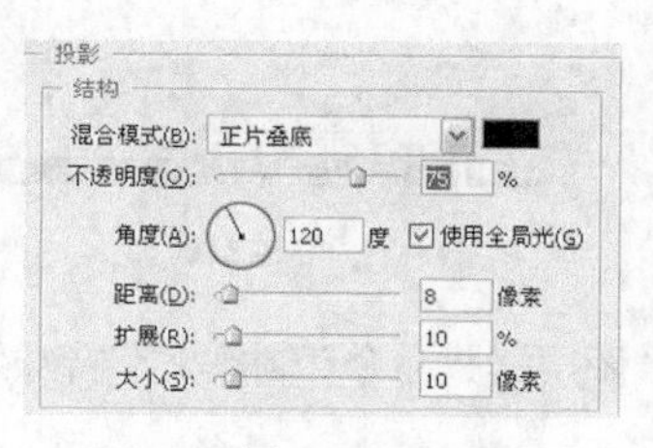

图 9-204

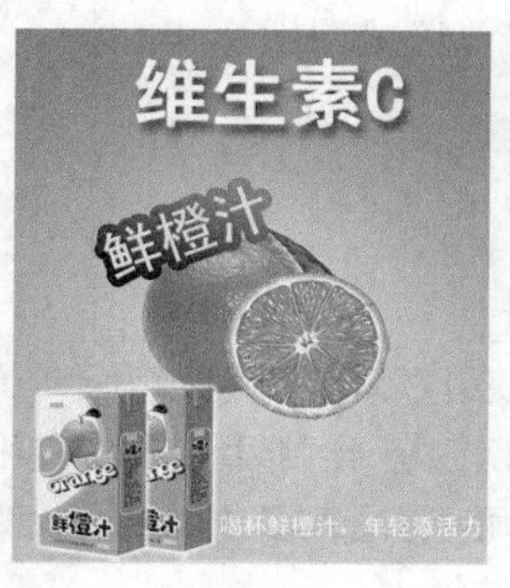

图 9-205

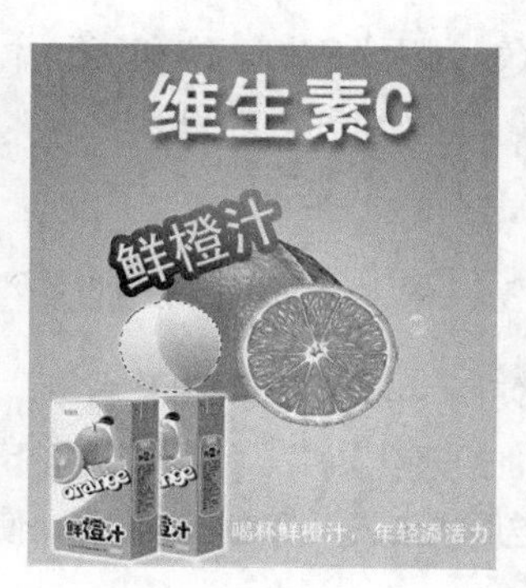

图 9-206

（12）使用“横排文字工具”设置“字体”为“经典粗圆繁”，设置字体颜色为“#7EE926”，输入文字“维生素”。执行“图层”>“文字”>“栅格化”命令，再执行“滤镜”>“扭曲”>“球面化”命令，设置“数量”为 100%，如图 9-207 所示。

（13）按“Ctrl+E”快捷键，向下合并“维生素”文字层和“气泡”层，如图 9-208 所示。

（14）复制“气泡”层为“气泡副本”层，并按“Ctrl+T”快捷键缩放比例。按照相同的方法绘制出其他“气泡”，最终效果如图 9-209 所示。

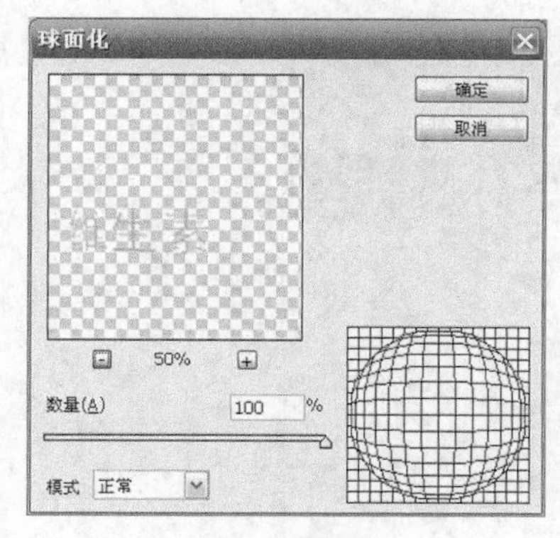

图 9-207

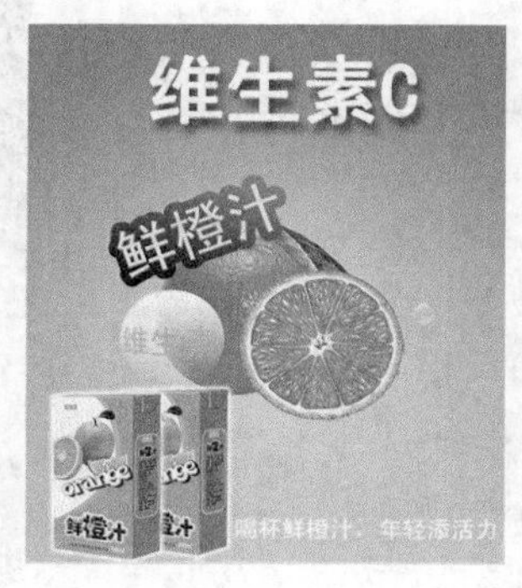

图 9-208

图 9-209

9.5.2 音乐节海报设计

1. 案例效果分析

通过黄色背景和绿色树叶体现了音乐会的勃勃生机，通过沉浸在音乐中的人物和小狗图片和文字，展示了乘着音乐的翅膀飞翔的主题。整体画面色彩明快，富有感染力，如图 9-210 所示。

图 9-210

2. 设计思路

（1）制作背景。

（2）导入素材。

（3）用“色相、饱和度”命令调整背景图片。

（4）制作气泡效果。

（5）制作文字效果。

3. 相关知识和技能点

使用“渐变工具”制作背景。使用“纹理化”滤镜为背景图像添加纹理化效果。使用“圆角矩形工具”绘制圆角矩形。使用“自定形状工具”绘制装饰图形。使用“直线工具”绘制图形。使用“图层样式命令”制作文字特殊效果。

4. 案例制作

（1）按“Ctrl＋N”快捷键，新建一个文件，“宽度”为 12.7 厘米，“高度”为 17.64 厘米，“分辨率”为 72 像素\英寸，颜色模式为 RGB，背景内容为白色，单击“确定”按钮。

（2）将前景色设为黄色，其 RGB 值为（251，244，6），按“Alt+Delelte”快捷键填充背景，效果如图 9-211 所示。

（3）按“Ctrl＋O”快捷键，打开光盘中的“Ch09 >素材 >音乐节海报>叶子.jpg”文件。选择“移动工具”，将叶子图片拖曳到图像窗口中，在“图层”控制面板中生成新的图层并命名为“叶子”，效果如图 9-212 所示。

图 9-211

图 9-212

（4）选择“图像>调整>色相\饱和度”命令，在弹出的对话框中进行设置，如图 9-213 所示，单击“确定”按钮，效果如图 9-214 所示。

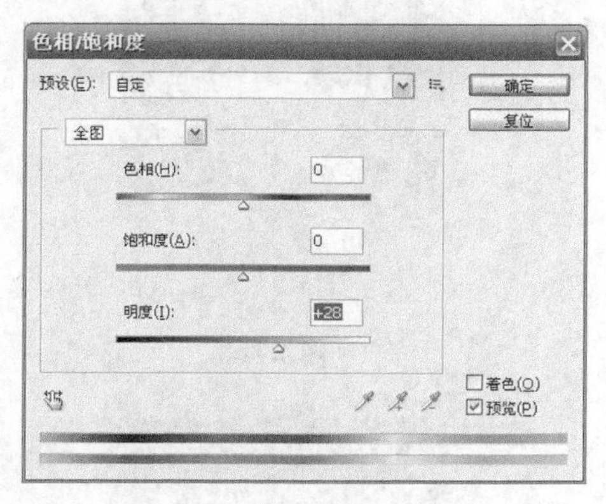

图 9-213

图 9-214

（5）按“Ctrl+O”快捷键，打开光盘中的“Ch09 >素材> 音乐节海报>幼苗.jpg”文件。选择“移动工具”，将叶子图片拖曳到图像窗口中，在“图层”控制面板中生成新的图层，并将命名为“幼苗”。选择“图像”>“调整”>“色相\饱和度”命令，在弹出的对话框中进行设置，如图 9-215 所示。单击“确定”按钮，效果如图 9-216 所示。

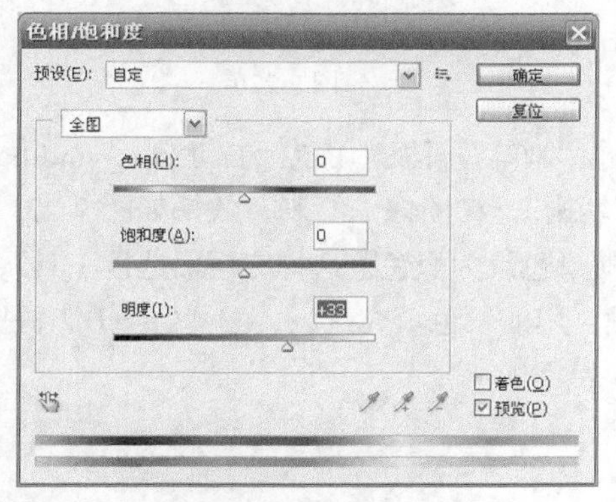

图 9-215

图 9-216

（6）按“Ctrl+O”快捷键，打开光盘中的“Ch13 >素材> 音乐节海报>听音乐.jpg”文件。选择“移动工具”，将叶子图片拖曳到图像窗口中，在“图层”控制面板中生成新的图层并命名为“听音乐”，调整其大小和位置，效果如图 9-217 所示。

（7）按“Ctrl+O”快捷键，打开光盘中的“Ch13>素材>音乐节海报 >音乐节标志.jpg”文件。选择“移动工具”，将叶子图片拖曳到图像窗口中，在“图层”控制面板中生成新的图层并命名为“音乐节标志”。调整其大小和位置，效果如图 9-218 所示。

（8）选择“横排文字工具”，在选项栏中选择合适的字体并设置文字大小，输入需要的文字，效果如图 9-219 所示，在“图层”控制面板中生成新的文字图层。

（9）选择“横排文字工具”，在选项栏中选择合适的字体并设置文字大小，输入需要的文字，效果如图 9-220 所示，在“图层”控制面板中生成新的文字图层。

图 9-217

图 9-218

图 9-219

图 9-220

（10）选择“画笔工具” T，在选项栏中单击“画笔”面板，用鼠标右键载入 void-bubbles.ABR 画笔。在“画笔类型”中选择“新载入的泡沫笔刷”，在图像中绘制，效果如图 9-221 所示。

（11）新建图层并将其命名为“矩形”。将前景色设为黑色。选择“矩形选框工具”，在图像窗口下方绘制矩形选区。按“Alt+Delete”快捷键，用前景色填充选区，按“Ctrl+D”快捷键，取消选区，效果如图 9-222 所示。

图 9-221

图 9-222

（12）选择“横排文字工具” T，在选项栏中选择合适的字体并设置文字大小，输入需要的黑色文字，效果如图 9-223 所示，在“图层”控制面板中生成新的文字图层。

（13）选择“横排文字工具” T，在选项栏中选择合适的字体并设置文字大小，输入需要的黑色文字，效果如图 9-224 所示，在“图层”控制面板中生成新的文字图层。

图 9-223

图 9-224

9.6　封面设计

封面是装帧艺术的重要组成部分，犹如音乐的序曲，是把读者带入内容的向导。它是通过艺术形象设计的形式来反映封装的内容。通道、蒙版与图层在 Photoshop CS4 中起着举足轻重的作用，这三者结合起来运用可以制作各种具有视觉冲击感的封面效果。本章主要介绍用 Photoshop 制作光盘封面、书籍封面的方法。

学习目标：掌握光盘封面、书籍封面、期刊封面的制作。

9.6.1　光盘封面

1．案例效果分析

通过封面中歌手朵朵芍芍默契的配合，把现代生活中的听者引入一个和谐轻盈的山间云里的世界。通过原唱歌曲列表表达光盘的主要内容，歌手的卡通形象充分体现歌曲的纯美，如图 9-225 所示。

图 9-225

2．设计思路

（1）制作光盘盘面背景效果。

（2）添加云朵人物图形。

（3）添加唱片目录文字。

3．相关知识和技能

使用“自定形状工具”绘制光盘盘面，并用“直接选择工具”对其进行适当地调整，使用图层样式为形状图层添加“投影”和“描边”效果。使用“创建剪贴蒙版”命令限定人物图形的显示范围。

4．案例制作

步骤一：制作背景效果

（1）按“Ctrl＋N”快捷键，新建一个文件：“宽度”为 12.59 厘米，“高度”为 12.59 厘米，

“分辨率”为 96 像素/英寸，颜色模式为 RGB，背景内容为白色，单击“确定”按钮，如图 9-226 所示。

（2）将前景色设为黑色，选择“自定形状工具”，单击选项栏中的“形状”选项，在“形状”面板中选中“圆形边框”形状。单击选项栏中的“形状图层”按钮，绘制图形并用“直接选择工具”对其进行适当地调整，效果如图 9-227 所示。

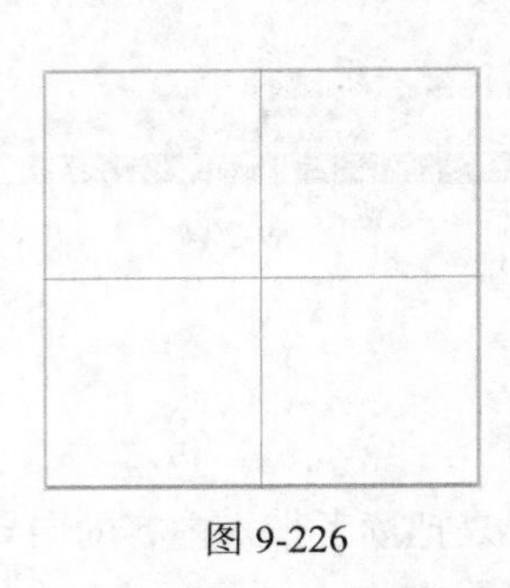

图 9-226

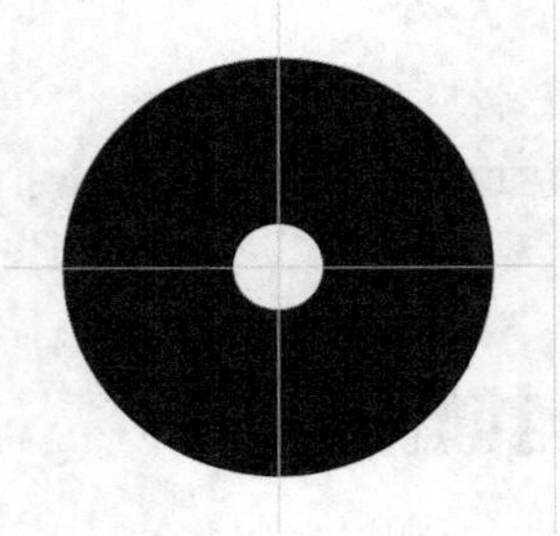

图 9-227

（3）单击“图层”控制面板下方的“添加图层样式”按钮，在弹出的菜单中选择“投影”选项，在弹出的对话框中进行设置，如图 9-228 所示，单击“确定”按钮，效果如图 9-229 所示。

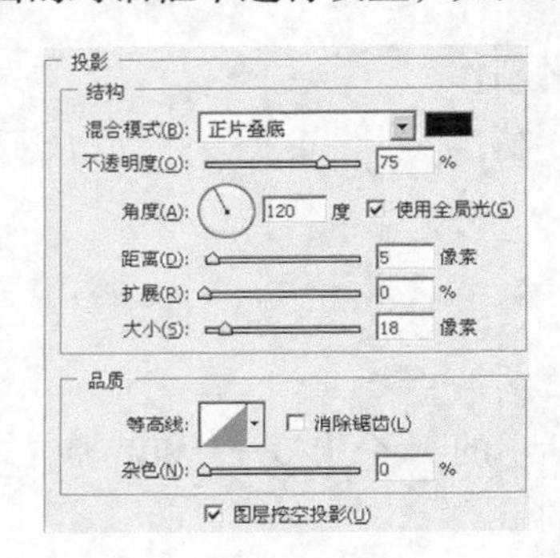

图 9-228

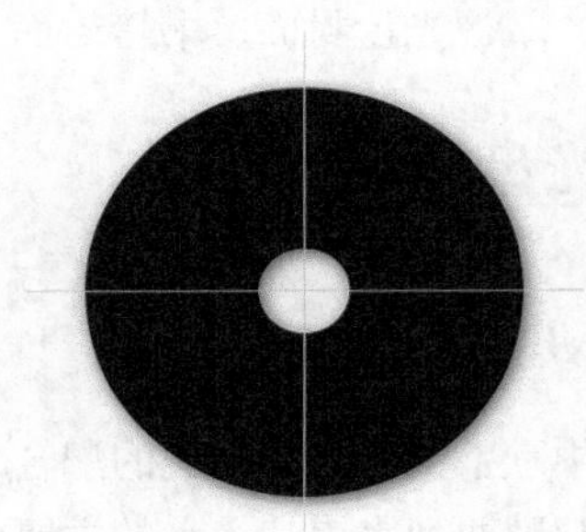

图 9-229

（4）单击“图层”控制面板下方的“添加图层样式”按钮，在弹出的菜单中选择“描边”选项，在弹出的对话框中进行设置，如图 9-230 所示。单击“确定”按钮，效果如图 9-231 所示。

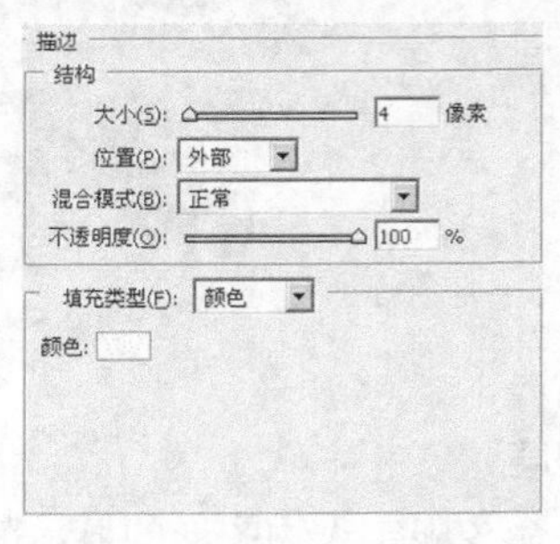

图 9-230

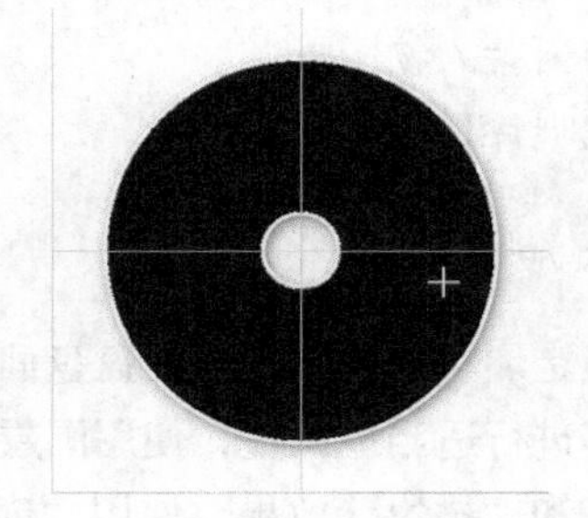

图 9-231

步骤二：添加人物图形

（1）按“Ctrl+O”快捷键，打开光盘中的“Ch09> 素材>光盘封面制作>朵朵芍芍 .jpg”文件。选择“移动工具”，拖曳图片到图像窗口中，在“图层”控制面板中生成新的图层，效果如图 9-232 所示。

（2）单击“图层”控制面板下方的“添加图层蒙版”按钮 ，为图层添加蒙版。选择“图层>描边创建剪贴蒙版”命令，将图层设为剪贴蒙版，效果如图 9-233 所示。

图 9-232

图 9-233

步骤三：添加装饰图形和文字效果

（1）新建图层。选择“矩形椭圆选框工具”，在图像窗口的左侧上方按住“Shift”键的同时，绘制一个圆形选区，用紫色，其 RGB 值分别为（147，126，218），填充选区。选择“选择” > “修改” > “羽化”命令，弹出“羽化选区”对话框，将羽化“半径”设置为 10，单击“确定”按钮。取消选区，效果如图 9-234 所示。

（2）选择“横排文字工具” T，在选项栏中选择合适的字体，并设置文字大小，输入需要的文字，效果如图 9-235 所示。

图 9-234

图 9-235

9.6.2　书籍装帧

1. 案例效果分析

在设计思路上，浅青豆绿色的背景和绿树叶的图形，表现出书的盎然生机。封底中 3 本书的封面直观地表现了“学以致用”系列教材。通过书籍名称和其他介绍性文字，直观地反映了书籍的内容。封底、书脊和封面的设计和谐统一，如图 9-236 所示。

图 9-236

2. 设计思路

（1）制作书籍的封面。

（2）制作书籍的封底。

（3）制作书籍的书脊。

3. 相关知识与技能点

使用图层样式为书中文字添加“描边”和“外发光”效果，使用“钢笔工具”制作形状底纹，使用“自定义形状工具”制作线条和方块形状。

4. 案例制作

步骤一：设计封面

（1）新建一个文件：“宽度”为 39.62 厘米，“高度”为 26.6 厘米，“分辨率”为 72 像素/英寸，颜色模式为 RGB，背景内容为白色。在图像窗口中显示标尺并拖曳 6 条参考线，效果如图 9-237 所示。

（2）新建图层组并将其命名为“封面”。新建“图层 1”。选择“矩形选框工具”，在图像窗口的右半部分下方绘制矩形选区，用浅青豆绿色，其 RGB 值分别为（171，211，135）填充选区并取消选区，效果如图 9-238 所示。

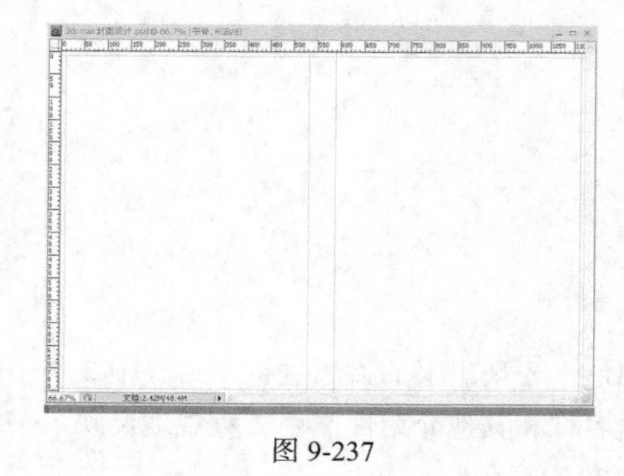

图 9-237

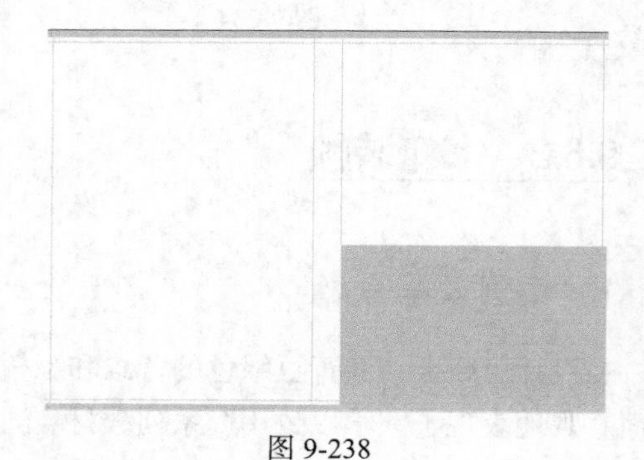

图 9-238

（3）打开光盘中的“Ch09> 素材>书籍封面设计>01.jpg”文件，选择“移动工具”，将图片拖曳到图像窗口中，生成新的“图层 2”。调整图片的大小，效果如图 9-239 所示。

（4）新建“图层 3”。选择“矩形选框工具”，在图像窗口的右半部分矩形选框绘制矩形选区，用深黑淡绿色填充选区并取消选区，效果如图 9-240 所示。

图 9-239

图 9-240

（5）新建“图层 4”。选择“钢笔工具”，在图像窗口的右半部分上方绘制图形并转化为选区，用“渐变工具”填充选区，并取消选区，效果如图 9-241 所示。

（6）打开光盘中的“Ch09>素材>书籍封面设计>老虎.jpg”文件，选择“移动工具”将图片拖曳到图像窗口中，生成新的图层并将其命名为“老虎”。调整图片的大小，效果如图 9-242 所示。

图 9-241

图 9-242

（7）选择“横排文字工具”，输入文字，并设置文字属性，效果如图 9-243 所示。

（8）选择“横排文字工具”输入文字，并设置文字属性，并添加“外发光“效果，如图 9-244 所示。

图 9-243

图 9-244

（9）选择“横排文字工具”输入文字并设置文字属性，并添加“外发光“效果，如图 9-245 所示。

（10）新建 3 个图层并将其命名为“线 1”、“线 2”、“线 3”。选择“矩形选框工具”在图像窗口的右半部分上方分别绘制直线矩形选框，并用“黑色”填充选区，形成 3 条线形效果如图 9-246 所示。

图 9-245

图 9-246

（11）选择“横排文字工具”，在图像窗口的右半部分下方输入文字并设置文字属性，效果如图 9-247 所示。

（12）选择“横排文字工具”，在图像窗口的右半部分下方输入文字并设置文字属性，效果如图 9-248 所示。

图 9-247

图 9-248

（13）选择“横排文字工具”，在图像窗口的右半部分上方输入文字并设置文字属性，添加描边，效果如图 9-249 所示。

（14）选择“横排文字工具”，在图像窗口的右半部分上方输入文字并设置文字属性，效果如图 9-250 所示。

图 9-249

图 9-250

（15）新建图层并将其命名为“方框”。选择“矩形选框工具”，在图像窗口的右半部分上方绘制 4 个矩形选区，用黑色填充选区并取消选区，效果如图 9-251 所示。

（16）新建图层并将其命名为“线条”。选择“直线工具”，将其属性设置为“填充像素”，在图像窗口的右半部分上方绘制直线，效果如图 9-252 所示。

图 9-251

图 9-252

（17）选择“横排文字工具”，在图像窗口的右半部分上方输入文字并设置文字属性，效果如图 9-253 所示。

（18）新建图层并将其命名为“形状”。设置前景色为“深黑淡绿”。选择“圆角矩形工具”，将其属性设置为“填充像素”，在图像窗口的右半部分上方绘制圆角矩形，效果如图 9-254 所示。

（19）选择“横排文字工具”，在图像窗口的右半部分上方输入文字并设置文字属性，效果如图 9-255 所示。

图 9-253

图 9-254

图 9-255

步骤二：设计封底

（1）新建图层组并将其命名为“封底”。新建图层并将其命名为“底色”。选择“矩形选框工具”，在图像窗口的左半部分绘制矩形选区，用浅青豆绿色，其 RGB 值分别为（171，211，135），填充选区并取消选区，效果如图 9-256 所示。

（2）新建图层将其命名为“蓝光渐变”。将前景色设置为“蓝色”，选择“渐变工具”，设置属性为“前景色到透明色渐变”。在图像窗口的左半部分由左向右拖曳，效果如图 9-257 所示。

图 9-256

图 9-257

（3）打开光盘中的“Ch09>素材>书籍封面设计>max 书”文件，选择“移动工具”将图片拖曳到图像窗口中，生成新的图层，并将其命名为“max 书”。调整图片的大小，效果如图 9-258 所示。

（4）打开光盘中的“Ch09>素材>书籍封面设计>photo 书”文件，选择“移动工具”将图片拖曳到图像窗口中，生成新的图层，并将其命名为“photo 书”。调整图片的大小，效果如图 9-259 所示。

（5）打开光盘中的“Ch09>素材>书籍封面设计>Corel 书”文件，选择“移动工具”将图片拖曳到图像窗口中，生成新的图层，并将其命名为“Corel 书”。调整图片的大小，效果如图 9-260 所示。

图 9-258

图 9-259

图 9-260

（6）选择“横排文字工具”，在图像窗口的左半部分上方输入文字并设置文字属性，效果如图 9-261 所示。

（7）选择“横排文字工具”输入文字，并设置文字属性，并添加“描边”效果，如图 9-262 所示。

图 9-261

图 9-262

（8）新建图层将其命名为“花形”。选择“钢笔工具”，在图像窗口的左半部分上方绘制图形并转化为选区，用白色填充选区并取消选区，效果如图 9-263 所示。

（9）新建图层并将其命名为“线条”。选择“直线工具”，将其属性设置为“填充像素”，在图像窗口的左半部分上方绘制直线，效果如图 9-264 所示。

图 9-263

图 9-264

（10）选择“横排文字工具”，在图像窗口的左半部分上方输入文字并设置文字属性，效果如图 9-265 所示。

（11）新建图层将其命名为“黄矩形”。选择“矩形选框工具”，在图像窗口的左半部分下方绘制矩形选区，用橘黄色填充选区并取消选区，效果如图 9-266 所示。

（12）选择“横排文字工具”，在图像窗口的左半部分橘黄色矩形上输入文字，并设置文字属性，效果如图 9-267 所示。

图 9-265

图 9-266

图 9-267

（13）打开光盘中的“Ch09> 素材>书籍封面设计>ISSN.jpg”文件，选择“移动工具”将图片拖曳到图像窗口中，生成新的图层并将其命名为“ISSN”。调整图片的大小，效果如图 9-268 所示。

（14）选择“横排文字工具”，在图像窗口的左半部分 ISSN 下方输入文字，并设置文字属性，效果如图 9-269 所示。

图 9-268

图 9-269

步骤三：制作书脊

（1）新建图层组并将其命名为“书脊”。新建图层将其命名为“书脊底色”。选择“矩形选框工具”，在图像窗口的中间部分绘制矩形选区，用深黑绿青色填充选区并取消选区，效果如图 9-270 所示。

（2）打开光盘中的“Ch14> 素材>书籍封面设计 >标志.jpg”文件，选择“移动工具”将图片拖曳到图像窗口中间书脊部分，生成新的图层，并将其命名为“标志 1”。调整图片的大小，效果如图 9-271 所示。

（3）选择“横排文字工具”，在图像窗口的中间部分标志下方输入文字，并设置文字属性，效果如图 9-272 所示。

（4）选择“直排文字工具”，在图像窗口的中间部分标志下方输入文字，并设置文字属性，效果如图 9-273 所示。

图 9-270

图 9-271

（5）新建图层，将其命名为“书名底色”。选择“矩形选框工具”，在书脊的中间部分绘制矩形选区，用黄色填充选区并取消选区，效果如图 9-274 所示。

图 9-272

图 9-273

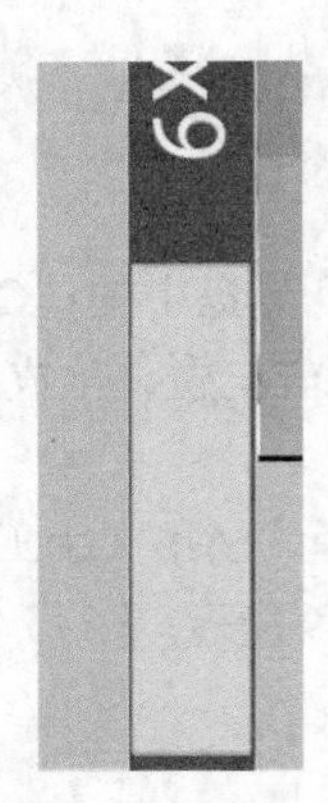

图 9-274

（6）新建图层并将其命名为“白线 1”。设置前景色为白色。选择“直线”工具，将其属性设置为“填充像素”，在黄色矩形上方绘制直线。新建图层并将其命名为“白线 2”。在黄色矩形下方绘制直线，效果如图 9-275 所示。

（7）选择“直排文字工具”，在黄色矩形部分输入文字并设置文字属性，效果如图 9-276 所示。

（8）选择“直排文字工具”，在书脊底部输入文字并设置文字属性，效果如图 9-277 所示。

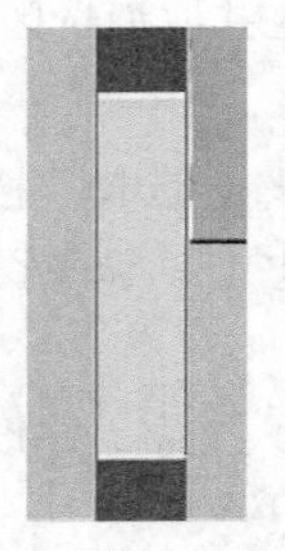

图 9-275

图 9-276

图 9-277

9.7 照片模板设计

照片模板是照相馆、婚纱影楼等进行相册制作的基础，利用照片模板可以很轻松地制作出复杂的效果。照片模板可分为儿童照片模板、婚纱照片模板、艺术写真照片模板等。一般来说，照片模板的使用有 3 种，第一种是将照片素材放置到单个图层，调整照片素材的大小、角度即可；第二种是对照片素材进行处理、调整，如抠图、蒙版等，将多个照片素材拼合到一张照片模板上；第三种是用照片素材人物的头部，来替换照片模板中的人物头部，这种需要精确抠图，仔细检查拼接是否妥当等。通过色彩和色调的调整，可以使同一系列的照片模板改变颜色，变成多个系列的照片模板。另外在设计照片模板中也可通过“调整”命令设计出多样的模板。本章主要介绍用 Photoshop 制作儿童照片模板、婚纱照片模板的方法。

学习目标：掌握儿童照片模板、婚纱照片模板、写意人生照片模板的制作。

9.7.1 儿童照片模板

1. 案例效果分析

通过对一个小女孩的几个照片进行处理、合适摆放、添加文字效果，把儿童天真活泼的性格表现无疑，留下童年的印记。通过儿童的照片激发我们去回忆我们的童年，放松一下心情。完成效果如图 9-278 所示。

图 9-278

2. 设计思路

（1）制作大照片效果。

（2）制作各个小照片效果。

（3）添加文字。

3. 相关知识和技能

使用图层蒙版控制图像的显示内容，使用图层的不透明度调整图像的显示，使用图层样式为形状图层添加“投影”和“描边”效果，使用“贴入”命令变换大小，限定人物图形显示范围，输入合适的文字。

4. 案例制作

步骤一：制作大照片效果

（1）按“Ctrl＋N”快捷键新建一个文件：名称为“儿童照片模板”，“宽度”为 10 英寸，“高度”为 8 英寸，“分辨率”为 300 像素/英寸，颜色模式为 RGB，背景内容为白色，单击“确定”按钮，如图 9-279 所示。

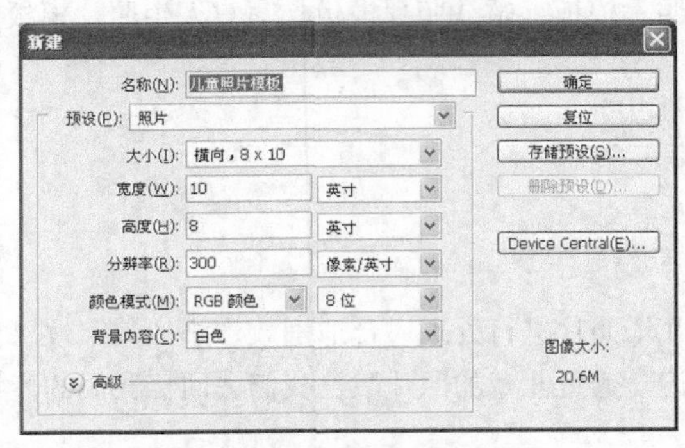

图 9-279

（2）打开光盘中的“Ch09> 素材>儿童照片模板>s1.jpg”文件，按“Ctrl＋A”快捷键全选图像，按“Ctrl＋C”快捷键拷贝图像。回到“儿童照片模板”图像，按“Ctrl＋V”快捷键粘贴。

（3）按“Ctrl＋T”快捷键对图像进行变换，如图 9-280 所示，按 Enter 确定变换。

图 9-280

（4）单击“图层”控制面板下方的“添加图层蒙版”按钮，为图层添加蒙版。使用“渐变工具”，设置前景色为黑色，背景色为白色，选择“前景色到透明渐变”，在图像上多次拖动，绘出图 9-281 所示的蒙版效果。

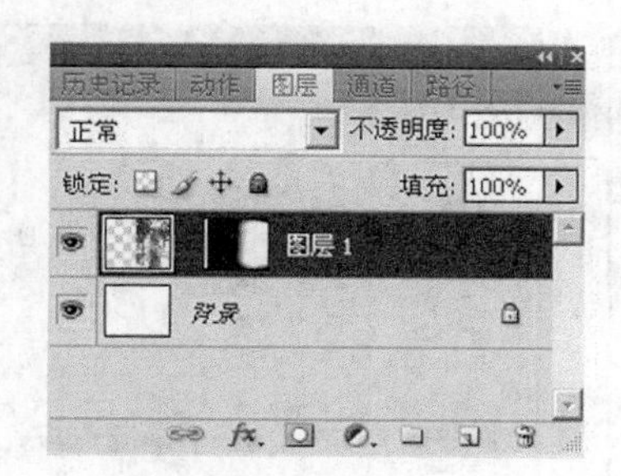

图 9-281

步骤二：制作各个小照片效果

（1）打开光盘中的“Ch09> 素材>儿童照片模板>s3.jpg”文件，按“Ctrl＋A”快捷键全选图像，按“Ctrl＋C”快捷键进行拷贝。回到“儿童照片模板”图像，按“Ctrl＋V”快捷键进行粘贴。按“Ctrl＋T”快捷键对图像进行变换，按 Enter 键确定变换。

（2）单击“图层”控制面板下方的“添加图层蒙版”按钮 ，为图层添加蒙版。使用“渐变工具”，设置前景色为黑色、背景色为白色，选择“前景色到透明渐变”，在图像上多次拖动，绘制蒙版效果。

（3）在“图层”控制面板，设置“图层 2”的“不透明度”为 57%。效果如图 9-282 所示。

图 9-282

（4）打开光盘中的“Ch09> 素材>儿童照片模板>s4.jpg”文件，按“Ctrl＋A”快捷键全选图像，按“Ctrl＋C”快捷键进行拷贝。回到“儿童照片模板”图像，按“Ctrl＋V”快捷键进行粘贴。按“Ctrl＋T”快捷键对图像进行变换，按 Enter 键确定变换。

（5）单击“图层”控制面板下方的“添加图层样式”按钮 fx，在弹出的菜单中选择“描边”选项，在弹出的对话框中进行设置，“大小”为 7，“颜色”为“#337c38”，如图 9-283 所示。

（6）选择“投影”选项，在弹出的对话框中进行设置，“角度”为 135；“颜色”为“7e7979”，如图 9-284 所示，单击“确定”按钮，效果如 9-285 所示。

（7）打开光盘中的“Ch09>素材>儿童照片模板>k1.jpg”文件，使用“魔棒工具”选择白色，按“Shift+ Ctrl +I”快捷键进行反选，按“Ctrl＋C”快捷键进行拷贝。回到“儿童照片模板”图像，按“Ctrl

+V”快捷键进行粘贴。按“Ctrl+T”快捷键对图像进行变换，按 Enter 键确定变换。

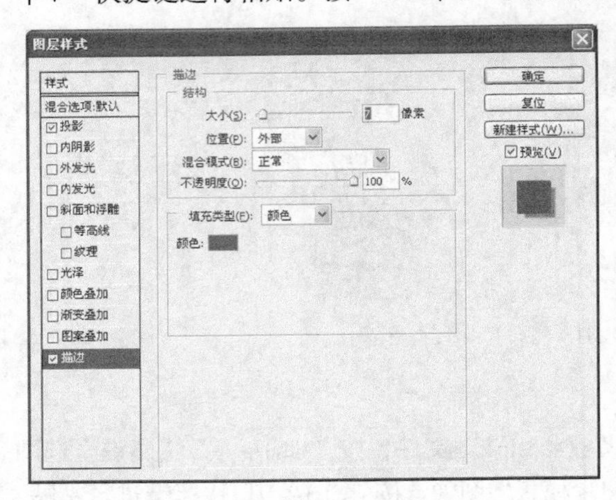

图 9-283

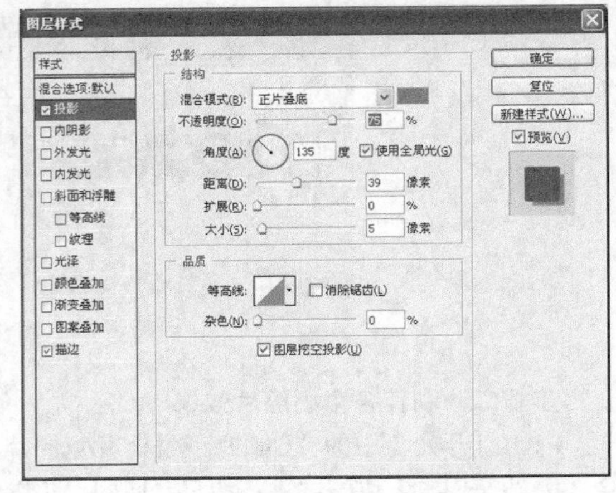

图 9-284

图 9-285

（8）使用“多边形套索工具”选择，产生图 9-286 所示的选区。

图 9-286

（9）打开光盘中的“Ch09> 素材>儿童照片模板>s2.jpg”文件，按“Ctrl＋A”快捷键全选图像，按“Ctrl＋C”快捷键进行拷贝。回到“儿童照片模板”图像，按“Shift+ Ctrl＋V”快捷组合键贴入选区。按“Ctrl＋T”快捷键对图像进行变换，按 Enter 键确定变换，效果如图 9-287 所示。

图 9-287

（10）打开光盘中的“Ch09> 素材>儿童照片模板>k1.jpg”文件，使用“魔棒工具”选择白色，按“Shift+ Ctrl +I”快捷键进行反选，按“Ctrl＋C”快捷键进行拷贝。回到“儿童照片模板”图像，按“Ctrl+V”快捷键进行粘贴。按“Ctrl＋T”快捷键对图像进行变换，按 Enter 键确定变换。

（11）制作选区。

（12）打开光盘中的“Ch09> 素材>儿童照片模板>s0.jpg”，按“Ctrl＋A”快捷键全选图像，按“Ctrl＋C”快捷键进行拷贝。回到“儿童照片模板”图像，按“Shift+ Ctrl＋V”快捷键贴入选区。按“Ctrl＋T”快捷键对图像进行变换，按 Enter 键确定变换。效果如图 9-288 所示。

图 9-288

（13）打开光盘中的“Ch09> 素材>儿童照片模板>s5.jpg”文件，按“Ctrl＋A”快捷键全选图像，按“Ctrl+C”快捷键进行拷贝。回到“儿童照片模板”图像，按“Ctrl＋V”快捷键进行粘贴。按“Ctrl＋T”快捷键对图像进行变换，按 Enter 键确定变换。

（14）右击“图层”控制面板中的“图层 3”，选择“拷贝图层样式”命令，右击 “图层 8”，选择“粘贴图层样式”命令，使两个图层有相同的图层样式，效果如图 9-289 所示。

图 9-289

步骤三：添加文字

（1）新建“图层 9”，制作图 9-290 所示的文字效果。

图 9-290

（2）保存图像为“儿童照片模板.psd”，另存为“儿童照片模板.jpg”。

9.7.2 婚纱照片模板

1．案例效果分析

在设计思路上，粉色代表热情浪漫，心形代表爱情，Love 是爱，通过设计用心中的两个爱人替换 Love 中的 o，并安排多组两个人的甜蜜照片宣告幸福的爱情，揭示婚纱照片的意义。效果如图 9-291 所示。

图 9-291

2. 设计思路

（1）图片的粘贴排列及蒙版效果。

（2）心形效果及文字制作。

（3）右上角照片制作。

3. 相关知识与技能点

使用图层蒙版设置图像的显示，制作不同的选区并描边，图像的变形调整，模糊效果的制作等。

4. 案例制作

步骤一：图片的粘贴排列及蒙版效果

（1）按“Ctrl+N”快捷键新建一个文件：“名称”为“婚纱照片模板”，“宽度”为 10 英寸，“高度”为 6 英寸，“分辨率”为 300 像素/英寸，颜色模式为 RGB，背景内容为白色，单击“确定”按钮，如图 9-292 所示。

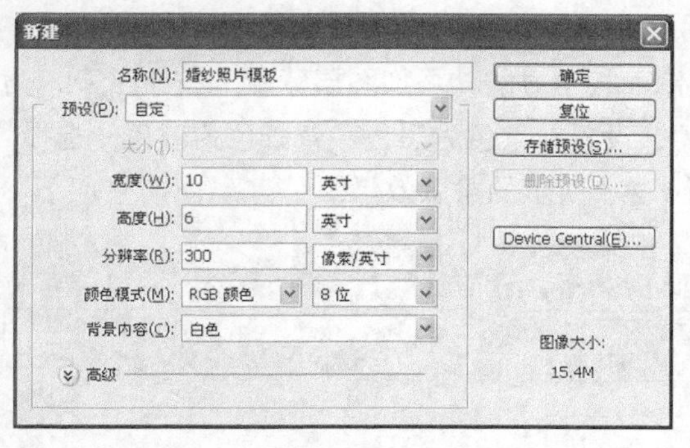

图 9-292

（2）打开光盘中的“Ch09> 素材>婚纱照片模板>大 1.jpg”文件，按“Ctrl+A”快捷键全选图像，按“Ctrl+C”快捷键进行拷贝。回到“婚纱照片模板”图像，按“Ctrl+V”快捷键进行粘贴。

（3）使用“矩形选框工具”选择图像的上边一部分，如图 9-293 所示，按 Delete 键删除。

（4）打开光盘中的“Ch09> 素材>婚纱照片模板>大 2.jpg”文件，按“Ctrl+A”快捷键全选图像，按“Ctrl+C”快捷键进行拷贝。回到“婚纱照片模板”图像，按“Ctrl+V”快捷键进行粘贴。按“Ctrl+T”快捷键对图像进行变换，按 Enter 键确定变换。效果如图 9-294 所示。

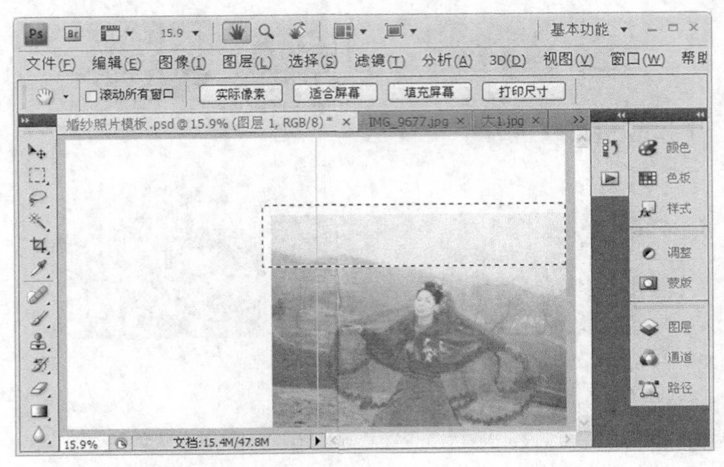

图 9-293

图 9-294

（5）单击“图层”控制面板下方的“添加图层蒙版”按钮 ，为“图层 1”、“图层 2”添加蒙版。使用“渐变工具”，设置前景色为黑色、背景色为白色，选择“前景色到透明渐变”，在图像上左右拖动，绘出图 9-295 所示的蒙版效果。

图 9-295

（6）将光盘中的“Ch09> 素材>婚纱照片模板>“1.jpg”、“2.jpg”、“3.jpg”、“4jpg”、“5jpg”5 个文件打开，拷贝并粘贴到“婚纱照片模板”图像中，使用“自由变换”命令调整图像的大小，排列及分布后的效果如图 9-296 所示。

图 9-296

步骤二：心形效果及文字制作

（1）打开光盘中的“Ch09> 素材>婚纱照片模板>大 3.jpg”文件，使用“自定形状工具”，选择“路径模式”，选择心形形状，绘制路径，使用“直接选择工具”对路径进行调整，效果如图 9-297 所示。

图 9-297

（2）按“Ctrl+Enter”快捷键将路径转化为选区，按“Ctrl＋C” 快捷键进行拷贝。回到“婚纱照片模板”图像，按“Ctrl＋V”快捷键进行粘贴。按“Ctrl＋T”快捷键对图像进行变换，按 Enter 键确定变换。效果如图 9-298 所示。

（3）按“Ctrl”键的同时，单击“图层 8”的缩略图，将图层内容转化为选区，设置前景色为“#fc71f7”，使用“编辑”>“描边”命令，对话框的设置如图 9-299 所示，“宽度”为 15px，“位置”为“居外”，单击“确定”按钮。

图 9-298

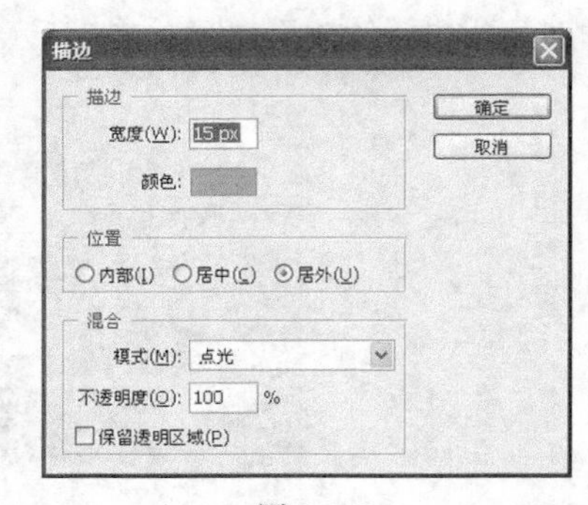

图 9-299

（4）新建“图层 9”，设置前景色为“#f9cbf8”，使用“横排文字工具”，选择“Cooper Black”，设置“大小”为“160 点”，输入“L　ve”，效果如图 9-300 所示。

图 9-300

（5）右击“图层”控制面板中的“图层 9”，选择“栅格化文字”，将“图层 9”变成普通层。设置前景色为“#fc71f7”，使用“编辑”>“描边”命令，单击“确定”按钮。使用“矩形选框工具”选择“ve”文字，变换调整后，效果如图 9-301 所示。

图 9-301

步骤三：右上角照片制作

（1）打开光盘中的“Ch09> 素材>婚纱照片模板>大 4.jpg”文件，使用“椭圆选框工具”，选择圆形选区，新建“图层 1”，进行描边，设置颜色为“#f9cbf8”，描边“半径”为 7px，“位置”为“居外”)，描边后的效果如图 9-302 所示。

图 9-302

（2）将圆形选区右移到女士身上，再次进行描边。

（3）使用“魔棒工具”选择两个圆之后的部分，返回“背景”层，执行“滤镜”>“模糊”>“动感模糊”命令，设置参数“角度”为 0，“距离”为 10，单击“确定”按钮。

（4）重新选择一个矩形选区，返回“图层 1”，再次描边。

（5）使用“魔棒工具”选择描边之外的部分，按“Shift+ Ctrl +I”快捷键反选，按“Ctrl +E”快捷键合并图层，按“Ctrl＋C”快捷键进行拷贝。

（6）回到“婚纱照片模板”图像，按“Ctrl＋V”快捷键进行粘贴。按“Ctrl＋T” 快捷键对图像进行变换，按 Enter 键确定变换。效果如图 9-303 所示。

图 9-303

（7）保存图像为“婚纱照片模板.psd”，另存为“婚纱照片模板.jpg”。

9.8 宣传单设计

宣传单能把企业的产品和服务展示给大众，能非常详细地说明产品的功能、用途及优点，诠释企业的文化理念，所以宣传单已经成为企业必不可少的企业形象宣传工具之一。现在已广泛运用于展会招商宣传、房产招商楼盘销售、学校招生、产品推介、旅游景点推广、特约加盟、推广品牌提升、宾馆酒店宣传、使用说明、上市宣传等。用 Photoshop 可以制作各种效果的宣传单。“动作”面板与图像“批处理”工具合理使用，会给成批图像处理带来方便，可以达到事半功倍的效果。本章主要介绍用 Photoshop 旅游宣传单、饮食宣传单的制作方法。

学习目标：掌握旅游宣传单、饮食宣传单的制作。

9.8.1 旅游宣传单

1. 案例效果分析

挑选“米兰客栈”作为背景图片，表现出“张家界旅游”设施。通过旅游项目图片表现出旅游景区的真实美景。通过文字介绍宣传主题和旅游相关信息，如图 9-304 所示。

图 9-304

2. 设计思路

（1）制作渐变背景。

（2）给背景图片加蒙版。

（3）添加旅游风景图片。

（4）添加旅游宣传语。

3. 相关知识和技能点

使用图层蒙版限制背景图片的显示效果，使用“描边”命令给图像添加边框，使用图层样式中的“投影”和“描边”命令制作旅游文字的特殊效果。

4. 案例制作

（1）按“Ctrl+N”快捷键，新建一个文件，“宽度”为 27.09 厘米、“高度”为 36.12 厘米、“分辨率”为 72 像素/英寸、颜色模式为 RGB、背景内容为白色，单击“确定”按钮。

（2）将前景色设为浅蓝色，其 RGB 值分别为（94，185，255）。选择“渐变工具”，单击选项栏中的“点按可编辑渐变”按钮，弹出“渐变编辑器”对话框。在对话框中选择前景色到背景色渐变，如图 9-305 所示，单击“确定”按钮。在选项栏中选择“线性渐变”，在图像中从上方向下方拖曳渐变色，填充“背景”图层，效果如图 9-306 所示。

（3）按“Ctrl+O”快捷键，打开光盘中的“Ch09>素材 >旅游宣传单>米兰客栈.jpg”文件。选择“移动工具”，将风景图片拖曳到图像窗口的中间，生成新的图层，并将其命名为“米兰客栈”，效果如图 9-307 所示。

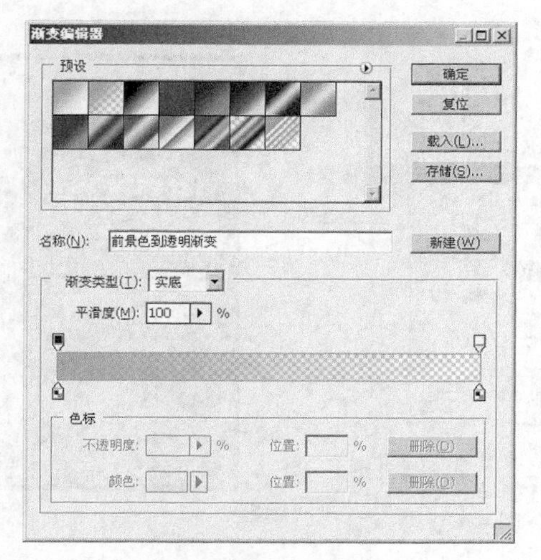

图 9-305

图 9-306

（4）单击“图层”控制面板下方的“添加图层蒙版”按钮，为“米兰客栈”图层添加蒙版。选择“渐变工具”，单击选项栏中的“点按可编辑渐变”按钮，弹出“渐变编辑器”对话框，将渐变色设为从黑色到白色，单击“确定”按钮。在选项栏中选择“线性渐变”，在图像窗口的下方拖曳渐变色，图像效果如图 9-308 所示。

图 9-307

图 9-308

（5）新建图层并将其命名为“边框”。选择“矩形选框工具”，在图像窗口的边缘绘制出需要的选区，如图 9-309 所示。选择“编辑”>“描边”命令，在弹出的对话框中将描边“宽度设置”为 30px，其他选项如图 9-310 所示。单击“确定”按钮，效果如图 9-311 所示。

（6）新建图层并将其命名为“上方背景”。选择“矩形选框工具”，在图像窗口的上方绘制出需要的选区，如图 9-312 所示。

（7）选择“选择”>“修改”>“羽化”命令，在弹出的对话框中将“羽化半径”设置为 30px，如图 9-313 所示，单击“确定”按钮。

（8）将前景色设为浅蓝色，其 RGB 的值分别为（94，185，255）。选择“渐变工具”，单击选项栏中的“点按可编辑渐变”按钮，弹出“渐变编辑器”对话框，选择前景色到透明色渐变。

在选项栏中选择“线性渐变”，按住“Shift”键在选区中从上方向下方拖曳渐变色，按“Ctrl+D”快捷键，取消选区，效果如图 9-314 所示。

图 9-309

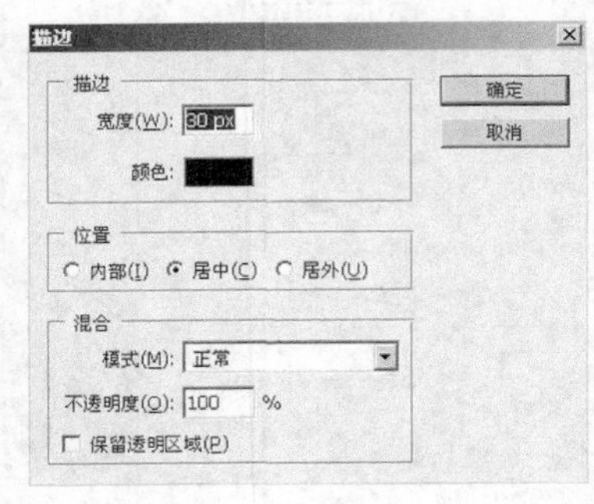

图 9-310

图 9-311

图 9-312

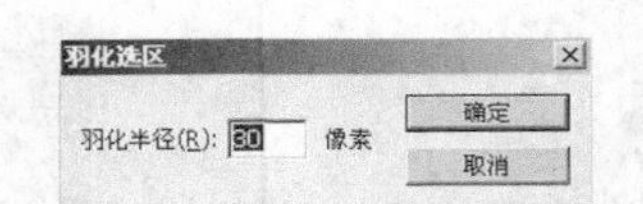

图 9-313

图 9-314

（9）按“Ctrl＋O”快捷键，打开光盘中的“Ch09>素材 >旅游宣传单>金鞭溪风景.jpg”文件。选择“移动工具”，将风景图片拖曳到图像窗口中，生成新的图层，并将其命名为“金鞭溪风景”，效果如图 9-315 所示。

（10）选择“矩形选框工具”，在图像窗口的边缘绘制出需要的选区，如图 9-316 所示。

图 9-315

图 9-316

选择“编辑“>”描边”命令，在弹出的对话框中将描边“宽度”设置为 6px，颜色设置为黄色，其他选项如图 9-317 所示。单击“确定”按钮，效果如图 9-318 所示。

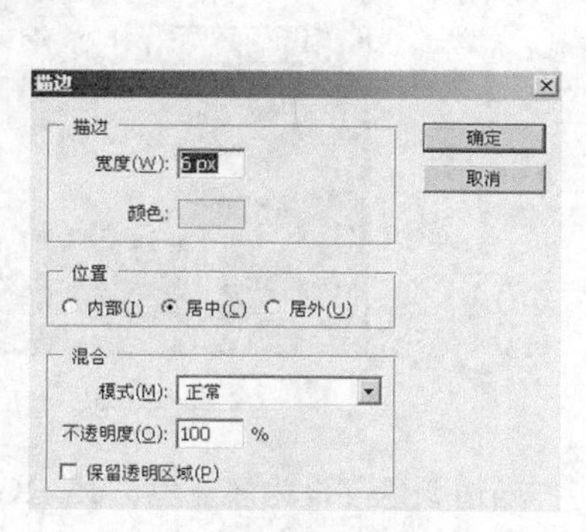

图 9-317

图 9-318

（11）同上述方法，按“Ctrl+O”快捷键，打开光盘中的“Ch09>素材 >旅游宣传单宝>峰湖风景、天子山风景”文件。选择“移动工具”，将风景图片拖曳到图像窗口中，生成新的图层，并将其命名为“宝峰湖风景”、“天子山风景”。选择“矩形选框工具”，在图像窗口的边缘绘制出需要的选区。

（12）选择“编辑”>“描边”命令，在弹出的对话框中将描边“宽度”设置为 6px，颜色设置为黄色，单击“确定”按钮，效果如图 9-319 所示。

（13）选择“横排文字工具”，在选项栏中选择合适的字体，并设置文字大小，输入需要的黑色文字，如图 9-320 所示，“图层”控制面板中生成新的文字图层。

图 9-319

图 9-320

（14）选择“横排文字”工具，在选项栏中选择合适的字体，并设置文字大小，输入需要的白色文字，如图 9-321 所示，“图层”控制面板中生成新的文字图层。

（15）单击“图层”控制面板下方的“添加图层样式”按钮，在弹出的菜单中选择“投影”命令，弹出对话框。将“投影颜色”设为蓝色，其 RGB 值分别为（0，0，255），其他选项的设置如图 9-322 所示，效果如图 9-323 所示。

图 9-321

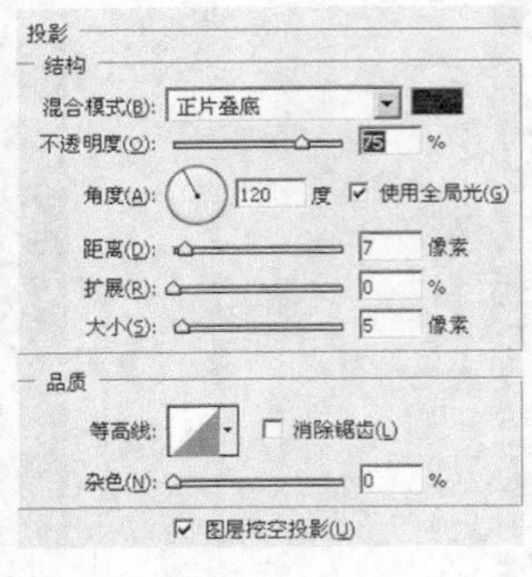

图 9-322

图 9-323

（16）选择“描边”命令，切换到相应的对话框。将“描边颜色”设为浅蓝色，其 RGB 值分别为（0，160，233），其他选项的设置如图 9-324 所示。单击“确定”按钮，效果如图 9-325 所示。

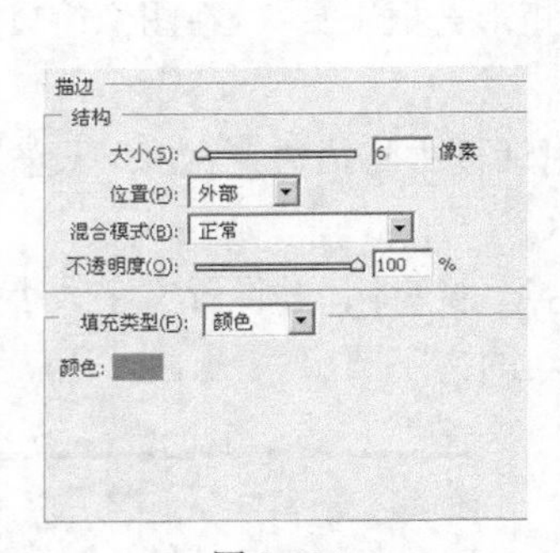

图 9-324

图 9-325

9.8.2 饮食宣传单

1. 案例效果分析

通过红色的背景和印有 KFC 文字的图案巧妙的结合，点明了“品得好快餐”店。通过对不同快餐图片的排列展示，宣传“品得好”的传统快餐品种。通过对文字的设计，展现“品得好”的优惠活动，如图 9-326 所示。

2. 设计思路

（1）制作背景内容。

（2）调整饮食图片。

（3）制作饮食图片背景。

（4）添加宣传文字。

图 9-326

3. 相关知识和技能点

使用“矩形工具”和“投影”命令制作图片背景，使用“变换”命令编辑图片，使用剪贴蒙版修饰图片显示内容。

4. 案例制作

（1）新建一个文件，设置“宽度”为 29.7 厘米、“高度”为 20.99 厘米、“分辨率”为 72 像素/英寸、颜色模式为 RGB、背景内容为白色。

（2）选择“渐变工具”，单击选项栏中的“点按可编辑渐变”按钮，弹出“渐变编辑器”对话框。将下方的两个色标分别设为深红三色，其 RGB 值分别为（116，12，14），浅红三色，其 RGB 值分别为（199，31，34），单击“确定”按钮。在选项栏中选择“线性渐变”，在图像中从上方向下方拖曳渐变色，图像效果如图 9-327 所示。

（3）选择“编辑” > “填充”命令，打开“填充”对话框，填充自定义图案。在“图层”控制面板的上方，将“不透明度”选项设为 10%，效果如图 9-328 所示。

图 9-327

图 9-328

（4）打开光盘中的“Ch09>素材>品得好宣传单>浓汤、汉堡、早餐”文件，如图 9-329、图 9-330 和图 9-331 所示。

（5）将上述图片拖曳到图像窗口中，生成新的图层，并将其分别命名为“浓汤.jpg”、“汉堡.jpg”、“早餐.jpg”，调整图片的大小。“浓汤”图层如图 9-332 所示。新建图层并将其命名为“图片背景”。选择“矩形选框工具” ，在图片上绘制矩形选区，如图 9-333 所示。用白色填充选区并取消选区，效果如图 9-334 所示。

图 9-329　　图 9-330　　图 9-331

图 9-332　　图 9-333　　图 9-334

（6）设置白色矩形的投影如图 9-335 所示，效果如图 9-336 所示。将“图片背景”图层拖曳到“浓汤”图层的下方，效果如图 9-337 所示。

图 9-335　　图 9-336　　图 9-337

（7）选中“浓汤图层”和“背景图层”图层，将其同时选取。单击“图层”控制面板下方的“链接图层”按钮链接两个图层。用相同的方法制作汉堡图片和早餐图片，效果如图 9-338 上、中、下所示。

（8）按“Ctrl+O”快捷键，打开光盘中的“Ch09>素材>品德好宣传单>套餐图片背景”文件。选择“移动工具”，将图片拖曳到图像窗口的左侧上方，生成新的图层，并将其命名为“套餐图片背景”，效果如图 9-339 所示。

图 9-338　　图 9-339

（9）按“Ctrl＋O”快捷键，打开光盘中的“Ch09> 素材>品得好宣传单>套餐”文件。选择“移动工具”，将图片拖曳到图像窗口的右侧下方，生成新的图层，并将其命名为“套餐”，效果如图 9-340 所示。

（10）按住“Alt”键的同时，将鼠标放在“套餐”图层和“套餐背景”图层的中间，鼠标光标变为“剪贴蒙版”形状，单击鼠标，创建剪贴蒙版，效果如图 9-341 所示。

图 9-340

图 9-341

（11）选择“横排文字工具”，在选项栏中选择合适的字体，并设置文字大小，输入需要的红色文字，如图 9-342 所示，“图层”控制面板中生成新的文字图层。

（12）单击“文字”图层，将选中的图层拖曳到控制面板下方的“创建新图层”按钮上进行复制，生成新的副本图层。拖曳复制出的图形到适当的位置，改变文字的颜色为白色，效果如图 9-343 所示。

图 9-342

图 9-343

图 9-344

（13）选择“横排文字工具”，在选项栏中选择合适的字体，并设置文字大小，输入需要的白色文字，如图 9-344 所示，“图层”控制面板中生成新的文字图层。

（14）单击“图层”控制面板下方的“添加图层样式”按钮，在弹出的菜单中选择“描边”选项，弹出对话框。设置描边颜色为黄色，描边“大小”为 2px，其他选项的设置如图 9-345 所示。单击“确定”按钮，效果如图 9-346 所示。

（15）选择“横排文字工具”，在选项栏中选择合适的字体，并设置文字大小，输入需要的文字，如图 9-347 所示，“图层”控制面板中生成新的文字图层，完成制作。

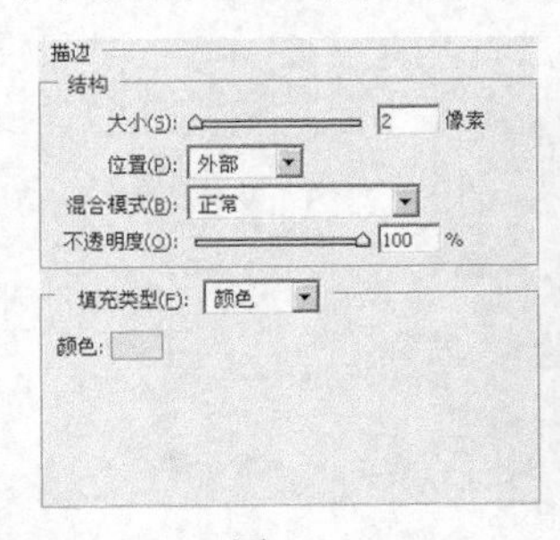

图 9-345

图 9-346

图 9-347

参考文献

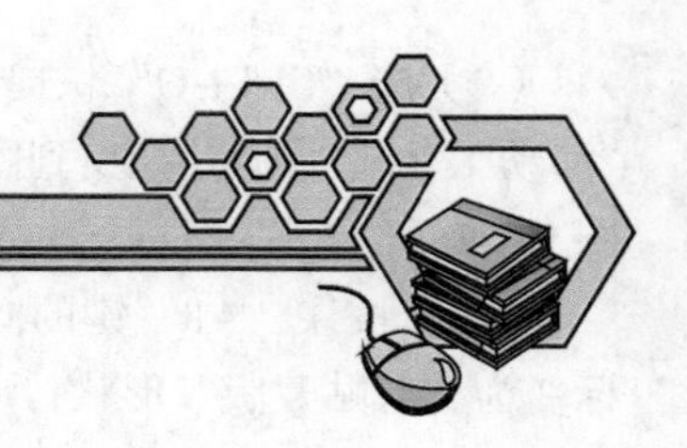

[1] 王红卫，杨佳怡. Photoshop CS4 案例实战从入门到精通. 北京：机械工业出版社，2009.

[2] 易为科技. 红色视觉 Photoshop 创意设计循序渐进 400 例. 北京：清华大学出版社，2007.

[3] 卢正明. Photoshop CS3 中文版实例教程. 北京：电子工业出版社，2010.

[4] 本书编委会. 卓越版图形图像——中文版 Photoshop CS2 . 北京：电子工业出版社，2006.

[5] 刘本军. Photoshop CS2 图像处理教程. 北京：机械工业出版社，2008.